AF888082

Plätze in einem geteilten Land

Leonie Glabau

Plätze
in einem geteilten Land

Stadtplatzgestaltungen in der
Bundesrepublik Deutschland und der
Deutschen Demokratischen Republik
von 1945 bis 1990

PETER LANG
Frankfurt am Main · Berlin · Bern · Bruxelles · New York · Oxford · Wien

Bibliografische Information der Deutschen Nationalbibliothek
Die Deutsche Nationalbibliothek verzeichnet diese Publikation in der Deutschen Nationalbibliografie; detaillierte bibliografische Daten sind im Internet über http://dnb.d-nb.de abrufbar.

Zugl.: Hannover, Univ., Diss., 2008

Umschlaggestaltung:
Olaf Glöckler, Atelier Platen, Friedberg

Gedruckt auf alterungsbeständigem,
säurefreiem Papier.

D 89
ISBN 978-3-631-61202-6

© Peter Lang GmbH
Internationaler Verlag der Wissenschaften
Frankfurt am Main 2010
Alle Rechte vorbehalten.

Das Werk einschließlich aller seiner Teile ist urheberrechtlich geschützt. Jede Verwertung außerhalb der engen Grenzen des Urheberrechtsgesetzes ist ohne Zustimmung des Verlages unzulässig und strafbar. Das gilt insbesondere für Vervielfältigungen, Übersetzungen, Mikroverfilmungen und die Einspeicherung und Verarbeitung in elektronischen Systemen.

www.peterlang.de

Für Anregungen, Unterstützung, Kritik und Ideen danke ich

Prof. Frank Blecken, Renate und Hartmut Glabau, Saskia Großer, Josephine Krämer, Dipl.-Ing. (FH) Eva Lemsch, Stefanie Plarre M.A., Dr. Daniel Rimbach, Dipl.-Ing. Volker Schmidtke und Prof. Dr. Joachim Wolschke-Bulmahn.

Interviewpartner

Für Gespräche zu Planungsideen zwischen 1945 und 1990 danke ich Dr. Erhard Kister, Erfurt (08.02.2005), Prof. Dr. Kaspar Klaffke, Hannover (07.06.2005), Dipl.-Ing. Hannelore Kossel, Berlin (27.06.2005).

Zusammenfassung

Die staatlichen Institutionen der BRD machten keinerlei politische Vorgaben hinsichtlich Funktion oder Gestaltung der Stadtplätze. Die DDR-Führung reagierte vollkommen gegensätzlich. Strikte Gestaltungsvorgaben hinsichtlich eines sozialistischen Städtebaus, detaillierte Regelungen zum Bau von Zentralen Plätzen und hohe Kontrolle der Planer und ihrer Entwürfe sicherte der DDR-Führung die Idee des sozialistischen Stadtbilds. Bedeutender Einflussfaktor blieb in beiden deutschen Staaten die wirtschaftliche Lage und damit die Finanzierung von Bauvorhaben. Während die BRD keine grundlegende Wirtschaftskrise zu verzeichnen hatte, stellte sich die Situation in der DDR weitaus schwieriger dar. Die finanziellen Mittel reichten nie wirklich aus, so dass Bauvorhaben lange verschoben oder auf ein gestalterisches Mindestmaß reduziert wurden.

Die Plätze in der BRD blieben immer öffentlicher, freier Raum, den sich die Nutzer, mal mehr, mal weniger, individuell aneignen konnten. In der DDR spielte die Erholungsfunktion der Zentralen Plätze zunächst keine Rolle. Im Vordergrund der Planungen für die Zentralen Plätze, später für die zentralen Ensembles, stand immer eindeutig die politische Funktion: Hier sollten Demonstrationen und Kundgebungen die Richtigkeit und die Überlegenheit des Sozialismus unterstreichen; die weiten Plätze im Stadtbild festliche und repräsentative Räume darstellen. Die DDR-Regierung schuf mit den Zentralen Plätzen in den 50er Jahren Gegensatz: Sie gab ihrer Bevölkerung einen großen öffentlichen Raum, den sie ihr aber gleichzeitig durch die strikte Funktionszuweisung wieder nahm. Erst mit Beginn der 60er Jahre verwischten in der DDR auf den Plätzen in den Stadtzentren die Grenzen zwischen Monumentalität, Repräsentation und wirklicher Nutzbarkeit. Formensprache und Ausstattung der Quartiersplätze in der DDR zeigen in den 50er Jahren große Parallelen mit den verschiedenen Platztypen in der BRD. Asymmetrische Gestaltungen, weite Schwünge der Wege, viele Bänke, Kinderspielbereiche, Blumenrabatten und große Rasenflächen finden sich auf Stadtplätzen in beiden deutschen Staaten. Ab den 60er Jahren finden sich dann auch auf den Plätzen innerhalb der zentralen Ensembles der DDR mit mehr quadratisch-rechteckigen Formen, Wasserbecken und Hochbeeten ähnliche Gestaltungsformen wie auf Plätzen in der BRD zur ungefähr selben Zeit. Später werden die Formen in Ost und West zunehmend vom asymmetrischen Vieleck geprägt. Generell fällt allerdings eine zeitliche Verzögerung auf. Neue Formensprachen und Ausstattungselemente der Plätze setzten sich in der DDR in vielen Fällen erst einige Jahre später als in der BRD durch.

Schlagworte: Plätze, öffentliche Freiräume, Landschaftsarchitektur

English summary

The state institutions of the Federal Republic of Germany made no political stipulations regarding form or function of town squares. The leadership of East Germany took the totally opposite stand. Strictly defined design injunctions regarding Socialist town planning, detailed regulations pertaining to the construction of central squares and firm control of the planners and their projects guaranteed the East German leaders the idea of a Socialist town image. The economic situation and wherewithal to finance building projects remained an important influential factor in both German states. Really serious financial restrictions did not apply to West-Germany. The situation in East Germany was much more difficult. As funding was never really sufficient building projects were often prolonged or reduced in design.

The squares in West Germany always remained public, accessible areas which the user could, to a greater or lesser degree call his own. Initially, in East Germany main squares played no part as recreational environments. The political function always stood clearly in the foreground of plan for the main squares and later for the central large grounds. Rallies and demonstrations were to take place here and verify the rightness and superiority of Socialism; broad squares within the confines of towns generated festive and imposingly atmospheric areas. The central squares created by the East German government in the 1950s struck a revealing contrast: an expansive open space was bestowed on the population whilst, at the same time, its uses were strictly defined and curtailed. For, apart from political parades and rallies, the sheer sterile monumentality of the squares prevented them from ever being centres of attraction and they remained little-used. It was only in the early 1960s that in East Germany's town squares the lines between monumentality, representation and genuine effective use came blurred. However, in the German Democratic Republic of the 1950s the design style and fittings of the district squares show many parallels with the different types of squares in West Germany. Both German states favoured asymmetric designs, broadly curved paths, proliferation of seating, children's play areas, flower beds and large stretches of grass. From the 1960s onwards, the designs of the German Democratic Republic squares within the large main centres resembled the approximately contemporaneous designs of squarly rectangular shapes, water features and raised beds of West Germany. Later, both East and West give preference to the asymmetrical polygon. Nevertheless, there was generally a noticeable time delay. New styles of design and elements of equipment of the squares were in many cases only instrumented years later in East Germany.

keywords: town squares, public spaces, landscape architecture

Inhaltsverzeichnis

1. Einleitung

Mit dem Ende der DDR und der Wiedervereinigung von Ost- und Westdeutschland ergibt sich die Gelegenheit zu einem abschließenden Vergleich innerhalb der Zeitgeschichte zwischen 1945 und 1990. Im Bereich der Landschaftsarchitektur ist ein Vergleich von Platzgestaltungen in der BRD und der DDR sehr reizvoll. Plätze als Untersuchungsgegenstand aufzugreifen erscheint sinnvoll, da sie zum konstanten städtebaulich-architektonischen Inventar von Städten gehören. Sie wurden dementsprechend sowohl in der BRD als auch in der DDR angelegt und stellen damit, wie z.B. auch Gebäude, Gartenanlagen und Straßen, ein vergleichbares Objekt dar. Plätze werden durch besonders viele Faktoren beeinflusst; bei ihrer Gestaltung treffen Politik und Gesellschaft, Städtebau, Architektur und Landschaftsarchitektur aufeinander. Die Auswirkungen der unterschiedlichen Rahmenbedingungen in Ost und West werden durch einen Vergleich der Platzplanungen schließlich greifbar. Kernziel dieser Arbeit ist es daher, den Einfluss der unterschiedlichsten Rahmenbedingungen auf die Platzgestaltung zu untersuchen und die verschiedenen Gestaltungsformen darzustellen und zu charakterisieren.

1.1 Erkenntnisinteresse

Grundlegende Rahmenbedingung für die Gestaltung von Stadtplätzen ist das jeweilige politische System. Die Politik beeinflusst weitere Faktoren, wie Gesellschaft, Städtebau, Architektur und Landschaftsarchitektur, die sich wiederum gegenseitig durchdringen. Diese Wechselwirkungen sollen durch die Untersuchung sichtbar gemacht werden. Ein abschließender Vergleich der Platzgestaltungen in der DDR und der BRD soll zeigen, wo Parallelen und Unterschiede auftraten und aus welchen Gründen.

Die Untersuchung zeigt die Entwicklungsgeschichte von Stadtplätzen nach dem Zweiten Weltkrieg in den beiden deutschen Staaten auf und bietet der Denkmalpflege Entscheidungshilfen. Stilmerkmale, zeittypische Materialverwendung und Hintergrundinformationen zur Entwicklungsgeschichte erleichtern Denkmalpflegern sowie Stadtplanern, Architekten und Landschaftsarchitekten den Umgang mit diesen Anlagen. Das Arbeitsergebnis kann Planern auch Erklärungsmöglichkeiten für mittlerweile aufgetretene Probleme auf und mit Plätzen geben, damit u.a. Sanierungsprojekte erfolgreich verlaufen können. Die Erkenntnis, warum ein Platz beispielsweise in den Anfangsjahren der DDR intensiv genutzt wurde, doch heute vollkommen verwaist ist, hilft, zukünftige Planungsfehler zu vermeiden.

Was diese Arbeit nicht leistet, ist eine denkmalpflegerische Bewertung der Plätze. Dies obliegt der Denkmalpflege. Der sich den Platzbeschreibungen jeweils anschließende kleine Exkurs über den heutigen Zustand bleibt daher ohne abschließende Wertungen und Maßnahmen. Was diese Untersuchung auch nicht erfüllen kann, ist eine Erarbeitung einer lückenlosen geschichtlichen Entwicklung der einzelnen Platzbeispiele. Dies hätte die Rahmen eines vergleichenden Überblicks weit überschritten.

Ein weiteres interessantes Forschungsthema ist die Pflanzenverwendung auf Stadtplätzen in der DDR und der BRD. Zwar wird nach Möglichkeit in der vorliegenden Arbeit auf Art und Einsatz der Vegetation eingegangen, doch eine vollständige Erarbeitung dieses Themas ist nicht Ziel dieser Untersuchung.

Kirchplätze, die vornehmlich sakraler Vorraum sein sollen, werden in dieser Arbeit nicht untersucht. Dies gilt auch für Bahnhofsvorplätze, die eine besondere Schnittstelle von Repräsentations- und Verkehrsraum darstellen.

1.2 Methodisches Vorgehen

Die Arbeit entwickelt sich auf mehreren Ebenen: Die Basis bildet die Erarbeitung von allgemeinen Grundlagen (Platzdefinition, Funktionen und Nutzungen eines Stadtplatzes, geschichtliche Entwicklung der Stadtplätze in Deutschland bis 1945). Weiterhin werden die jeweiligen politischen und planerischen Rahmenbedingungen bzw. Einflussfaktoren und ihre Auswirkungen auf die Platzgestaltungen dargestellt. Auf Grundlage dieser Erläuterungen sollen Fallbeispiele von Platzgestaltungen die Wechselbeziehungen von Rahmenbedingungen und Gestaltung in der BRD und der DDR verdeutlichen. Die Platzgestaltungen von Ost und West werden am Ende eines jeweiligen Zeitkapitels reflektierend zusammengefasst und verglichen, um Parallelen und Unterschiede festzustellen. Dies schließt ein: städtebaulicher Hintergrund, Funktionen und Nutzungen, Vorstellungen von Planern und Nutzern, Fassung der Plätze, Funktion der fassenden Gebäude, Ausstattung und Gestaltung sowie die Gesamtgestaltungsform. Um Wiederholungen im vergleichenden Abschlusskapitel zu vermeiden, werden in den Reflexionen der einzelnen Zeitkapitel Bezüge zum parallelen Zeitabschnitt der BRD bzw. der DDR hergestellt.

Die Entwicklungsgeschichte wird in Zeitabschnitte gegliedert, die sich nur nachrangig an Dekaden, sondern vor allem an politischen Einschnitten oder wichtigen gesellschaftlichen Ereignissen orientiert. So beispielsweise der Zeitabschnitt von 1945 bis 1954 in der DDR, in dem sich das erste städtebauliche Leitbild bis zum Beginn der Industrialisierung des Bauens entwickelte. Der Vergleichsabschnitt der BRD zieht sich dagegen von 1945 bis 1959, da es in Westdeutschland Ende der 50er Jahre zur Diskussion „der verpassten Chance" im Städtebau kam, und sich die folgenden Gestaltungsideale durch die Idee „Urbanität durch Dichte" grundlegend veränderten. Durch die unterschiedliche Entwicklung in Ost und West in Politik, Gesellschaft und Städtebau kam es insbesondere im mittleren Zeitabschnitt des Vergleichs zu einer großen Verschiebung der Zeitachse. Allerdings treffen sich die Zeitstränge von BRD und DDR Anfang der 70er Jahre fast wieder aufs Jahr genau. Innerhalb der Kapitel sind die Plätze nach ihrem Entstehungsdatum geordnet. Aufgrund dieser Chronologie können die fließenden Entwicklungen von Gestaltung und Form besonders gut verfolgt werden.

Eine vergleichende allgemeine Reflexion zu Gestaltungen und Funktionen von Plätzen in Ost- und Westdeutschland zwischen 1945 und 1990 beendet die Arbeit.

Die Abkürzungen BRD für Bundesrepublik Deutschland sowie DDR für Deutsche Demokratische Republik werden im Rahmen dieser Untersuchung vollkommen wertfrei und gleichberechtigt verwendet.

1.3 Forschungsfragen

Im Vordergrund der Arbeit steht die Frage, welche Entwicklungslinien die Stadtplatzgestaltungen in der DDR und der BRD prägten und welche Gemeinsamkeiten und Unterschiede sich in den beiden deutschen Staaten bei der Anlage von Plätzen herausbildeten.

Interessant ist zunächst bei einer Einzelbetrachtung der beiden Staaten, inwieweit sich das politische System und die jeweilige Gesellschaft, politische Wendungen und gesellschaftliche Strömungen in Städtebau, Architektur und Landschaftsarchitektur widerspiegeln und schließlich in den Platzgestaltungen zum Ausdruck kommen. Daran schließt sich die Frage an, wie Landschaftsarchitektur und Architektur auf die Leitbilder und Ideale des Städtebaus reagierten. Welche neue Gestaltungsintentionen entwickelten sich in den unterschiedlichen Zeitabschnitten und welche Gestaltungsideen fanden sich auf den Stadtplätzen wieder? Dabei muss zwischen Plätzen im Altbestand und solchen in Neubaugebieten differenziert werden.

Neben diesen Aspekten ist das Verhältnis zwischen den Planern der Stadtplätze und den späteren Nutzern der Anlagen zu beleuchten. Von welchen Nutzungsarten gingen die Planer bei dem Entwurf dieser Plätze aus und konnten sich die Bürger an den Planungen im Vorfeld beteiligen? Insgesamt soll aufgrund dieser Gesichtspunkte ein möglichst vollständiger Überblick zur Entwicklung der Stadtplatzgestaltungen zwischen 1945 und 1990 in der BRD und der DDR gegeben werden.

1.4 Stand der Forschung

Bereits kurz nach der Wiedervereinigung der beiden deutschen Staaten im Jahr 1990 begann die Aufarbeitung der DDR-Geschichte, darunter auch die des Städtebaus, der Landschaftsarchitektur und der Architektur. Bis heute ist das Interesse ungebrochen, die Zusammenhänge in der DDR zu verstehen und darzustellen. Nachdem zunächst vermehrt DDR-Themen, wie beispielsweise der Städtebau in der DDR, als Forschungsgegenstand ausgewählt wurden, beginnen nun auf der Grundlage der bisher erarbeiteten Ergebnisse die ersten wissenschaftlichen Arbeiten, DDR- und BRD-Planungen auch hinsichtlich Landschaftsarchitektur, Architektur und Städtebau zu vergleichen. So zeigte beispielsweise das Institut für Auslandsbeziehungen in Hamburg 2004 die Ausstellung „Zwei deutsche Architekturen: 1949 – 1989“, um Parallelen und Unterschiede in der deutschen Architektur dieser Zeit sichtbar zu machen.

Die Geschichte der Stadtplätze in Ost und West hat bisher in Forschungsarbeiten eine sehr untergeordnete Rolle gespielt. Es liegt bis heute keine Untersuchung vor, die die Entwicklung der Plätze in der DDR und der BRD in der Zeit von 1945 bis 1990 darstellt und einen Vergleich unternimmt. Diese Lücke schließt die vorliegende Untersuchung.

Arbeiten zum Städtebau in Ost und West mit Berücksichtigung von Stadtplätzen

Jörn Düwel und Niels Gutschow stellen in ihrer Arbeit „Städtebau in Deutschland im 20. Jahrhundert“ (2001) u.a. den Städtebau von BRD und DDR vergleichend nebeneinander. Sie gehen nur bei wenigen Beispielen kurz auf die Gestaltung von Plätzen ein, darunter der Zentrale Platz in Jena[1] und der West-Berliner Prager Platz.[2]

Henry Nielebock beschreibt in „Berlin und seine Plätze“ (1996) die geschichtliche Entwicklung der Berliner Stadtplätze von etwa 1700 bis Ende des 20. Jahrhunderts. Er schildert auf der Grundlage des Städtebaus die Gestaltung und Funktion der verschiedenen Plätze in den unterschiedlichen Epochen und verdeutlicht dies mit Beispielen. Für die Zeit nach 1945 zieht er in West-Berlin u.a. den Ernst-Reuter-Platz, den Mehringplatz sowie den Breitscheidplatz, in Ost-Berlin den Strausberger Platz und den Alexanderplatz als Exempel heran.[3] Nielebock stellt allerdings die Berliner Entwicklungen in Ost und West für die Zeit zwischen 1945 und 1990 lediglich nebeneinander, ohne ein abschließendes Fazit zu geben. Unterschiede und Gemeinsamkeiten in den Platzgestaltungen werden nicht herausgearbeitet, zudem bleiben die Forschungsergebnisse auf Berlin beschränkt.

Die umfangreiche Doppelveröffentlichung von Werner Durth, Jörn Düwel und Niels Gutschow, die mit „Ostkreuz“ (1999) und „Aufbau“ (1999) nicht nur die Grundsätze des Städtebaus und der Architektur in der DDR darstellt, sondern auch die Visionen einzelner Planer und den Einfluss der Sowjetunion auf den Osten Deutschlands vorstellt, endet in ihren Ausführungen Mitte der 60er Jahre. Die Zentralen Plätze der DDR werden bis zu diesem Zeitpunkt umfassend erklärt, anhand des sozialistischen Städtebaus erläutert und ihre Entstehung in Bezug zur politischen und gesellschaftlichen Situation gesetzt.[4] Die folgende Entwicklung dieser zentralen Ensembles wird allerdings nur angerissen, so dass leider konkrete Aussagen zu späteren Platzprojekten fehlen. Andere Platztypen, wie beispielsweise der Wohn- oder Quartiersplatz, werden in der gesamten Arbeit nicht erwähnt.

Detailliert stellt Jörn Düwel in „Baukunst voran!“ (1995) Architektur und Städtebau in der SBZ/DDR vor und zieht zahlreiche Projekte als Beispiele heran. Die Zentralen Plätze von Rostock, Saßnitz, Wolgast und Frankfurt/Oder werden in Gestaltung und Funktion genau beschrieben.[5] Allerdings beschränken sich Düwels Ausführungen lediglich auf den Zeitraum von 1945 bis 1955.

Die „Architektur der DDR“ (2000) beleuchtet Joachim Palutzki. Der Autor erläutert die politischen Strukturen, die städtebaulichen Leitlinien und die archi-

1 Düwel; Gutschow (2001) S. 211
2 Düwel; Gutschow (2001) S. 265
3 Nielebock (1996) S. 130ff.
4 vgl. Durth; Düwel; Gutschow (1999) S. 72 ff.
5 vgl. Düwel (1995) S. 154ff.

tektonischen Ideale in der Zeit von 1945 bis 1989. Zahlreiche Beispiele, darunter der Aufbau von Stalinstadt und Halle-Neustadt sowie die Gestaltung des Ost-Berliner Alexanderplatzes und des Leninplatzes in Ost-Berlin,[6] geben einen breiten Überblick über die Baugeschichte der DDR. Palutzki legt seinen Forschungsschwerpunkt jedoch nicht speziell auf Stadtplätze, sondern bezieht unterschiedliche Projekte in seine Ausführungen ein.

Hermann Heinrich Manz beschränkt sich bei seiner Arbeit über den „Wiederaufbau der Zentren der beiden Städte Magdeburg und Hannover nach dem Zweiten Weltkrieg" (1995) auf die beiden genannten Städte. Er zieht dabei einen Vergleich der politischen Hintergründe, der Aufbauziele, der Planungen und deren Realisation. Im Rahmen seiner städtebaulichen Ausführungen erläutert Manz die langjährige Planung des Zentralen Bezirks in Magdeburg und geht damit ebenfalls auf den Zentralen Platz ein.[7] Manz' Fazit arbeitet allerdings keine allgemein gültigen Charakteristika von Plätzen in Ost und West heraus.

Arbeiten zu Stadtplätzen

Mit Plätzen jenseits der großen und repräsentativen Zentralen Plätze der DDR befasst sich Tina Linke. Ihre Arbeit „Stadtplatzanlagen der fünfziger Jahre in Leipzig: Erhaltungswürdig oder fällig für den Abriss?" (2001) ist die einzige aufgefundene Arbeit, die Quartiersplätzen in der DDR untersucht.[8] Anhand zahlreicher Leipziger Beispiele analysiert Linke die Gestaltung begrünter Stadtplätze, die in den Wohngebieten zur Erholung und zum Kinderspiel konzipiert wurden. Zeitlich bleibt Linke jedoch auf die 50er Jahre fokussiert.

Nur auf Berlin bezogen, beschreibt Jürgen Barth die Entwicklungsgeschichte der „Stadtplätze" (1972) in dem Sammelwerk „Berlin und seine Bauten". Er beginnt bei der Beschreibung von Gestaltung und Funktion der frühen Platzanlagen des Mittelalters und endet etwa Mitte der 1960er Jahre. Für den Zeitraum von 1945 bis Mitte der 60er Jahre werden jedoch nur Stadtplätze in West-Berlin als Beispiele genannt, darunter der Rathausplatz Neukölln.[9] Barth beleuchtet in seinen Ausführungen zudem wenig die städtebaulichen und politischen Einflüsse auf Gestaltung und Funktion der West-Berliner Stadtplätze.

Dagmar Gausmann zeichnet die Historie des Ernst-Reuter-Platzes in West-Berlin mit ihrer Arbeit „Der Ernst-Reuter-Platz in Berlin. Die Geschichte eines öffentlichen Raumes der fünfziger Jahre" (1992) nach. Die Autorin erläutert die

6 Palutzki (2000) S. 93ff.
7 Manz (1995) S. 14ff.
8 Linke (2001)
9 Barth (1972) S. 173

historische Gestaltung vor 1945, die verschiedenen Modelle zur Neugestaltung nach dem Zweiten Weltkrieg, die Ausführung des Entwurfs von Bernhard Hermkes und bezieht in ihre Analyse die umgebende Architektur mit ein.[10] Gausmanns Arbeit bleibt jedoch auf den einzelnen Platz fokussiert, ohne grundlegende Vergleiche mit anderen Plätzen in Ost und West zu ziehen.

Arbeiten zur Stadtplatzfunktion

Neben diesen Untersuchungen, die Entwicklungslinien aufzeichnen, gibt es einige Autoren, die sich vorrangig mit den Funktionen eines Platzes auseinander gesetzt haben. So definiert Werner Paetel die Funktionen von Stadtplätzen in „Gedanken zum Stadtplatz" (1970a). Seiner Meinung nach stellt der Stadtplatz eine eigene Kategorie städtischer Freiräume dar.[11] In „Einiges über die Funktionen neuer Stadtplätze" (1970b) unterscheidet Paetel zwischen der Primärfunktion, z.B. die Repräsentation, und der Sekundärfunktion, z.B. die Erholung.[12]

Hans-Joachim Aminde und Manfred Schacher (1987) schlossen aufgrund der Beobachtung von Veranstaltungen und Geschehnissen auf dem Marktplatz in Stuttgart neue Erkenntnisse. Sie merken an, dass ein multifunktionaler Platz u.a. eine eher neutrale, ebene Fläche haben und vom Autoverkehr freigehalten werden sollte.[13]

Dorothee Obermaier und Hille von Seggern beobachteten in „Quartiersplätze in neuen Wohngebieten" (1984b) das Nutzerverhalten auf Stadtplätzen, darunter den Konflikt zwischen Jugendlichen und älteren Bürgern.[14] Durch die Analyse des Nutzerverhaltens auf Stadtplätzen geben die beiden Autorinnen in „Öffentliche Plätze: für wen und wie?" (1984a) Vorschläge für eine verbesserte Gestaltung und plädieren für „eine Vielfalt und das Nebeneinander verschiedener Aktivitäts- und Verhaltensmöglichkeiten."[15] Ähnlich äußert sich auch Antonio Mander mit „Plätze in der Stadt. Rehumanisierung innerstädtischer Räume und Plätze" (1986). Er weist darauf hin, dass die Platzgestaltung durch unbenutzbare Einbauten nicht „die Entfaltung der Bewegungen und Aktionen" der Nutzer einschränken sollte.[16] Der Beobachter bezüglich Architektur, Städtebau und Nut-

10 Gausmann (1992)
11 Paetel (1970a) S. 340
12 Paetel (1970b) S. 377ff.
13 Aminde; Schacher (1987) S. 29
14 Obermaier; von Seggern (1984b) S. 1642
15 Obermaier; von Seggern (1984a) S. 1629
16 Mander (1986) S. 348

zerfreundlichkeit ist Manfred Sack. In „Plätze in der Stadt“ (1986) kritisiert er u.a. die Nutzungseinbußen von Plätzen durch den Verkehr.[17]

Gemeinsam ist all diesen Beobachtungen und Analysen, dass sie ihren Schwerpunkt auf die unmittelbare Besuchernutzung von westdeutschen Stadtplätzen legen. Politische, repräsentative oder städtebauliche Nutzungen werden lediglich von Paetel und Sack erwähnt, doch auch sie klammern die Plätze in der DDR aus.

1.5 Quellenlage

Für die vorliegende Arbeit wurden unterschiedliche Quellen genutzt: Fachzeitschriften (Architektur der DDR, Baumeister, Bauwelt, Das Gartenamt, Deutsche Architektur, Deutsches Architektenblatt, Deutsche Bauzeitung, Deutsche Gartenarchitektur, Garten + Landschaft, Landschaftsarchitektur, Neue Bauwelt, Stadt und Grün), Fachliteratur von 1945 bis 2007, Forschungsergebnisse seit 1990, die die städtebauliche, landschaftsarchitektonische und architektonische Entwicklung der BRD und der DDR reflektieren, sowie historische Fotos und Pläne. Interviews mit Landschaftsarchitekten, die von ihrer Arbeit aus den vergangenen Jahrzehnten berichteten, ergänzen die Ausführungen.

Das Archiv, das vor allem genutzt wurde, ist das Landesarchiv Berlin. Hier erfolgte eine Fotorecherche zu den Berliner Stadtplätzen. In den Archiven der Berliner Grün- und Naturschutzämter von Charlottenburg und Wedding fand sich ebenfalls interessantes Bild- und Planmaterial. Ein sehr umfangreiches Archiv besitzt das Institut für Regionalentwicklung und Strukturplanung (IRS) in Erkner (bei Berlin), das bei einer weitergehenden Bearbeitung des Forschungsthemas weiterhelfen kann.

Generell schwankt die Quellenlage für die einzelnen Zeitabschnitte. So behandeln beispielsweise Veröffentlichungen der direkten Nachkriegszeit sehr viel häufiger den Bau von Wohnungen und wichtigen öffentlichen Gebäuden als die Gestaltung von Stadtplätzen. Wo realisierte Stadtplätze nicht als Beispiel herangezogen werden konnten, ersetzen Wettbewerbsbeiträge oder Projektbeschreibungen das Objekt, um so zumindest Ideen und Gestaltungsintentionen sichtbar zu machen.

---

17 Sack (1986) S. 24f.

2. Allgemeine Grundlagen

Form und Funktion definieren einen Platz, da damit seine Benutzbarkeit eingegrenzt wird. Weitere wichtige Charakteristika sind die Gestaltung und die Nutzung. Eine nähere Betrachtung des Stadtplatzes muss daher nicht nur die historische Entwicklungsgeschichte des Stadtplatzes in Deutschland berücksichtigen, sondern auch der Frage nachgehen, was einen Stadtplatz als besonderen Ort im Stadtgefüge ausmacht.

2.1 Definition des Stadtplatzes

„Plätze sind die lächelnden Augen der Stadt".[18] „Stadtplätze sind eine jener Bühnen des Lebens, auf denen die Gesellschaft in ihren Menschen sich darstellt."[19] Gerne werden Plätze so liebevoll beschrieben. Die Vorstellung dessen, was einen Platz jedoch ganz genau charakterisiert, variiert. Die Definitionsvorschläge sind so vielfältig, wie es Autoren gibt. Kostof merkt zudem an: „Jeder Versuch, Plätze zu klassifizieren, wird sich entweder auf die Form oder auf die Funktion eines Platzes beziehen, niemals aber auf beides zugleich. Das hat einen einfachen Grund: Plätze, die in der Geschichte gleiche oder ähnliche Funktionen erfüllt haben, nehmen dennoch keine gleiche oder ähnliche Gestalt an. Weder formale noch funktionale Typologien können für sich genommen dem vielgestaltigen Material gerecht werden."[20]

Im Rahmen dieser Arbeit wird aufgrund der Fülle an bereits erarbeiteten Platzdefinitionen keine eigene Definition angeboten. Vielmehr werden im Folgenden die unterschiedlichen Aussagen der verschiedenen Autoren zusammengefasst.

Der Brockhaus enthält als Definitionen für einen Platz: „1) Stelle, Ort, besonders zu einem bestimmten Zweck (als Bauplatz, Arbeitsplatz) geeigneter Fleck (...). 2) Ortschaft (...). 3) Freier Raum inmitten der Häuser einer Ortschaft, in den meist mehrere Straßen münden. 4) Geschlossene Anlage, besonders Sportplatz. 5) Verfügbarer Raum (...). 6) Raum für eine Person, besonders Sitzplatz."[21] Im Wörterbuch der Architektur findet sich: „Platz, städtebaulich abgegrenzte, von

18 Kaltenbrunner (2002) S. 23
19 Thielen (1979) S. 81f.
20 Kostof (1993) S. 143
21 Der Neue Brockhaus (1960) S. 192

Bebauungen umgebene Fläche innerhalb einer Ansiedlung. Seit den frühesten Kulturen bis zur Gegenwart unmittelbar praktischen Funktionen der Gesellschaft dienend.“[22] Das Lexikon der Weltarchitektur gibt an: „Ein Gestaltungselement der Stadtbaukunst durch Freihaltung von Bebauung. (...) Ursprünglich ausschließlich kommerziellen, repräsentativen und kultischen Zwecken dienend, wird der Platz seit dem späten Mittelalter, der Renaissance und dem Barock mehr und mehr Verkehrsraum, der oft an den Schnittpunkten großer Achsen angelegt und durch markante Umbauung hervorgehoben wird.“[23] Lichtenberger hält allgemeingültig fest: „Plätze gehören zum wesentlichen Inventar der städtebaulichen Substanz. Überall dort, wo sie auf die mittelalterlichen Marktplätze zurückgehen, sind sie nach wie vor wirtschaftliche Zentren und Mittelpunkte städtischer Aktivität geblieben.“[24]

Generell unterscheiden sich die Definitionsvorschläge abhängig davon, welches Charakteristikum, also zum Beispiel Form, Gestaltung, Funktion oder Nutzung, vordergründig als besonders wichtig angesehen wird.

Barth sieht primär die architektonisch-städtebauliche Form als Merkmal eines Platzes: „Ein Stadtplatz kann als eine öffentlich allgemein zugängliche innerstädtische Freifläche umschrieben werden, die in ihrer Ausdehnung meist nach allen Seiten überschaubar durch Verkehrsflächen und Gebäude begrenzt ist. Er entsteht durch Ausweitung von Straßen bzw. durch Zurücktreten begrenzender Gebäude, überwiegend in Verbindung mit Verkehrseinmündungen, mit verkehrsbezogenen Einrichtungen, oft mit repräsentativen Bauten (...). Die allseitige enge räumliche Begrenzung auf nicht zusammenhängende, punktähnlich im Stadtgefüge verstreute Standorte (selten über 2 ha Flächenumfang) unterscheidet den Stadtplatz von den der Länge nach ausgedehnten Freiflächen der Straßen und der sogenannten Grünzüge.“[25] Auch Illing und Illing definieren den Platz in diesem Sinne: „Ein Platzraum wird durch die ablesbare Geometrie seiner Grundformen bestimmt. Er wird meist von Gebäuden eingefasst, deren Baukörper mit ihren Fassaden diesen Freiraum prägen und ihn als offenen Raum erlebbar machen. Der nichtbebaute Raum ist der fühlbare Raum.“[26]

Sack schreibt: „Ein Platz ist ein Stück verbreiterte Straße - oder auch ein Stück, das ihr oder aber der Architektur, einem Gebäude, abgetrotzt wurde. Der Platz ist ein städtebauliches Ordnungsmittel: Plätze gliedern die Stadt; jeder Platz ist der Mittelpunkt eines Quartiers, eines Viertels. (...) Ein Platz ist aber auch ein

22 Kadatz (1988) S. 214
23 Pevsner et al (1987) S. 492
24 Lichtenberger (2002) S. 178
25 Barth (1972) S. 153
26 Illing; Illing (1986) S. 29

Höhepunkt, eine Sammelstätte, namentlich dann, wenn er sein Gepräge durch bedeutsame Gebäude erhält, durch Rathäuser, Schlösser (...). Zusammen mit den Einrichtungen in den Häusern, die ihn umringen, bietet er eine Fläche für Handel und Wandel, das heißt: Für gesellschaftliche, kulturelle und politische Ereignisse und Tätigkeiten. Plätze sind indessen nicht eigentlich Flächen, sondern Räume. Eine Fläche wird erst zu einem Platz, wenn er eine Fassung hat, wenn er von Gebäuden umstanden ist oder (...) von Bäumen und Hecken.“[27]

Paetel sieht den Platz durch seine gesellschaftliche Funktion gekennzeichnet: „Stadtplätze sind multifunktionale Freiflächen, die dem Range ihrer städtebaulichen Ordnung entsprechend das gesamtgesellschaftliche - nämlich politische, wirtschaftliche, kulturelle und im üblichen Sinne gesellschaftliche - Leben in dem Maße reflektieren, als es dem funktionell und klimatisch Möglichen und Wünschenswerten entspricht.“[28] Dies unterstreicht auch Ullmann: „Platzräume sind Ideenträger wechselnder gesellschaftlicher Systeme.“[29] In diesem Sinne schließt sich Thielen an: „Der Stadtplatz ist ein Raum der (Selbst-) Darstellung und Begegnung von Einzelnen und Gruppen einer besonderen Gesellschaft in einem bestimmten geschichtlichen Augenblick (...).“[30]

Allgemeingültige Charakteristika

Zusammenfassend können allgemeingültige Charakteristika eines Stadtplatzes, also eines Platzes im städtischen Bereich, festgehalten werden: Ein Stadtplatz ist primär durch seine freie Fläche charakterisiert, die gleichzeitig seine Multifunktionalität bedingt, und durch seine öffentliche Zugänglichkeit.

Wie nachfolgend dargestellt, steht die freie Fläche im Mittelpunkt fachlicher Diskussionen. „Der leere Platz bildet den größtmöglichen Bewegungsraum – Spielräume und Segmente für multifunktionale Nutzungen; der Platz bietet Raum, der gefüllt werden kann – wie ein Flussbett, wie eine Bühne. Man kann auf dem Platz Dinge herumräumen, mobil, flexibel – doch es ist immer Raum da, sich zu bewegen, von allen Seiten frei zugänglich für jedermann.“[31] Kritisiert wird jedoch zum einen das Überladen mit Skulpturen oder Kleinarchitektur, zum anderen die Platzgestaltung durch Pflanzen, denn nach Paetel liegt es „in der Natur der Sache, daß eine Pflanze ihre Pflanzstelle unbetretbar werden läßt. Auch der Rasen ist nur bedingt eine Ausnahme. Da nun aber das Wesen des Platzes ausmacht, betretbare, multifunktionale Fläche zu sein, ist ein Platz nur

27 Sack (1986) S. 22
28 Paetel (1970a) S. 338
29 Ullmann (1989) S. 14
30 Thielen (1979) S. 81
31 Knirsch (2004) S. 42

genau soweit Platz, als er keine Grünfläche darstellt. Daß er trotzdem Grünelemente enthalten kann, steht dem insofern nicht entgegen, als der moderne Platz, mehr als der antike und mittelalterliche, auch eine Erholungsfunktion hat, der durch das Grün gut zu entsprechen ist."[32] Paetel empfiehlt im Sinne des Landschaftsarchitekten Hermann Mattern: Plätze „können Grünelemente enthalten, die aber in der Regel höchstens ein Drittel der Gesamtfläche einnehmen."[33]

Auch Sack weist darauf hin, dass zu viel Grün den Platz um seinen Platzcharakter beraubt, denn sonst werde er Park.[34] Illing und Illing fordern: „Plätze sind urbane Räume und sollten auch urban gestaltet werden."[35], und nehmen so ebenfalls von einer gärtnerischen Gestaltung auf Plätzen Abstand. Dagegen wünscht sich Schindler, dass Plätze von überflüssigen Bodenversiegelungen befreit werden sollten.[36] Auch Barth lässt Vegetation auf Stadtplätzen zu: „Stadtplätze brauchen nicht durch Vegetation, also auch nicht durch Gartenanlagen bestimmt oder mitbestimmt zu sein. Eine weitere Einschränkung ergibt sich aus der verbleibenden Unbestimmtheit des Begriffes Stadtplatz, die eine eindeutig scharfe Abgrenzung gegen andere öffentliche Gartenanlagen nicht zuläßt."[37] Stadtplätze brauchen also nicht, *können* aber bei Barth bepflanzt sein.

Ein Platz ist nicht allein durch freie Fläche gekennzeichnet. Ein Platz benötigt eine Fassung, die meist in einer geschlossenen Umbauung gesehen wird. Dies ist jedoch kritisch zu betrachten. Sicherlich ist diese Voraussetzung für einen Platz im klassischen Sinne zutreffend, doch die gewandelten städtebaulichen Leitbilder der vergangenen Jahrzehnte haben eine neue Stadtstruktur entstehen lassen, die nicht immer diesem Prinzip der Geschlossenheit folgt. Der Stadtlandschaft der Nachkriegszeit mit ihren fließenden Räumen würde so die Möglichkeit Plätze bilden zu können abgesprochen. Gewandelte städtebauliche Auffassungen bedingen jedoch keineswegs den Untergang des Platzes; sie bedingen lediglich neue Formen. So unterstreicht Aminde: „Es gibt wichtige neue Plätze in fragmentarischer Raumkonzeption ohne eindeutige Platzwände."[38] Ein sinnvolles Einfügen eines Platzes kann an jedem Ort möglich sein. So meint Lässig: „Die Voraussetzung dafür ist, daß es gelingt, dem Platz auch unter den Bedingungen der offenen Bebauung und des Übergewichts der ihn umgebenen Verkehrsräume einen eigenen räumlichen Charakter zu geben, ohne ihn für sich abzuschließen. Dazu ist es notwendig, die raumbildende Wirkung der Gebäude des Platzes auszunutzen und diese, wenn möglich, durch begrenzende Elemente zweiter Ord-

32 Paetel (1970a) S. 337
33 Paetel (1970a) S. 338
34 Sack (1986) S. 26
35 Illing; Illing (1986) S. 29
36 Schindler (1980) S. 576
37 Barth (1972) S. 153
38 Aminde (1994) S. 44

nung (Baumpflanzungen, Kleinbauten) zu unterstützen."[39] Deshalb ist es wichtig, den Begriff der Fassung zu erweitern und mit dem Begriff der Abgrenzung zu verknüpfen. Auch Plätze mit einem offenen Charakter sind Plätze, solange sie sich von der normalen Stadtfläche abgrenzen. Abgrenzung kann beispielsweise durch einen geänderten Flächenbelag erfolgen, durch eine Erhöhung des Platzniveaus oder durch die Rahmung mittels Bäumen, wie bereits von Sack erläutert.[40]

Im Rahmen dieser Arbeit werden solche Plätze untersucht, die sich in einer Stadt befinden. Alle untersuchten Plätze sind öffentlich zugänglich und verfügen über eine möglichst multifunktionale Fläche. Sie grenzen sich vom restlichen Stadtraum ab, werden also in einer wie auch immer gestalterischen Art und Weise gefasst. Die Plätze können, müssen aber nicht bepflanzt sein. Die Platzgröße ist im Rahmen dieser Arbeit unerheblich. Interessant ist vielmehr, welche städtebauliche, politische und gestalterische Idee hinter ihrer Gestaltung steht.

2.2 Funktion des Stadtplatzes

Die Auffassungen, welche Funktionen einem Stadtplatz inne wohnen, variieren ähnlich stark wie die Frage nach einer gültigen Platzdefinition. Zu beachten ist jedoch stets, dass die Funktion eines Stadtplatzes auch immer von Größe, Ausstattung, Erreichbarkeit und von der sozialen Struktur des Wohnumfeldes abhängig ist.[41] Lichtenberger schreibt über die Abgrenzung eines Stadtplatzes zu anderen öffentlichen Stadtflächen: „Im Vergleich zu den übrigen Kategorien öffentlicher Räume (Passagen, Grünräume, Baulücken, Straßen usw.) bietet der städtische Platz (...) Raum für eine Vielfalt von traditionellen Nutzungsarten wie z.B. das Flanieren und die Begegnung."[42] Eine genaue Festlegung der unterschiedlichen Platzfunktionen gestaltet sich allerdings schwierig, so Kostof: „Kategorien der Nutzung des Platzes, die jeder Beobachter anders formulieren mag und die für sich genommen unbestreitbar sein mögen, werden alle mit einer gemeinsamen Schwierigkeit konfrontiert sein: Plätze dienen mehreren Zwecken und ihre Nutzungen ändern sich im Laufe der Geschichte."[43]

---

39 Lässig (1968) S. 34
40 Sack (1986) S. 22
41 Henz; Henz (1980) S. 551-556.
42 Lichtenberger (2002) S. 179
43 Kostof (1993) S. 143

Barth erklärt zu den Funktionen eines Stadtplatzes: „Seiner Aufgabe nach dient der Stadtplatz dem An- und Aufhalten, der Versammlung und Verteilung, dem Austausch, der Rast, der Orientierung, der Repräsentation.“[44] Paetel belässt es nicht bei einer allgemeinen Beschreibung der Platzfunktionen.[45] Er unterscheidet sie nach drei Gesichtspunkten, die der Vollständigkeit halber erwähnt werden, wenngleich die vorliegende Arbeit nicht näher auf sie eingeht. Erstens platzspezifische und platzunspezifische Funktionen. Platzspezifische Funktionen nennt Paetel auch Primärfunktionen. Platzspezifisch, weil diese überwiegend gesamtgesellschaftlichen Funktionen nicht oder kaum auf anderen städtischen Freiflächen ausgeführt werden können. Primär, weil sie vor den sekundären Funktionen erst ermöglicht werden müssen und somit die Identität eines Platzes sicherstellen. Zu den Primärfunktionen zählt Paetel die politische, die kommunale, die repräsentative, die wirtschaftliche und die dispositionale Funktion. Platzunspezifische Funktionen, von Paetel auch Sekundärfunktionen genannt, betreffen hauptsächlich den einzelnen Benutzer. Diese Funktionen sind platzunspezifisch, weil sie sich auf anderen Freiflächen ebenso gut oder sogar besser verwirklichen lassen. Sie sind sekundär, weil sie hinter den Primärfunktionen zurücktreten. Für Paetel sind die Unterhaltungsfunktion, die Erholungsfunktion, die Funktion individueller Repräsentation und die Freizeitfunktion Sekundärfunktionen.

Als zweiten Gesichtspunkt sieht Paetel permanente, variable und sporadische Funktionen, je nach Dauer ihres Auftretens im Laufe der Geschichte des Stadtplatzes: „Permanente Stadtplatzfunktionen sind solche, die ein Platz dauernd und unaufhebbar besitzt, etwa seine stadtbelüftende. Variable Funktionen hat ein Stadtplatz potentiell, jedoch nicht zu allen Zeiten und an allen Orten im gleichen Umfang. Zu den variablen Funktionen des Stadtplatzes gehören die weitaus meisten. Sporadische Funktionen besitzt oder besaß der Stadtplatz im Laufe der Geschichte nur vorübergehend (z.B. Exerzieren auf Exerzierplätzen als Sonderform des Stadtplatzes).“[46]

Der dritte Punkt sind Flächen- und Wandfunktionen: „Da eine Platzfläche und ihre Wände als funktionelle Einheit betrachtet werden müssen, lassen sich die obigen Funktionsgruppen dem Ort ihrer Realisierung nach in Flächen- und Wandfunktionen unterscheiden. Einige Stadtplatzfunktionen, z.B. die Marktfunktion, können beides sein.“[47] Abschließend erwähnt Paetel die städtebauliche Funktion, die Verkehrsfunktion und sogenannte Notfunktionen, d.h. beispielsweise die Umwandlung eines Platzes in einen Kinderspielplatz aus Mangel an anderen freien Flächen.

---

44 Barth (1972) S. 153

45 folgend: Paetel (1970b) S. 377ff.

46 Paetel (1970b) S. 377

47 Paetel (1970b) S. 377

Generell kann man allerdings Kostofs Aussage folgen: „Die Hauptanforderung an öffentliche Plätze ist Flexibilität. Und damit zeigt sich die innere Verknüpfung von Funktion und Form (im weiteren Sinne der räumlichen Anlage) als unauflösbar. Anders gesagt: Je unspezifischer die Form eines Platzes, desto eher kann er vielfachen Zwecken dienen.“[48]

Begegnung

Die Funktion des Treffpunktes gehört zu den ältesten eines Platzes. Zu unterscheiden sind verschiedene Möglichkeiten, für die ein Platz als Begegnungsort dienen kann. Dazu gehören die Kommunikation und kulturelle Veranstaltungen. Einige Planer beklagen in den vergangenen Jahren allerdings den zunehmenden Verlust als Ort der Kommunikation, als Ort, wo man sich mit Freunden trifft. Als Grund wird der Rückzug ins Private angegeben. Ausreichend große Wohnungen, Informationen durch Radio, Fernsehen und Internet lösen den Platz als Kommunikations- und Informationsplattform ab. Zudem meint Ullmann: „Mit dem Abbau politisch-hierarchischer Strukturen hat der Platz einen wichtigen Teil seiner urbanen Funktion aufgegeben. Auch die Stadtplanung hat durch die Aufspaltung in Park-, Bau-, Spiel- und Lagerplätze dazu beigetragen, seine Bedeutung abzubauen. Aus dem Raum wurde eine Funktionsfläche. Tiefgreifender als dieser Funktionswandel ist jedoch der allgemeine Rückzug der Städter in die Privatsphäre. Der öffentliche Raum leidet an Auszehrung, er ist als Kommunikationsraum uninteressant und unattraktiv (...).“[49] Kaltenbrunner sieht allerdings den Rückzug ins Private nicht als Grund, sondern als Reaktion. Er sieht in der überfrachteten Möblierung der Stadtplätze mit einen Auslöser für ihre Verödung. Ein Zuviel an Telefonzellen, Wartehäuschen, Kiosken, Masten, Schildern, Sammelcontainern, Abfallkörben, Blumenkübeln, Pollern, Bänken, Schaukästen oder Litfasssäulen nimmt dem öffentlichen Raum den Wert „funktionell offen und unbestimmt zu sein“.[50] Ähnliche Planungsfehler machen auch bereits in den 1980er Jahren Obermaier und von Seggern für den Rückgang der Begegnungs- und Kommunikationsfunktion verantwortlich. Selbstverständlich versuchen die Planer, durchaus interessante Raumeindrücke und Aufenthaltsbereiche zu schaffen. Dementsprechend erwarten die Architekten und Landschaftsarchitekten dann, dass die zukünftigen Nutzer die Plätze zum Verweilen und zur Kommunikation annehmen. „Der Planer übersieht hier, daß der Besuch eines Platzes und die Kommunikation während des Aufenthaltes freiwillig sind und deshalb nicht in dem Maß geplant werden können wie in anderen Bereichen (...). Um so wichtiger ist es deshalb, einen Platz so weit wie möglich auf die Verhal-

48 Kostof (1993) S. 144
49 Ullmann (1989) S. 20
50 Kaltenbrunner (2002) S. 23

tensbedürfnisse der Nutzer auszurichten und ihre Verhaltensbeschränkungen zu berücksichtigen."[51]

Der Platz ist jedoch allen Kritiken zum Trotz Kommunikations- und Begegnungsort geblieben. Stadtfeste, Openair-Veranstaltungen u.ä. finden auf Plätzen statt und bedingen ihre kulturelle Funktion. Auf diese Weise besteht auf den Plätzen noch immer die Möglichkeit zur Kommunikation. Der Platz „ist weiterhin Begegnungsstätte und Anziehungspunkt, die Bestimmung des Platzes ist jedoch nunmehr der Platz als solcher. Der Ort, der früher einer Gemeinschaft zu kollektiven (religiösen, kommerziellen oder politischen) Zwecken diente, wird durch einen Raum ersetzt, in dem einzelne Individuen agieren,"[52] so Ullmann.

Repräsentation

Ein Platz kann die Stadt selbst, die Macht des herrschenden politischen Systems oder ein Gebäude repräsentieren. „Plätze dienen seit Jahrhunderten der Selbstdarstellung der Stadt."[53] Der Rathausmarkt steht für Hamburg, der Römer für Frankfurt am Main, der Domplatz für Erfurt. Diese Plätze gehören zum Bild der jeweiligen Stadt, geben ihr ein Stück Identität, repräsentieren die Stadt gegenüber Besuchern. Bei dieser Art von Repräsentation ist es irrelevant, ob es sich dabei um eine Großstadt oder eine Kleinstadt handelt. Stets wird das Bemühen der Stadtentwicklung dahin zielen, der Stadt eine identitätsstiftende Mitte zu geben, um Einwohnern und Besuchern gleichermaßen die Attraktivität des Ortes vorzuführen und die Stadt von ihrer besten Seite zu zeigen.

Ein Platz kann einem Gebäude einen repräsentativen Rahmen geben, d.h. genügend Raum, um Größe und/oder Wichtigkeit des Gebäudes zu betonen. Ein Platz hilft einem Gebäude, sich über die Gebäudemauern hinaus weiter in den Außenraum zu repräsentieren. So bezieht sich ein Rathausplatz oder ein Gerichtsplatz hauptsächlich auf das jeweilige Gebäude und zollt diesem aufgrund seiner Freifläche gebührenden Abstand und somit Respekt. Mittlerweile sind es zunehmend Versicherungen oder Banken, die sich an großen, innerstädtischen Plätzen niederlassen und von den Platzräumen profitieren.

Eng mit dieser städtischen Repräsentation ist die Darstellung von politischer Macht verknüpft. Als Beispiel seien hier der Schlossplatz während einer Monarchie erwähnt oder die monumentalen Platzanlagen des Nationalsozialismus. Diese Plätze standen insbesondere für die Stärke sowie für die (vermeintliche) Überlegenheit des gesellschaftlichen bzw. politischen Systems. Im positiven

51 Obermaier; von Seggern (1984a) S. 1627
52 Favole (1995) S. 10
53 Ullmann (1989) S. 12

Falle von Machtrepräsentation bedeutet ein Platz aber Raum für das Volk, Raum für politische Meinungsäußerung. Durch Präsenz, durch Demonstrationen eignet sich das Volk den Platzraum an und zeigt seinen machtvollen Einfluss. Wie stark diese Repräsentation von Macht sein kann, haben die Kundgebungen in der DDR auf zahlreichen Stadtplätzen im Herbst 1989 gezeigt.

Verkehr

Plätze können Verkehr leiten und lenken. Ein Beispiel ist die Mittelinsel eines Kreisverkehrs, zu dem viele Plätze im Zuge der autogerechten Stadt umgewandelt wurden. Bedingt durch den Parkplatzmangel wurden zudem viele Plätze für den ruhenden Verkehr freigegeben und dienen somit als Parkplatz. Der Verkehrsfunktion unterliegen auch Plätze, die vom ÖPNV geprägt sind. Hier können sich Bus-, U-Bahn- oder Straßenbahnlinien treffen. Der Platz dient so als Umsteigeort.

Gliederung

„Der Platz ist ein städtebauliches Ordnungsmittel: Plätze gliedern die Stadt; jeder Platz ist der Mittelpunkt eines Quartiers, eines Viertels.“[54] Plätze „vermitteln ein besonderes Raumerlebnis im Gefüge der Raumstrukturen von Altbauquartieren (Straßen, Hausfluchten, Höfe, Plätze).“[55] Nicht nur die Planungen Haussmanns in Paris oder Hobrechts in Berlin zeigen: Plätze gliedern die Stadt, bieten Verbindungen zwischen einzelnen Straßen und ganzen Vierteln. Plätze können jedoch noch mehr sein: Sie können die (symbolische) Mitte einer Stadt bilden und somit gleichzeitig eine Stadt repräsentieren, wie bereits erläutert.

Handel

Die traditionelle Funktion des Handelsplatzes, als Ort für Märkte, hat der Platz nur eingeschränkt über die Jahrhunderte bis zum heutigen Zeitpunkt halten können. Wirtschaftliche Veränderungen erwirkten einen Wandel der Handelsfunktion. „Die Verdrängung der Viehwirtschaft aus der Stadt, Motorisierung des Verkehrs, schnelle Einfuhr und bessere Konservierung der Lebensmittel, Reduzierung des Marktwesens unter freiem Himmel durch Einrichten von Kaufläden und Ausbau von Kaufhäusern“[56] reduzierte laut Barth die traditionellen Marktplätze. Gekauft und gehandelt wird heute mittlerweile hauptsächlich in Innenräumen. Allerdings bemerkte Paetel bereits in den 1970er Jahren: Es ist ein

54 Sack (1986) S. 22
55 Henz; Henz (1980) S. 552
56 Barth (1972) S. 155f.

„Merkmal neuer Plätze, daß sie etwas wie das Auferstehen des städtischen Marktes bringen, allerdings in zeitgemäßer Form (Geschäfte am Rand).“[57] Doch mittlerweile hat auch hier wieder ein Wandel stattgefunden. Einkaufsarkaden und Shoppingcenter bieten den Konsumenten nicht nur Geschäfte, sondern auch Unterhaltung in Form von Kinos und Restaurants. An die Stelle des offenen Marktplatzes „tritt ein wohlkalkulierter Mix an Infrastrukturen, die reale oder vermeintliche Konsumbedürfnisse befriedigen, die einladend wirken und zugleich das Fortbestehen des Urbanen vortäuschen,“[58] so Kaltenbrunner. Zweifelhaft erscheint ihm dabei die Privatisierung des öffentlichen Raumes, denn unerwünschten Personen wird der Einlass verwehrt. In der Folge wird aus einem vermeintlich öffentlichen Raum ein begrenzter. Die Idee des Stadtplatzes wird somit ad absurdum geführt.

Freizeit und Erholung

Ein Platz kann ein Ort sein, der vorzugsweise zur Freizeitgestaltung aufgesucht wird. Dies kann durch ein eigens geplantes Angebot geschehen, beispielsweise durch einen Kinderspielbereich oder durch gartenähnliche Teilräume. Doch selbst vollkommen leere Plätze können z. B. als Fahrfläche von Skateboardfahrern und Inlineskatern geschätzt werden. Die Erholungsfunktion eines Platzes ist so vielfältig wie es Besucher gibt. Während die einen das Café am Platzrand zur Erholung bevorzugen und andere lieber Rollschuh fahren, bevorzugen wieder andere Besucher Plätze mit einem hohen Grünanteil. Solche Plätze mit einem hohen Maß an pflanzlicher Gestaltung können einen gewissen Grünflächencharakter besitzen. Aufgrund der zumeist geringen Größe sind sie weniger zur aktiven Erholung geeignet denn als Ruhezone.

57 Paetel (1970b) S. 378
58 Kaltenbrunner (2002) S. 23

2.3 Historische Entwicklung des Stadtplatzes in Deutschland bis 1945

Seit der Entstehung der ersten städtischen Siedlungen sind Plätze ein wichtiger Mittelpunkt des öffentlichen Lebens. Das Aussehen und die Funktion der Plätze veränderten sich allerdings über die Jahrhunderte, wenn sich gesellschaftliche Ordnungen, Handelsformen oder städtebauliche Ideen wandelten.

Die Anfänge bis zum Mittelalter

Die ersten Stadtplätze auf dem Gebiet des heutigen Deutschland sind die Foren der römischen Städte innerhalb des Rhein-Donau-Limes (Trier, Köln, Augsburg u.a.). Diese Städte waren nach einem relativ festen Schema angelegt, wobei das Forum in der Mitte der Stadt an der Kreuzung der großen Ost-West- und Nord-Süd-Straße lag. Am Forum lagen Institutionen des Handels, der Verwaltung und des Glaubens.[59] Das Forum bildete den Lebensmittelpunkt der Stadt. Die Grundform war das Rechteck. Die Foren waren befestigt, die Platzfläche wies aber keine Strukturierung und Gestaltung auf. Nach dem Zusammenbruch des römischen Reiches ging auch die antike Stadtkultur zugrunde, die räumlichen Strukturen wurden jedoch teilweise aufgenommen und weitergeführt.[60]

Als im frühen Mittelalter Händler durch ganz Europa zogen, legten sie an strategisch günstigen Stellen wie Flussüberquerungen oder Wegekreuzungen bewachte Warendepots an. Als im 12. Jahrhundert dann eine Phase der vermehrten Städtegründung begann, waren diese Depots oft der Ausgangspunkt neuer Städte.[61] Der Handel war die Ausgangsfunktion dieser Städte und damit auch ihrer Plätze. Die Marktplätze waren die „soziale Mitte der Stadt",[62] und zugleich ihr politisches und wirtschaftliches Zentrum Am zentralen Markt stand das Rathaus sowie repräsentative Handels-, Gilden- und Zunfthäuser; auch die Stadtkirche stand am oder nahe dem Platz.[63]

59 Hesse (2003) S. 14f.
60 Hesse (2003) S. 23
61 Nielebock (1996) S. 25
62 Lichtenberger (2002) S. 24
63 Hesse (2003) S. 27

Abb. 1:
In mittelalterlichen Städten wie Lübeck war der Marktplatz mit Rathaus, Markthalle und Warenlager sowie mit der nahegelegenen Kirche das politische und wirtschaftliche Zentrum der Stadt.

Neben den Wochenmärkten boten die Marktplätze Raum für Jahrmärkte und Messen. Meist am Rande der Plätze fanden sich Ausstattungen wie Marktbrunnen, Waage und Pranger.[64] Eine Bepflanzung gab es nicht oder sie beschränkte sich auf Einzelbäume. Meist war die Platzfläche nicht befestigt.[65] Der Verkehr floss am Platzrand oder außerhalb des Platzes. Die Form der Plätze ergab sich durchaus aus rationalen Überlegungen, folgte aber keinem geometrischen Formenkanon.[66]

Die Zeit der Renaissance und des Barock

Im Städtebau des absolutistischen Landesfürstentums entstanden neue Plätze in den neugeplanten fürstlichen Residenzstädten in Zusammenhang mit den Schlossbauten. Die Plätze gaben den großen Bauwerken einen repräsentativen und machtvollen Rahmen für höfisches und militärisches Zeremoniell. Der Schlossplatz hatte zum einen die Funktion als Cour d'honneur, dem Raum für die Vorfahrt, zum anderen als Abstandsfläche zur Bürgerstadt.[67] Er konnte aber

64 Ringler (2003) S. 16
65 Nielebock (1996) S. 27ff.
66 Hesse (2003) S. 23; vgl. aber auch Sack (1986) S. 23
67 Ringler (2003) S. 22

durchaus zugleich Marktplatz sein, an dem auch Rathaus und Kirche stehen konnten.[68]

In Bezug auf die Platzformen griff man auf antike Vorbilder zurück, die Gestaltung folgte ästhetischen Maßregeln. Es entstanden meist quadratische oder rechteckige Architekturplätze.[69] Neu gegenüber den antiken Vorbildern war die Betonung der konzentrischen Stadtstruktur, bei der der (Schloss)platz den End- und Höhepunkt bildete. Auch die weiteren Stadtplätze ordneten sich in die am Schloss gipfelnde Gesamtkonzeption ein oder entstanden an neuen Stadtbefestigungen und -toren. Diese Plätze dienten meist sowohl dem Handel als auch als Exerzierplätze. [70] Die Plätze waren oft befestigt, aber in der Regel nicht strukturiert.

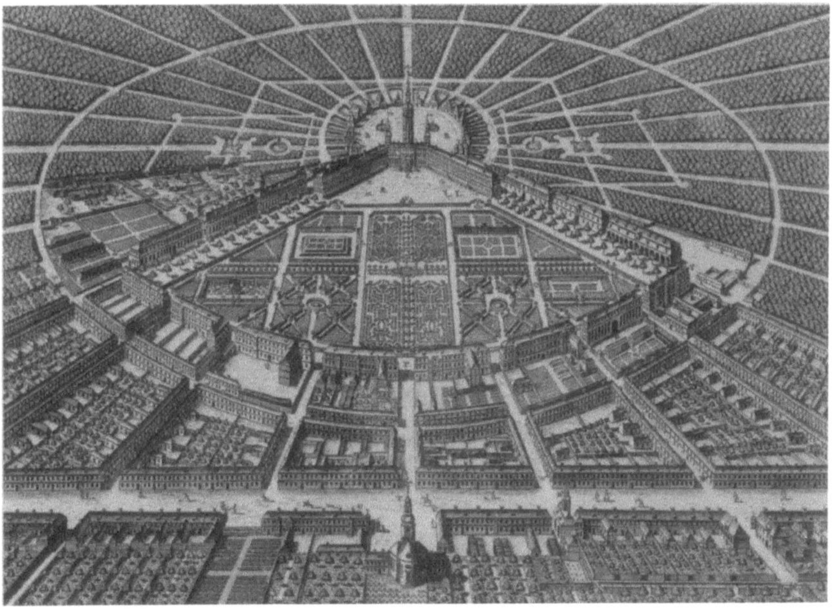

Abb. 2: Die Residenzstadt Karlsruhe von Süden im Jahr 1739 nach einem Kupferstich des Hofgärtners Christian Thran. Die Konzeption Karlsruhes mit seinen Achsen und Platzfolgen stellt einen Übergang vom Barock zum Klassizismus dar.

68 wie in Karlsruhe, und Rastatt, , nebeneinander in Mannheim; Ringler (2003) S. 22; Hesse (2003) S. 47

69 Nielebock (1996) S. 41ff.; Hesse (2003) S. 48

70 Lichtenberger (2002) S. 30f.; Barth (1972) S. 155

Die Baustile der Renaissance und später des Barock spiegelten sich vor allem in den umgebenden Bauten. Eine Ausstattung der Plätze erfolgte nicht oder beschränkte sich auf Standbilder.[71] Bepflanzt waren einige Plätze mit Baumreihen, oft waren sie jedoch ganz vegetationslos.[72]

Das 19. Jahrhundert

Das 19. Jahrhundert war geprägt von gesellschaftlicher Liberalisierung und der Entwicklung der Industrieproduktion in Händen der Bürger. Die zunehmende Industrialisierung und die wachsende Bevölkerung in Deutschland führte ab der Mitte des 19. Jahrhunderts zu umfangreichen Stadterweiterungen, insbesondere in den großen Städten. Die Planung wurde in der Regel von Ingenieuren und Landvermessern übernommen, deren Priorität eine rationale, geometrische und regelmäßige Aufteilung des Baugeländes war. Die Baulinien verliefen dementsprechend vorzugsweise parallel und geradlinig. Je nach künstlerischem Anspruch der Planer und Auftraggeber wurden an zentralen Stellen Hauptachsen oder geometrische Platzfiguren angeordnet.[73] Bei der Platzgestaltung bedienten sich die Planer in vielen Städten nach wie vor der geometrischen Formen der barocken Stadt, doch durch die gesellschaftlichen Veränderungen war die absolutistische Formensprache nun aber sinnentleert.

Diese „Untauglichkeit des starren (...) Stadtgrundrisses zur Erfüllung der Bedürfnisse einer neuen bürgerlichen Gesellschaft“[74] versuchte der österreichische Architekt Camillo Sitte mit seinem 1889 erschienenen Buch „Der Städtebau nach seinen künstlerischen Grundsätzen“ aufzulösen. Aufgrund seiner Analyse antiker und mittelalterlicher Platzgestaltungen plädierte Sitte dafür, Stadtbaukunst als Raumkunst anzusehen und die Stadtplätze nach einem malerischen Prinzip zu formen. Zwischen Bauten, Monumenten und Platzformen sollte eine räumliche und funktionale Beziehung entstehen, Plätze auch unregelmäßig ausgebildet und zu Platzgruppen verbunden werden. Es reiche nicht aus, die zu errichtenden Gebäude in ein rasterförmiges oder geometrisches System zu pressen, vielmehr sollten die Bauten zusammen mit der geplanten Raumform entworfen werden.[75] Sittes künstlerische Ideen prägten den deutschen Städtebau nachhaltig, wenngleich sich nicht alle Planer an seinen Ausführungen orientierten.

---

71 Hesse (2003) S. 89, 113
72 Barth (1972) S. 156
73 Selig (1983) S. 25
74 Selig (1983) S. 33f.
75 Selig (1983) S. 34f.

Im Unterschied zur Renaissance und zur Barockzeit, wo die Plätze noch weitgehend durch eine freie Fläche charakterisiert waren, begann man Ende des 19. Jahrhunderts die Stadtplätze gärtnerisch zu gestalten oder sogar schon von vornherein als sogenannte „Schmuckplätze“ zu planen. Diese Ausgestaltung diente dem Bedürfnis der vornehmen Bürger nach Repräsentation. Aus Sicht der vielfach tätigen Baugesellschaften steigerten sie zudem den Wohnwert und damit auch die Mieteinnahmen von Wohnvierteln. Stadtstrukturell sollten Sternplätze und diagonal geführte Straßen „besseren“ Wohnquartieren gegenüber den meist rasterförmig angelegten Gründerzeitvierteln mehr Gestalt verleihen. Stilistisch kennzeichnend für die Platzgestaltung in dieser Zeit ist zunächst noch die Rückbesinnung auf die Klarheit der Antike im Klassizismus, dann der gleichzeitige Rückgriff auf historische Stilelemente aus verschiedensten Epochen.

Abb. 3: Der Gärtnerplatz in München im Jahr 1871. Das Gärtnerplatzviertel war eine frühgründerzeitliche Stadterweiterung im spätklassizistischen Stil. Die regelmäßige, ornamentale Gestaltung der Platzfläche mit Teppichbeet und Denkmal unterstreicht den repräsentativen Charakter der umliegenden Bebauung. Diese „Nobilitierung“ trieb zudem die Grundstückspreise an den Straßen in die Höhe.[76] Auch das im Hintergrund zu sehende Theater trug zur Bodenspekulation mit bei.[77]

76 Selig (1983) S. 58
77 Selig (1983) S. 63

Die regelmäßig gestalteten Schmuckplätze waren axial-geometrisch angelegt, meist durchschnitten zudem Diagonalwege die Platzfläche. Die Platzmitte zierte oft eine Brunnenanlage oder ein Denkmal. Die gärtnerische Gestaltung umfasste vor allem die Anlage von vielgestaltigen Teppichbeeten, in deren Mitte sich oft eine Kübelpflanze befand. Die bildhafte Gesamtwirkung stand im Vordergrund. Die geometrischen oder figurativen Teppichbeete folgten in ihren Formen, beispielsweise Rosetten oder Friesen, der umliegenden Bebauung oder der Platzform selbst.[78] Neben den geometrisch gestalteten Stadtplätzen wurden auch Plätze im „landschaftlichen" Stil angelegt. Hier stand die Idealisierung der Natur im Vordergrund. Die Natur galt als Synonym für Einfachheit, Ruhe, Schönheit, Harmonie und Wahrheit, also den Lebensidealen des aufgeklärten Bürgertums. Die Plätze in ihrer Gesamtform waren dabei zwar streng symmetrisch, die Strenge wurde aber durch locker angeordnete Eichen- und Lindengruppen oder durch eine geschwungene Wegeführung gemildert.[79] Auf Blumen verzichtete man weitgehend zugunsten von Rasen.

Abb. 4: Platz am Opernhaus in Berlin, 1903. Die Gestaltung orientiert sich trotz seiner Regelmäßigkeit am „landschaftlichen Stil" und verzichtet auf Blumenschmuck.

Die Schmuckplätze waren je nach Wohngebiet unterschiedlich üppig ausgestattet. Der Verein Deutscher Gartenkünstler (VdG) empfahl 1893 sogar analog

78 Nielebock (1996) S. 89
79 Barth (1972) S. 162ff.

zum damaligen Dreiklassen-Wahlrecht „Dreiklassen"-Schmuckplätze. Zur I. Klasse zählten Schmuckplätze vornehmen Charakters und in künstlerischer Ausstattung, zur II. Klasse Schmuckplätze in guter bürgerlicher Einrichtung, zur III. Klasse solche in einfacher Einrichtung.[80]

Abb. 5: Den 1898 ausgerufenen Wettbewerb für die Gestaltung des Berliner Viktoria-Luise-Platzes gewann Paul Encke. Der aufwändige Schmuckplatz im vornehmen Wohnviertel war gemäß des Historismus mit Teppichbeet, Fontänenbrunnen und mehreren Diagonalwegen gestaltet. Foto um 1900.

Die in dieser Zeit gebauten oder umgestalteten Plätze wenden sich von der multifunktionalen Nutzbarkeit ab. Ihre Nutzung war auf das Flanieren und das eher passive Verweilen beschränkt.[81] Der zunehmende Verkehr schränkte in der zweiten Hälfte des Jahrhunderts auch diese Funktion ein und schaffte eine Barriere zwischen Platzinnenfläche und Platzrand. Für die verloren gegangenen Platzfunktionen wurden wiederum spezielle Sonderplätze neu geschaffen, wie zum Beispiel Markthallenplätze, Tor- oder Bahnhofs-Vorplätze.[82]

80 Thieme (1907) in: Gröning; Wolschke-Bulmahn (1987b) S. 59
81 Nielebock (1996) S. 68
82 Nielebock (1996) S. 81ff.

Das 20. Jahrhundert bis 1933

Die repräsentativen Stadtplätze des Historismus gerieten wegen ihrer geringen Nutzbarkeit mit Beginn des 20. Jahrhunderts in zunehmende Kritik. Im Zuge sozialreformerischer Ideen entstanden Stadtplätze, die dem Erholungsbedürfnis der Bevölkerung entgegenkamen, ohne auf die künstlerische Ausstattung zu verzichten. Kinderspielplätze wurden in unterschiedlichen Größen und Ausführungen in die Anlagen integriert, verbunden mit Ruheplätzen für Erwachsene.

Gerade in den hochverdichteten ärmeren Stadtteilen fiel den Plätzen die wichtige Funktion zu, überhaupt eine nutzbare Grünversorgung zu gewährleisten.[83] So erklärt Erwin Barth 1913, damals Gartendirektor von Berlin-Charlottenburg, zu seinem Entwurf für den Gustav-Adolf-Platz (heute Mierendorff-Platz) im ärmeren Nordteil des Bezirks: „Wer glaubt, daß in einer derartigen Gegend die Gartenplätze weniger reich und schön auszustatten seien, wie in einer Gegend mit wohlhabender Bevölkerung, der vertritt m. E. eine ungesunde, reaktionäre Anschauung, welche von den guten sozialen Strömungen der Neuzeit unberührt geblieben ist. Wenn irgendwo eine reiche Ausstattung der Plätze mit verschwenderischer Blumenfülle, mit Brunnen und dergl. angebracht ist, so ist die es da, wo Leute wohnen, welche sich keinen eigenen Garten leisten können. Nach diesen Gesichtspunkten ist der Gustav-Adolf-Platz angelegt."[84]

Der Begriff Schmuckplatz wich bis 1914 zunehmend dem Ausdruck Quartiersplatz oder Gartenplatz,[85] und zeigt damit das Bemühen, den Stadtplätzen die Wohnfunktionen privater Gärten mit vielfältiger Nutzbarkeit zuzuweisen.[86] Die Plätze waren zumeist architektonisch angelegt, klar und übersichtlich gestaltet. Die aufwändige Wegeführung wurde vereinfacht, Diagonalwege entfielen.[87] Ziermusterbeete wurden durch breite, vielfarbige Rabatten mit Stauden, oft in Verbindung mit Sommerblumen, ersetzt.[88] Zusätzlich zu den Staudenbeeten waren Rosenpflanzungen angelegt. Die Plätze verfügten über eine Vielzahl von Sitzplätzen, oft in der Nähe der Beete. Auf den Stadtplätzen dieser Zeit ist eine Staffelung der Bepflanzung auffällig, die sich zum Platzrand hin durch Rasen, nach Höhen gestufte Staudenrabatten, Hecke, Spalier oder Strauchreihe, geschnittene Randbäume und schließlich ungeschnittene Straßenbäume auszeichnete.[89] Dabei entstand in der Mitte ein von Vegetation umschlossener Raum, der

---

83 Benz-Rababah (2000a) S. 399
84 Barth (1913) in: Land; Wenzel (2005) S. 192f.
85 Wagenfeld (1985) S. 28
86 Benz-Rababah (2000a) S. 400; Benz-Rababah (2000b) S. 554
87 Barth (1972) S. 161
88 Barth (1972) S. 163
89 Barth (1972) S. 170

von Lärm und Staub abgeschirmt war. Kunstvolle Tore und Laternen, Trinkbrunnen, Vasen aus Stein und Keramik, Sitzlauben, Spaliergitter und Pergolen, sowie niedrige Zäune und Hecken unterstrichen den Wohncharakter der Plätze. Durch die unterschiedlichen Nutzbereiche waren diese Plätze zunehmend in optisch getrennte Raumzellen aufgeteilt.[90]

Neben der Nutzbarmachung der Plätze in der verdichteten Stadt entstanden seit Beginn des Jahrhunderts, verstärkt in den 20er Jahren, Plätze in den neuen, außerhalb der Stadtzentren, geplanten Wohnquartieren. Diese Quartiere folgten dem Ziel „seelischer Hygiene“, wollten den Bewohnern mehr Licht und Luft verschaffen als in der „alten“ Stadt.[91] Die Plätze in diesen Quartieren befanden sich meist hinsichtlich Gestaltung und Nutzung im fließenden Übergang zu den Hofinnen- und Gartenbereichen sowie den grünen Promenaden dieser Siedlungen.[92]

Abb. 6: Gustav-Adolf-Platz in Berlin, 1912 von Erwin Barth entworfen. Dem reich bepflanzten gartenähnlichen Bereich steht im nördlichen Teil ein Kinderspielplatz gegenüber.

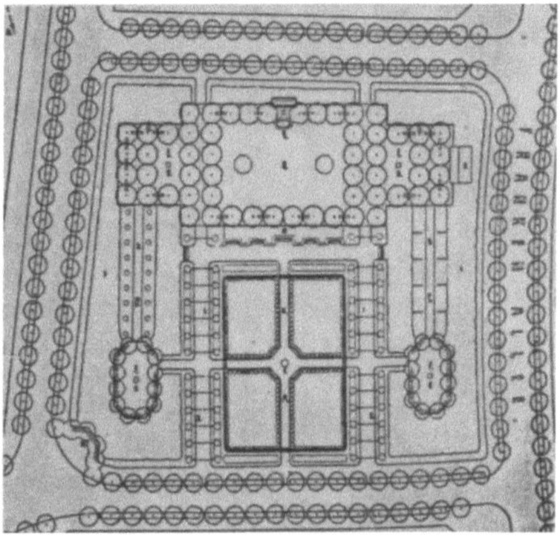

Abb. 7: Karolingerplatz in Berlin, 1912/1913 von Erwin Barth gestaltet. Dieser Gartenplatz zeichnet sich durch seine architektonische Formgebung und seine umpflanzten Teilräume aus. Der nördliche Teilraum dient, wie beim Gustav-Adolf-Platz, dem Kinderspiel.

90 Benz-Rababah (2000) S. 403
91 Hesse (2003) S. 135; Benz-Rababah (2000a) S. 399
92 Benz Rababah (2000b) S. 549

Doch selbst bei renditegeprägten Projekten fand ein Umdenken statt. Ein solches Beispiel stellt der Rüdesheimer Platz in Berlin dar. Das Gelände rund um den Rüdesheimer Platz gehörte der Berlinischen Gesellschaft, die bereits beim Viktoria-Luise-Platz ein ansprechendes Gesamtbild wünschte, um die Rendite der Wohnbebauung zu steigern. Doch im Gegensatz zum Viktoria-Luise-Platz flossen mittlerweile die sozialreformatorischen Aspekte in die Platzgestaltung mit ein. Vor die Platzlängsseiten der Gebäude wurden Vorgärten gesetzt, die einen Übergang zu den Rasen- und Gartenflächen des Platzes bildeten. Die Gestaltung des Rüdesheimer Platzes oblag nach einem Wettbewerb im Jahr 1910 H. Berg und H. von Voven, die Ausführung folgte im Jahr darauf. Die Planer sahen eine Dreiteilung des Platzes vor. Eine Brunnenanlage von Ludwig Cauer, ein abgesenktes Rosenfeld sowie ein kleiner Hain mit Blumenbeeten und Hecken erfüllten am Eingang die nötige Repräsentation, gaben Kindern eine Spielfläche und den Erwachsenen einen Ruheraum.[93]

Die Zeit des Nationalsozialismus

Der Nationalsozialismus bedeutete keinen Bruch in der Gestaltung der *Erholungs*plätze. Laut Fibich sind die formalen Kontinuitäten sogar dermaßen offensichtlich, dass die Gestaltungen aus den 20er und 30er Jahren kaum zu unterscheiden sind.[94] So bevorzugten die Planer in den 30er Jahren ebenfalls eine architektonisch klare Formensprache und teilten die Plätze in einen Repräsentations-, Erholungs- und Spielbereich auf. Eine typisch nationalsozialistische Gartenarchitektur beschränkte sich nach Hampf-Heinrich auf einzelne Gestaltungselemente wie beispielsweise Skulpturen, die Kraft und Stärke ausdrückten oder menschliche „Idyllen" thematisierten, wie die gesunde deutsche Mutter mit Kind.[95] Allerdings wirkte sich das nationalsozialistische Regime insofern auf die allgemeine Platznutzung aus, als dass Juden per Erlass vom 3. Dezember 1938 das Betreten besonderer öffentlicher Plätze in Berlin verboten war.[96]

Gauforen

Erholungsplätze standen in der Zeit des Nationalsozialismus nicht mehr im Vordergrund des planerischen Interesses. Das Streben des Regimes galt monumentalen Aufmarschplätzen, die Gau-, Verwaltungs- oder Parteiforen genannt wur-

93 Nielebock (1996) S. 96f.
94 Fibich (1995) S. 62f.
95 Hampf-Heinrich (1985) S. 272f.
96 vgl. Walk (1981)

den. Um die Vormachtstellung der nationalsozialistischen Partei auch im Stadtbild hervorzuheben, wurden bereits 1933 in den Gauhauptstädten Weimar und Dresden erste Pläne für solche Ensembles erarbeitet. Da in anderen Gauhauptstädten ebenfalls der Bau von Gauforen forciert wurde, nicht zuletzt aufgrund ehrgeiziger Gauleiter, und die generelle Forderung der Nationalsozialisten nach Machtdemonstration und Selbstdarstellung immer stärker wurde, begann ab 1937 ein großangelegtes Bauprogramm. In allen Gauhauptstädten sollte die Allmacht der Partei in eindrucksvollen Verwaltungszentren sichtbar werden.[97] Als Generalbauinspektor wachte der Architekt Albert Speer über die Entwürfe. Gleichzeitig wurden 1937 mit dem „Gesetz zur Neugestaltung deutscher Städte" die Formalien der Planung festgelegt. Ziel des Erlasses war eine einheitliche und geregelte Planung unter Ausschaltung kommunaler Befugnisse und durch Einschränkung der privaten Eigentumsrechte.[98] Rechtlich unterlag die gesamte Planungstätigkeit dem Reichskanzler Adolf Hitler, der sich nicht nur über kommunale Zuständigkeiten und individuelle Eigentumsverhältnisse hinweg setzte, sondern auch eigenmächtig Städte und Personen für die Planung auswählte. Für Weimar wählte er beispielsweise den Architekten Hermann Giesler, für Dresden den Architekten Wilhelm Kreis, nach dessen Plänen bereits zwischen 1926 und 1930 das Deutsche Hygiene-Museum in Dresden gebaut wurde.

Abb. 8:
Gauforum-Modell für Augsburg von Hermann Giesler aus dem Jahr 1938/39. Der leere Platz ist regelmäßig geformt und allseitig gefasst. Ein Turm setzt einen vertikalen Akzent.

97 Wolf (1999) S. 20
98 Wolf (1999) S. 20f.

Die Gauforen waren in ihrer Funktion weitgehend für Aufmärsche bei Massenveranstaltungen sowie für Demonstrationen von „Führer“- und Parteimacht bestimmt.[99] Diese Gauforen dienten der Absicht, das Volk mit Massenveranstaltungen auf das Regime und damit auf Hitler einzuschwören sowie baulich die Omnipräsenz der Partei zu unterstreichen. Sie lagen an großen Achsen, die als Zugänge für die Aufmärsche genutzt werden sollten. Langfristig war vorgesehen, diese Achsen als repräsentative Geschäfts- und Kulturstraßen auszubauen.[100]

Die Platzwände wurden durch wichtige Gebäude des nationalsozialistischen Regimes gebildet, darunter in der Regel eine Halle, ein Kultbereich zur Ehrung der „Toten der Bewegung“, ein Gauhaus (bzw. eine Reichsstatthalterei), weitere Parteibauten (z.B. für die Deutsche Arbeiterfront) sowie ein Glockenturm.[101] Diese Türme dienten als vertikales Element und bildeten so einen Kontrast zu den meist überdimensionierten Flächen und Gebäudemassen.[102] Gestalterisch wiesen die Bauten an den Gauforen verschiedene Stil-, Form- und Ordnungselemente auf. Denn die nationalsozialistische Architektur entwickelte keinen vollkommen neuen, eigenen Stil, sondern bediente sich unterschiedlicher Bauepochen und Gebäudeformen. Wichtig war laut Petsch vor allem die „Eignung für die angestrebte Aura der Dauer und Überzeitlichkeit“.[103] Stilistisch gehörten sowohl die absolutistisch-feudale Architektur mit ihrer Axialität, ihren Logen und Balkonen über Portalen und Eingängen aber auch die strengen Grundformen des deutschen Klassizismus dazu. Daneben griffen die Planer auf antike Vorbilder zurück, beispielsweise durch tempelartige Vorbauten und Säulengänge.[104] Grundsätzlich ist bei den repräsentativen und monumentalen Bauten der nationalsozialistischen Architektur zu beobachten, dass der visuelle Maßstab gesprengt wird. Partei- und Verwaltungsgebäude sind zum Beispiel wesentlich langgestreckter als gewöhnliche Bauten, Fenster erstrecken sich über mehrere Etagen und Treppenanlagen sind bedeutend ausladender und breiter als vom alltäglichen Stadtbild gewöhnt.

Die Plätze waren weitgehend leer; gelegentlich war eine Skulptur oder ein Denkmal vorgesehen. Wichtiger war die gerasterte Steinplatzfläche, die Ordnung und Symmetrie suggerierte sowie Aufmärsche leichter choreographierbar machte. Eine Bepflanzung war meist nicht vorhanden, einige bislang bepflanzte Plätze wurden sogar entgrünt, darunter der Bebelplatz in Berlin sowie der Königsplatz in München.

---

99 Hesse (2003) S. 135
100 Wolf (1999) S. 22
101 Wolf (1999) S. 20
102 Fibich (1995) S. 43
103 Petsch (1976) S. 217
104 Petsch (1976) S. 217f.

Abb. 9: Der Königsplatz in München um 1938. Der Platz wurde während des Nationalsozialismus für Aufmärsche teilweise umgebaut.

Abb. 10: Modell für das Gauforum Weimar von Hermann Giesler aus dem Jahr 1937.

Die Zahl der gebauten Gauforen ist allerdings gering; nur wenige Entwürfe wurden ausgeführt. Gründe dafür sind zum einen die langen Planungszeiten, denn die Entwürfe mussten oftmals umgearbeitet werden, um Hitlers architektonischen „Ewigkeitsanspruch“ zu genügen. Daneben sorgten parteiinterne und kommunale Machtzwiste sowie später Baumaterial- und Geldmangel für das

Scheitern der meisten Gauforen.[105] So blieben die Entwürfe für die Gauforen u.a. in Augsburg, Stuttgart, Frankfurt/Oder und Dresden Vision. Entsprechende Pläne für Weimar wurden beispielsweise nur teilweise realisiert, obwohl trotz des einsetzenden Zweiten Weltkrieges die Bauarbeiten dort mindestens bis Juli 1944 weiterliefen. Bei Kriegsende war das Gebäude der Deutschen Arbeiterfront, und das „Haus der Gliederungen" bis auf den Außenputz fertiggestellt, das Reichsstatthaltergebäude war teilweise im Roh- und im Innenausbau und bei der Halle war die Tragwerkskonstruktion beendet.[106]

Aufmarschplätze in Siedlungen

Die nationalsozialistische Stadtplanung war keinesfalls neu, sie basierte auf den Ideen der Gartenstadt und den Stadtplanungsmodellen der 1920er Jahre (vgl. auch Kapitel 3.1.2). Vielmehr mischten die Planer zwischen 1933 und 1945 die verschiedenen Ansätze und begründeten sie gemäß des Nationalsozialismus neu.

Die Stadt sollte klar nach den Funktionen Wohnen und Arbeiten gegliedert sein, wie bereits 1933 die CIAM (Congrès Internationaux d'Architecture Moderne) in der Charta von Athen festgelegte. Auch die Durchgrünung der Stadt und ihre Verbindung mit der umgebenden Landschaft wurde bereits vor 1933 diskutiert. So plädierte der Architekt Bruno Taut in seinem 1919 erschienenen Buch „Die Stadtkrone" für einen hierarchischen Stadtaufbau. In der Stadtmitte sollten die Gemeinschaftsbauten liegen, um sie herum sollten sich die Gebäude bis hin zu den Randsiedlungen in der Höhe abstaffeln und die Stadt mit der Landschaft verschmelzen. Die nationalsozialistischen Planer übernahmen diese Ideen und propagierten, Grünkeile bis in die Stadtmitten zu führen: „Dieses sog. „Strahlensystem" wurde in zeitgenössischen Aufsätzen als konstituierend für die „Stadtlandschaft" gefeiert, die die Nachteile der Großstadt überwinden sollte. Das Stadtlandschaftskonzept (...) ist ein weiterer Hinweis darauf, wie der Bedeutung naturmystischer und stadtfeindlicher Ideologien nach wie vor Rechnung getragen wurde. Die Stadtlandschaft sollte die Antistadt werden, in der Natur und Stadt innigst verschmolzen sein sollten."[107] Neue Aktualität fanden die Ideen auch mit Belangen des Luftschutzes, denn in weniger dicht bebauten Gebieten waren weniger Bombenschäden zu erwarten. Und wurden in den 1920er Jahren kleine Siedlungseinheiten noch Nachbarschaften genannt, wurde die Stadt nun in Zellen und Ortsgruppen gegliedert, ganz gemäß des nationalsozialistischen Parteiaufbaus.

---

105 vgl. Wolf (1999) S. 21ff.

106 Wolf (1999) S. 118f.

107 Mattausch (1979) S. 177

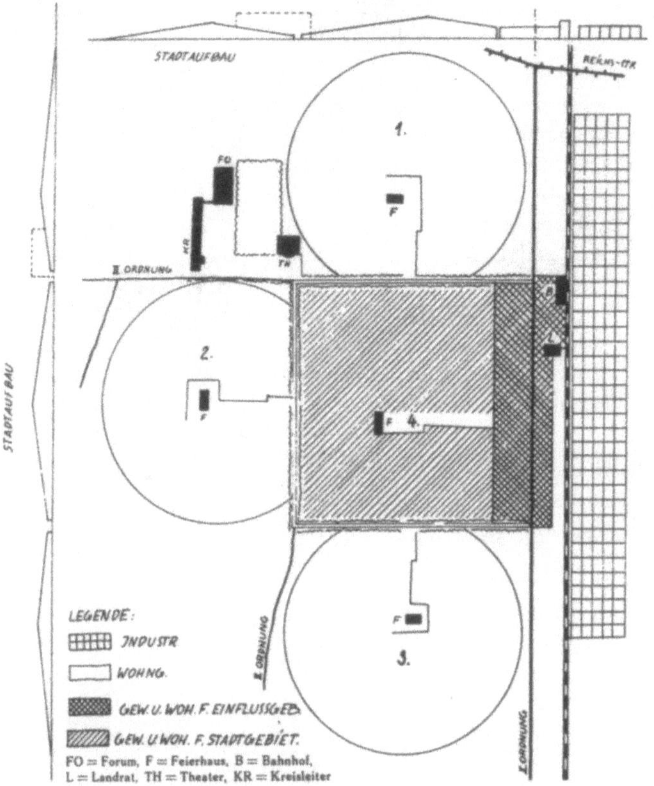

Abb. 11: Schema einer nach Funktionen gegliederten Stadt, erarbeitet vom Reichsheimstättenamt der DAF (Deutsche Arbeiterfront) von 1941. Diese Kreisstadt mit 20.-30.000 Einwohnern gliederte sich in vier Ortsgruppen. Als politisches und kulturelles Zentrum war nordwestlich ein Forum vorgesehen.

Diese politische Ebene der nationalsozialistischen Stadtlandschaft markiert den brisanten Unterschied zu den Konzepten der vorherigen Jahrzehnte. Während es den Planern in der Weimarer Republik vor allem um die Aufhebung sozialer Missstände und um „Licht, Luft und Sonne" für alle ging, benutzten die Nationalsozialisten den Städtebau verstärkt als Instrument zur Kontrolle, denn der strenge Stadtaufbau ermöglichte den Vertretern der NSDAP eine leichte Überwachung der Einwohner. Politische Kontrolle sowie die Stärkung des Gemeinschaftsgefühls sollte durch die Anlage von Foren in den Ortsgruppen geschehen. Hierfür wurden 1941 „Richtlinien für die Errichtung von Gemeinschaftshäusern der NSDAP in den Ortsgruppen" entwickelt. Gemäß dieser Richtlinien sollte in jeder Ortsgruppe ein Gemeinschaftshaus der NSDAP entstehen, für die in jedem neuen Wohn- oder Siedlungsgebiet ein geeignetes Gelände vorzusehen war. In bereits gebauten Siedlungen hätten sich mehrere Ortsgruppen ein Gemeinschaftshaus teilen müssen.[108] Das Gemeinschaftshaus der NSDAP „soll (...) Mittelpunkt des gesamten Gemeinschaftslebens einer Ortsgruppe sein. (...) Der Bau selbst muß im Mittelpunkt des Wohn- und Siedlungsgebietes einen beherrschenden Platz einnehmen. Seine Gestaltung muß Ausdruck der nationalsozialistischen Weltanschauung und nationalsozialistischer Baukunst sein."[109] Die Größe der Aufmarschplätze an den Gemeinschaftshäusern war in das Gesamtbild der Stadt einzuordnen.[110] Dies bedeutete, dass sich die Plätze in den Siedlungsneuplanungen zwar an den großen Gauforen der Gauhauptstädte gestalterisch orientierten, aber wesentlich kleiner dimensioniert waren. Nicht wegzudenkendes Inventar blieb das Gemeinschaftshaus und die freie Platzfläche, weitere Bauten, wie Türme oder Verwaltungsgebäude, konnten, mussten aber nicht zum Gesamtensemble gehören.

Abb. 12: Die Siedlung Echarding in München/Berg am Laim, genannt „Maikäfersiedlung", entstand zwischen 1936 und 1939. An einer Mittelachse befanden sich Gemeinschaftshaus, Läden und eine Gastwirtschaft am Aufmarschplatz. Die Platzgestaltung fügte sich in das Gesamtbild der Siedlung ein und zeigte dennoch die allgegenwärtige Präsenz der NSDAP. Luftaufnahme ohne Datierung.

108 Anonym (1941) S. 132
109 Anonym (1941) S. 132
110 Anonym (1941) S. 132

Aufmarschplätze in den „eingegliederten Ostgebieten"

Nach dem deutschen Überfall auf Polen am 1. September 1939 kapitulierte Polen vier Wochen später. Die deutsch-sowjetischen Demarkationslinie wurde bereits am 28. September vereinbart. Die Deutschland zugeschlagenen polnischen Gebiete wurden nun radikalen Siedlungskonzepten der Nationalsozialisten unterzogen. Bereits Anfang Oktober 1939 wurde Heinrich Himmler zum Reichskommissar für die Festigung des deutschen Volkstums ernannt. Seine Aufgabe war „die Gestaltung neuer deutscher Siedlungsgebiete durch Umsiedlung, insbesondere durch Seßhaftmachung der aus dem Ausland heimkehrenden Reichs- und Volksdeutschen."[111] Was folgte, waren fanatische Pläne, die „verwahrloste slawische Landschaft" durch deutsche Besiedlung zu ordnen, fruchtbar zu machen und anhand eines „germanischen Landschaftsbilds" aufzuwerten.[112] Dafür sollten zahlreiche deutsche Siedler in den „eingegliederten Ostgebieten" Land erhalten. Die polnische Bevölkerung sah hingegen ihrer Vertreibung in das „Generalgouvernement" entgegen. Dies war das sogenannte „deutsche Nebenland" im Süden Polens, das während des Zweiten Weltkriegs besetzt war aber nicht in das Deutsche Reich eingegliedert wurde. 1942 wurde das „Generalgouvernement" um Galizien erweitert.

Mit großem Eifer widmeten sich die Nationalsozialisten der Aufgabe, die polnischen Gebiete nach faschistischen Ideen neu aufzubauen. Neben dem „Generalplan Ost" von 1941, der detaillierte Angaben über die Ansiedlung Deutscher machte, und den 1942 erlassenen „Landschaftsregeln", die sich hauptsächlich damit befassten, Polen mit „germanischen Landschaftsbildern" zu prägen, wurden 1942 die „Richtlinien für die Planung und Gestaltung der Städte in den eingegliederten Ostgebieten" erlassen. Hier wurde Bezug auf die bereits 1941 präsentierten „Richtlinien für die Errichtung von Gemeinschaftshäusern der NSDAP in den Ortsgruppen" genommen. So sollten in den „eingegliederten Ostgebieten" die Ortsgruppen der neuen Siedlungen ebenfalls jeweils ein Gemeinschaftshaus der NSDAP aufnehmen: „Eine besondere städtebauliche Bedeutung erhält die Ortsgruppe dadurch, daß sie zum Träger der Gemeinschaftshäuser der NSDAP bestimmt ist, die der politischen, kulturellen und sozialen Betreuung dienen und den baulichen Höhepunkt des Ortsgruppenbildes bilden sollen."[113] In den Ortsgruppen mit je etwa 4.000-5.000 Einwohner sollte auf diese Weise die „Entfaltung eines regen Gemeinschaftslebens" gewährleistet sein.[114] Ein solches „reges Gemeinschaftsleben" konnte damit in den „Ostgebieten" genauso von der Partei kontrolliert werden wie im „Altreich". Zudem ging es um nichts weniger als um die „deutsche Ostkolonisation" Polens. Ein ge-

111 Gutschow (2001) S. 21
112 vgl. Wolschke-Bulmahn (1997)
113 Umlauf (1942) S. 407
114 Umlauf (1942) S. 407

meinschaftliches Zentrum war für den Zusammenhalt der deutschen Siedler insbesondere in der Anfangsphase immens wichtig.

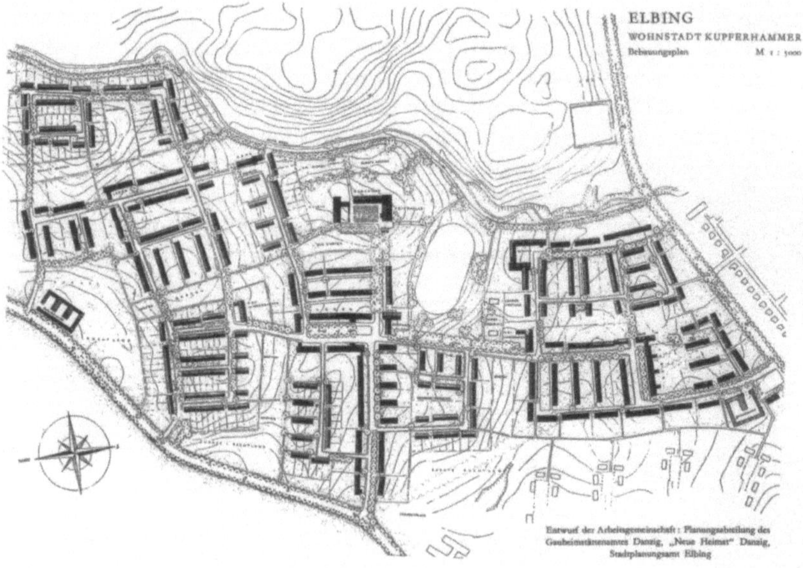

Abb. 13: Bebauungsplan Elbing, Wohnstadt Kupferhammer. Entwurf der Arbeitsgemeinschaft: Planungsabteilung des Gauheimstättenamts Danzig, „Neue Heimat“ Danzig, Stadtplanungsamt Elbing. Im Norden der Siedlung rahmen ein Gemeinschaftshaus und eine Feierhalle den Aufmarschplatz. Plan ohne Datierung.

Die Pläne für solche gemeinschaftlichen Zentren ähneln denen für Neubausiedlungen im „Altreich". Die Gemeinschaftshäuser der NSDAP standen an Aufmarschplätzen, an denen sich weitere öffentliche Bauten befinden konnten. Das Bauprogramm und die Gestaltung orientierten sich an den Plänen für die Gauforen, ohne allerdings das gesamte monumentale Inventar zu übernehmen. Vielmehr passten sich die Plätze in den „Ortsgruppen“ den Proportionen der Siedlungen an und blieben somit kleiner dimensioniert.

3. Platzgestaltungen in der BRD und der DDR zwischen 1945 und 1990

45 Jahre Trennung zwischen Ost- und Westdeutschland bedeuten nicht, dass die Ideen und Vorstellungen der Planenden zu Plätzen und ihren Gestaltungen vollkommen getrennte Wege gingen. Wenn auch die politischen Systeme unterschiedliche Rahmenbedingungen setzten, so sind in den ausgeführten Platzgestaltungen ebenso viele Parallelen wie Unterschiede festzustellen. Interessanterweise entstanden viele der Gemeinsamkeiten zeitversetzt oder aus vollkommen verschiedenen Gründen. Die in der Folge vorgestellten Plätze in der DDR und der BRD zeigen die Entwicklungslinien in den einzelnen Zeitabschnitten auf, bevor in der jeweilig anschließenden Reflexion ein kurzes Resümee gezogen wird.

Kein unbeschwerter Neuanfang

Bei den Planungen für Stadt und Landschaft betrat man nach Kriegsende in Ost- und Westdeutschland keineswegs Neuland. Zum einen berief man sich auf die Ideen der 20er Jahre, zum anderen wurden weiterhin NS-Planungsvorstellungen weiterverbreitet, allerdings um die nationalsozialistischen Vokabeln bereinigt, wie man an der Idee der Stadtlandschaft erkennen kann (vgl. Kapitel 2.3 und 3.1.2). Eine kritische Aufarbeitung der nationalsozialistischen Planungsvergangenheit gab es nicht. Nach Wolschke-Bulmahn scheint die Verweigerungshaltung in der BRD und in der DDR ähnlich groß gewesen zu sein: „In beiden deutschen Staaten erfolgte in den ersten drei Jahrzehnten für den Bereich der Landschaftsarchitektur und des Naturschutzes so gut wie keine kritische Auseinandersetzung mit der NS-Zeit.“[115] Vielmehr konnten die meisten Planer, die während der NS-Zeit bedeutungsvolle Aufgaben übernommen hatten, ihre Arbeit auch nach 1945 fortführen.

In der DDR waren es u.a. Otto Rindt, Werner Bauch und Wolfgang Rauda, die als führende Fachleute galten. Otto Rindt war seit 1937 NSDAP-Mitglied und während des Krieges als sogenannter „Landschaftsanwalt“ bei der Planung und Anlage der Autobahnen beteiligt. Rindt entschied sich nach dem Krieg trotz Stellenangebote aus dem Westen für die DDR und widmete sich der Rekultivierung von Tagebaugebieten.[116] Werner Bauch war ebenfalls als „Landschaftsan-

115 Wolschke-Bulmahn (2004) S. 318f.
116 Reitsam (1999b) S. 37f.

walt“ tätig und arbeitete u.a. für den Reichsführer SS Heinrich Himmler im Konzentrationslager Auschwitz.[117] Nach dem Zweiten Weltkrieg führte er sein Büro in Sachsen erfolgreich weiter und wurde 1956 Professor am neu eingerichteten Lehrstuhl für Gartenkunst, Landschaftsgestaltung und Ingenieurbiologie an der Technischen Hochschule Dresden.[118] Der Architekt Wolfgang Rauda, seit 1933 Mitglied der NSDAP,[119] wurde 1938 Dienststellenleiter des Reichsbauamts Kempen im Wartheland und war ab 1940 Dezernent für Städtebau-, Wohnungs-, Siedlungswesen und Baupflege beim Regierungspräsidenten in Lodz. Nach dem Krieg war Rauda bis 1947 in der Bauabteilung der Hochbaudirektion Sachsen in Dresden tätig und 1948 mit der Wiederaufbauplanung von Rostock betraut. Nachdem er einige Jahre ein eigenes Büro betrieb, wurde er 1952 an der Technischen Hochschule Dresden Professor für Wohnungsbau und Entwerfen. 1958 siedelte Rauda in die BRD über.[120]

Im Westen Deutschlands konnte der ehemalige „Reichslandschaftsanwalt“ Alwin Seifert nach 1945 seine Karriere fortsetzen. Seifert war „fanatischer Antisemit, der in einem seiner ‚fachlichen‘ Beiträge sogar die Existenz und den Bau von Konzentrationslagern zynisch ansprach.“[121] Seifert plädierte bereits vor dem Zweiten Weltkrieg in seinem Konzept der „bodenständigen Gartenkunst“ für die bevorzugte Verwendung von heimischen Pflanzen, sah Siedlung und Landschaft sowie Haus und Garten als „lebendigen Organismus“ an und verstand die Erhaltung und Pflege des Mutterbodens als Grundlage jeder Planung. Er unterstützte gleichzeitig die anthroposophischen Siedlungsvorstellungen, die Siedlung und Landschaft als Gesamtorganismus mit Zellen und entsprechenden Stoffkreisläufen verstanden.[122] Dieses Konzept eines organischen Aufbaus ländlicher Siedlungen analog zu biologischen Zellstrukturen fand Eingang in den nationalsozialistischen Städtebau. 1939 entwickelten es Gottfried Feder und Bernhard Reichow weiter; als „organische Stadtbaukunst“ war diese Idee sogar bis in die Nachkriegszeit relevant.[123] (Vgl. Kapitel 3.1.2) Alwin Seifert wurde nach Kriegsende trotz seiner nationalsozialistischen Gesinnung von der Gartenarchitektin Herta Hammerbacher bei der „Entnazifizierung“ geholfen[124] und war von 1953 bis 1955 Professor für Garten- und Landschaftsgestaltung an der Technischen Universität München.[125]

---

117 Wolschke-Bulmahn (2004) S. 319
118 Fibich; Wolschke-Bulmahn (2006) S. 20ff.
119 Gutschow (2001) S. 60
120 Düwel (1995) S. 271
121 Wolschke-Bulmahn (2004) S. 318f.
122 Reitsam (2001) S. 231
123 Reitsam (2001) S. 231
124 vgl. Wolschke-Bulmahn (2004) S. 319
125 Reitsam (1998a) S. 36

Der Landschaftsarchitekt Gustav Allinger war Mitglied der NSDAP und wurde 1933 Präsident der DGFG, der Deutschen Gesellschaft für Gartenkunst. Er war hauptverantwortlich für die Gleichschaltung der Gartenarchitekten und deren Eingliederung in nationalsozialistische Organisationsstrukturen. 1952 wurde Allinger Professor und Direktor des Instituts für Gartenkunst und Landschaftsgestaltung an der Technischen Universität Berlin.[126]

Heinrich Wiepking-Jürgensmann stand ebenfalls dem Nationalsozialismus sehr nahe. Der Landschaftsarchitekt sah seine Aufgabe in der Neubildung des „deutschen Bauerntums" und in der Vollerwerbsversorgung, um das „deutsche Volkstum" zu erhalten. 1939 wurde er von Heinrich Himmler als „Sonderbeauftragter" für die Fragen der Landschaftspflege in den Planungsstab des „Reichskommissariats für die Festigung des Deutschen Volkstums" berufen und erarbeitete Siedlungs- und Landschaftsplanungskonzepte für die „eingegliederten Ostgebiete". 1947 wurde Wiepking-Jürgensmann Leiter des neugegründeten Instituts für Landespflege, Landschafts- und Gartengestaltung in Sarstedt bei Hannover, 1952 bis 1958 übernahm er die Leitung des Instituts Landespflege und Landschaftsgestaltung an der Technischen Hochschule Hannover.[127] Wiepking-Jürgensmann vertrat die Meinung, dass „der jeweilige Charakter und die Einstellung eines Volksstammes sich in der gestalteten Landschaft (...) ablesen läßt."[128] Durch den Einsatz von symbolkräftigen Landschaftselementen, z.B. dem eindrucksvollen Einzelbaum auf dem Acker, sollte deutsche Heimat dargestellt werden. Seine Ideen arbeitete Wiepking-Jürgensmann nach dem Zweiten Weltkrieg auf und vermittelte seine Anschauungen an seine Studenten weiter. Doch an „die Stelle einer deutschen Frucht- und Wehrlandschaft tritt nun der ehemals von Karl Foerster geprägte Begriff eines friedlichen „Weltgartens, den blühenden und fruchtenden Garten der Völker", der eine Vielzahl von Menschen auf der Erde ernähren soll. Das Idealbild des mit dem Boden verwurzelten Bauern wird dabei abgelöst von dem des Gärtners."[129] Wiepking-Jürgensmanns Nachfolger an der Universität Hannover wurde einer seiner ehemaligen Studenten: Werner Lendholt, der 1956 als Gartendirektor von Hannover den Georgsplatz umgestaltete (vgl. Kapitel 3.1.3).

Einer der wenigen Landschaftsarchitekten, die sich mit der nationalsozialistischen Vergangenheit des eigenen Berufstandes befassten, war Georg Bela Pniower, der von 1946 bis 1960 Professor am Institut für Gartenkunst und Landschaftsgestaltung an der Ost-Berliner Humboldt Universität war.[130] Er prangerte

126 Wolschke-Bulmahn (1997) S. 519
127 Reitsam (1998c) S. 33f.
128 Reitsam (1998c) S. 34
129 Reitsam (1998c) S. 35
130 vgl. Wolschke-Bulmahn; Fibich (2004)

Seiferts Konzept der „bodenständigen Gartenkunst“ öffentlich als „Ideologie“ an.[131]

Der Einfluss einstiger nationalsozialistischer Planungsauffassungen führte bei den Platzplanungen, die nach 1945 entstanden, teilweise zu gestalterischen Parallelen zum nationalsozialistischen Stil: Die ähnlich monumental gestalteten Zentralen Plätze in der DDR, die an die Gauforen erinnern, zeugen von einer gleichen Bildsprache. Im Westen Deutschlands kann man die Bevorzugung von Naturstein erkennen, der bereits in der NS-Zeit als „bodenständiger“ Werkstoff galt und durch „deutsche Handwerkskunst“ veredelt, also bearbeitet werden konnte.

Viel interessanter ist allerdings die Parallele zwischen der Naturverklärung in der NS-Zeit und der in der Nachkriegszeit. In beiden Zeiträumen steht die „Natur“ als das „Gute“ und die „dem Menschen gerechte Umgebung“ dar. Der Städter läuft nach Ansicht der Planer jedoch ständig Gefahr, sich von der Natur zu entfremden und muss daher wieder zu ihr zurückgeführt werden. Den Weg weisen auch in der Nachkriegszeit ganz selbstverständlich die Planer, die durch möglichst stark begrünte Wohnplätze oder durch Grüne Sitzplätze dem Städter wieder ein Stückchen Natur in die Stadt zurückgeben wollen. Es überwiegt bei den Planern also noch lange nach Kriegsende ein ausgeprägtes Herrschaftsdenken, das ähnlich wie im Nationalsozialismus Lenkung und Bevormundung der künftigen Platznutzer bedeutet. Als typisches Kriterium dieses eher völkisch-konservativen Planungsverständnisses führt Poblotzki die Grundannahme von der Lenkungsbedürftigkeit des Menschen an. Autoritär-patriarchalische Herrschaftsstrukturen werden als „naturgegeben“ angenommen, die Ungleichheit von Menschen wird geographisch-landschaftsmorphologisch begründet. (...) Ein eher autoritäres Planungsverständnis läßt die Planer diese Konzepte als die „einzig richtigen Lösungen“[132] proklamieren.“[133] Erst Ende der 60er Jahre begannen die Planer im Westen, sich den Ideen der zukünftigen Platznutzer zu öffnen. Im Osten Deutschlands blieb die Beteiligung der Bürger noch bis 1990 die Ausnahme.

---

131 Reitsam (2001) S. 218

132 Poblotzki (1992) S. 109

133 Reitsam (2001) S. 211f.

3.1 Zwischen „Naturbild“ und Stadtraum: Platzgestaltungen in der BRD von 1945 bis 1959

Die Zeit von 1945 bis 1959 war in der BRD durch den Wiederaufbau geprägt. In der Stadtplanung galt die Stadtlandschaft, die gegliederte und aufgelockerte Stadt als Ideal, das ein menschenwürdiges Wohnen und Leben versprach. Doch die Stadtlandschaft stand schon früh in der Kritik. Bereits im Juni 1960 ebneten die Diskussionen des Deutschen Städtetags in Augsburg den Weg für neue Ideen. Im Rahmen der Tagung forderte der Soziologe Edgar Salin, der „Entballung“ der Stadt entgegenzuwirken. Urbanität sah er hingegen als die zukunftsfähigere Lebensform an.[134]

3.1.1 Politische Situation in der BRD von 1945 bis 1959 und ihr Einfluss auf die Anlage von Stadtplätzen

Mit der Kapitulation Deutschlands im Mai 1945 endete der Zweite Weltkrieg. Auf den Kriegskonferenzen in Teheran und Jalta hatten die Alliierten zwar bereits erste Abmachungen für ihre Deutschlandpolitik nach Kriegsende getroffen, weitreichende Entscheidungen wurden jedoch erst auf der Potsdamer Konferenz im Juli und August 1945 gefällt. Trotz Differenzen einigte man sich auf das Ziel, Deutschland vollständig und dauerhaft zu entwaffnen, sein wirtschaftliches Potential zu zerstören und den Nationalsozialismus restlos zu zerstören. Deutschland wurde in vier Besatzungszonen aufgeteilt – im Westen die amerikanische, britische, französische und im Osten die sowjetische. Berlin wurde von allen vier Besatzungsmächten zusammen verwaltet. Ein Alliierter Kontrollrat, der sich aus den jeweiligen Oberbefehlshabern einer Besatzungszone zusammensetzte, sollte die zentrale Gewalt über Deutschland als Ganzes ausüben.

Die geplante Entnazifizierung erwies sich in den drei westlichen Besatzungszonen als bürokratische Prozedur, „die sich nicht darauf beschränkte, den öffentlichen Dienst und die Wirtschaft von Funktionären und Mitgliedern der NSDAP zu säubern, sondern den Anspruch erhob, die gesamte deutsche Gesellschaft vom Geist des Nazismus zu befreien. Dabei taten sich besonders die Amerikaner hervor, die eine rigorose und intensive Gesinnungsprüfung jedes einzelnen zu betreiben versuchten, während die Briten und Franzosen behutsamer verfuhren und ihr Augenmerk auf die Säuberung der Spitzenstellungen von NS-

134 Düwel; Gutschow (2001) S. 197

Funktionären konzentrierten."[135] 1950 wurde die Entnazifizierung offiziell durch Bundestagsbeschluss in der BRD abgeschlossen. Rückblickend bleibt allerdings festzuhalten, dass weder unter alliierter noch unter deutscher Führung eine durchgreifende „Entnazifizierung" vollbracht wurde. In der amerikanischen und britischen Zone wurden politische Parteien im Spätsommer 1945, in der französischen Zone erst Anfang 1946 zugelassen. Im Gegensatz zu der SPD im Osten Deutschlands schloss sich die SPD im Westen nicht mit der KPD zusammen, sondern steuerte einen strikten antikommunistischen Kurs.

Der Wiederaufbau beginnt

Für die Westzonen verwarfen die zuständigen Alliierten eine Deindustrialisierung Deutschlands und umfangreiche Reparationen schon recht bald. Zu groß war die Furcht, „daß eine so geschwächte deutsche Wirtschaft nicht in der Lage sein würde, die Bevölkerung zu ernähren, das Land somit auf Hilfe von außen angewiesen wäre. Zudem setzte sich in den westlichen Hauptstädten mehr und mehr die Überlegung durch, daß die Bewahrung bzw. Wiederherstellung einer ausreichenden deutschen Wirtschaftskraft als Gegengewicht gegen den Einfluß der Sowjetunion und als Schlüssel für den Wohlstand Westeuropas unabdingbar sei."[136] Die Reparationsansprüche blieben daher hinter den ursprünglichen Forderungen zurück.

Um die Situation von Politik und Wirtschaft zu verbessern, schlossen sich die amerikanische und die britische Zone am 1. Januar 1947 zur Bizone zusammen. US-amerikanische Hilfe sollte Westeuropa durch den sogenannten Marshall-Plan erfahren, offiziell als „Europäisches Wiederaufbauprogramm" (European Recovery Program = ERP) bezeichnet. Ziel war es, die westlichen Demokratien gegen eine sowjetische Einflussnahme zu stärken und den Wiederaufbau zu unterstützen. Auch die westlichen Besatzungszonen in Deutschland und die Westsektoren in Berlin erhielten amerikanische Gelder. Insgesamt erhielt West-Deutschland 1,5 Milliarden Dollar; mit dieser Hilfe konnte die Lebensmittelversorgung verbessert und der wirtschaftliche Wiederaufbau unterstützt werden.[137] Den nächsten Schritt sahen die Alliierten in einer Währungsreform. „Je dringender auf westlicher Seite der Wunsch wurde, die wirtschaftliche Gesundung der eigenen Zonen zu forcieren, desto mehr war man bereit, einen währungspolitischen Alleingang ohne die Sowjets zu unternehmen, auch wenn das ursprüngliche Ziel, Deutschland als wirtschaftliche Einheit zu behandeln, durch einen sol-

135 Görtemaker (2002) S. 18
136 Recker (2002) S. 13
137 Recker (2002) S. 18

chen Schritt hintangestellt werden würde."[138] Die Sowjets traten daraufhin aus dem Kontrollrat aus und blockierten West-Berlin, so dass die Stadt 1948/1949 über eine Luftbrücke versorgt werden musste.

Abb. 14: Ein Platz in Berlin-Wedding im Jahr 1950. Nur wenige Gehölze und Blumen schmücken den Platz, der im Wesentlichen durch eine große, einfache Rasenfläche bestimmt wird. In der unmittelbaren Nachkriegszeit waren Baumaterialien und Pflanzen Mangelware.

Die unsichere politische Lage lähmte wie die fehlenden Finanzen und die mangelnden Baumaterialien lange das Bauwesen. Zunächst war es die Währungsreform, die wieder erste Bauprojekte nach sich zog: „Nun sind plötzlich die lange entbehrten, auch gezielt zurückgehaltenen Materialien auf dem Markt. Jetzt füllen sich die Baulücken, haben die Architekten zu tun. Noch ist den frühen Bauten die Armut der Jahre anzusehen, bisweilen künstlerisch sublimiert im Geist bewusster Selbstbescheidung (...)."[139]

Plätze wurden in den ersten Nachkriegsjahren vor allem als Trümmerschuttfläche genutzt. Später wurden viele von ihnen aufgrund unklarer städtebaulicher Vorstellungen oder fehlender Gestaltungspläne zunächst freigehalten. Einige konnten mit einfachsten Mitteln wieder hergerichtet werden.

138 Recker (2002) S. 19
139 Durth; Topfstedt (1992) S. 11

Gründung der Bundesrepublik Deutschland

Die westliche Währungsreform 1948 und die Gründung der Bundesrepublik Deutschland 1949 markierten einen Endpunkt in den Ost-West-Beziehungen. Die Einführung der Ost-Mark in der SBZ und die Gründung der Deutschen Demokratischen Republik im Oktober 1949 besiegelten den Status quo eines geteilten deutschen Landes. Erster Bundeskanzler der BRD wurde am 15. September 1949 der CDU-Politiker Konrad Adenauer. Adenauer verfolgte in seiner Politik die Bindung der jungen BRD an die Westmächte. Der BRD wurden neben der Souveränität auch militärische Gleichberechtigung und die sofortige Mitgliedschaft in der NATO zugesichert. Die Chancen einer möglichen Wiedervereinigung der beiden deutschen Staaten wurden allerdings immer unwahrscheinlicher, denn während sich die BRD in die westlichen Mächte integrierte, wurde die DDR in den Ostblock einbezogen.

Die Gründung der BRD stabilisierte die Bautätigkeit weiter. Besonderes Augenmerk galt zunächst dem Wohnungsneubau, dem mit dem I. Wohnungsbaugesetz von 1950 eine neue Rechtsgrundlage gegeben wurde. Und schließlich waren es die Gelder des Marshall-Planes zu Beginn des Jahres 1950, die neue Wohnprojekte ermöglichten. Diese Stimulationen waren dringend notwendig gewesen: Fast acht Millionen Menschen aus den Ostgebieten waren seit 1945 in die drei Westzonen gezogen.[140] Dazu kamen zwischen 1949 und 1961 etwa drei Millionen Menschen, die aus der DDR in die BRD kamen.[141]

Die Hilfe der Westmächte stärkte die Bundesrepublik nicht nur in politischer Hinsicht. Durch die Aufnahme in den Marshall-Plan konnte das deutsche „Wirtschaftswunder“ unter dem Wirtschaftsminister Ludwig Erhard beginnen. Die BRD gewann ihre wirtschaftliche Stabilität zurück. Die „soziale Marktwirtschaft“ sollte dabei als ausgleichendes Instrument im kapitalistisch geprägten System soziale Gerechtigkeit und Gewinnstreben vereinen. Aufgabe des Staates war, „einen entsprechenden wirtschaftspolitischen Ordnungsrahmen zu setzen und damit nicht nur die wirtschaftliche Freiheit des einzelnen zu garantieren, sondern dessen Handeln mit den Interessen der Gesamtheit in Einklang zu bringen.“[142] Nach anfänglichen Problemen begann ab 1951 die deutsche Wirtschaft ihre Stagnation zu überwinden. „Im Bewusstsein der meisten Westdeutschen verklärte sich das „Wirtschaftswunder“ der zweiten deutschen Gründerzeit zwischen 1950 und 1958 deshalb zum sinnstiftenden Mythos. (...) Die Vollbeschäftigung sowie die Arbeitszeitverkürzung und Steigerung der Einkommen gaben den vormals nur ungenügend abgesicherten Arbeitern nicht nur soziale Sicher-

140 Recker (2002) S. 46
141 Recker (2002) S. 47
142 Recker (2002) S. 31

heit, sondern boten ihnen zum ersten Mal auch die Chance einer nicht mehr ausschließlich durch Mühsal bestimmten Existenz. Muße und Freizeit, früher nur den höheren Schichten vorbehalten, wurden jetzt allen Menschen zugänglich."[143]

Notstandsprogramme bekämpfen Arbeitslosigkeit

Doch auch die Gestaltung von Stadtplätzen profitierte von der Konjunktur und den sicheren politischen Verhältnissen. Notstandsprogramme erleichterten die Räumung und Wiedergestaltung von Plätzen und verschafften Tausenden von Menschen in der Nachkriegszeit Arbeit, vor allem in den städtischen Grünflächenämtern. Denn diese gärtnerischen Arbeiten waren zwar lohnintensiv, die Kosten für Material und Maschinen aber dagegen gering.[144] Die Arbeiter befreiten Plätze und Grünanlagen von Trümmerschutt, stellten zerstörte Anlagen mit einfachsten Mitteln wieder her und ermöglichten neue Projekte. In West-Berlin war es das „Grüne Notstandsprogramm", mit dem von 1950 bis 1961 zahlreiche Plätze wieder instand gesetzt wurden.[145] Ähnliche Notstandsprogramme gab es ebenfalls in anderen westdeutschen Städten. In Nürnberg war es beispielsweise die werteschaffende Arbeitslosenfürsorge und die Jugendfürsorge, die die Grünversorgung verbesserten.[146]

Abb. 15: Der Blochplatz in West-Berlin im November 1954. Im Rahmen des „Grünen Notstandsprogramms" wird der Platz mit einfachsten Arbeitsmitteln wieder instand gesetzt.

143 Görtemaker (2002) S. 105
144 Wollny (1989) S. 130
145 vgl. Glabau (1999) S. 28ff.
146 Ahles (1958) S. 217

3.1.2 Städtebau in der BRD von 1945 bis 1959 und sein Einfluss auf die Anlage von Stadtplätzen

In den ersten Nachkriegsjahren ähnelten sich die Vorstellungen der Planer in Ost und West: „Die Auflösung der kompakten Stadt in ein System einzelner Teile, die Gliederung in überschaubare Nachbarschaftseinheiten mit aufgelockerter und durchgrünter Bebauung ist das gemeinsame Ziel, das Architekten unterschiedlichster Herkunft und fachlicher Ausrichtung nach dem Kriege verbindet.“[147] Doch während die Planer im Osten Deutschlands schon bald sowjetische Ideale wie die Idee der kompakten Stadt übernahmen, favorisierten die westdeutschen Planer weiterhin die Auflösung der überkommenen Stadt.

Der Wiederaufbau: Alte Ideen führen zu neuen Leitbildern

Es ist das Konzept der „Stadtlandschaft“, das in den 50er Jahren die Planungen bestimmt. Ansätze dieser scheinbar neuen Planungsidee sind allerdings bereits in den 20er Jahren zu finden, als für eine Dezentralisierung der Großstädte und eine Funktionstrennung von Arbeiten, Wohnen und Erholung geworben wurde. Jedoch wurde die Verschmelzung von Stadt und Natur in den Reformsiedlungen der 20er Jahre noch nicht als „Stadtlandschaft“ bezeichnet. Dies geschah erst durch die Architekten Wolfgang Bangert und Eugen Blanck, die in einer Analyse des Kölner Raums diesen Begriff einführten. Die „Stadtlandschaft“ beschreibt ihre Idee, den Gegensatz zwischen Stadt und Land aufheben zu wollen.[148] Ende der 30er Jahre entwickelte Bangert diese Idee im Sinne des Nationalsozialismus weiter und setzte sie in Zusammenhang mit der „Gesamtkolonisation des Reiches“.[149] Die räumliche Trennung städtischer Funktionsbereiche wurde gerade auch im Hinblick auf einen künftigen Krieg aus luftschutztechnischen Maßnahmen wichtig.[150] Und ganz „im Zeichen der neuen Großraumpolitik wird die planerische Kategorie der Stadtlandschaft um 1940 zu einem zentralen Begriff nationalsozialistischer Planung, in dem Traditionen der Heimatschutz- und Gartenstadtbewegung mit neuen Konzepten der Raumordnung und politischer Organisation der Städte durch die Ideologie von Blut und Boden ineinander verschmolzen werden.“[151] 1941 beschrieb Wilhelm Wortmann mit Unterstützung von Hans Bernhard Reichow das neue Leitbild, das die Auflockerung der vorhandenen Bebauungsdichte, die Durchdringung der Baugebiete mit Grünzügen

147 Durth; Topfstedt (1992) S. 8
148 Durth (1999) S. 22
149 Durth (1999) S. 22
150 Durth; Topfstedt (1992) S. 8
151 Durth (1999) S. 23

und die Gliederung „der städtischen „Siedlungsmasse" in überschaubare Einheiten umfasste.[152] In diesen sogenannten „Siedlungszellen" konnte politische und soziale Kontrolle stattfinden. „Grundlage aller drei Forderungen ist die Rückbindung solcher Auflockerung und Gliederung der Städte an die geographischen und topographischen, naturräumlich vorgegeben Grundlagen der jeweiligen Stadtstruktur: etwa die Lage am Fluß oder das Geländerelief, das nun baulich betont werden soll."[153]

Mit Kriegsende begannen 1945 die städtebaulichen Planungen somit keineswegs bei Null. Die Planer stützten sich auf die Ideen der 20er Jahre und auf die nationalsozialistischen Vorstellungen. Die NS-Ideen wurden allerdings bei der städtebaulichen Orientierung in der Nachkriegszeit nicht ausdrücklich erwähnt; nur die Ideale der 20er Jahre wurden als Grundlage für die Stadtlandschaft der 50er Jahre angegeben. 1945 wurde „das Leitbild der Stadtlandschaft terminologisch entnazifiziert und über die verschiedenen Maßstabsebenen – von der Landesplanung über den Städtebau bis in den Architekturentwurf – differenziert."[154] So wurde beispielsweise aus der nationalsozialistischen „Siedlungszelle" nun die „Wohnzelle" oder die „Nachbarschaft". Dafür, dass die Stadtlandschaft als städtebauliches Leitbild beibehalten wurde, sorgte auch die personelle Kontinuität: „Zwar wurde im Rahmen der Entnazifizierung anfangs darauf geachtet, daß man ‚belastete' Mitarbeiter aus führenden Positionen der Bauverwaltungen entließ, doch wurde die Schuldfrage niemals explizit gestellt."[155] Die personelle Kontinuität bedingte somit auch eine ideelle, denn die Planer, die auch während der Zeit des Nationalsozialismus tätig gewesen waren, hielten zum Teil an ihren Idealen fest. So fasste Hans Bernhard Reichow 1948 in seinem Buch „Organische Stadtbaukunst – Von der Großstadt zur Stadtlandschaft" die entsprechenden Entwicklungslinien zusammen. Die Kernaussage war die „Gliederung und Auflockerung" der Städte in überschaubare Einheiten, sogenannte Nachbarschaften, eingebettet in weiträumig angelegte Grünzüge.

Dieses städtebauliche Ideal sollte sich in den nächsten Jahren auch auf die Anlage von Plätzen auswirken. Denn nun stand weniger die urbane Atmosphäre einer Siedlung oder einer Stadt im planerischen Vordergrund, sondern das Bild einer natürlichen Landschaft.

---

152 Durth (1999) S. 23
153 Durth (1999) S. 24
154 Durth (1999) S. 24
155 Düwel; Gutschow (2001) S. 165

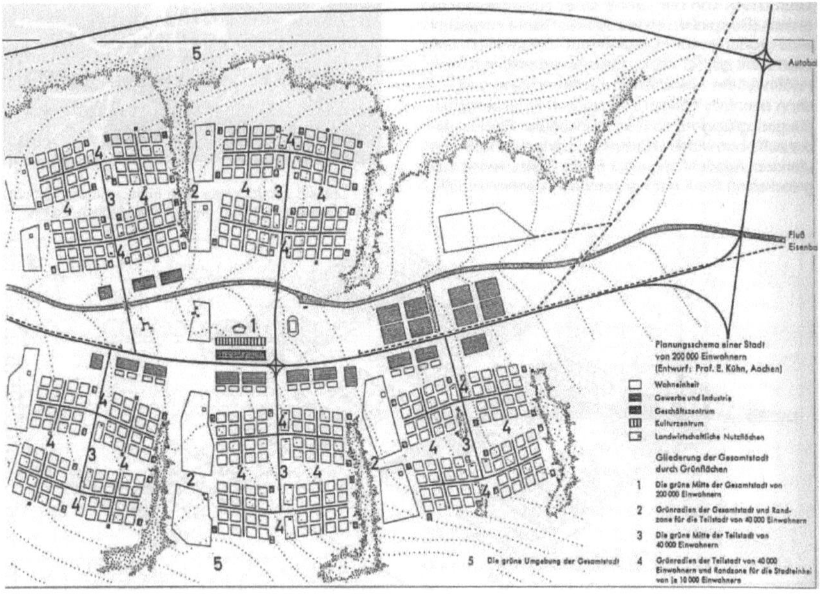

Abb. 16: Schema einer Stadt von 200.000 Einwohnern von Erich Kühn. Beitrag für die Ausstellung „Die Stadt von Morgen" im Rahmen der Interbau 1957 in Berlin. Auch hier zeigen sich die Merkmale der „gegliederten und aufgelockerten Stadt": Am Stadtrand liegen zwischen landwirtschaftlichen Flächen die Wohngebiete, die in Teilstädte geordnet sind. Im Tal folgen die Gewerbe- und Industriegebiete. Das Stadtzentrum bildet eine grüne Mitte, in der Geschäfte und Kultureinrichtungen liegen. Bis auf das übergeordnete Stadtzentrum ziehen sich die Funktionen bandartig am Fluss entlang.

Der Kollektivplan für Berlin

In Berlin fiel die Entscheidung zunächst zu Gunsten der Stadtlandschaft, die den sogenannten „Kollektivplan" für die weitere Entwicklung Berlins prägte: Hans Scharoun war 1945 zum Leiter der Abteilung für Bau- und Wohnungswesen von Berlin berufen worden. Zusammen mit seinem Planungskollektiv sollte er einen Wiederaufbauplan für das gesamte Stadtgebiet entwickeln. Das Kollektiv erhielt dabei von der Stadt die ausdrückliche Erlaubnis, den Bodenpreis einheitlich mit 50 Pfennig je Quadratmeter anzusetzen.[156]

Der 1946 vorgelegte „Kollektivplan" sah vor, Berlin im Sinne der Stadtlandschaft als Bandstadt wiederaufzubauen: Die Stadt sollte entlang des Urstromtals

156 Hain (1992) S. 2547

der Spree neugeordnet werden. Gleichmäßig verteilte Streifen für Wohnzellen, Handel und Gewerbe, erschlossen durch ein rektanguläres, anbaufreies Schnellstraßennetz und ein neu konzeptioniertes, an die natürlichen Gegebenheiten angepasstes Freiflächensystem waren die Hauptpunkte der Planung. Diese Gesamtplanung für Berlin scheiterte jedoch. Die Gründung der beiden deutschen Teilstaaten im Jahr 1949 und die damit einhergehende Spaltung Berlins machte eine gemeinsame Planung nicht allein aus politischen Gründen unmöglich. Denn während mit der Gründung der DDR dort die städtebauliche Planung von sowjetischen Vorbildern und Vorgaben beeinflusst war, orientierte sich die junge BRD zunächst weiterhin an der aufgelockerten und gegliederten Stadtlandschaft.

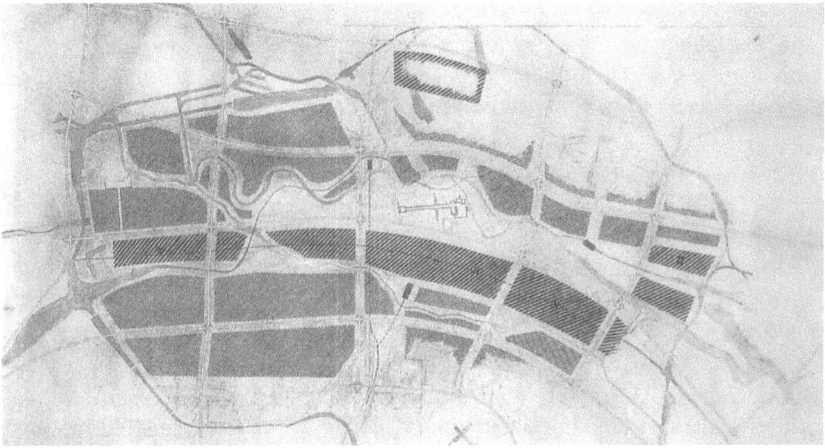

Abb. 17: Plan des Kollektivs Scharoun für Berlin, 1946. Schnellstraßen gliedern die Stadtlandschaft. Im Urstromtal befinden sich die Arbeitsstätten und die daran anschließenden Wohngebiete.

Die Akzeptanz gegenüber dem Leitbild der Stadtlandschaft war allerdings nicht bei allen Planern gegeben. So führten die Landschaftsarchitekten Reinhold Lingner und Georg Béla Pniower eine heftige Diskussion über Sinn und Unsinn der Berliner Planungen. Während Lingner hinter der Idee der Stadtlandschaft stand und auch im Planungskollektiv Scharoun mitgearbeitet hatte, war Pniower einer der schärfsten Kritiker dieses Konzepts: „Termini wie „Urstromtal“ und „Bodenständigkeit“ waren Pniower demnach suspekt, insofern er in ihnen Kontinuitäten zu Auffassungen aus nationalsozialistischer Zeit erkannte. Er hielt der zum „Gesetz“ erhobenen Landschaft das „Gesetz des Menschen“ entgegen. Pniower ging von der Notwendigkeit aus, die Natur zu beherrschen – die eingehende Kenntnis der Naturgesetze vorausgesetzt.“[157]

157 Fibich; Wolschke-Bulmahn (2003) S. 27

Das Bauen beginnt

Mit dem Marshall-Plan konnte ab dem Frühjahr 1950 in der BRD der umfangreiche Wiederaufbau beginnen, um den dringenden Wohnraumbedarf zu lindern. Neben Einzelprojekten galt der im Sommer 1951 vom Bundesministerium für Wohnungsbau und der Economic Cooperation Administration[158] ausgerufene Wettbewerb für ECA-Entwicklungsbauten als wichtiger Schritt im zukünftigen Städtebau der Nachkriegszeit. In 15 Städten sollten insgesamt 3.300 Wohnungen entstehen.[159] Lediglich in Bremen wurde ein innerstädtisches Gebiet für die Bebauung ausgewiesen, die anderen Siedlungen entstanden am Stadtrand. Während einige Entwürfe, wie beispielweise der Bremer, noch sehr starr und „soldatisch" ausgerichtet waren, wiesen die Planungen für Nürnberg und Mannheim durch „die Staffelung um einen zentralen Grünraum neue Wege zu einer freieren Gruppierung von Baukörpern."[160] Allerdings fehlten diesen Siedlungen der „organische, innere Kern" mit den Folgeeinrichtungen.[161]

1954 wird der Wettbewerb für die Sennestadt bei Bielefeld ausgelobt und 1956 für die Großsiedlung Neue Vahr in Bremen. Daneben wurden Großsiedlungen in Rheinhausen (1954), Nürnberg-Langwasser (1956) und die Waldstadt Karlsruhe (1956) geplant, die zum ersten Mal mehrere Nachbarschaften in größeren Wohngebieten so gruppierten, dass der Autoverkehr vom Fußgängerverkehr streng getrennt war.[162]

Die veränderte Auflockerung hatte ein neues Raumgefüge zur Folge. Der Raum in der Stadtlandschaft blieb undefiniert, wurde „vom einem endlichen, abgeschlossenen zu einem unendlichen, nur abgegrenzten, vielfältig gestalteten"[163] Raum. Innerhalb des „fließenden" Raumes sollten Hochhäuser markante „Dominanten" darstellen.[164] „Gegen die obligatorischen Achsen mit architektonisch geschlossenen Straßenräumen werden geschwungene Verkehrsbänder anbaufrei in Grünzüge eingebettet, in denen Solitärbauten den eigenständigen Rhythmus „fließender" Räume betonen. Statt strenger Reihung und Symmetrie sind die asymmetrische Komposition und die Brechung des rechten Winkels, schwungvolle Linienführung und demonstrierte Leichtigkeit des Gebauten Programm."[165]

158 Die Economic Cooperation Administration (ECA) ist mit dem heutigen Ministerium für wirtschaftliche Zusammenarbeit vergleichbar.

159 Düwel; Gutschow (2001) S. 166

160 Düwel; Gutschow (2001) S. 167

161 Düwel; Gutschow (2001) S. 170

162 Düwel; Gutschow (2001) S. 170

163 Hoffmann, Hubert (1952): Die Landschaft im Städtebau. In: Die neue Stadt, Jg. 6, Heft 2, S. 58-60. Zit. nach: Düwel; Gutschow (2001) S. 166

164 Durth; Gutschow (1987) S. 33

165 Durth; Topfstedt (1992) S. 15

Doch der ersehnte Umbau der Städte nach dem Ideal der Stadtlandschaft konnte stets nur in Ansätzen und in begrenzten Gebieten, zumeist an den Stadträndern durchgeführt werden. Die Realität scheiterte meistens an den Besitzverhältnissen von Grund und Boden, am Baurecht und finanziellen Grenzen. „Zu Beginn der fünfziger Jahre gehörte die Forderung nach einer „Auflockerung" und „Gliederung" sowie der „organischen Gestaltung" der zukünftigen Stadt im Westen Deutschlands so sehr zum Allgemeingut, daß sie zuweilen zur Phrase geriet, die eine weitaus heterogenere und fast immer an örtlichen Gegebenheiten scheiternde Praxis überdeckte."[166]

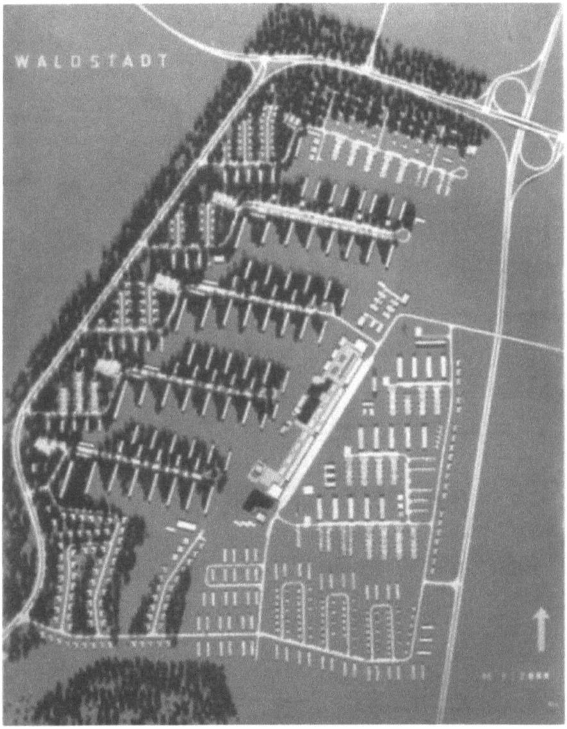

Abb. 18:
Waldstadt Karlsruhe, 1956. Den ersten Preis erhielt im Wettbewerb Karl Selg. Das Straßennetz ist auf die nötigsten Verbindungen beschränkt, ein öffentlicher Stadtraum mit Plätzen ist nicht vorgesehen.

166 Düwel; Gutschow (2001) S. 165

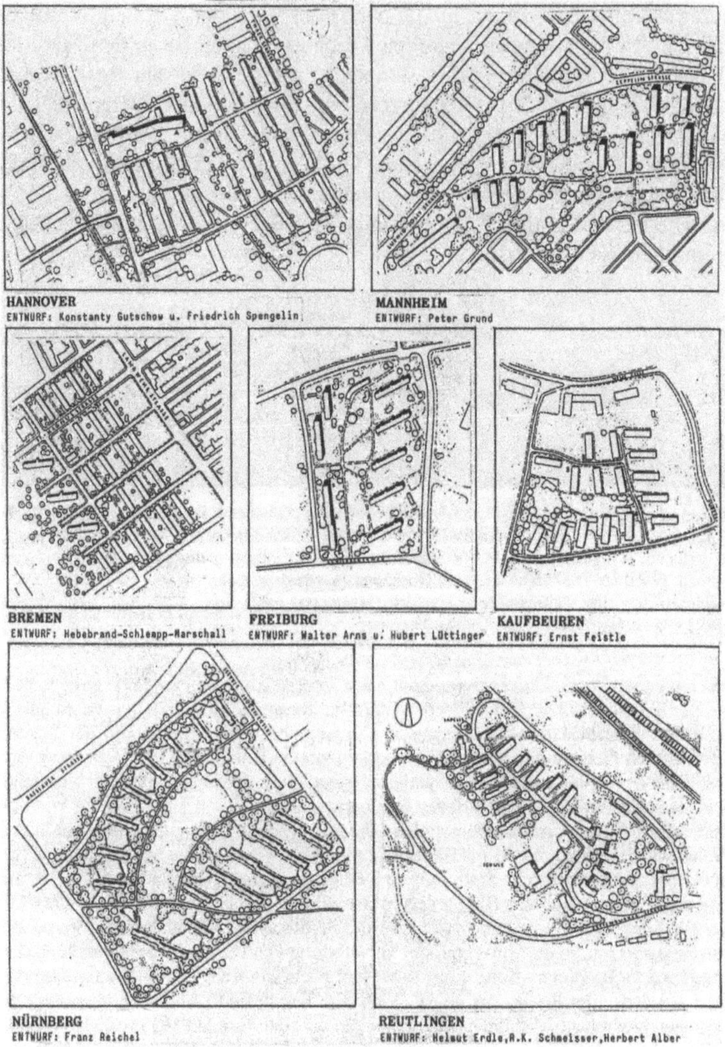

Abb. 19: Sieben Entwürfe für ECA (Economic Cooperation Administration) – Siedlungen im Westen Deutschlands, 1951. Die neuen Siedlungen weisen zwar einen hohen Grünflächenanteil auf, jedoch keine Plätze.

Plätze in den innerstädtischen Gebieten

Den innerstädtischen Plätzen wurden verschiedene Funktionen zugewiesen. Zu unterscheiden sind der Wohnplatz, der City-Platz sowie Grüne Sitzplätze auf Flächen, die nach städtebaulichen und verkehrstechnischen Planungen als kleine Restflächen verblieben.

Der Wohnplatz

In seiner geschichtlichen Übersicht zu den Berliner Stadtplätzen weist Barth darauf hin, dass seit 1950 ein neuer Stadtplatztyp entstanden ist, der sich durch das Streben nach „gartenmäßiger Wohnlichkeit" bedingte.[167] Im Rahmen der vorliegenden Arbeit werden daher Plätze in Wohngebieten, die erweiterter Wohnraum sein sollen, als „Wohnplatz" bezeichnet.

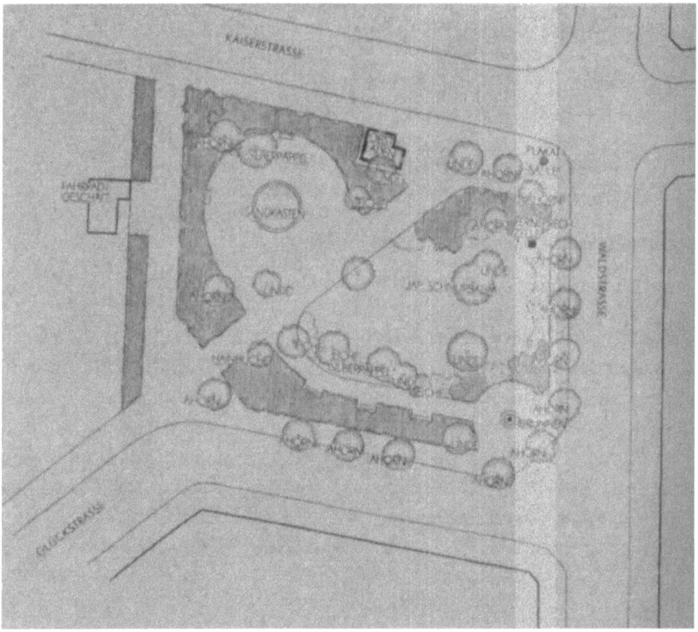

Abb. 20: Ein Wohnplatz in Fürth, Entwurf von Hans Schiller, ca. 1951. Ein Sandkasten bietet Kleinkindern im großen, runden Teilbereich eine Spielmöglichkeit. In Sitznischen finden Erwachsene an der Platzseite Ruhemöglichkeiten mit Blick auf einen Springbrunnen und die Rasenfläche.

167 Barth (1972) S. 165

Die Aufgabe des Treffpunktes und des Kommunikationsortes wurde in den Wohngebieten diesen Wohnplätzen zugewiesen. Diese Plätze standen damit in der Tradition des Gartenplatzes, der in den 20er Jahren im Zuge sozialreformerischer Ideen statt einer rein repräsentativen Gestaltung für die Erholung der Bevölkerung konzipiert wurde. Wohnplätze fanden sich hauptsächlich in Wohngebieten. Sie sollten für die Anwohner einen Ort darstellen, mit dem sie sich identifizieren konnten und der ihnen als Erholungsraum und Treffpunkt außerhalb der beengten Wohnungen diente. In Wohnvierteln, die von der engen Bebauungsstruktur des 19. Jahrhunderts geprägt waren, nahmen Wohnplätze daher eine wichtige Rolle bei der Versorgung mit Grünflächen ein.

Abb. 21: Auf dem West-Berliner Weddingplatz reichten 1950 die Sitzbänke für den großen Andrang von Erholungssuchenden nicht aus. Die Besucher nahmen daher auf den Rändern der Hochbeete Platz.

Abb. 22: Skattische fanden sich in den 1950er Jahren auf Wohnplätzen und in öffentlichen Grünanlagen. Die Skattische boten zugleich Erholung und Geselligkeit außerhalb der beengten Wohnungen.

Als Außenraum mit einer hohen Aufenthaltsqualität sollte der Wohnplatz Ersatz für den eigenen Garten sein. Diese Idee lässt sich an der Ausstattung der Plätze ablesen, der viel Aufmerksamkeit geschenkt wurde. Bänke, Tische, Brunnen, Sonnenuhren, Sandspielplätze und üppige Blumenbeete gehörten zu den immer wiederkehrenden Elementen der Wohnplätze, die man mit einer möglichst hohen Zahl von Sitz- und Ruheplätzen ausstattete.[168] Die verschiedenen Nutzungsmöglichkeiten waren jedoch durch die strikten Funktionszuweisungen sehr bestimmend vorgegeben.[169]

168 Witte (1955) S. 4
169 Trenkmann (1993) S. 21

Barth sprach 1972 beim innerstädtischen Ernst-Reuter-Platz in West-Berlin, der Ende der 50er Jahre entstand, von einer „modernen Art von repräsentativem Schmuckplatz".[170] Zudem begann sich seit Beginn der 50er Jahre die Tendenz durchzusetzen, die Innenstadt nun „City" zu nennen. So bezeichnet beispielsweise Artur Prasser 1956 Kübelpflanzen als „City-Grün".[171] Diesem damaligen Sprachgebrauch folgend, werden daher in dieser Arbeit innerstädtische Plätze, die in erster Linie eine Schmuck- oder Repräsentationsfunktion hatten, als „City-Plätze" bezeichnet.

Abb. 23: Der West-Berliner Steinplatz im Jahr 1958. Der Platz wurde im Zweiten Weltkrieg zerstört und 1950 von Joachim Kaiser neugestaltet. In unmittelbarer Nähe zum West-Berliner Zentrum gelegen, bot der Steinplatz als City-Platz mit einem außergewöhnlich hohen Grünanteil nicht nur die Möglichkeit einer kurzen Erholung, sondern gab der Stadt, den Bürogebäuden und der gegenüberliegenden Hochschule der Künste ein angemessenes Flair.

City-Plätze befanden sich folglich in den Zentren der Städte. Sie lagen oft vor öffentlichen Gebäuden der Stadt, beispielsweise vor Opern und Universitäten, oder vor wichtigen Zweigstellen des Handels und der Industrie. Da in der Innen-

170 Barth (1972) S. 174

171 Prasser (1956) S. 341

stadt, also der „City“, neben Wohngebieten in der Regel auch größere Einkaufsbereiche zu finden waren, verbanden die City-Plätze die Repräsentationsfunktion mit der Erholungsfunktion. Auch mitten in der Stadt sollten die Stadtplätze einen angenehmen Ort zum Aufenthalt bieten.

Die Gestaltung hatte die „Tendenz zu größerer individueller Bewegungsfreiheit im städtischen Platzraum durch Verdichtung des Grünflächenangebotes und Raumbildung mit neuen gartenarchitektonischen Gestaltungselementen.“[172] Dies bedeutete, dass dem Besucher gelegentlich die Möglichkeit eingeräumt wurde, die bereitgestellten Stühle nach Wunsch zu verschieben und in einem anderen Teil des Platzraumes zu nutzen. So gab es teilweise auf den Plätzen verschiedene Aufenthaltsbereiche, u.a. an einem Wasserbecken oder an einer Blumenrabatte. Die „Wohnlichkeit“ der City-Plätze trat allerdings gegenüber einer eher repräsentativen Gestaltung zurück. Es fanden sich zwar teilweise Wasserbecken, aber keine Spielmöglichkeiten für Kinder. Auch die Ausstattung mit Pflanzen war meist geringer als auf den Wohnplätzen. Die Repräsentation erfolgte beispielsweise durch eine interessante nächtliche Beleuchtung, wenig Rasenflächen und eine zurückhaltende Gestaltung, so dass auch immer eine moderne und weltoffene Stadt gezeigt werden konnte.

Grüne Sitzplätze aus Restflächen

Als im Rahmen der „autogerechten Stadt“ dem Verkehr mehr und mehr Priorität eingeräumt wurde, verblieben oftmals Restflächen an den ausgebauten Straßen. Kleine Dreiecke, schlecht geschnittene Flächen, die weder zur Bebauung geeignet waren, noch für die Fahrbahn benötigt wurden. Diese kleinen Restflächen wurden gerne als Sitzplätze, also als Ruhezonen, gestaltet und üppig bepflanzt. Im Folgenden werden diese Art von Stadtplätzen als „Grüne Sitzplätze“ benannt.

Dass diese Grünen Sitzplätze direkt an stark befahrenen Straßen lagen, wurde nicht als Nachteil gesehen. Vielmehr gingen die Planer davon aus, dass der Mensch in der Großstadt nicht allein nur den Rückzug in die Natur schätze, sondern ebenfalls, wenn auch passiv, am Großstadtleben teilnehmen mochte. So sah der Gartenamtsleiter von Berlin-Wilmersdorf, Eberhard Fink, den Großstadtmenschen als Person, die sich einerseits über jedes Stückchen Natur freut, andererseits das Stadtleben schätzt: „Wir wissen um die Bedeutung der Ruhe und Erholung bietenden großen Grünanlagen, wir haben aber beobachtet, daß der lufthungrige Großstädter nicht unbedingt nur ein Plätzchen „am Busen der Natur“ sucht. Warum sitzt er so gern auf den Stühlen, die unsere Boulevard-Restaurants im Sommer auf den Bürgersteig stellen? Weil er dort hinter einer

172 Laage (1978) S. 290

Brüstung mit bunt blühenden Blumenkästen, solange er Lust und Zeit hat, die Sonne genießen kann, während vor seinen Augen der bunte, anregende Film des Großstadtstraßenlebens abrollt, dessen Lebendigkeit ihn durchaus nicht stört. Es bedeutet für ihn, den Menschen in der Großstadt, auch Entspannung, weil er – nur am Rande sitzend, nur Zuschauer – nicht mithastet, nicht mitfährt, eben zur Stunde gleichsam unbeteiligter Beobachter ist.“[173] Zu bedenken ist allerdings, dass der Individualverkehr in den 50er Jahren noch weitaus weniger stark war als heute. In der BRD waren 1950 lediglich 540.000 PKW registriert, 1960 waren es 4,5 Mio.[174]

Oftmals auch in Wohngebieten gelegen, boten diese Sitzplätze zudem eine Möglichkeit, für eine kurze Zeit den meist beengten Wohnverhältnissen zu entfliehen. Nach Finks Vorstellung saß man an warmen Sommertagen „dort noch in den späten Abendstunden, denn der Schein der Straßenbeleuchtung taucht sie in ein mildes Licht, diese kleinsten, aber gar nicht so wertlosen Flächen des Erholungsgrüns einer Großstadt.“[175] Dieses Bemühen, dem Verkehr Sitzplätze „abzuringen“, zeigte sich vor allem in West-Berlin, weniger ausgeprägt aber auch in anderen westdeutschen Städten. In Kassel war es bereits Mitte der 50er Jahre erklärtes Bemühen, möglichst viele Grünflächen zu schaffen: „Wo sich nun innerhalb der Zentralstadt Gelegenheit bietet, werden in den Straßenzügen oder an Straßenkreuzungen kleine Schmuckflächen oder Sitzplätze im Grünen geschaffen, die bei der Einwohnerschaft sehr beliebt sind. Auch beim Wiederaufbau der Altstadt wird dieses Ziel weitgehend verfolgt, indem zwischen den einzelnen Baublocks angerartige Erweiterungen geschaffen und nach Möglichkeit mit Sitzplätzen ausgestattet werden (Entenanger und Pferdemarkt).“[176] Auch in Frankfurt am Main lassen sich ähnliche Muster erkennen: Der Ziegelhüttenplatz entstand ebenfalls durch den Verkehrsumbau.[177]

Vor allem nach Zunahme der Motorisierung sahen allerdings nicht alle Planer diese Restflächen als zur Erholung geeignet an. „Die Stadtverwaltungen haben geglaubt, ihrer Pflicht zur Schaffung von Erholungsgrün dadurch zu genügen, daß sie in den einzelnen Stadtvierteln ein paar Vierecks unbebaut gelassen und darauf gärtnerische Anlagen gebaut haben mit Rasen, Hecken, Büschen und Bäumen, Blumenbeeten, Ruhebänken und Sandkisten für die Kleinsten. Das ist

173 Fink (1960) S. 23f.

174 „Obwohl die eigentlichen Boomzeiten des Autoverkehrs erst noch bevorstanden, konnte von 1950, 1960, 1970 und 1980 ein Anwachsen des Bestands an Personenwagen von 0,54, 4,5, 13,9 auf 23,2 Mio. (...) verzeichnet werden.“ Reinborn (1996) S. 236. Im Jahr 1990 waren 30,7 Mio. PKW in der BRD angemeldet, 2000 waren es 42, 8 Mio. und bis zum Januar 2005 stieg die Anzahl auf 45,4 Mio. an. (Kraftfahrtsbundesamt 2005).

175 Fink (1960) S. 25

176 von Eichel-Streiber (1955) S. 8

177 Sallmann (1965) S. 13

gut für Mütter mit Kinderwagen und für alte Leute, denen es genügt, irgendwo in der Sonne sitzen zu können.“ Schon 1961 schreibt Seifert weiter: „Heute sind diese Anlagen vom Verkehr umbraust, sind keine Oasen der Stille mehr, selbst dann, wenn sie einst groß genug angelegt waren.“[178]

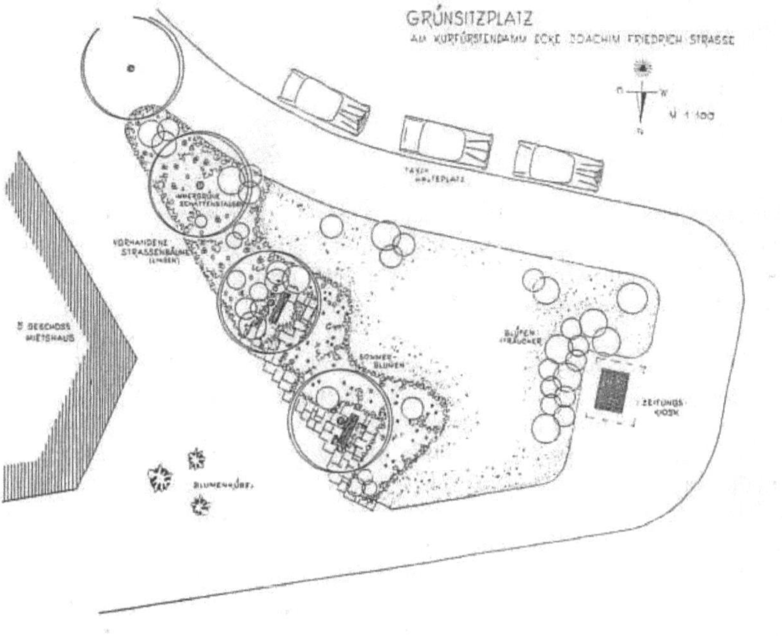

Abb. 24: Grünsitzplatz in West-Berlin am Kurfürstendamm, Ecke Joachim-Friedrich-Straße. Entwurf von Eberhard Fink, 1959. Unter die vorhandenen Straßenbäume wurden Schattenstauden und Sommerblumen gesetzt. Blütensträucher und eine Rasenfläche gehören ebenfalls zur aufwändigen Gestaltung des sehr kleinen Grünen Sitzplatzes am vielbefahrenen Kurfürstendamm. Die eingerückten Ruheplätze bieten eine Rückzugsmöglichkeit, ohne auf den Blick in das Straßengeschehen verzichten zu müssen. Rechts ein Zeitungskiosk, im hinteren Bereich ein Taxistand.

178 Seifert (1961) S. 226

Plätze in den Neubausiedlungen

In den ersten Siedlungen, die nach Gründung der BRD und mit Beginn des Marshall-Planes gebaut wurden, sucht man Plätze zumeist vergebens. Nachbarschaftseinheiten prägten die Siedlungsentwürfe. „Darunter waren Zusammenfassungen von damals 6.000 bis 9.000 Einwohnern zu verstehen, die jeweils die wirtschaftliche Auslastung einer Grund- und Hauptschule und eines Ladenzentrums sicherstellen sollten."[179] Ein Versorgungszentrum sollte den Mittelpunkt einer solchen Nachbarschaft bilden. Besondere Stadtteilplätze als Treffpunkt waren allerdings nicht vorgesehen, denn nicht gebautes Umfeld stand gemäß des neuen Leitbilds im Vordergrund, sondern „die Landschaft" und „die Natur", die sich durch die Siedlungen ziehen sollte. Auf urbanen Stadtraum wurde dagegen wenig Wert gelegt. „Bei aller Intensität, mit der sich die Nachkriegsplaner mit den Problemen des Autoverkehrs und der Straßenführung auseinandergesetzt haben, haben sie den Straßenraum in neuen Siedlungen eher als „Unraum" betrachtet. Er sollte eigentlich nur als technisches Band für die motorisierte Erschließung dienen, denn Fuß- und Radwege waren völlig separat davon angeordnet. In kammartiger Zuordnung führten die Wege, in Grünzügen eingebettet, zum Stadtteilzentrum, zu den Sport- und Freizeiteinrichtungen oder einfach nur in die Landschaft."[180] Urbane Räume waren so nicht mehr möglich: „Damit verlor der Straßenraum aber auch seine Funktion als eigentlicher „öffentlicher Straßenraum" mit vielfältiger Nutzung. Das Augenmerk der Planer konzentrierte sich nun auf einen „neuen Stadtraum", den von den Wohngebäuden umschlossenen, von der Straße abwandten Grünbereich, mit oder ohne direktem Anschluß an die freie Landschaft."[181]

Abb. 25: Das einhüftige Idealzentrum des Architekten und Stadtplaners Otto Ernst Schweitzer aus dem Jahr 1957 verbindet als „Grüne Mitte" die Ladenzeile mit dem Grünraum. Solche Versorgungszentren mit möglichst wenig urbanem Raum sind typisch für die Siedlungen der 50er Jahre.

179 Bochard (1989) S. 1317
180 Reinborn (1996) S. 193
181 Reinborn (1996) S. 194

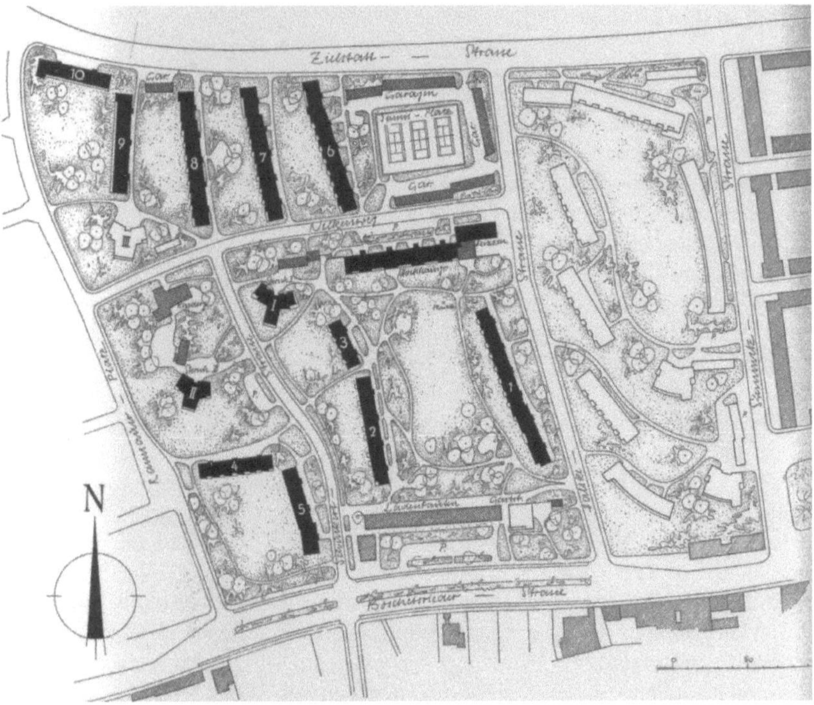

Abb. 26: In der Siemens-Siedlung in München-Obersendling sind die Wohnbauten Mitte der 1950er Jahre locker im Grünraum verteilt. Ein Platz ist nicht vorgesehen, doch typisch für die Siedlung der Nachkriegszeit ist eine Ladenzeile an der südlichen Hauptstraße.

Im Vordergrund stand das Ideal einer natürlichen Landschaft: „Abgekehrt von den technischen Notwendigkeiten der Straßen sowie der zunehmenden Parkplätze und Garagen sollen die Menschen die Illusion haben, „im Park“ oder gar „im Wald“ zu wohnen. Nicht mehr die Schaffung städtischer Räume ist das Ziel des Städtebaus, sondern die Ausformung privater, grüner Räume, die, zu „Grünzügen“ verbunden, jeden Eindruck von Stadt verhindern.“[182] Gebauter öffentlicher Raum tritt daher möglichst kaum in Erscheinung, es sei denn in Form von Versorgungszentren oder als Straße. „Zunächst waren die Ladenzeilen der Einkaufsbereiche neuer Siedlungen nur einseitig und orientierten sich (...) zu einem Grünbereich. So ist das „Idealzentrum“ von O. E. Schweitzer aus dem Jahr 1957 „einhüftig“ konzipiert, und auch einige Beispiele in neuen Siedlungen, wie in der Sennestadt, sind entsprechend realisiert worden. Die anderen öffentlichen Einrichtungen gruppieren sich locker um einen zentralen Grünbereich oder grenzen wie die Schulen an Grünzüge. Aber schon bald werden nach dem ame-

182 Reinborn (1996) S. 194

rikanischen Muster der „Shopping Center“ an Schnellstraßen auch in Deutschland „Ladenstraßen“ als Einkaufszentrum entworfen.“[183]

Abb. 27:
Der geschwungene Marktplatz im Hannoveraner Wohngebiet „Am Mittelfelde“, das zu Beginn der 50er Jahre gebaut wurde. Der 1951 angelegte Platz, später in Rübezahlplatz benannt, fügt sich vollständig in den Grünraum ein und hat trotz seiner Marktfunktion nichts Städtisches an sich.

Für den Bau von neuen Stadtplätzen in den Neubausiedlungen bedeutete das städtebauliche Leitbild neben der Negierung von allem Städtischen, dass der fließende Raum wenig Möglichkeiten einer Platzbildung zuließ. Zudem waren gestaltete Architekturräume in geschlossenen Formen „durch die repräsentativen Planungen und Platzgestaltungen des ‚Dritten Reichs‘ als Selbstdarstellung staatlicher Macht verrufen. Die Zukunft galt dem aufgelösten, fließenden Raum, in dem auch die steinerne Großstadt zunehmend von Grünzügen durchsetzt werden sollte.“[184]

Ein Beispiel für solche einen aufgelösten Raum ist der Platz der Morgenröte im West-Berliner Hansaviertel, das 1957 im Rahmen der Internationalen Bauausstellung von West-Berlin entstand. Während Herta Hammerbacher die Flächen am Hansaplatz gestaltete, wandte sich der Schwede Edvard Jacobson der benachbarten Freifläche zu. In den anliegenden Gebäuden sollten etwa 150 Familien wohnen, zudem lagen ein U-Bahneingang und die Hansabibliothek an der Fläche. Da sich hier also täglich viele Menschen bewegen würden, plante Jacobson einen öffentlicher Platz, eine „Piazza“, später Platz der Morgenröte genannt.[185] Für diesen Platz ist wie für das gesamte Hansaviertel charakteristisch, dass seine Platzkanten in den umgebenden Raum fließen. Nur durch die Pflasterung, den Pergolengang zwischen U-Bahneingang und Bücherei sowie durch die im Raster stehenden Bäume wurde der Platz optisch zusammengehalten, der primär Durchgangsverbindung blieb.

183 Reinborn (1996) S. 217
184 Durth; Gutschow (1988) S. 40
185 Jacobson (1957) S. 265

Abb. 28: Der Platz der Morgenröte im West-Berliner Hansaviertel kurz nach Fertigstellung Ende der 1950er Jahre. Obwohl sich Edvard Jacobson eine belebte Piazza vorstellte, blieb der Platz aufgrund nicht ausgeführter Ideen lediglich Durchgangsraum zwischen den Wohnhäusern zum Hansaplatz, zur U-Bahn und zur Bücherei.

Verpasste Chance?

Die Umsetzung der Stadtlandschaft blieb in der BRD auf Ausnahmen beschränkt. Im Rückblick waren die 50er Jahre „in der Wahrnehmung vieler Planer vor allem auch von ‚verpaßten Chancen' und ‚verhinderter Neuordnung' geprägt."[186] Denn das Bodenrecht der BRD machte den Zugriff auf Grund und Boden schwierig und in der Folge unmöglich, die Städte gemäß der Stadtlandschaft umzubauen. Die entstandenen Siedlungen an den Stadtperipherien erschienen unbefriedigend und unvollkommen in ihrer geringen Ausdehnung.[187] Dennoch erschien 1957 nochmals eine Arbeit, die die städtebaulichen Leitlinien der Nachkriegszeit propagierte: „Die gegliederte und aufgelockerte Stadt" von Johannes Göderitz, Roland Rainer und Hubert Hoffmann. Bereits im Januar 1945 war diese Forschungsarbeit der Deutschen Akademie für Städtebau und Landesplanung unter dem gleichem Titel veröffentlicht worden.

186 von Beyme et al (1992) S. 24
187 Düwel; Gutschow (2001) S. 213

Als Ende der 50er Jahre die größte Wohnungsnot in der BRD behoben war, trugen die westdeutschen Planer den Empfehlungen von amerikanischen Kollegen Rechnung, die bereits 1951 darauf hingewiesen hatten, den anwachsenden Verkehr nicht zu ignorieren. Die Folge war der Bau von Schnellstraßen und Autobahnen innerhalb der Städte, die zur „autogerechten Stadt" führen sollten. Der Vorrang, der in den 50er Jahren dem Verkehr im Städtebau eingeräumt wurde, degradierte viele Plätze zu reinen Verkehrsteilern oder ließ sie ganz verschwinden.

Abb. 29: Der Rathenauplatz in West-Berlin ist nur noch Verkehrsinsel, um die Autozufahrt zur neugebauten Stadtautobahn zu regeln. Foto von 1959.

Obwohl in den 1950ern Jahren die „Natur" in der Stadt seitens der Planer verklärt wurde und dem Städter wieder nahe gebracht werden sollte, findet eine grundsätzliche Diskussion über Sinn und Unsinn der Verkehrspriorität zunächst nicht statt. Nur zu bereitwillig wird den Autofahrern der öffentliche Raum zur Verfügung gestellt. So zeugt die gefügige Haltung des damaligen städtischen Gartenbaudirektors von Frankfurt am Main, Friedrich Heyer, sehr plakativ vom allgemeinen Glauben an den Verkehrsausbau: „Nicht nur Bäume an den Straßen, auch repräsentative und verträumte Stadtplätze müssen dem Verkehr weichen; selbst ausgedehnte Parkflächen, bei deren Anlage man die Verkehrsentwicklung nicht voraussah oder nicht voraussehen wollte, werden manchmal von neuen Straßen tangiert. Das alles ist schmerzlich. Es wäre aber sinnlos, und man würde den Bewohnern großer Städte, die zum Teil vom Verkehr leben müssen, einen schlechten Dienst erweisen, wenn man den Forderungen des Verkehrs sich entgegenstellen würde.“[188] Milchert meint dazu, dass diese allgemeine Tendenz unter Planern, sich dem Verkehr zu fügen, auf den „Mythos der landschaftsgerechten Autobahn des Nationalsozialismus“[189] zurückzuführen ist, der noch lange verklärt wurde.

188 Heyer (1956) S. 42
189 Milchert (1987) S. 34

3.1.3 Beispiele: Platzgestaltungen in der BRD von 1945 bis 1959

Die folgenden Projekte und Platzgestaltungen zeigen exemplarisch die drei Platztypen City-Platz (Georgsplatz und Ernst-Reuter-Platz), Wohnplatz (Wartburgplatz und Goebelplatz) und den sehr speziellen Typ des Grünen Sitzplatzes (Nürnberger Platz), der in seiner Form fast ausschließlich in der Nachkriegszeit bis zu Beginn der 60er Jahre angelegt wurde. Die Beispiele des Hansaplatzes in West-Berlin und des Platzes Berliner Freiheit in Bremen zeigen, welchen Stellenwert Plätze in den Neubausiedlungen hatten.

Die Platzauswahl zeigt außerdem das Wechselspiel zwischen Gestaltung und umgebender Architektur. So zeigen die Umplanungen von Wartburgplatz und Goebelplatz, die beide im Altbaubestand liegen, eine weitaus geschwungenere Formensprache als die restlichen Plätze, die mit Neubauten korrespondieren. Die Gestaltungen von Georgsplatz, Ernst-Reuter-Platz, Nürnberger Platz, Hansaplatz und des Platzes der Berliner Freiheit sind von einer unregelmäßigen Rasterung geprägt, die häufig im Zusammenspiel mit der Nachkriegsmoderne eingesetzt wurde.

West-Berlin: Wartburgplatz

Der Wartburgplatz wurde 1902 eröffnet; die Gestaltung im Stil des Historismus übernahm Stadtbaurat Egeling.[190] 1949 gestaltete der Schöneberger Gartenamtsleiter Carl Heinz Tümler den Wartburgplatz um.[191] Tümler behielt vermutlich einige der Grundstrukturen der ehemaligen Anlage bei, um sie in die Neuplanung zu integrieren. Dazu gehörten möglicherweise ein Teil des altes Baumbestandes sowie das Kastanienrondell im Südwesten des Platzes.

Tümler entschied sich 1949 für ein leicht geschwungenes Wegekonzept, wie es später für die 50er Jahre typisch war. Am Rundweg lagen alle wichtigen Punkte des Platzes: Ein Kastanienrondell, in dessen Mitte eine Vogeltränke vorgesehen war, bestimmte den Südwesten des Platzes. Hier konnte sich der Besucher auf Bänken im Schatten der Bäume ausruhen. Im Norden war ein Beet mit hohen Stauden und immergrünen Gehölzen gepflanzt. Den südöstlichen Teil nahm ein Kinderspielplatz ein. Wie auf vielen Plätzen der 50er Jahre war das Kinderspiel

190 Berlingeschichte (2005) o. Seitenangabe
191 Linke (2001) Text zu Abb. 53

auf einen Sandkasten beschränkt, der vom Rest des Platzes durch eine Abpflanzung abgeschirmt war. Zahlreiche Bänke waren um den Spielbereich gesetzt, der in seiner runden Form das Element des Kastanienrondells wieder aufnahm. Eine Sitznische mit zwei Bänken lag am Südeingang des Platzes.

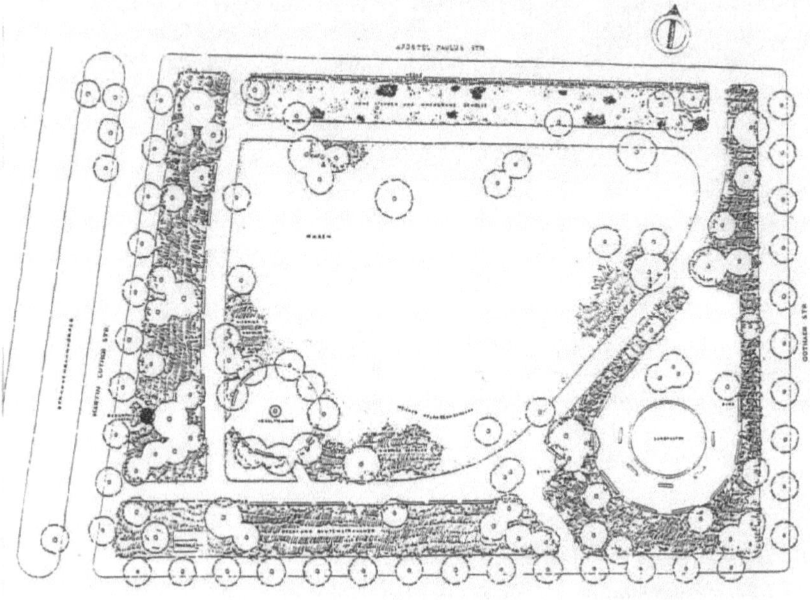

Abb. 30: Neugestaltungsplan des Wartburgplatzes, vermutlich von 1949/1950.

Abb. 31: Der Wartburgplatz im September 1950. Im Kastanienrondell steht statt der Vogeltränke entweder eine Art Vase in einem Rundbeet oder ein Unterteil der Tränke. Im Hintergrund das nördliche Staudenbeet.

Mit einer Größe von etwa 13.000 qm hatte der Wartburgplatz schon fast den Charakter einer kleinen Parkanlage. Dies wurde noch durch die modellierte Rasenfläche in der Mitte des Platzes unterstrichen. Beim Wartburgplatz, der in einem Wohngebiet aus der Gründerzeit liegt, ist zu erkennen, dass mit einer möglichst dichten Grüngestaltung, Sitznischen und kleinem Gartenmobiliar, wie der Vogeltränke, ein Wohnplatz geschaffen werden sollte. Die hohe Anzahl der Bänke, von denen aus man nicht nur über die Rasenfläche, sondern auch auf das Staudenbeet im Norden sehen konnte, zeigt, mit welcher hohen Besucherzahl Tümler gerechnet hatte.

Der Wartburgplatz heute

In seiner Grundstruktur ist der Wartburgplatz unverändert geblieben. Der Spielplatz wurde modernisiert, das Beet und die Vase (bzw. die Tränke) im Kastanienrondell wurden entfernt. In den 60er Jahren stellte man zusätzliche Bänke im Nordteil auf, verkleinerte das Staudenbeet und setzte eine Plastik hinein.[192] Der Wartburgplatz dient auch heute noch vorrangig der Erholung. Erwachsene finden zahlreiche Bänke und Rückzugsmöglichkeiten, für Kinder steht ein Spielplatz zur Verfügung.

Abb. 32: Der Nordweg des Wartburgplatzes mit Blick über die modellierte Rasenfläche und auf das Kastanienrondell, 2005.

192 Heßler (2000) S. 105

West-Berlin: Goebelplatz

Der Goebelplatz zeigt einen Wohnplatz der 50er Jahre, der in der Tradition der Gartenplätze umgestaltet wurde. Er liegt in einem Wohngebiet, das in der Zeit zwischen den 1930er und 1950er Jahren gebaut wurde: Die Ringsiedlung der Siemensstadt bis 1930, ab 1935 die Siedlungsbebauung der Siemens-Halske AG und der Schuckertwerke sowie ab 1950 die Siedlung Charlottenburg Nord. Der Platz ist allseitig von Wohnbebauung umgrenzt, an der Südseite befindet sich eine kleine Ladenzeile.[193]

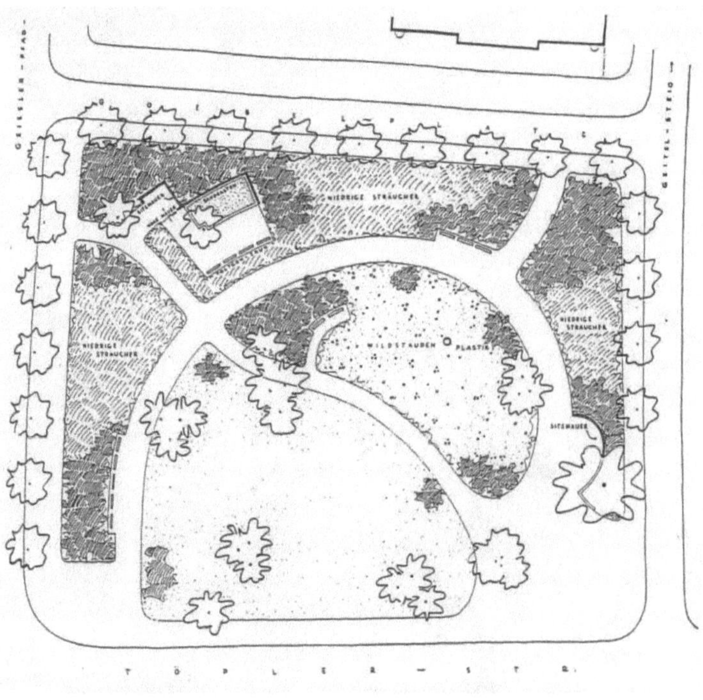

Abb. 33: Gestaltungsplan von Joachim Kaiser für den Goebelplatz von 1952.

1952 wurde der Goebelplatz vom Charlottenburger Gartenamtsleiter Joachim Kaiser umgestaltet.[194] Die Mitte des Platzes ist aus dem Zentrum gerückt. Die geschwungene Wegeführung teilt die Platzfläche in asymmetrische Teilflächen

---

193 Zu einer möglichen Platzgestaltung der Voranlage konnten keine Informationen gefunden werden.

194 Heßler (2000) S. 85

und in verschiedene Nutzungsbereiche: Ein kleiner Kinderspielbereich liegt etwas abseits auf dem Platz. Er wurde durch eine Abpflanzung vom Rest des Platzes separiert. Zwei Bäume im Spielbereich sorgten für Schatten für die spielenden Kinder. Mehrere Bänke boten den Eltern Sitzgelegenheit. Auf dem Platz fanden sich zudem noch vier weitere Sitznischen, alle mit Sträuchern als Rückendeckung bepflanzt und mit Blick auf den offen gestalteten Platzbereich. Ein Wildstaudenbeet, eine Rasenfläche und einige locker verstreute Bäume ließen dem Betrachter freie Sicht über den Platz. Niedrige und hohe Sträucher am Platzrand sowie die Umpflanzung mit einer Baumreihe an drei Seiten gaben diesem Platz eine intime Atmosphäre. Auch die Plastik im Wildstaudenbeet verdeutlicht die Absicht, hier einen Platz mit Sondergartencharakter zu schaffen.

Der Goebelplatz heute

Der Goebelplatz entspricht noch heute fast genau dem Entwurf von 1952. Nur wenige kleine Details wurden ergänzt oder verändert, z.B. die Beetaufteilung. Der Platz befindet sich in einem sehr gepflegten Zustand und bietet auch heute noch einen angenehmen Aufenthalt. Der kleine Kinderspielplatz mit Sandkasten macht allerdings einen verwaisten Eindruck. Er ist vermutlich durch die sehr eingeschränkte Spielnutzung wenig attraktiv, mittlerweile sehr verschattet und liegt zu abseits des Platzgeschehens.

Abb. 34:
Blick über die Rasenfläche des Goebelplatzes, 2004. Hinter der linken Baumgruppe befindet sich ein Sitzplatz, von dem aus die Staudenbeete und die restliche Platzfläche betrachtet werden können.

Wie auch der Wartburgplatz in Berlin übernimmt der Goebelplatz noch immer die Funktion des Wohn- und Quartiersplatzes im Wohngebiet. Mit seiner Größe und Gestaltung erinnert er an einen Garten. Eine Assoziation, die in den 1950er Jahren sehr erwünscht war, denn eine Anlage wie der Goebelplatz sollte einen Ausgleich zu den beengten Wohnverhältnissen der Nachkriegszeit schaffen und dem Platzbesucher einen angenehmen Aufenthalt wie im „eigenen" Garten ermöglichen.

Hannover: Georgsplatz

Der Georgsplatz liegt im Zentrum Hannovers und ist aufgrund seiner innerstädtischen Lage und der repräsentativ-wohnlichen Funktion als Beispiel für einen City-Platz der 50er Jahre zu sehen. Ende des 19. Jahrhunderts wurde der Platz zunächst vom damaligen Stadtgartendirektor Julius Trip gestaltet. Von der Georgstraße diagonal durchschnitten, war die Platzfläche im Stil des Historismus recht kleinteilig mit Bäumen und Sträuchern bepflanzt, die querende Straße wurde von einer doppelreihigen Roteichenallee begleitet.

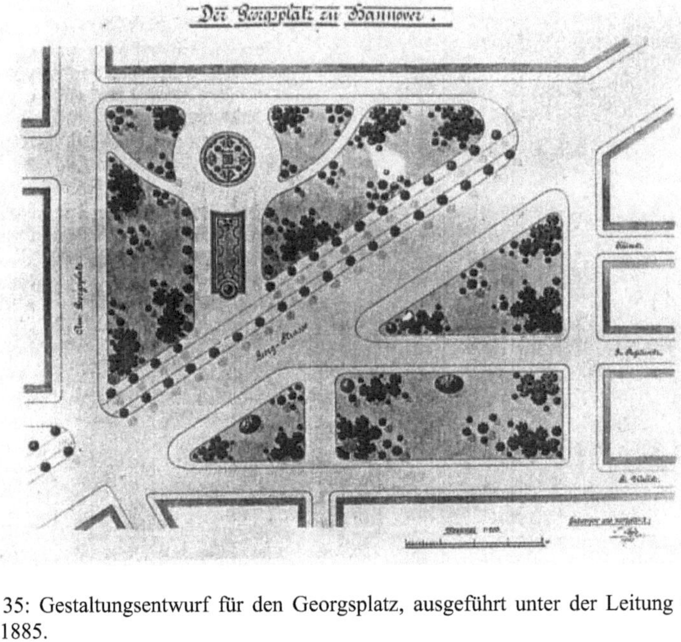

Abb. 35: Gestaltungsentwurf für den Georgsplatz, ausgeführt unter der Leitung von Julius Trip, 1885.

Im Zweiten Weltkrieg wurde vor allem die Ostseite des Platzes stark in Mitleidenschaft gezogen. Die Initialzündung für die Neugestaltung des Platzes gab Mitte der 50er Jahre der Bau der Niedersächsischen Landesbank an der Ostseite des Platzes sowie die Verbreiterung der Georgsstraße für die Straßenbahn. Im Herbst 1956 legte Hannovers Gartendirektor Werner Lendholt einen Entwurf vor, der realisiert werden konnte. Bei der Neugestaltung des Georgsplatzes legte er auf eine Reihe von Aspekten wert: Dazu gehörten die Einbindung der Grün- und Pflanzflächen in die städtebauliche Situation und der Wunsch, die Besucher in den Platz hineinzuführen „und nicht „am Rasen" vorbeigehen zu lassen."[195] An der Durchschneidung des Platzes durch die Georgsstraße wurde festgehalten. Insgesamt weist der Entwurf eine recht zurückhaltende Formensprache auf. Die Platzbegrenzung wurde durch einen gerasterten Flächenbelag und die anstehenden Gebäude geschaffen, zum anderen durch die rechteckigen Hochbeete, die locker den Platzraum begrenzten. Leichte Schrägen in den Hochbeetformen lockerten den Entwurf etwas auf.

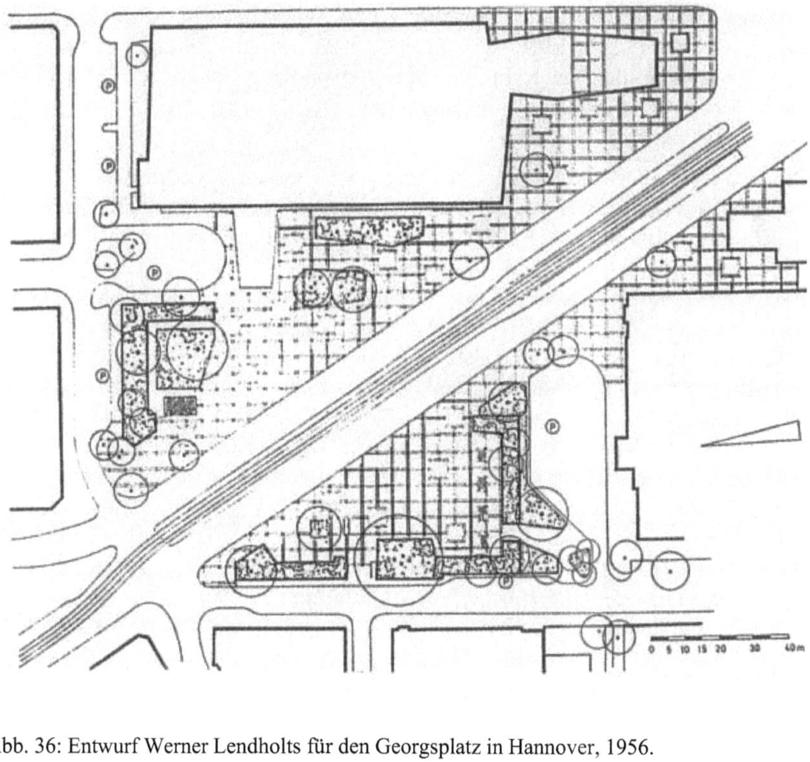

Abb. 36: Entwurf Werner Lendholts für den Georgsplatz in Hannover, 1956.

195 Laage (1959) S. 37

Abb. 37: Der Georgsplatz in Hannover kurz nach der Neugestaltung, Blick Richtung Osten zum neuen Bankgebäude, im Vordergrund die quadratischen Wasserbecken mit Sprudlern.

Abb. 38: Der Georgsplatz, ca. 1958. Die Besucher können ihren Platz an den Wasserbecken durch verrückbare Einzelstühle selbst wählen.

Die Erlebnismöglichkeiten des Stadtraumes sollten intensiviert werden. Ziel Lendholts war es daher auch, „den Georgsplatz als lebendiges Glied im Stadtbild und zur Georgsstraße zu gestalten, da er, vorwiegend von Bankgebäuden umgeben, bisher schon abends in unscheinbares Dunkel gehüllt war und insofern gegenüber der lichterfüllten Schaufensterkette kaum ins Bewußtsein trat."[196]

Die Roteichenallee wurde entfernt, ebenso ein weiterer Teil des alten Baumbestandes. Vorgesehen war stattdessen „durch besonders interessante und intensive Bepflanzung mit überwiegend immergrünen Gehölzen, aber auch wertvollen Sommerblühern, Stauden und Blumenzwiebeln der Bevölkerung einen über das ganze Jahr reichen Gartenschmuck zu zeigen, der durch große Pflanzkübel mit Sommerblumen oder Winterpflanzung ergänzt wird."[197] Erhöhte Mauerrabatten gaben dem Platz Struktur und Halt und dem Besucher einen geschützten Aufenthaltsbereich während des Verweilens. Das Plattenraster hielt den Platz trotz seiner Durchschneidung optisch zusammen und gliederte ihn. Neben der großzügigen Bepflanzung trugen vier quadratische Wasserbecken mit kleinen Fontänen und die mobilen Sitzmöglichkeiten zur Attraktivität des Platzes bei. Mittels frei bewegbarer Gartenstahlsessel mit Kunststoff-Bespannung konnten sich die Nutzer individuell ihren Lieblingssitzplatz wählen.[198] Die Beleuchtung der Wassersprudler sorgte abends für eine interessante Atmosphäre. Insgesamt wurde eine repräsentative Platzfläche für den Stadtraum, aber auch für das am Platz stehende Bankgebäude geschaffen. Zudem war und ist der Georgsplatz Teil der Georgsstraße, einer der wichtigsten Hauptgeschäftsstraßen Hannovers.

196 Laage (1959) S. 37
197 Laage (1959) S. 37
198 Laage (1959) S. 37

Auch noch in den 60er Jahren scheint der Georgsplatz ein beliebter Aufenthaltsort gewesen zu sein. Der Gartendirektor Erwin Laage schwärmte über den „Klassiker" unter den Stadtplätzen Hannovers: „Mitten im Großstadtverkehr liegt seine Anziehungskraft in dem hohen Grad an persönlicher Freiheit (Einzelstühle) und Intimität des Raumes begründet."[199]

Der Georgsplatz heute

Die Raumkonzeption des Georgsplatzes entspricht heute noch größtenteils der Planung der 50er Jahre, wenn auch aufgrund des U-Bahnbaus in den 80er Jahren teilweise das Flächenraster entfernt wurde. Wasserbecken und Beetformen sind unverändert geblieben. Im Laufe der Jahre sind allerdings einige weitere Gestaltungselemente eingefügt worden. Dazu gehören neben einigen Skulpturen auch die Neupflanzung einer Platanenallee in der Platzmitte bzw. an der Georgsstraße. Der ursprünglich sehr offene Platzcharakter wandelte sich durch die Baumkronen in einen mehr geschlosseneren. Hinzugekommen sind ebenfalls geschwungene Pflanzschalen im Stil der 50er Jahre, dem Gestaltungskonzept des Georgsplatzes also durchaus entsprechend. Die Einzelstühle um die Wasserbecken, mit denen sich der Platzbesucher früher seinen eigenen, individuellen Sitzplatz suchen konnte, sind durch feste Bänke ersetzt worden.

Abb. 39: Georgsplatz, 2003: Die Einzelstühle an den quadratischen Wasserbecken sind auf dem Georgsplatz durch herkömmliche Bänke ersetzt worden. Im Hintergrund das Bankhaus.

199 Laage (1966b) S. 155

Der Georgsplatz liegt zwar an der stark befahrenen Georgsstraße, doch bietet der Platzraum durch zurückgesetzte Beet- und Sitzbereiche weiterhin Rückzugsmöglichkeiten für die kurzzeitige Erholung. Das Bankhaus am Platz bestimmt architektonisch den Raum, so dass der Georgsplatz noch immer eine doppelte Funktion erfüllt. Sowohl das Bankhaus, als auch das Stadtbild selbst profitieren von der repräsentativen Gestaltung dieses City-Platzes, an dem weitere Geschäftsgebäude sowie Gaststätten liegen.

West-Berlin: Hansaplatz

Das im Zweiten Weltkrieg fast gänzlich zerstörte Hansaviertel, eine ehemals dicht bebaute Wohngegend im Westen Berlins, sollte als aufgelockerte Siedlung wiederauferstehen. Bis zur Interbau 1957 entstanden auf der Grundlage des Entwurfs von Willi Kreuer und Gerhard Jobst eine Vielzahl von unterschiedlichen Wohnformen: „Auf den zur grünen Landschaft verwandelten Trümmern Berliner Mietskasernen sind im Hansaviertel in lockerer Mischung Wohnhochhäuser, Reihen- und Einfamilienhäuser zu sehen, die in der Vielfalt der Entwürfe zugleich eine Pluralität der Lebensformen repräsentieren sollen – nicht zuletzt auch als politische Antwort auf die im Ostteil der Stadt in strenger Front entstandenen Bauten der Stalinallee.“[200] Die Grünflächen sollten bei der Gesamtgestaltung des Hansaviertels eine verbindende Funktion einnehmen. „Das Grün wird die Wohnbauten umschließen, sie verbinden und zueinander in Beziehung bringen. Die Erfüllung nüchterner hygienischer Forderungen nach Licht und Luft für die Wohnungen genügt allein noch nicht. Sinnvolle Gestaltung der Grünanlagen soll eine Atmosphäre neuer Wohnlichkeit schaffen.“[201]

Mit der Grünflächengestaltung des Hansaviertels waren zehn Landschaftsarchitekten betraut, fünf deutsche und fünf aus dem Ausland, die jeweils zu zweit ein internationales Team bildeten und einen Planungsabschnitt bearbeiteten. Herta Hammerbacher und der schwedische Landschaftsarchitekt Edvard Jacobson bekamen die Gestaltung des Hansaplatzes und die daran anschließenden Grünflächen nördlich und südlich der Altonaer Straße bis hin zum Tiergarten als Aufgabe. Den Entwurf für den Hansaplatz übernahm Herta Hammerbacher, die den Platz zwar nicht als öffentlichen Ort ansah, sondern als große Verkehrskreuzung,[202] doch schließlich als Landschaft gestaltete.[203]

---

200 Durth; Topfstedt (1992) S. 17
201 Anonym (1957) S. 96
202 Jacobson (1957) S. 265
203 Dolff-Bonekämper (1999) S. 51

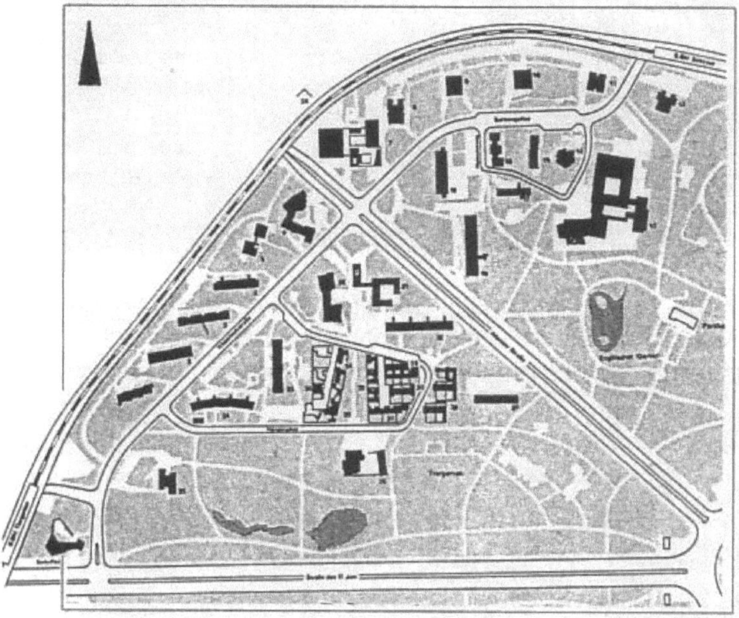

Abb. 40: Das West-Berliner Hansaviertel zur Interbau 1957. Gemäß den damaligen städtebaulichen Idealen aufgelockert gebaut.

Damit entspricht der Hansaplatz weder den Kriterien eines City-Platzes noch denen eines Wohnplatzes. Allerdings zeigt der Hansaplatz exemplarisch den Stellenwert von Stadtplätzen in den Neubaugebieten der 50er Jahre: Ein großes Grünflächenangebot für das ganze Wohngebiet war ausdrücklich erwünscht, während der Eindruck von einer Stadt, deren urbaner Teil Plätze sind, vermieden wurde. Der fast nahtlose Übergang von Grünbereich und Hansaplatz macht diese Intention deutlich.

Kennzeichnend für die Grünplanung des Interbau-Geländes waren die fließenden Räume. Daher überrascht es auch nicht, wenn Hammerbachers erster Plan vorsah, „daß ein am Hansa-Platz und am Beginn des Tiergartens sich berührender Umgangsweg das Gelände nördlich und südlich der Altonaer Straße zusammenschloß und beide Teile wie einen zusammengehörigen Park – vom Tiergarten ausgehend – behandelte. Bodenschwingungen sollten im größeren Zusammenhang über die Häuser hinweg vom Hansa-Viertel in den Tiergarten weisen, drei Teiche diesseits und jenseits der Altonaer Straße sollten die Wasserzüge des Tiergartens (...) im Hansa-Viertel fortsetzen und in einem Brunnen am Hansa-Platz ihr Ende finden.“[204] Die Teiche und selbst der Brunnen wurden allerdings von der IBA-Leitung nicht akzeptiert. Man war jedoch bereit, statt des Brunnens eine Plastik für den Platz zu schaffen. Die Plastik sollte am Standort des geplanten Brunnens stehen.[205] Der Berliner Bildhauer Hans Ullmann gewann mit seiner Plastik im Skulpturenwettbewerb der Interbau 1957 den ersten Preis. „Aus Kugeln und Stäben konstruiert, die Atommodelle und Pendelversuchsanordnungen assoziieren lassen, verkörpert das in seinem kompositorischen Gleichgewicht sorgfältig ausbalancierte Werk auf seine Weise einige wichtige Grundideen der Interbau: Modernität, Offenheit, Abstraktion und Technik-Bejahung.“[206]

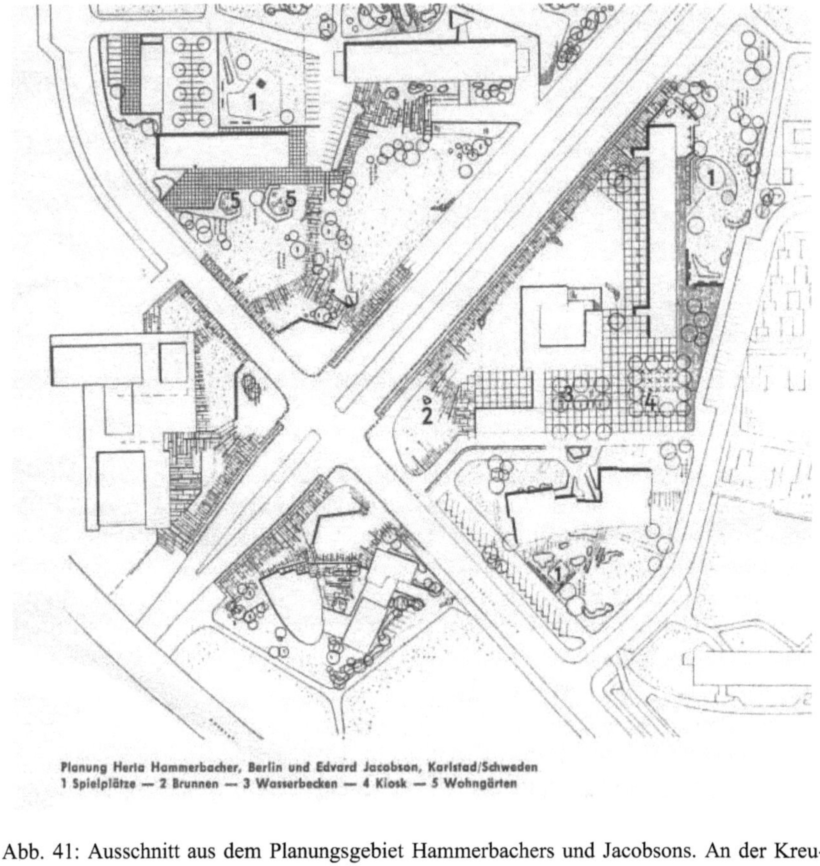

Abb. 41: Ausschnitt aus dem Planungsgebiet Hammerbachers und Jacobsons. An der Kreuzung der Hansaplatz, rechts daneben bei den Punkten 3 und 4 der Platz der Morgenröte.

204 Hammerbacher (1957b) S. 262
205 Hammerbacher (1957b) S. 262
206 Dolff-Bonekämper (1999) S. 51

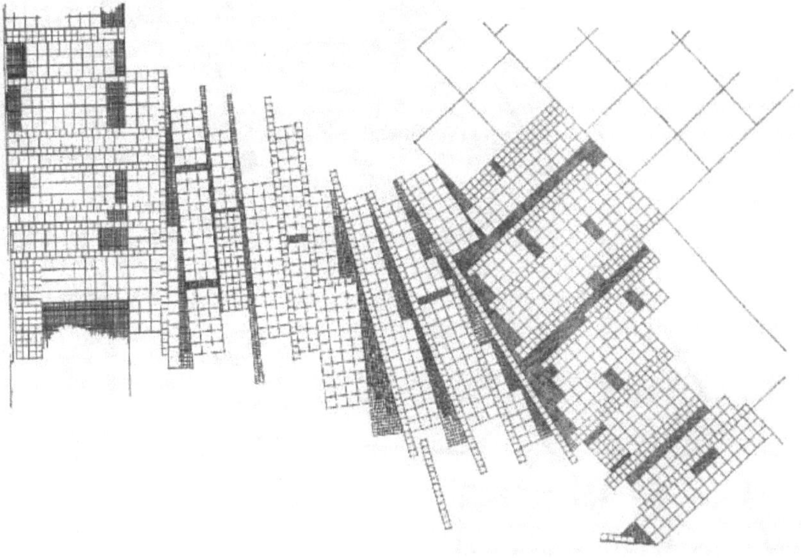

Abb. 42: Plattenbelag am Hansaplatz, Detail des Verlegemusters, das sich leicht konzentrisch um den Hansaplatz legt. Entwurf von Hammerbacher, 1957.

Es war das Bestreben Hammerbachers, trotz der Durchschneidungen und Trennungen durch Straßen und Rasenstreifen dem Hansaplatz ein einheitliches, zusammenhängendes Bild zu verleihen. Dies sollte mit Gehwegmaterial in unterschiedlichen Größen und Farben erreicht werden (Betonsteine in den drei Farbtönen Schwarzgrau, Mittelgrau und Hellgrau sowie Bernburger Mosaikpflaster in Hellgrau): „Durch Versetzung der Platten in Radien, die einem Mittelpunkt zugeordnet sind, ist für den Gehenden der Hinweis auf einen zusammengehörenden Rundverkehr gegeben. Die Bänderung trägt zwei Momente in sich: Durch die Bewegung zum Hansaplatz hin wird die Bedeutung des Platzes als Zentrum des Hansaviertels unterstrichen. Die Querbetonung des Weges durch die schwarzen Bänder wirkt wie ein Hineinstrahlen in die Nebenflächen. Dadurch werden die Gehsteige, welche Bestandteile der Straßen sind, auch Teil der Grünflächen."[207] Nur dieser optische Zusammenhalt konnte den Platz als definierte Fläche in Erscheinung treten lassen.

207 Hammerbacher (1957a) o. Seitenangabe

Der Hansaplatz heute

Das Hansaviertel steht mittlerweile unter Denkmalschutz. Sanierungen seitens der Garten- und Baudenkmalpflege haben sicher gestellt, dass das Gestaltungsbild des Hansaviertels weitestgehend gewahrt bleibt.

Der Hansaplatz hat sich allerdings insbesondere durch Einbauten für die Verkehrsführung verändert. Der Plattenbelag von Hammerbacher ist an einigen Stellen entfernt worden. Der landschaftliche Charakter des Platzes ist nur noch bedingt erlebbar, zudem wirkt der Platzraum entgegen den Vorstellungen Hammerbachers nun deutlich zerschnitten.

Abb. 43:
Das Verlegemuster des Plattenbelags am Hansaplatz, 2004. Die Plattenstreifen ziehen sich in die Rasenflächen und verzahnen sich somit mit der umliegenden Grünfläche. Durch das punktuelle Grün direkt an der stark befahrenen Altonaer Straße sollte der Eindruck, sich in einem Teil des Tiergartens aufzuhalten, möglichst auch am Platz noch gewahrt bleiben.

Abb. 44:
Die Verkehrseinbauten veränderten den Hansaplatz: Direkt an der Altonaer Straße wurde der ursprüngliche Plattenbelag teilweise entfernt, durch gleichförmige lineare Beläge ersetzt und mit einem Radweg ergänzt. Verkehrsabsperrungen und -schilder beeinträchtigen außerdem das Erscheinungsbild und zerteilen optisch den Platz.

West-Berlin: Nürnberger Platz

Das Nürnberger Viertel und der Nürnberger Platz existierten bereits vor dem Zweiten Weltkrieg. Allerdings war der Platz vor dem Krieg nicht mehr als eine Verbreiterung des Straßenraumes an einer Kreuzung. Im Zweiten Weltkrieg stark zerstört, wurde das Nürnberger Viertel nach dem Krieg wieder neu aufgebaut. Im Zuge dessen wurde auch der Verkehr mit breiten Straßen neugeordnet. Für den Nürnberger Platz verblieb eine etwa rechtwinklige Fläche von rund 1.500 qm. Aufgrund dieser recht kleinen Fläche und dem Bemühen, trotz der geringen Größe eine hohe Aufenthaltsqualität zu schaffen, ist der Nürnberger Platz als Beispiel eines Grünen Sitzplatzes zu sehen.

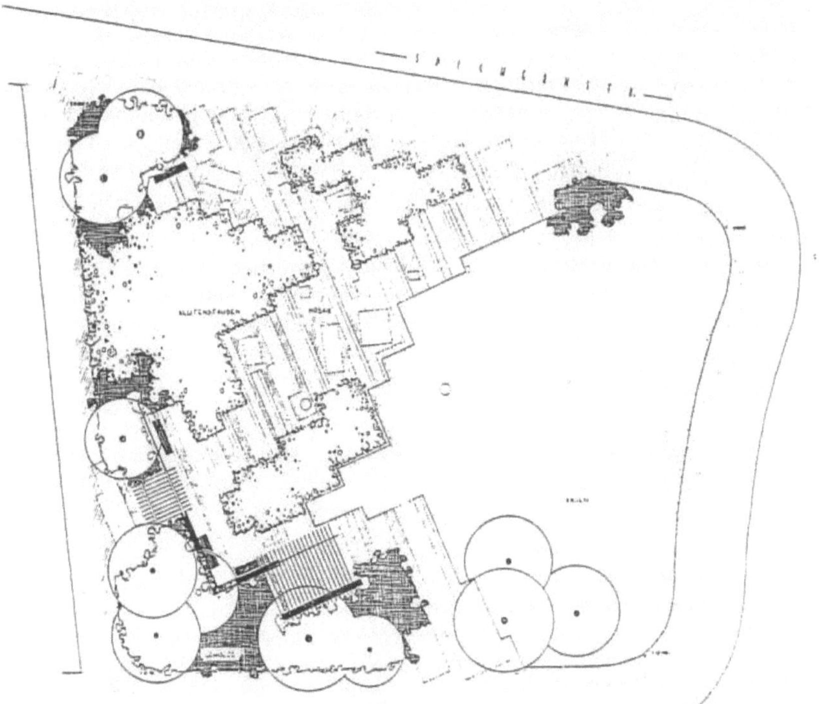

Abb. 45: Entwurf für den Nürnberger Platz von Eberhard Fink, 1959.

Abb. 46: Pergola auf dem Nürnberger Platz, Blick von Osten. Aufnahme kurz nach der Fertigstellung des Platzes.

Abb. 47: Pergola auf dem Nürnberger Platz, ca. 1960. Blick von Norden in die Pergola. Im Hintergrund die Neubauten der 1950er Jahre

1959 wurde der Nürnberger Platz vom Wilmersdorfer Gartenamtsleiter Eberhard Fink neugestaltet.[208] „Nach Norden abgepflanzt bildet eine gartenmäßige Architektur den baulichen Rahmen der Anlage, bei der das Festgefügte des Theumaer-Schiefermauerwerks sich zur einen Seite als Pergolensitzplatz, zur anderen als Lattenspalier auflockert. Ein bunter Flor von niedrigen bis halbhohen Blütenstauden mit Polyantharosen und Gräsern breitet sich davor aus, und eine Rasenfläche rundet das Bild ab."[209] In der Pflanzenauswahl zum gewählten Motiv „Stauden in der Sonne" fanden sich u.a. Ehrenpreis, Salbei sowie Lupinen in Orange, Weiß, Purpur und Rosa. Unterstützt wurde die Raumgliederung durch Solitärgräser.[210] Die Wegeflächen waren durch Bänder aus Granit-Mosaiksteinen und farbigen Kunststeinplatten gestaltet.

Als sich Ende der 50er Jahre die Formensprache der Landschaftsarchitektur veränderte, zeigte sich dies auch auf dem Nürnberger Platz: Die Gestaltung von Fink ist nicht mehr gekennzeichnet durch geschwungene Wege. Vielmehr sind es nun eckige, kantige Formen, die den Entwurf bestimmen. Es scheint, als ob ein imaginäres Raster über die Fläche gelegt worden sei. An einer asymmetrischen Gestaltung ist jedoch festgehalten worden.

Im Unterschied zu den Plätzen, die als Wohngartenersatz genutzt werden sollten, ist auf dem Nürnberger Platz keine vollständig abschirmende Bepflanzung vorhanden. Dies hätte schließlich auch den Blick des Besuchers auf den „lebendigen" Straßenverkehr gestört. Als Grüner Sitzplatz reichhaltig bepflanzt, galt

208 Heßler (2000) S. 95
209 Fink (1961a) S. 10
210 Waldenburger (2001) S. 83ff.

der Nürnberger Platz als Naturersatz. Den Großstadtverkehr sah Fink dabei durchaus als Qualität für den Besucher: „Nicht nur die großen Grünanlagen, auch diese kleinen Grün-Sitzplätze mitten in der Stadt werden vom zeitigen Frühjahr bis in den späten Herbst gern aufgesucht, denn der Städter liebt es, nahe bei bunten Blumen zu sitzen, ein Stück grünen Rasen zu sehen und hier die Sonne zu genießen und ein wenig zu entspannen. Die Lebendigkeit des Großstadtlebens stört ihn weniger, als meist angenommen wird."[211]

Der Nürnberger Platz heute

Die Idee des Blütengartens, das Motiv „Stauden in der Sonne", ist heute auf dem Nürnberger Platz nicht mehr erkennbar. Die Pflanzen wurden entfernt, nur ein Staudenbeet blieb erhalten, allerdings in stark veränderter Form: Statt einer aufwändigen Bepflanzung bestimmt nunmehr großflächig Sedum das Bild. Ein Pflanzbeet ist durch Schneeball, eines durch Eiben ersetzt worden. Die Raumgliederung ist damit zerstört worden, denn nun blickt der Besucher nicht mehr über den Platz in den Verkehr, sondern teilweise direkt in dunkle Gehölzlöcher. So bleibt nunmehr der Sitzplatz seitlich des Gehwegs vollkommen vom Platzgeschehen abgeschnitten. Erhalten ist allerdings bis heute die grundlegende Raumgliederung, die Pergola mit den Sitzplätzen sowie die für die 1950er Jahre typische verspringende Gehwegbefestigung, die sich mit der Rasenfläche verzahnt.

Abb. 48: Nürnberger Platz, 2005. Im Hintergrund die Pergola und das Sedumbeet. Die dunkle Eibe und der Schneeball (rechts) stehen nicht nur in Kontrast zu der zarten Birke, sondern versperren auch teilweise die Sicht über den Platz.

211 Fink (1961a) S. 10

Die ursprüngliche Funktion des Nürnberger Platzes als Grüner Sitzplatz, der für viele Besucher einen kleinen, aber schönen Raum in der Stadt bieten sollte, muss mittlerweile in Frage gestellt werden. Die veränderte Gestaltung bietet heute wenig Grund sich dort auszuruhen. Der Platz ist zu dunkel, zu unattraktiv und zu verschmutzt, als dass sich dort eine bunte Mischung von Besuchern einfinden würde. Wer bleibt, ist oft dem Alkohol sehr zugetan.

Bremen: Berliner Freiheit

Nach zunächst verschiedenen Entwürfen von Ernst May, Hans Bernhard Reichow sowie Max Säume und Günter Hafemann entstand 1956 in Arbeitsgemeinschaft dieser Architekten ein Bebauungsplan für die Bremer Neubausiedlung Neue Vahr am Rande der Stadt. Hier sollten in direkter Nachbarschaft zur Gartenstadt Vahr, die von 1955 bis 1959 nach Plänen von Ernst May gebaut wurde, bis 1962 eine weitere neue Siedlung mit 10.000 Wohnungen entstehen. Das Konzept der Neuen Vahr war geprägt von vierstöckigen Wohnzeilen, die in abwechslungsreichen Grünräumen locker gruppiert waren. Im Norden waren Einfamilienhäuser vorgesehen. Zu achtstöckigen Scheibenwohnhäusern stellte man als Orientierungspunkte sieben 14geschossige Punkthochhäuser. Eine unverwechselbare Besonderheit nahm das 22geschossige fächerförmige Hochhaus von Alvar Aalto ein, das sowohl Symbol der Siedlung werden als auch die Lage des Einkaufszentrums markieren sollte.[212]

Mit der Grünflächengestaltung der Neubausiedlung wurde der Gartenarchitekt Karl-August Orf beauftragt, der sich an den Vorstellungen der Stadtlandschaft orientierte. Sein Konzept beruhte auf der Idee des Gemeinschaftsgrüns: „Die einzelnen Nachbarschaften sind voneinander durch stärker bepflanzte Zonen getrennt. Diese Zonen werden vorwiegend den Erwachsenen als Garten dienen, da sie parkartig durchpflanzt sind und mit Sitzecken ausgestattet sind.“[213] Zwischen den Häuserblöcken sollten außerdem Bereiche für das Kinderspiel entstehen. „Im Nachbarschaftsgrün liegen ferner die zum täglichen Leben notwenigen Einrichtungen, wie Wäschetrockenplätze, Teppichklopfstangen etc. (...) Diese Nachbarschaftsflächen oder Grünhöfe werden, sparsam mit Gehölzen und Baumgruppen bepflanzt, horizontal oder vertikal den architektonischen Ausdruck verstärken. Sie lassen etwas von der großen freien Landschaft ahnen.“[214] Es ist zeittypisch, dass Orf zu den wichtigen Einrichtungen des täglichen Bedarfs Wäschetrockenplätze und Teppichklopfstangen zählt – und einen überge-

212 Reinborn (1996) S. 246
213 Orf (1954) in: GEWOBA (1993) S. 23
214 Orf (1954) in: GEWOBA (1993) S. 23

ordneten Platz als Zeichen einer Stadt dagegen nicht erwähnt. Der Bezug zur Landschaft war sehr viel relevanter.

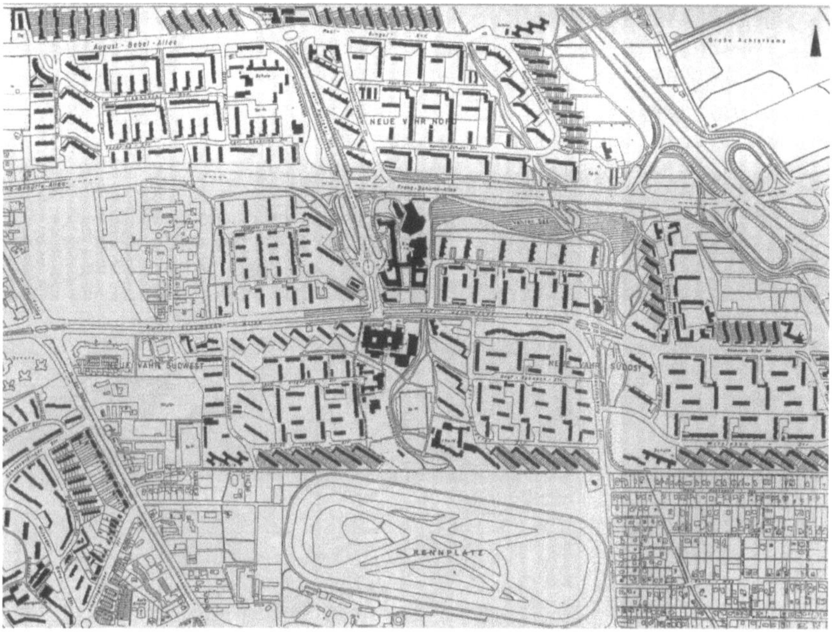

Abb. 49: Die Siedlung Neue Vahr in Bremen. Entwurf von Ernst May, Hans Bernhard Reichow, Max Säume und Günter Hafemann von 1956. Die Nachbarschaften werden durch Straßen geteilt. Im Zentrum die „Berliner Freiheit". Nördlich des Platzes steht das Aalto-Hochhaus.

Das städtebauliche Konzept der Neuen Vahr zeigt mit den ausgedehnten Freiräumen, der geringen Bebauungsdichte und der offenen Gruppierung der Häuser, dass die Siedlung noch sehr vom Leitbild der gegliederten und aufgelockerten Stadt beeinflusst war, obwohl die Planer eine moderne Großstadt bauen wollten.[215] Doch wie auch in anderen Siedlungen der 50er Jahre war der urbane Raum der Neuen Vahr nur wenig ausgeprägt. Wichtiger war das Gefühl, sich mitten in der Natur zu fühlen. Dieser letztendlich doch sehr antistädtischen Haltung entsprechend, gab es für den neuen Bremer Stadtteil nur ein Zentrum, das um den Platz „Berliner Freiheit" gruppiert war, wo die Bewohner Einrichtungen des täglichen Bedarfs fanden. Obwohl an vier Seiten bebaut, zeichnete sich der Platz „Berliner Freiheit" durch fließenden Raum aus. Die Geschäfte waren in niedrigen Pavillonbauten mit Arkadengängen untergebracht,[216] so dass nicht das

215 GEWOBA (1993) S. 49

216 1961 wurde das Einkaufszentrum um ein Ärztehaus ergänzt.

Gefühl einer massiven Häuserfront entstand. Der Blick in den Himmel und auf das nördlich stehenden Aalto-Hochhaus blieb fast ungestört. Der Eindruck des fließenden Raumes wurde noch dadurch verstärkt, dass zwei Gebäudeseiten lediglich eine Art Säulengang darstellten. Der Blick des Besuchers konnte frei ziehen, der Raum sich optisch ausbreiten. Der Platz selbst war sehr einfach gestaltet. Den Platz prägte eine freie, helle Fläche, die ihren Reiz durch die umlaufenden Arkadengänge und die leichte Atmosphäre des Raums erhielt. Nur ein Baum und einige Pflanzschalen waren belebende Elemente.

Abb. 50:
Modell des Zentrums der Neuen Vahr. Der Platz „Berliner Freiheit“ ist leicht asymmetrisch und an vier Seiten von Pavillonbauten umgeben. Im Vordergrund das Aalto-Hochhaus.

Abb. 51: Der Platz „Berliner Freiheit“ im Einkaufszentrum der Neuen Vahr, vermutlich Anfang der 60er Jahre. Trotz allseitiger Umbauung dominiert auf dem Platz das Gefühl des fließenden Raums.

Aufgrund ihrer Lage am Stadtrand und dem Wunsch, die Siedlung in die Landschaft einzubetten, blieb die Neue Vahr Vorstadt, „immer ausgerichtet auf die Einkaufsmöglichkeiten der Innenstadt. Doch auch die vorstädtischen Bedürfnisse konnten offenbar nicht voll befriedigt werden. In den 60er Jahren klagten die Mieter darüber, daß die Wohnungen vielfach zu klein seien und daß ein wirklicher Mittelpunkt, ein Veranstaltungszentrum fehle.“[217]

Die Berliner Freiheit heute

Im Jahr 2000 begann eine komplette Neugestaltung der Berliner Freiheit. Der zwischen den Pavillonbauten gelegene Platz der Berliner Freiheit wurde mit einem überdachten Einkaufszentrum bebaut, das 2003 eröffnet wurde. Mit dem Bau dieses großen Einkaufszentrums verlor die Berliner Freiheit nicht nur eine charakteristische Mitte, sondern auch die leichte Atmosphäre des fließenden Raums, wie es für Ensembles aus den 50er Jahren typisch war. Von den ursprünglichen Gestaltungselementen zeugen nur noch Teile der Pavillons sowie die verbliebene Fläche hinter der Berliner Freiheit, auf der regelmäßig ein Wochenmarkt stattfindet.

Abb. 52: Die Berliner Freiheit während der Umbauphase, ca. 2000. Ein Teil der rahmenden Umbauung ist bereits abgerissen.

217 GEWOBA (1993) S. 66

Abb. 53: Das neue Einkaufszentrum schiebt sich u.a. in die ehemalige Fläche der Berliner Freiheit. Davor Reste der rahmenden Pavillons, 2006.

Abb. 54: Die Fläche zwischen Aalto-Hochhaus und dem neuen Einkaufszentrum der Berliner Freiheit dient regelmäßig als Markt.

West-Berlin: Ernst-Reuter-Platz

Der Ernst-Reuter-Platz gehört zu den wenigen gänzlich neu geplanten Plätzen im West-Berlin der Nachkriegszeit. Bereits seit dem 17. Jahrhundert lag hier das „Knie“, eine abknickende Straßenkreuzung, die das Berliner Stadtschloss mit dem Schloss Charlottenburg verband. Während der NS-Zeit war das „Knie“ dann Teil der Speerschen Achsenplanung, wurde baulich verändert, doch als Straßenkreuzung beibehalten.

1955 wurde ein beschränkter Wettbewerb für die Umgestaltung des „Knies“ ausgelobt, den der Architekt Bernhard Hermkes gewann. „Ausgehend von der Vorgabe des Verkehrskreises, dessen Effizienz nach Wagners Vorkriegsuntersuchungen noch immer als unbestritten galt, hatte er eine Anzahl von Universitäts- und Bürobauten um eine hypothetische Mitte organisiert. Im Miesschen Sinne folgten die Baukörper jedoch nicht der durch den Verkehrsfluß vorgegebenen Form des Platzes, sondern führten in seiner unmittelbaren Umgebung ein formales Eigenleben.“[218] Ein „fließender Raum“ entstand, der durch quadratisch gegliederte Flächen zusammengehalten werden sollte. Die Größe des Raumes macht es jedoch unmöglich, die den Platz übergreifende Rasterung optisch wahrzunehmen. Nur aus der Vogelperspektive ist die Gestaltungsintention nachvollziehbar.

---

218 Nielebock (1996) S. 127

Der Ernst-Reuter-Platz, der 1953 nach dem Tod des ersten West-Berliner Regierenden Bürgermeister Ernst Reuter seinen Namen erhielt, war als Gegenstück zum Strausberger Platz konzipiert, indem Hermkes dem stalinistischen Klassizismus des Strausberger Platzes und der Stalinallee eine freie Verteilung der Baumassen entgegen setzte. Der zentralen Freifläche des Strausberger Platzes steht die asymmetrische Gestaltung der Mittelinsel gegenüber. Mit seiner freien Verteilung der Gebäude im internationalen Stil der Nachkriegsmoderne und seinem fließenden Raum war der Ernst-Reuter-Platz wie auch das West-Berliner Hansaviertel also nicht zuletzt eine ideologische Antwort des Westens auf den Städtebau der DDR.[219]

Abb. 55: Der Ernst-Reuter-Platz im September 1960. Der Straßenbahnbereich wurde Anfang der 70er Jahre dem Autoverkehr als zusätzliche Fahrbahn zugeschlagen.[220] Hintergrund Bauten der Technischen Universität. Rechts das IBM-Gebäude im Bau.

Nachdem Hermkes den städtebaulichen Rahmen für den Platz erarbeitet hatte, wurde dem Architekten Werner Düttmann, der 1960 zum Senatsbaudirektor der Stadt Berlin ernannt wurde, der Entwurf für die Mittelinsel übertragen. Düttmann übernahm bei seiner Gestaltung für die Mittelinsel die quadratische

219 Senatsverwaltung für Stadtentwicklung Berlin (2007) o. Seitenangabe
220 Gausmann (1992) Ohne Seitenangabe. Bildunterschrift zu Abb. 56.

Rasterstruktur von 10 x 10 Metern. Er setzte eine helle Platzfläche mit dunkler Bänderung in eine Rasenfläche. Die gestaltete Platzmitte war dabei etwas aus dem Kreiszentrum gerückt. Ein großes Wasserbecken (30 x 40 Meter) und ein kleines (20 x 20 Meter) bildete mit ihren insgesamt 41 Sprudlern und einer 15 Meter hohen Fontäne den gestalterischen Höhepunkt der Mittelinsel.[221]

Abb. 56: Strausberger Platz, 2005. Hier fasst die Wohnbebauung im Stil der „nationalen Bautradition" den Platzraum. Das Mittelrondell erhielt 1967 einen Ringbrunnen mit Wasserspielen vom Kunstschmied Fritz Kühn.

Quadratische Pflanzflächen setzten farbliche Akzente. Jeweils ein Beet war mit einer Pflanzenart gestaltet. Wollny berichtet von roten Rosen und Cotoneaster.[222] Zwei Bepflanzungspläne von 1960 zeigen jedoch, dass die Bepflanzung sehr viel differenzierter ausgeführt wurde.[223] So fanden sich u.a. Bergenia, Hemerocallis, Yucca, Juniperus, Crocus und Wildtulpen.[224] Auch gab es später Bäume, die das Raster in die dritte Dimension erhoben. Sitzbänke fügten sich dezent in die Gestaltung ein. Erreichbar war und ist die Mittelinsel von

221 Wollny (1989) S. 137

222 Wollny (1989) S. 138

223 Bepflanzungsplan südöstliche Teilfläche (Mai 1960) und westliche Teilstücke (Mai 1960). Quelle: Natur- und Grünflächenamt Berlin-Charlottenburg.

224 vgl. Glabau (1999) S. 45ff.

einem Fußgängertunnel aus. Diese schlechte Erreichbarkeit eines doch öffentlichen Raumes und die kaum vorhandene Platzfassung waren die Hauptkritikpunkte an der Gestaltung. Der Ernst-Reuter-Platz wurde daher immer wieder als „Nicht-Platz“ bezeichnet. Nielebock meint dazu: „Ein akzentuiert platziertes Hochhaus an der Westseite zwischen Otto-Suhr-Allee und Bismarckstraße markiert einen optischen Höhepunkt, kann jedoch das Zerfließen des Raumes nicht verhindern. Schlimmer noch als die Aufgabe der traditionellen räumlichen Strukturen nehmen sich die fast zynisch anmutenden Nutzungsangebote der Mitte aus. Das eigentliche Zentrum des Platzes, die innere Kreisfläche, ist nur über die unterirdischen Zugänge der U-Bahn zu erreichen. Das Überqueren der Fahrbahn zur Nutzung der suggerierenden Angebote der Mitte wird illegal und darüber hinaus gefährlich. (...) Der Verkehr hat gesiegt! Ruhebänke, Baumgruppen und Fontänen auf der zentralen Rasenfläche, durchaus vertraute traditionelle Elemente der Platzgestaltung und -nutzung, werden zu unerreichbaren Dekorationen pervertiert.“[225]

Abb. 57: Der Ernst-Reuter-Platz im Jahr 1986. Die Bäume heben das Raster in die dritte Dimension.

225 Nielebock (1996) S. 127 f.

Abb. 58: Sommerliche Abendstimmung an einem Sonntag im September 2004: Der Ernst-Reuter-Platz wird durchaus auch als Erholungsmöglichkeit genutzt. Auch werktags sind im Sommer einige Besucher zu beobachten. Im Mittelpunkt die beiden Wasserbecken mit Sprudlern. Gut erkennbar auch die Bänderung der Platzfläche, die quadratischen Pflanzbeete und die einfachen Bänke. Im Hintergrund Bauten der Technischen Universität Berlin.

Trotz dieser Kritik am Ernst-Reuter-Platz muss festgehalten werden, dass er auch nie als kommunikativer, zentraler Ort konzipiert war. Mit seiner locker um die Mittelinsel verteilten Gebäude und einer modernen Gestaltung sollte er die West-City repräsentieren. Der Ernst-Reuter-Platz hebt sich damit als City-Platz von der Tendenz der 50er Jahre zur Platzgestaltung als „Wohngarten“ ab und ist nach Barth eine moderne Art von repräsentativem Schmuckplatz.[226]

Der Ernst-Reuter-Platz heute

Der Ernst-Reuter-Platz ist heute ein eingetragenes Gartendenkmal. Durch die Bemühungen der Gartendenkmalpflege konnte die ursprüngliche Gestaltung des Platzes gewahrt bleiben, die noch immer einen repräsentativen Akzent auf die Berliner Ost-West-Achse setzt.

226 Barth (1972) S. 174

Die Funktion des Ernst-Reuter-Platzes, repräsentativer City-Platz zu sein, hat sich damit bis heute erhalten. Und seiner schlechten Erreichbarkeit zum Trotz, ist der Platz in der warmen Jahreszeit durch Besucher belebt, die sich an der ungewöhnlichen Erholungslage nicht stören.

Abb. 59: Ernst-Reuter-Platz, 2004: Blick über die quadratischen Pflanzflächen und über das große und das kleine Wasserbecken. Im Hintergrund eine mittelhohe Hecke, die den Autoverkehr optisch etwas ausblendet. Die Fahnen am Rand tragen zum repräsentativen Gesamteindruck bei. Die Beetbepflanzung orientiert sich am Pflanzschema von 1960.

3.1.4 Reflexion: Platzgestaltungen in der BRD von 1945 bis 1959

Politik

Die ungewisse politische Situation und die angespannte finanzielle Lage ließ die Bautätigkeit in der Nachkriegszeit zunächst stagnieren. Plätze wurden anfangs als Lagerfläche für Trümmer genutzt und später mit einfachen Mitteln wiederhergestellt. Erst mit Beginn des Marshallplanes und der Währungsreform wurde die Bautätigkeit wieder aufgenommen. Allerdings stand dabei die Linderung der Wohnungsnot im Vordergrund. Plätze wurden vermehrt erst ab etwa 1950 neuangelegt oder neugestaltet.

Das „Wirtschaftswunder" der 50er Jahre brachte den Bundesbürgern den ersehnten Wohlstand und die Planbarkeit der eigenen Zukunft. Das Leben war nun nicht mehr ausschließlich durch die Arbeit bestimmt. Die zunehmende Freizeit schlug sich auch in der Gestaltung der Stadtplätze nieder: Wasserbecken, üppige Blumenpflanzungen, Spielplätze und Skatecken sollten den Freizeitaufenthalt auf den Wohnplätzen angenehm gestalten. Zu bedenken ist allerdings, dass in den 50er Jahren die Wohnungsnot zwar gelindert, aber nicht beseitigt war. Familien mussten oft mit kleinen Wohnungen vorlieb nehmen. Freunde konnte man daher am besten draußen, auf einem Platz oder im Park treffen. Noch hatte nicht jeder Haushalt ein Fernsehgerät, so dass der Wunsch nach „Unterhaltung" durchaus im Gespräch mit dem Nachbarn auf dem nahegelegenen Quartiersplatz Befriedigung fand.

Es ist stark anzunehmen, dass sich das Bemühen der Planer von der Ideologie der Nationalsozialisten Abstand zu wahren, auch in der Gestaltung der Stadtplätze widerspiegelte. Während im öffentlichen Leben die „Entnazifizierung" voran getrieben wurde, wurden Plätze nun bewusst *nicht* monumental gestaltet, also weder in der Tradition der nationalsozialistischen Gauforen noch wie die großflächigen Zentralen Plätze in der DDR. In der BRD wurden die Zentren der Plätze aus der Mitte genommen. Verrückbare Einzelstühle und Nutzungsnischen betonten zudem die Individualität des einzelnen Besuchers. Nationalsozialistische Parallelen sind eher in der Arbeitshaltung der Planer zu sehen, die den Platzbesuchern die Art der Platznutzung strikt vorgaben und die Natur in der Stadt verklärten (vgl. auch Planerwünsche und Nutzerwünsche).

Städtebau und Einbindung in das Stadtgefüge

Die „gegliederte und aufgelockerte Stadt“ basierte auf der Idee der Stadtlandschaft, in der „Nachbarschaften“, räumlich zusammengefasste Wohngebiete, „organisch“ in Grünzügen eingebettet sind. Da es in erster Linie darauf ankam, die Natur mit der Stadt zu verbinden, waren Grünzüge und der Übergang in die offene Landschaft wichtiger als urbane Flächen. Eine städtische Mitte wiesen daher die Neubaugebiete in der Regel nicht auf. Der Straßenraum und damit auch der Platzraum gehörten zum unerwünschten Zeichen einer Stadt und wurden zum Unraum. Zumeist boten lediglich ein kleines Einkaufszentrum oder eine kleine Ladenstraße eine Art Mitte.

Die wenigen Plätze in den Neubausiedlungen zeichneten sich durch fließend gestaltete Räume aus. Die an den Plätzen stehenden Gebäude bildeten in ihrer lockeren Reihung nur bedingt Raumkanten. Die Plätze erhielten dadurch den Charakter eines Durchgangsraumes. Die Fassung selbst erfolgte durch die Gestaltung, beispielweise durch eine gerasterte Platzfläche, die sich von der Straße unterschied, durch Bepflanzungen oder Einbauten. Da eine grundlegend neue Bebauung zumeist an den Stadträndern realisiert wurde, konnten die städtebaulichen Vorstellungen in den Innenstädten nur begrenzt vollzogen werden. Wenn größere innerstädtische Umstrukturierungen durchgeführt wurden, so konnten historische Plätze durch Aufweitungen oder Verkleinerungen davon betroffen sein, insbesondere bei Verkehrsprojekten.

In den innerstädtischen Gebieten fanden die meisten Platzneugestaltungen auf bereits bestehenden Plätzen statt. In Wohnquartieren gelegen, waren die Plätze durch Straßen und Häuserfronten meist allseitig gefasst. In einigen Stadtgebieten konnten ansatzweise die geänderten städtebaulichen Ideen umgesetzt werden. In solchen Fällen sind die Plätze teilweise durch Altbauten gefasst und teilweise durch die offeneren Strukturen der Neubauquartiere geprägt. Unabhängig vom Platztyp konnten an den Platzrädern öffentliche Gebäude, Geschäfte und Gaststätten stehen.

Funktion und Nutzung

Abgesehen von den Plätzen, die nur noch Verkehrsfunktionen übernahmen, war die Erholung fast auf allen Plätzen mehr oder weniger intensiv möglich. Die meist aufwändige Gestaltung sollte auch den Verlust der Plätze kompensieren, die durch Verkehrsbaumaßnahmen dem Bürger verloren gegangen waren. „Heute werden notgedrungen unsere Stadtplätze immer stärker zur Bewältigung des fließenden und ruhenden Verkehrs herangezogen. Sie verlieren damit häufig ihren ursprünglichen Sinn und Wert. Um so größer ist die Verpflichtung und um so dankbarer die Aufgabe, für den Menschen in der Stadt neue Plätze und Bereiche mit neuen Lebens- und Erlebnisinhalt zu schaffen, in denen er als Fußgänger König bleibt",[227] meinte Hannovers Gartendirektor Laage zu diesem Problem. Insbesondere City-Plätze sowie die Grünen Sitzplätze sollten diese Aufgaben übernehmen und den Verlust von öffentlichem Raum ausgleichen. Wohnplätzen dienten zur Erholung im Wohnquartier.

Der Wohnplatz

Wohnplätze sollten die Funktion des Treffpunktes in den Wohngebieten erfüllen. Als erweiterter Wohnraum und als Ersatz für den eigenen Garten bot er durch Ruhe- und Spielzonen, durch eine hohe Anzahl von Bänken und durch eine aufwändige Bepflanzung die Möglichkeit der individuellen Erholung und der Kommunikation.

Abb. 60: Der Schinkelplatz in Hamburg wurde Anfang der 1950er Jahre auf einem NS-Bunker als Wohnplatz angelegt. Statt der sonst üblichen Sandspielecken gab es hier ein großes Wasserbecken für die Kinder zum Spielen. Typisch für die 50er Jahre ist die Rasterung der Platzfläche, die parallel zu organisch geschwungenen Elementen als Gestaltungsstil eingesetzt wurde.

227 Laage (1959) S. 33

City-Plätze

Nicht nur in den Wohngebieten sondern auch mitten in der Stadt sollte der Aufenthalt so angenehm wie möglich gestaltet werden. Ziel war allerdings weniger eine wohnliche Atmosphäre als eine repräsentative Gestaltung, mit der sich eine Stadt als modern und weltoffen darstellen konnte. Im Gegensatz zu den repräsentativen Zentralen Plätzen der DDR (vgl. Kapitel 3.2) wurden die City-Plätze weder für Staatspropaganda geplant noch genutzt.

Grüne Sitzplätze aus Restflächen

Durch den Bau der „autogerechten Stadt“ und durch stadtplanerische Projekte verblieben oftmals kleine, schlecht geschnittene Restflächen, die als Grüne Sitzplätze gestaltet wurden. Diese kleinen Plätze waren in der Regel weder allseitig gefasst noch boten sie unterschiedliche Nutzungen an. Vordergründig waren sie für die kurzzeitige Erholung konzipiert, denn obwohl sehr klein in ihrer Fläche, waren sie sehr üppig bepflanzt und aufwändig gestaltet. Dass diese Grünen Sitzplätze dabei oftmals direkt an stark befahrenen Straßen lagen, wurde nicht als Nachteil gesehen, sondern als Möglichkeit, passiv am Stadtleben teilnehmen zu können.

Abb. 61: Der Holstenplatz in Kiel entstand in den 1950er Jahren nach einer umfangreichen Straßenverbreiterung. Den Großteil des Platzes nehmen Parkplätze ein. Eine Seite des Holstenplatzes wurde jedoch als City-Platz angelegt. Kiel repräsentierte damit seinen Fortschritt in Verkehr und Städtebau und bot gleichzeitig den Bewohnern einen erholsamen Ort in der Stadtmitte.

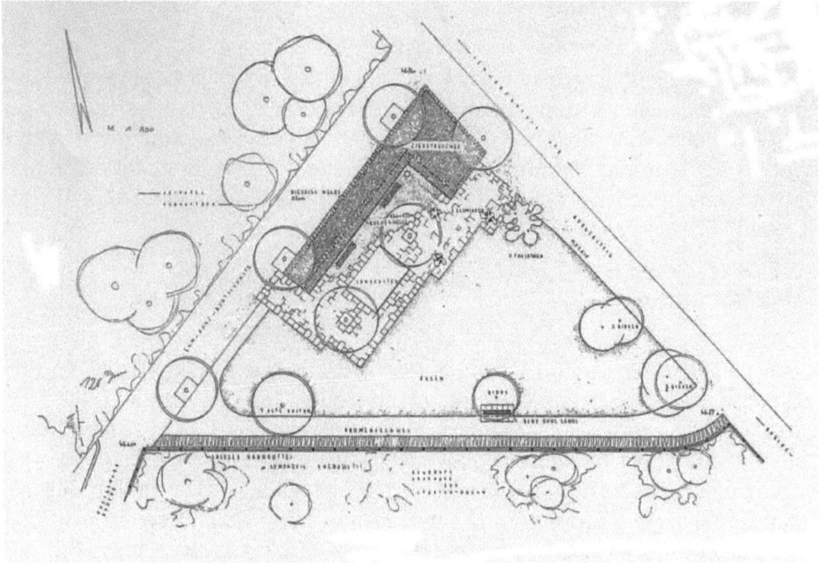

Abb. 62: Grünfläche am Wangenheimsteg in West-Berlin. Entwurf von Eberhard Fink (Gartenbauamt Wilmersdorf) von 1959. Der kleine, aber sehr aufwändig gestaltete Grüne Sitzplatz liegt direkt an der Stadtautobahn.

Planerwünsche und Nutzerwünsche

Wünsche der späteren Nutzer wurden von den Planern in der Regel nicht aktiv eingeholt. Der Planer der 50er Jahre glaubte zu wissen, was die Nutzer wünschten: Ein Stück grüne Natur und ein paar Stunden auf einem schönen Stadtplatz, der etwas Besonderes bot, wie beispielsweise ein großes Staudenbeet oder Wasserspiele. Auch Poblotzki bemerkte dazu: „In den konservativen Leit- und Menschenbildern, die sich in den 50er und 60er Jahren auf die Benutzung von Freiräumen vornehmlich zum Zwecke der Erholung beziehen, wird das beobachtete oder vermutete Handeln der Benutzer immer wieder auf eine Grundannahme zurückgeführt - auf die These vom „Naturwesen Mensch“, das instinktiv zu seiner Erholung die Natur als eine Art Fluchtort vor den als denaturierend gedeuteten Aspekten des modernen Lebens aufsuche.“[228]

Fotos von Stadtplätzen aus den 50er Jahren scheinen den Planern Recht zu geben: Kein Sitzplatz ist auf den vielen Bänken noch frei, die Sonne wird auch auf

228 Poblotzki (1992) S. 44

den Rändern von Hochbeeten genossen, Mütter sitzen mit ihren Kleinkindern an Sandkisten, Männer spielen Skat, jede noch so kleine „grüne Ecke" wird genutzt. Es stellt sich jedoch die Frage, ob auch bei einer weniger attraktiven Gestaltung und einer weniger intensiven Bepflanzung diese Plätze sich nicht trotzdem einer hohen Beliebtheit erfreut hätten. In den 50er Jahren war Wohnraum knapp, Urlaubsreisen waren nur für wenige möglich und die Sehnsucht, nach den Schrecken des Krieges die Freizeit, die man hatte, in Ruhe zu verbringen sicherlich groß, so dass möglicherweise jeder Platz gerne genutzt worden wäre.

Abb. 63:
Der West-Berliner Wedding Platz ist im September 1950 gut besucht. Alle Bänke sind besetzt, ...

Abb. 64:
... so dass die Besucher auf die Einfassungen der Hochbeete ausweichen müssen, um ein Sitzplätzchen zu finden.

Für raumgreifende Spiele, für einen großen Bewegungsdrang standen allerdings auf den Wohnplätzen keine Flächen zur Verfügung. Wenn Poblotzki für öffentliche Parks feststellt, dass die Planer in den 50er und 60er Jahren an einem konservativen Nutzerideal festhielten und vom „stillen Besucher" ausgingen, der Ruhe sucht und still auf der Bank sitzt, kann dies auch für die Wohnplätze festgehalten werden: „Das Ausleben körperlichen Bewegungsdranges in den Freiflächen wird dem Erholungsideal untergeordnet, (...) in dem Vereinzelung, Stille und passiver Naturgenuß dominieren."[229] Spielende Kinder und Jugendliche

229 Poblotzki (1992) S. 81

wurden dabei schnell als Störfaktor für die ruheliebenden Besucher von den Planern gesehen,[230] so dass Kinderspielplätze hinter Abpflanzungen versteckt wurden.

Anderseits ist zu bedenken, dass Erholung und Spiel in der Nachkriegszeit und in den 50er Jahren nicht allein auf Stadtplätzen stattfand. Jugendverbände organisierten Wanderungen, Kinder spielten auf Trümmerflächen und auf den noch recht leeren Straßen, für Spaziergänge standen Parks und das Umland zur Verfügung. Es gab für die Planer also auch keine unmittelbare Veranlassung, sich neben der restlichen Grünversorgung speziell auf die Gestaltung von solchen Stadtplätzen zu konzentrieren, die vordergründig dem Kinderspiel dienen sollten.

Gestaltung der Plätze

Anfang bis Mitte der 50er Jahre waren gänzlich neue Platzplanungen verhältnismäßig selten. Neugestaltungen von Plätzen erschöpften sich zunächst vor allem in einer neuen Randbebauung. Die Platzfläche selbst wurde nicht thematisiert; bei Wettbewerben für Neu- oder Umgestaltungen von Plätzen standen die rahmenden Gebäude klar im Vordergrund. So wurde in Darmstadt die Vergrößerung des Marktplatzes und eine „großzügige Randbebauung“[231] diskutiert. Ähnlich standen auch bei der Neugestaltung des Hildesheimer sowie des Offenburger Marktplatzes die Gebäude im Mittelpunkt.[232] In Northeim bestand durch die Nutzung historischer Klostergutflächen in der Innenstadt die Möglichkeit, einen neuen Stadtkern entstehen zu lassen. In der Wettbewerbsausschreibung wurden zwar detaillierte Angaben zu den gewünschten Gebäuden gemacht, eine Platzfläche jedoch nicht ausdrücklich gefordert.[233] Den ersten Preis erhielt allerdings der Entwurf, der einen räumlich gefassten Platz plante und im Gegensatz zum zweiten und dritten Preis keine fließenden Räume vorsah.

Ausstattung

Auf den Plätzen sollten nach Kriegsende möglichst schnell einfache Erholungsanlagen mit vielen Sitzmöglichkeiten geschaffen werden. Die ersten Anlagen bestanden zumeist nur aus einigen Gehölzen und einer großen Rasenfläche; auf

230 Poblotzki (1992) S. 235
231 Grund (1954) S. 503
232 Anonym (1950a) S. 60; Anonym (1950b) S. 182f.
233 Anonym (1956) S. 654f.

kleine Pflanzflächen wurde verzichtet.[234] Die einfache Gestaltung war nicht allein ein Resultat der unsicheren politischen und der angespannten finanziellen Lage. Bau- und Pflanzenmaterialien waren besonders in den ersten Jahren nach dem Krieg Mangelware.

Da speziell die Wohnplätze den eigenen Garten ersetzen sollten, fanden sich, nach Verbesserung der Finanz- und Bausituation, auf ihnen viele entsprechende Details: Vogeltränken, Skulpturen und eine hohe Anzahl von Bänken gehörten zum immer wiederkehrenden Mobiliar. Daneben sorgte eine üppige Bepflanzung mit Bäumen, Sträuchern, Stauden und Sommerblumen für eine gartenähnliche Atmosphäre,[235] ganz im Sinne der Gartenplätze zu Beginn des 20. Jahrhunderts. Eine dichte Abpflanzung am Platzrand bewirkte eine ruhige und intime Situation. Grundsätzlich befanden sich zwei getrennte Funktionsbereiche auf den Wohnplätzen: Ein kleinerer, durch Sträucher abgepflanzter Bereich für das Kinderspiel, das sich allerdings zumeist auf einen Sandkasten beschränkte, und ein Erholungsbereich für die Erwachsenen. Hier konnte der Blick über eine Rasenfläche und die Bepflanzung streifen.

Die etwas repräsentativer gehaltenen Stadtplätze in der Innenstadt, die City-Plätze, waren offener gestaltet; ihnen fehlte die schützende Abpflanzung. Dagegen waren hier Wasserbecken und eine interessante Beleuchtung wichtige Merkmale. Größere Plätze in der City wurden auch durch Pflanzgefäße oder Hochbeete gegliedert und gestaltet.[236]

Die Grünen Sitzplätze ähneln in ihrer Ausstattung denen der Wohnplätze, wenn es auch keine verschiedenen Funktionsräume gab: Hier war das Sitzen in mitten einer aufwändigen Bepflanzung Grund genug für den Aufenthalt. Wie bei den Wohnplätzen fanden sich hier eine Rasenfläche, Blumenbeete, Sträucher, Bäume sowie Bänke, die oft auf einer befestigen Fläche standen. Allerdings waren die Ausmaße der Grünen Sitzplätze bedeutend kleiner dimensioniert als die der Wohnplätze.

Formensprache

Wenn auch nicht in allen städtischen Gebieten das Leitbild der „gegliederten und aufgelockerten Stadt" umgesetzt werden konnte, so wurde diese Idee doch oft beim Entwurf von Platzneuplanungen gestalterisch beachtet. Das heißt: waren keine fließenden Formen im Raum durch Neubauten möglich, da der Platz

234 Barth (1972) S. 169
235 vgl. Glabau (1999) und (2002)
236 vgl. Glabau (1999) und (2002)

im Altbestand lag, so sollten zumindest in der Gestaltungsform fließende Formen Akzente setzen. Die Wege sind asymmetrisch geschwungen, kreuzen sich ein- oder mehrmals auf dem Platz. Auch Pflanzungen sind oft asymmetrisch und in verschiedenen Höhen konzipiert. Das Platzzentrum ist nicht betont, es ist aus der Mitte gerückt. Das Abrücken von den monumentalen Platzplanungen der Nationalsozialisten ist somit erkennbar.

Abb. 65: Der Platz der Luftbrücke in West-Berlin im September 1958. (Erstgestaltung 1951, Neugestaltung 1957/58, beide vom Gartenbauamt Berlin-Tempelhof). Geschwungene Wegeführung, keine betonte Platzmitte, lockere Bepflanzung. Die Gestaltung steht damit im Gegensatz zur nationalsozialistischen Bebauung des Flughafens Tempelhof im Hintergrund.

Bei offenen Fassungen und fließenden Räumen in Neubauquartieren wird dagegen vorrangig das Raster als Grundform verwendet, besonders ab Mitte der 50er Jahre. Jedoch sind auch hier im Raster Versprünge oder das Aussetzen des Musters auffällig, so dass der Eindruck von monumentaler Gleichförmigkeit vermieden wird. Speziell ist dies bei Plätzen in der Innenstadt ausgeprägt, die auch eine repräsentative Funktion erfüllen sollten.

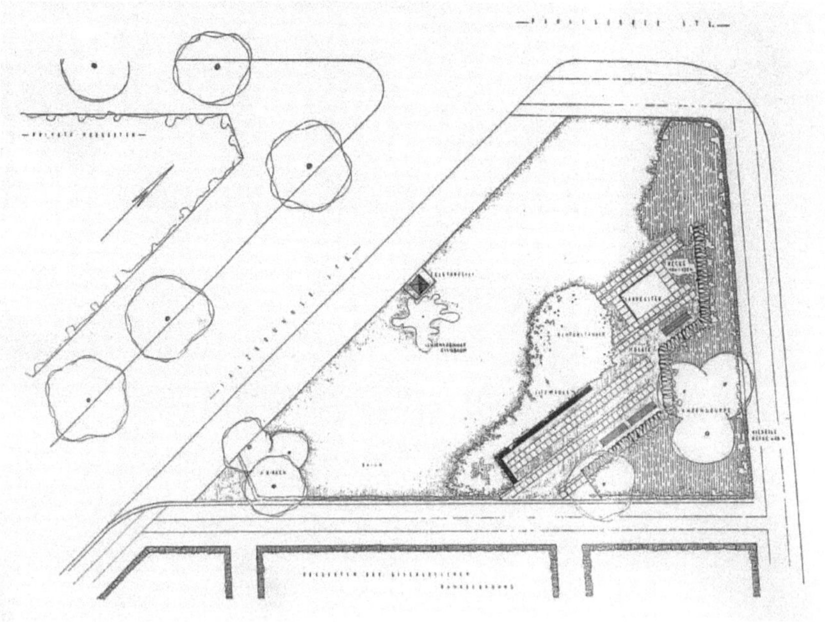

Abb. 66: Der Griesener Platz in West-Berlin. Ende der 1950er Jahre werden die Gestaltungsformen quadratischer, bleiben jedoch asymmetrisch und der Platz bleibt ohne konkrete Mitte.

3.2 Der Zentrale Platz als politisches Symbol: Platzgestaltungen in der DDR von 1945 bis 1954

Bis Mitte der 50er Jahre standen die Zentralen Plätze in der DDR für politische Aufmärsche und Demonstrationen im Mittelpunkt der Planungen für die Stadtzentren. Geprägt wurden diese Plätze durch die politischen Vorgaben seitens der Sowjetunion und der DDR-Regierung. So begründet gerade das enge Zusammenwirken von politischem Einfluss auf der einen und praktischen Gestaltungsintentionen und städtebaulichen Ideen auf der anderen Seite das Aussehen und die Funktion der Zentralen Plätze in der DDR. Unerfreulich sind die gestalterischen und funktionellen Parallelen zwischen den Zentralen Plätzen der DDR und den Gauforen der Nationalsozialisten. Obwohl sich die DDR vom vorhergegangenen Regime politisch abgrenzen wollte, fallen bei den repräsentativen Platzgestaltungen grundsätzlich vergleichbare Macht- und Stilmerkmale auf, die im Kapitel 3.2.4 näher erläutert werden.

Traditionelle Plätze in den Wohnquartieren wurden zwar in den 50er Jahren neugestaltet, doch schenkte man diesen Planungen wenig Beachtung im öffentlichen Diskurs. Die Quellenlage bezüglich der Wohnplätze gestaltete sich entsprechend als schwierig; in der vorliegenden Arbeit liegt daher der Schwerpunkt auf den viel diskutierten Zentralen Plätzen.

3.2.1 Politische Situation in der DDR von 1945 bis 1954 und ihr Einfluss auf die Anlage von Stadtplätzen

Nach dem Krieg teilten die Siegermächte USA, UdSSR, Großbritannien und Frankreich Deutschland in Besatzungszonen auf. Die Sowjetunion bekam den Osten Deutschlands bis zur Oder zugesprochen: die Sowjetische Besatzungszone (SBZ). Die Zusammenarbeit zwischen allen Alliierten fand im Alliierten Kontrollrat statt, dem höchsten Machtorgan für das Nachkriegs-Deutschland. In ihm kamen die Oberkommandierenden der Besatzungszonen zusammen, um über die Zukunft Deutschlands zu entscheiden. In den einzelnen Besatzungszonen aber besaßen die jeweiligen Befehlshaber die Entscheidungshoheit. Langfristig führte dies zur politischen Spaltung Deutschlands, denn die Regierenden richteten in ihren Besatzungszonen das politische System ein, das ihnen vertraut war.

Auch Stalin konnte sich langfristig kein anderes System für die Besatzungszone der UdSSR als das sowjetische vorstellen. Dennoch trieb er anfangs die Etablierung nicht offensichtlich voran, sondern handelte zunächst scheinbar defensiv. Unmittelbar nach dem Krieg war er „darauf bedacht, sein langfristiges Programm nicht durch sofortige Sowjetisierung in der eigenen Besatzungszone zu gefährden, was den Protest der westlichen Alliierten hervorgerufen hätte. Außerdem wären viele demokratische Antifaschisten, die Stalin in Deutschland als zeitweilige Bündnispartner gewinnen wollte, durch eine sofortige und schnelle Übertragung des sowjetischen Systems von vornherein abgestoßen worden. Und nicht zuletzt erforderte die gesamtdeutsche Konzeption – vor allem wegen der Reparationen – eine andere Taktik. Stalin hielt also eine Übergangsetappe für notwendig, die ‚antifaschistische Demokratie'."[237] Unterstützt wurde in der Sowjetischen Besatzungszone sein Vorgehen durch die Sowjetische Militäradministration sowie durch zahlreiche deutsche Exilkommunisten, die nach Kriegsende wieder zurück nach Deutschland kamen. Auch die Entnazifierung in der SBZ, die durch die sowjetischen Machthaber konsequenter als von den Alliierten in den westlichen Besatzungszonen erfolgte, unterstützte die personellen Umbesetzungen in den Verwaltungen. Die dadurch resultierenden freien Stellen wurden von den Sowjets bevorzugt von Kommunisten besetzt. Auch die deutschen Exilkommunisten konnten so schon früh die sowjetischen Ideen in Städtebau und Architektur propagieren.

Die Sowjets schufen sich durch ein eigenes Verwaltungssystem somit die Voraussetzung für eine funktionierende Ordnung in ihrem Sinne. Aufgrund der zunehmenden politischen Zentralisierung, der Gründung der Sowjetischen Militäradministration und der Deutschen Wirtschaftskommission wurden die Verwaltungsstrukturen, und damit auch die des Bauwesen, zunehmend neu geordnet.

Die Sowjetische Militäradministration

Kurz nachdem der Alliierte Kontrollrat am 5. Juni 1945 getagt hatte, wurde die Sowjetische Militäradministration (SMAD) gegründet. Sie übernahm in der Sowjetischen Besatzungszone (SBZ) die oberste Befehlsgewalt. Mit dem Befehl Nr. 1 vom 9. Juni 1945 schuf sich die SMAD ihre eigene Legitimation. Die SMAD „übte von Beginn an eine Doppelfunktion aus: Sie hatte einerseits die Aufgabe, die Sowjetische Besatzungszone zu verwalten, und andererseits, über den Kontrollrat Einfluß auf die Gestaltung eines Nachkriegsdeutschlands zu nehmen. Für die SBZ nahm die SMAD die politischen Hoheitsrechte wahr. Die sukzessive eingerichteten deutschen Instanzen wurden lediglich in deren *Auftrag*

237 Weber (1999) S. 25

tätig, ihre Eigenständigkeit war erheblich eingeschränkt. Zudem unterlagen sie der Anleitung (und Kontrolle) durch die sowjetischen Stellen.“[238] Die Befehle und Bekanntmachungen der SMAD zwischen 1945 und 1949 zeigen, dass es den Sowjets „stets um mehr als das bloße Wiederingangsetzen des öffentlichen Lebens und der deutschen Wirtschaft ging. Vielmehr wurden bei dem durch die Besatzungsmacht gesteuerten Wiederaufbau zunehmend Muster der sowjetischen Gesellschaft übertragen. Diese Durchsetzung der Interessen der UdSSR in der SBZ erfolgte sehr effizient. Die Sowjetische Militäradministration lenkte den Aufbau gleichermaßen in Politik, Wirtschaft, Verwaltung und Kultur. In der unmittelbaren Nachkriegszeit übten die SMAD-Kommandanturen sogar ein großes Maß direkter Regierungsgewalt aus. So wurden die Voraussetzungen dafür geschaffen, daß die SED bald zur bestimmenden politischen Organisation und letztlich zur Staatspartei werden konnte.“[239]

Der Befehl Nr. 2 der SMAD vom 10. Juni 1945 galt der Gründung und Wiedergründung von antifaschistisch-demokratischen Parteien und freien Gewerkschaften unter der Kontrolle der SMAD. Dieser Befehl überraschte die Bevölkerung und die westlichen Alliierten gleichermaßen. „Da jedoch Termini wie Demokratie und selbst „bürgerliche Freiheiten“ im Sinne der sowjetischen Ideologie interpretierbar blieben, konnte die SMAD als alleiniger Inhaber der Macht den Pluralismus in ihrem Besatzungsgebiet jederzeit wieder annullieren. In der Praxis sicherte sich die SMAD die Kontrolle des Parteiensystems auf allen Ebenen durch die Punkte 3 und 4 ihres Befehls Nr. 2, denn die Parteiorganisationen mußten sich registrieren lassen und hatten ihre Vorstandsmitglieder der Besatzung bekanntzugeben. In Punkt 4 wurde bestimmt, daß die Parteien und Organisationen nicht nur unter der Kontrolle der SMAD arbeiteten, sondern sogar nach deren Instruktionen.“[240]

Als erste Partei konstituierte sich die Kommunistische Partei Deutschlands (KPD) am 11. Juni 1945. Sie unterstützte die sowjetische Politik ohne Einschränkung und diente der SMAD als Kaderreservoir für deutsche Institutionen.[241] Ihr folgten kurz darauf die Sozialdemokratische Partei Deutschlands (SPD), die Christlich-Demokratische Union (CDU) und die Liberal-Demokratische Partei (LPD). Neben dem Befehl Nr. 2, der Parteien und Gewerkschaften wieder zuließ, ging von der SMAD ein weiterer grundlegender Befehl aus: Der Befehl Nr. 17 vom 27.7.1945, der längerfristig die Deutsche Wirtschaftkommission begründete.

238 Düwel (1995) S. 43
239 Düwel (1995) S. 44
240 Weber (1999) S. 37
241 Düwel (1995) S. 44

Mit dem Befehl Nr. 17 ordnete die SMAD die Bildung von elf mit deutschem Personal zu besetzenden wirtschaftlichen Zentralverwaltungen an. Ihre Verantwortungsbereiche waren zunächst nicht näher erläutert worden, auch wenn ihnen bereits die Entscheidungsbefugnis für einige Fachbereiche übertragen wurde. Bei den ostdeutschen Ländern stießen die Zentralverwaltungen auf Widerstand, und sie verwiesen auf ihre Autonomie.[242] „Die vorläufige Selbständigkeit der Länder und Kommunen erstreckte sich auch auf das Bauwesen, das freilich nach den großflächigen Zerstörungen und unter dem Druck der Reparationen darnieder lag. Zudem fehlte ein planerischer Vorlauf – einer der Gründe, weshalb größere Neubauvorhaben zunächst nicht begonnen werden konnten. Die Tätigkeit der Landesbauämter konzentrierte sich daher auf eine Schadenskartierung und das Ausschreiben von einzelnen Wettbewerben zur Erlangung von Wiederaufbauvorschlägen. Erste, noch 1945 erlassene Aufbaugesetze der Länder hatten kaum nennenswerte Folgen."[243]

Letztendlich konnten die Länder ihre Autonomie nicht wahren. Nachdem sich Anfang 1947 die amerikanische und die britische Zone zusammengeschlossen und eine eigenständige Wirtschaftslenkung eingerichtet hatten, reagierten die Sowjets. Mit dem Befehl Nr. 138 vom 4. Juni 1947 ordnete die SMAD die Einrichtung einer ständigen Kommission an, die mit der übergreifenden zonalen Wirtschaftslenkung beauftragt wurde: die Deutsche Wirtschaftskommission (DWK). Die für die SED unbefriedigend ausgefallenen Wahlen im Oktober 1946 unterstützten zusätzlich den Wunsch der Sowjets nach einer einheitlichen zentralen Instanz in der Verwaltung.[244] Als sich der Ost-West-Konflikt im Herbst 1947 zuspitzte, erhielt die DWK im Februar 1948 sogar gesetzgeberische Vollmachten und wurde so zum institutionellen Gerüst des künftigen Staates.[245]

Für Städtebau und Architektur hatte die Einrichtung der Hauptabteilung Bauwesen und deren Zweigstellen bei den Landesregierungen Anfang 1949 weitreichende Folgen. „Die Hauptverwaltung hatte das Bauwesen der Länder anzuleiten und ihre Vorhaben zu koordinieren. Die Länder konnten keine größeren Vorhaben in eigener Verantwortung mehr ausführen, die Entscheidung der DWK-Fachverwaltung war in jedem Fall einzuholen."[246] Die Hauptabteilung Bauwesen unterlag dem festgelegten Wirtschaftsplan und hatte darauf zu achten, dass die vorgesehenen Bauaufgaben durchgeführt werden konnten. Innerhalb

242 Düwel (1995) S. 45
243 Düwel (1995) S. 45
244 Düwel (1995) S. 46
245 Mählert (2001) S. 35
246 Düwel (1995) S. 48

der Hauptabteilung wurde zudem das Institut für Bauwesen geschaffen, das sich Forschungsaufgaben widmete.

Mit Gründung der DDR ging die Deutsche Wirtschaftskommission mit wenigen Änderungen in der Regierung auf. Die DWK-Hauptverwaltungen wurden, teilweise nach Zusammenlegung benachbarter Abteilungen, zu Ministerien umgewandelt. Aus der Hauptverwaltung Bauwesen wurde das Ministerium für Aufbau. Parallel zu den staatlichen Institutionen arbeitete eine eigene Fachgruppe, die sich auf architektonische und städtebauliche Fragen konzentrierte, der Parteiführung der SED zu.

Gründung der DDR und Aufbau des Sozialismus

Von großer Bedeutung für die zukünftige DDR war also die Festigung zentralistischer Strukturen. 1948/49 wurde die SED daher zur „Partei neuen Typus". Denn die Sowjetunion galt ab Sommer 1948 „als alleiniges Vorbild aller kommunistischen Parteien, und dementsprechend mußten diese ihre Parteistruktur an die der KPdSU angleichen. Dies traf insbesondere für die SED zu, die sich organisatorisch und programmatisch auf ihre Aufgaben als Staatspartei vorbereiten mußte."[247] Die Definition „Partei neuen Typus" umschrieb, „daß die SED zu einer stalinistischen Partei umgestaltet werden sollte, d.h. zu einer straff zentralisierten und disziplinierten Organisation, in der die Führung mit Hilfe ihres Apparats bestimmte und die Politik Stalins praktizierte. Offiziell wurde dies als Übernahme der Ideologie des Marxismus-Leninismus bezeichnet."[248]

Die Gründung der Deutschen Demokratischen Republik erfolgte am 7. Oktober 1949, nur wenige Monate nach der Gründung der Bundesrepublik Deutschland. Otto Grotewohl wurde Ministerpräsident, Wilhelm Piek Präsident. 1950 wurde Walter Ulbricht Generalsekretär der SED.

Nachdem „die sowjetische Besatzungsmacht schon 1949 kaum noch eigene Befehle erlassen hatte, zog sie sich mit Gründung der DDR offiziell weiter zurück. Nach außen wurde das mit der Auflösung der Sowjetischen Militäradministration kenntlich gemacht. Sie wurde durch die Sowjetische Kontrollkommission ersetzt. Damit war die Souveränität der DDR zumindest politisch hergestellt. (...) Was die sowjetische Einflußnahme, auch die direkte, auf die Geschicke des jungen Staates anging, so blieb sie trotz allem unangetastet – das garantierten

247 Mählert (2001) S. 42
248 Weber (1999) S. 112

allein schon die ständigen präsenten sowjetischen Berater in den Fachabteilungen des Zentralkomitee der SED."[249] Durch die sowjetische Unterstützung konnte die SED ihr Ziel, in der DDR den Sozialismus als Staatsform zu etablieren, durchsetzen. Offiziell geschah dies auf der II. Parteikonferenz am 9. Juli 1952, als der planmäßige Aufbau des Sozialismus von den Delegierten beschlossen wurde. Einheitslisten bei den Wahlen und Repressionen gegen Gesellschaftskritiker sollten der SED zudem jahrzehntelang die Regierungsmacht sichern. „Das etablierte politisch-institutionelle System der DDR beruhte auf der Fiktion von der führenden Rolle der Arbeiterklasse und ihrer marxistisch-leninistischen Partei, wie sie sich selbst begriff, die als Vorhut der Klasse die Führung praktisch auszuüben habe. Tatsächlich beruhte es, da die Klasse ihre Partei nicht kontrollierte, auf der Macht der Partei, der SED, die sich der Klasse bemächtigte, den Staat in allen seinen Organen durchdrang und als Vollstrecker ihrer Beschlüsse benutzte und die gleichzeitig dafür sorgte, daß die Exekutive des Staates nicht von der Legislative, also den gewählten Volksvertretern, schon gar nicht von einer kritischen Öffentlichkeit demokratisch kontrolliert werden konnte."[250]

Politik, Plätze und Bauvorgaben

Bereits unmittelbar in den ersten Nachkriegsjahren war die Notwendigkeit von Plätzen groß, denn schon kurze Zeit nach Kriegsende wurde in der SBZ gegen den Faschismus und für den Aufbau eines friedliebenden Deutschlands unter der Führung der Arbeiterklasse demonstriert. Der sogenannte „Zentrale Platz" wurde zu einem wichtigen städtebaulichen und politischen Element, das in keiner Stadt fehlen sollte.

Das Aussehen der Zentralen Plätze wurde detailliert seitens der politischen Führung bestimmt. Ab 1950 wurden die „16 Grundsätze des Städtebaus" nach sowjetischem Vorbild als offizielles städtebauliches Ideal propagiert. Diese 16 Grundsätze enthielten nicht nur absolute Vorgaben für den Stadtaufbau, sondern auch für die Gestaltung der Zentralen Plätze. Die Planungsrichtlinien „Stadtzentrum und zentraler Bezirk" von 1951 führten die Vorgaben für die Zentralen Plätze weiter lehrbuchartig aus. Der durch die SMAD und die DWK unterstützte Zentralismus in der DDR und die Ausrichtung der SED auf die KPdSU bedeutete für das Planen und Bauen in der DDR: „Die Partei *führte*, das heißt, sie leitete im Grunde vom Politbüro aus über das dort angeschlossene Sekretariat für Wirtschaft sowie über die diesem unterstellte Abteilung Bauwesen des ZK das gesamte Bauwesen der DDR in allen Ebenen der Hierarchie von oben nach unten, vom Bauministerium bis zur Baustelle. Nichts geschah ohne die Partei – weder auf der Ebene der Republik noch auf der Ebene der Bezirke, Städte und Ge-

249 Düwel (1995) S. 53
250 Flierl (1998) S. 54

meinden."[251] Entwürfe und Planungen wurden zuerst zentral begutachtet. Auf diese Weise wurden nur solche Planungen genehmigt, die die Zustimmung der sowjetischen Machthaber bzw. später die der SED fanden. Politisch bzw. gestalterisch andersdenkende Planer wurden stark kritisiert.

Besonders prägend für den ideologischen Aufbau des Bauwesens waren die deutschen Kommunisten, die die Zeit des Nationalsozialismus in der UdSSR verbracht hatten und nun aus dem Exil wieder nach Ostdeutschland kamen. „Auch die wichtigsten Entscheidungsträger für die Architektur (z.B. Ulbricht, Bolz, Liebknecht) hatten die Zeit des Nationalsozialismus in der Sowjetunion verbracht. Das dort Erfahrene wurde zum Vorbild für den Neubeginn in der sowjetischen Zone. Keinesfalls folgten die Zurückgekehrten dabei ausschließlich eigenen Intentionen; vielmehr wurden sie deutlich von sowjetischen Dienststellen dazu angehalten."[252] Es waren jedoch nicht allein politische Vorgaben und Repressionen, die Planer nach einer sozialistischen Städtegestaltung suchen ließen. Für viele Planer erschien die Aufgabe, unabhängig von Eigentumsverhältnissen nicht mehr für private Auftraggeber, sondern nach dem Grauen des Nationalsozialismus für eine bessere, sozialistische Gesellschaft zu bauen, verheißungsvoll und erstrebenswert. So zogen beispielsweise die Landschaftsarchitekten Reinhold Lingner, Walter Funke und Georg Béla Pniower das Leben und Arbeiten im sozialistischen Ost-Deutschland dem in der BRD vor.[253] Aus den Privatarchitekten wurde das Kollektiv. Die ersten volkseigenen Projektierungsbüros auf der Ebene der Länder wurden Ende 1948/Anfang 1949 gebildet. Nachdem das Aufbaugesetz verabschiedet war, wurden diese Entwurfsbüros mehr und mehr üblich.[254] „Der Entwurf war also bereits vergesellschaftet, noch bevor der Sozialismus offiziell auf die Tagesordnung gesetzt wurde. Das Urheberrecht im klassischen Sinne wurde überwunden, es war ebenso wenig wie die individuelle Leistung oder auch die Verantwortung ein Merkmal der neuen Gesellschaft: An seine Stelle rückte das Kollektiv."[255]

Kennzeichnend für den gesellschaftlichen und politischen Neuanfang in der DDR wurde die Suche nach einem typisch sozialistischen Städtebau, der der modernen sozialistischen Gesellschaft Raum für ein gutes Leben geben sollte. Im Wettstreit der Systeme – West gegen Ost – verwundert es nicht, dass die DDR den Wunsch besaß, die Überlegenheit ihres Systems auch durch einen Umbruch im Städtebau und in der Architektur zu symbolisieren. Denn gerade hier zeigte sich, für alle ablesbar, die veränderten gesellschaftlichen Prioritäten

251 Flierl (1998) S. 54
252 Düwel (1995) S. 19
253 vgl. u.a. Giese; Sommer (2005), Nowak (1991), Reitsam (1998b), Reitsam (1999a), Reitsam; Karn (1999), Wolschke-Bulmahn; Fibich (2004)
254 Flierl (1998) S. 55
255 Düwel (1995) S. 51

durch monumentale Bauten und durch die Betonung des Stadtzentrums sowie seiner Plätze. Platzplanung war damit nicht allein eine gestalterische Aufgabe, sondern auch eine politische.

3.2.2 Städtebau in der DDR von 1945 bis 1954 und sein Einfluss auf die Anlage von Stadtplätzen

In den unmittelbaren Nachkriegsjahren orientierte man sich in der SBZ bzw. ab 1949 in der DDR zunächst an den städtebaulichen Tendenzen der 20er Jahre und an der Idee der Stadtlandschaft, wenngleich auch nicht alle Planer der Stadtlandschaft kritiklos gegenüberstanden, wie beispielsweise Georg Béla Pniower.[256] Generell herrschte jedoch Ratlosigkeit über die Form eines sozialistischen Städtebaus, der sich von den Ideen in West-Deutschland deutlich absetzen sollte. Eine Reise von ostdeutschen Planern in die Sowjetunion sollte Klarheit schaffen, indem dort die städtebaulichen Fortschritte studiert wurden um sie für die DDR nutzen zu können.

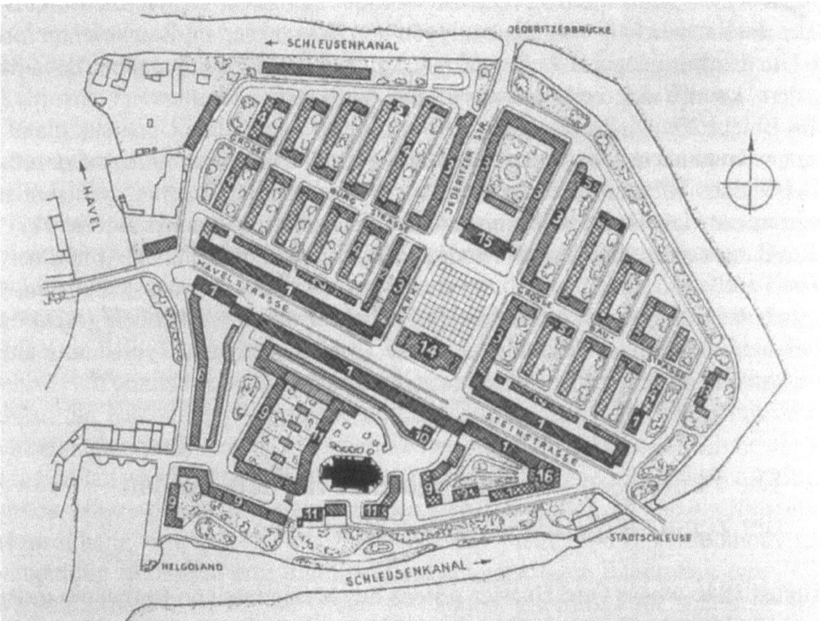

Abb. 67: Lageplan von 1947 für den Wiederaufbau der zerstörten Altstadt von Rathenow von Otto Haesler und Karl Völker. Bevor die „16 Grundsätze des Städtebaus" 1950 die kompakte Bebauung der Städte vorschreiben, orientierten sich die Planer in Rathenow am offenen Zeilenbau der 20er Jahre. Einem Festplatz wird ein zentraler Raum in der Stadtmitte zugewiesen.

256 Fibich; Wolschke-Bulmahn (2003) S. 27

Das Vorbild UdSSR

In den 20er Jahren sorgten städtebauliche Projekte in der UdSSR wie die Bandstadt und andere Auflösungsmodelle für großes internationales Interesse. Doch bereits Anfang der 30er Jahre fand in der Sowjetunion unter Stalin eine Abkehr vom Desurbanismus statt. Stalin verachtete die westliche Moderne. Er war gegen die Auflösung der Stadt und lehnte sowohl die Gartenstadt als auch die kapitalistische Großstadt ab.[257] Um ein eigenes städtebauliches Modell vorzuweisen, sollte die kompakte Stadt entwickelt werden, „sozialistisch im Inhalt und national in der Form".[258] Dazu hieß es im Aufbaugesetz der UdSSR von 1933: „Die sozialistische Stadt muß schön sein. Ihre äußere Erscheinung im einzelnen wie im ganzen muß eine Fröhlichkeit, ein Gefühl der Freude vermitteln."[259] Der Aufbau sollte so beeindruckend wie möglich ausfallen, um die eigene Bevölkerung und den Rest der Welt von der Richtigkeit des politischen Systems der UdSSR zu überzeugen.[260]

Nach diesen politischen Vorgaben begannen die sowjetischen Planer mit ihren städtebaulichen Visionen für die Hauptstadt Moskau. „Alles soll zu einem mächtigen architektonischen Ensemble zusammenwachsen und somit die Größe und Schönheit der sozialistischen Epoche widerspiegeln."[261] Der „zentrale Bezirk" stellte den bedeutendsten Raum im Stadtgefüge dar: hier waren die wichtigsten kulturellen, politischen und administrativen Einrichtungen angesiedelt.[262] Der Umgestaltungsplan zeigte monumentale Platzfolgen, die durch Magistralen miteinander verbunden waren. Dominanten sollten durch Hochhäuser gebildet werden.[263] Sowjetisches Ziel war, über den Städtebau die Gesellschaft zu formen. „Dem neuen Menschen im Sozialismus sollten der Reichtum des gesellschaftlichen Lebens und eine helle Zukunft mit neuen Bildern der Stadt vor Augen geführt werden, deren Wesensmerkmal in der repräsentativen Gestaltung kollektiv nutzbarer Räume lag."[264]

Nach dem Zweiten Weltkrieg etablierte sich mit der Erstarkung des sowjetischen Einflusses das Städtebaumodell der UdSSR in den osteuropäischen Ländern. In deren Städten entstanden ähnliche Zentren, unabhängig vom kulturellen Hintergrund der einzelnen Länder. Auch in der DDR sollte der Städtebau der UdSSR als Vorbild gelten. Von der Bedeutung der öffentlichen Räume im sow-

257 Durth et al (1999) S. 50f.
258 Aus dem Aufbaugesetz der UdSSR von 1933. In: Durth et al (1999) S. 50
259 Aus dem Aufbaugesetz der UdSSR von 1933. In: Durth et al (1999) S. 50
260 Durth et al (1999) S. 49
261 Aus dem Aufbaugesetz der UdSSR von 1933. In: Durth et al (1999) S. 51
262 Durth et al (1999) S. 51
263 Durth et al (1999) S. 51f.
264 Durth et al (1999) S. 48

jetischen Städtebau konnte sich die deutsche Delegation aus der DDR überzeugen, als sie während einer Studienfahrt 1950 den Feiern zum 1. Mai auf dem Roten Platz in Moskau beiwohnte.[265]

Lernen von der Sowjetunion: Die Reise nach Moskau 1950

Im April 1950 fuhr eine Delegation von Architekten und Baufunktionären auf eine sechswöchige Studienfahrt in die UdSSR. Zu den Teilnehmern gehörten der Aufbauminister Lothar Bolz sowie der Hauptabteilungsleiter Walter Pisternik, außerdem Kurt Liebknecht, der Direktor für Städtebau und Hochbau im Aufbauministerium, Waldemar Alder vom Industrieministerium, Edmund Collein, der Leiter des Stadtbauamts von Ost-Berlin, sowie Kurt W. Leucht vom städtischen Planungsamt Dresden.[266]

Im Osten Berlins hatte man den Kollektivplan von Hans Scharoun und seinem Kollektiv, der Berlin als Bandstadt mit gleichwertigen Elementen entlang des Urstromtales sah, zum „Generalaufbauplan" von 1949 weiterentwickelt, ohne ihn jedoch grundlegend zu verändern.[267] Die Verfasser hatten weder sowjetische Beispiele beachtet noch die Teilung der Stadt berücksichtigt, denn die Regierungsgebäude der DDR waren am Fehrbelliner Platz im Westen Berlins geplant. Die sowjetischen Planer kritisierten in Moskau den Berliner Generalaufbauplan ihrer sozialistischen Gäste heftig: Den Boden einheitlich mit 50 Pfennig zu bewerten, sei selbst in einem sozialistischen System an den Regeln der Wirtschaft vorbeigeplant, und auch das vorgesehene Verkehrssystem wurde als reiner Funktionalismus beurteilt. Ebenfalls abweisend standen sie der Idee der unabhängigen Wohnzelle gegenüber. Während der ehemalige Kollektivplan bewusst aus dem Massenmenschen ein Individuum schaffen und den Bürger der Allmacht des Staates entziehen wollte, kritisierten die sowjetischen Planer genau diese Idee und vermissten den Bezug zum politischen Leben.[268]

Für Ostdeutschland empfahlen die sowjetischen Architekten ein zentralisiertes Bauen, bei dem die Regierung über die Planungsinhalte entscheidet. Aus ihrer bisherigen Erfahrung heraus hielten die sowjetischen Planer fest, dass der dezentralisierten, kompakten Stadt mit klaren hierarchischen Strukturen der Vorzug zu geben ist. Die Straßen seien nicht nur unter Verkehrsgesichtspunkten zu sehen, sondern bilden repräsentative Räume für die Feiern des Volkes.[269] Sie setzten hinzu: „Die Seele der Stadt ist das Zentrum. Wo ist die Idee der Hauptstadt? ...

265 Hain (1992) S. 2555f.
266 Hain (1992) S. 2553
267 Hain (1992) S. 2546f.
268 Hain (1992) S. 2549
269 Hain (1992) S. 2549

Bei der Berliner Verkehrslösung ist nicht mehr erkenntlich, was Zentrum und was Vorstadt ist. ... Wo gehen die Demonstrationen hin? Wo ist der Aufmarschplatz? Wo sind die Aufmarschstraßen? Wo sind die Regierungsinstitutionen und zentralen Kulturstätten? Das ist das Zentrum."[270] Die „Empfehlungen" der sowjetischen Kollegen waren unmissverständlich. Die Vorgaben seitens der UdSSR für den zukünftigen Städtebau mündeten in die „16 Grundsätze des Städtebaus", noch in der Sowjetunion am 28. April 1950 in russischer Sprache verfasst. Einige Passagen basierten sogar auf wörtlichen Zitaten der sowjetischen Fachleute.[271]

Zurück in der DDR wurden die Moskauer Vorgaben und Erfahrungen in Planerkreisen zwar diskutiert und kritisiert,[272] doch floss nicht einer der Gegenvorschläge, darunter eine Stellungnahme von Richard Paulinck, dem Abteilungsleiter des Instituts für Bauwesen an der Akademie der Wissenschaften, in die „16 Grundsätze" mit ein.[273] Konsequent schmetterte der Minister für Aufbau Lothar Bolz Einwände ab.[274] Am 27. Juli 1950 wurden die „16 Grundsätze" durch den Ministerrat der DDR offiziell verabschiedet. Die Möglichkeit einer eigenen ostdeutschen Interpretation der sowjetischen Vorgaben wurde vertan; zu stark war der politische Einfluss der DDR-Führungsspitze.[275] Es galt nun das Leitbild der „schönen und kompakten Stadt", denn „die sozialistische Stadt will nicht Siedlung sein, in der die Arbeiter ‚zu Kleinbürgern verkommen'."[276] Eine geschlossene Blockstruktur mit einer hohen Straßenrandbebauung wird bis Mitte der 50er Jahre charakteristisch für den Städtebau der DDR.[277]

Die „16 Grundsätze des Städtebaus": Plätze und Stadtzentren

Zu den „16 Grundsätzen des Städtebaus" wurde im Herbst 1950 das Aufbaugesetz verabschiedet, das u.a. die „16 Grundsätze" für die Städteplanung als verbindlich erklärte und neben Berlin weitere Aufbaustädte bestimmte. Zusammen bildeten diese beiden Dokumente die Basis für die zukünftige städtebauliche Entwicklung in der DDR. Entsprechend dem Leitbild der „schönen deutschen Stadt" sollte nun „national in der Form und demokratisch im Inhalt" gebaut

---

270 Hain (1992) S. 2549
271 Düwel (1995) S. 72
272 Düwel (1995) S. 76ff.
273 Hain (1992) S. 2558
274 Düwel (1995) S. 76ff.
275 Hain (1992) S. 2558
276 Düwel; Gutschow (2001) S. 187
277 Düwel; Gutschow (2001) S. 185ff., vgl. auch Topfstedt (1988) S. 48

werden.[278] Die Planungen für Ost-Berlin als Hauptstadt des jungen sozialistischen Staates erhielten zunächst Vorrang. In den „16 Grundsätzen des Städtebaus“ von 1950 finden sich Aussagen zu Gestaltung und Funktion der Zentralen Plätze und des Zentrums allgemein. Die „16 Grundsätze“ zeigen, dass Plätze und Stadtzentren im sozialistischen Städtebau eine sehr wichtige Stellung einnehmen sollten:

Punkt 6: „Das Zentrum bildet den bestimmenden Kern der Stadt. Das Zentrum der Stadt ist der politische Mittelpunkt für das Leben seiner Bevölkerung. Im Zentrum der Stadt liegen die wichtigsten politischen, administrativen und kulturellen Stätten. Auf den Plätzen im Stadtzentrum finden die politischen Demonstrationen, die Aufmärsche und die Volksfeiern an Festtagen statt. Das Zentrum der Stadt wird mit den wichtigsten und monumentalsten Gebäuden bebaut, beherrscht die architektonische Komposition des Stadtplanes und bestimmt die Silhouette der Stadt.“[279]

In seinem Kommentar zu den „16 Grundsätzen“ erklärte der Aufbauminister Lothar Bolz, dass das Zentrum durch diese Aufgaben die Stadt zusammenhalte und somit der Auflösung der Stadt entgegenwirke. Dementsprechend sei das Zentrum kein Sammelpunkt allein für Warenhäuser, Restaurants oder Banken, sondern „es faßt die politischen, administrativen und kulturellen Stätten zusammen, die der Stadt ihren Inhalt geben und in denen sich die Idee der Stadt am monumentalsten verkörpert.“[280] Bolz fügte hinzu: „Das Zentrum ist das Ziel der politischen Demonstrationen und Aufmärsche, es ist mit seinen Plätzen der Ort der Volksfeiern, und so ist auch das Maß für das Zentrum nicht der in einem modernen Kraftwagen die Stadt durcheilende Reisende, sondern der zu Fuß gehende Mensch, der politische Demonstrant und seine Marschgeschwindigkeit.“[281]

Punkt 9: „Das Antlitz der Stadt, ihre individuelle künstlerische Gestalt wird von Plätzen, Hauptstraßen und den beherrschenden Gebäuden im Zentrum der Stadt bestimmt (in den größeren Städten von Hochhäusern). Die Plätze sind die strukturelle Grundlage der Planung der Stadt und ihrer architektonischen Gesamtkomposition.“[282]

278 Düwel (1995) S. 167

279 Die sechzehn Grundsätze des Städtebaus. Erläuterungen zu den am 27. Juli 1950 von der Regierung der Deutschen Demokratischen Republik beschlossenen Grundsätzen. Abgedruckt in: Durth et al (1999), S. 84-87. Punkt 6.

280 Ebenda, Kommentar zu Punkt 6

281 Ebenda, Kommentar zu Punkt 6

282 Ebenda, Punkt 9

In seinem Kommentar betonte Bolz nochmals die politische Wichtigkeit von Plätzen und ihre Einbeziehung in die städtebauliche Konzeption: Die Plätze „sind für die Struktur und die architektonische Gesamtkomposition der Stadt entscheidend. Selbstverständlich stehen sie in Beziehung zu den sie verbindenden Hauptstraßen und vor allen Dingen zu den beherrschenden Gebäuden im Zentrum, insbesondere zu den Hochhäusern in den Großstädten.“[283]

Testlauf Berlin: Der Zentrale Festplatz

Die „16 Grundsätze“ wurden zunächst für den Zentralen Festplatz in Ost-Berlin angewandt, denn die Hauptstadt der DDR sollte Vorbildcharakter für den Rest der Republik erhalten. Zusammen mit der politischen Führungsspitze entwickelte eine Gruppe von Architekten, darunter Kurt Liebknecht, Pläne für den Zentralen Festplatz. Die Ausgangsbasis für die Platzplanung war die Anzahl der zu erwartenden Demonstranten.[284] Um schnellstmöglich eine ausreichend große Fläche für Standdemonstrationen und fließende Demonstrationen zu erhalten wurde vorgeschlagen, das ehemalige Stadtschloss der Hohenzollern abzureißen.

Der Abriss des Berliner Stadtschlosses „war jedoch nur der erste Schritt eines mehrstufigen Plans zur weitergehenden Neuordnung des Zentrums. Die Fläche, die mit dem Abriß des Stadtschlosses entstehen würde, sollte nur vorübergehend als Demonstrationsplatz genutzt werden, langfristig war dort die Errichtung einer gesamtdeutschen Volksvertretung vorgesehen. Der künftige Zentrale Festplatz sollte, so das weitgesteckte Ziel, auf einer benachbarten, ungleich größeren Fläche angelegt werden, als dies mit dem Abräumen des Schlosses möglich wurde.“[285] Der Abriss des Stadtschloss hätte eine Fläche von 180 x 450 Meter entstehen lassen und hätte damit in seiner Ausdehnung den Roten Platz in Moskau um mehr als 30.000 Quadratmeter übertroffen. Mit dieser enormen Fläche wäre der Zentrale Festplatz genauso groß gewesen, wie der von Herbert Rimpl Anfang der 40er Jahre entworfene „Adolf-Hitler-Platz“ für die „Stadt der Hermann-Göring-Werke.“[286]

Nachdem das Politbüro mit den erarbeiteten Plänen zufrieden war, wurde die Planung an die Regierung zur formalen Beschlussfassung weitergereicht. Erwartungsgemäß stimmten der Ministerrat und der Magistrat von Ost-Berlin zu. Der vorgesehene Wettbewerb für den Zentralen Platz in Berlin wurde jedoch zunächst verschoben und erst 1959 ausgelobt.[287]

283 Ebenda, Kommentar zu Punkt 9
284 Düwel (1998) S. 173f.
285 Düwel (1998) S. 174
286 Düwel (1998) S. 177
287 Düwel (1998) S. 182f.

Abb. 68: Entwurf für den Zentralen Platz in Ost-Berlin von Helmut Hennig vom 27. Juli 1950.

1951: Planungsrichtlinien „Stadtzentrum und zentraler Bezirk"

Nach dem Testlauf und den Erfahrungen mit der Berliner Planung entschied das Ministerium für Aufbau, Planungsrichtlinien zu erarbeiten, um die gewünschte städtebauliche Entwicklung in den Städten der DDR sicherzustellen. Kurt Junghanns übernahm diese Aufgabe. 1951 erschienen die „Planungsrichtlinien Stadtzentrum und zentraler Bezirk", in denen lehrbuchartig die wichtigsten planerischen Aspekte aufgelistet wurden. „Die Planungsrichtlinien vermitteln den Eindruck, daß das strukturelle Gerüst der Stadtplanung in der DDR auf den Demonstrationsplänen basierte und Verkehrsprobleme zumindest in den Zentren der Städte nur eine untergeordnete Rolle spielten. Die Demonstrationspläne waren die entscheidende Grundlage für die Komposition der städtischen Räume, sowohl die Anlage der Platzfolgen und Verkehrswege als auch die Rhythmisierung der Baumassen erfolgte vor diesem Hintergrund. Die Breite der Straßen wurde ebenso wie die Größe des Platzes nach der angenommen Anzahl von Demonstranten errechnet."[288] Bezüglich der Gestaltung der Zentralen Plätze heißt es in den Planungsrichtlinien:[289]

„Funktion des Zentrums und des zentralen Bezirks: Das Stadtzentrum ist der Teil einer Stadt, der die Bauten der zentralen Verwaltung, der Wirtschaft, des

288 Düwel (1998) S. 179f.

289 folgend Auszüge aus den Planungsrichtlinien „Stadtzentrum und zentraler Bezirk, Ministerium für Aufbau, Institut für Städtebau und Hochbau, Abteilung Städtebau, Kurt Junghanns, 3. November 1950. Abdruck in Durth et al (1999) S. 90f.

gesellschaftlichen, besonders des politischen Lebens, der Kultur aufnimmt. Als Schwerpunkt erhält das Zentrum einen zentralen Platz für Kundgebungen und Volksfeste. Umgeben wird das Zentrum vom zentralen Bezirk, in dem besonders die Bauten zentraler Funktionen mit größerem Flächenbedarf liegen: [...] In kleineren Städten fallen Zentrum und zentraler Bezirk häufig zusammen."

„Zentraler Festplatz: Lage: Möglichst am Schnittpunkt des innerstädtischen Verkehrs als Ziel der Demonstrationen, die durch die Hauptstraßen zu führen sind. Durchschneiden des Platzes durch eine Verkehrsstraße ist zu vermeiden. Größe: Ausreichend zur Aufnahme eines Drittels der Gesamtbevölkerung bei stehender Kundgebung. (1 qm für 4 Personen von Bauflucht zu Bauflucht gerechnet). Überschreiten die Ausmaße den Maßstab der Stadt, sind fließende Kundgebungen vorzusehen. Breite der Demonstrationszüge auf dem Platz so abzustimmen, daß eine Höchstdauer des Vorbeimarsches von etwa 3 Stunden gewährleistet ist. (1 Viererreihe = 7.000 Pers. pro Stunde.) Gestaltung: Die Tribüne ist in Verbindung mit einem Hauptgebäude zu planen, wenn möglich im Blickpunkt der Hauptanmarschstraße. West-Süd- oder Ostseite als Standort bevorzugen."

„Der Festplatz ist Standort der wichtigsten und von der Bevölkerung am häufigsten aufgesuchten Monumentalbauten und soll der architektonische und städtebauliche Höhepunkt und das Herz der Stadt sein. Bei Neuanlagen sind deshalb vorhandene historisch oder architektonisch wertvolle Gebäude in die Platzwände einzubeziehen und als Zeugen des kulturellen Erbes besonders zur Geltung zu bringen. Zentrale Plätze in Ruinenfeldern ohne Reste vorhandener Bebauung sind ebenso zu vermeiden wie Anlagen, die den Abbruch erhalten gebliebener Bauten oder ausbaufähiger Ruinen erfordern."

„Verteilung der Funktionen": Hier sind hinsichtlich der Plätze folgende Aussagen interessant: „Öffentliche Bauten sind in Stadtzentren sowohl nach ihrer gesellschaftlichen Bedeutung wie nach ihrer praktischen Funktion zu verteilen. Sie sollten grundsätzlich nur an Plätzen und Hauptstraßen errichtet werden und zweckmäßig in das Verkehrsnetz eingegliedert sein."

Weiter heißt es: „Plätze sind als besondere Sammelpunkte des städtischen Lebens nur bei Bedarf anzulegen. Sie sollen mit den sie verbindenden Straßen ein System vielfältig wechselnder Raumeindrücke ergeben und das Wesentliche einer Stadt besonders zum Ausdruck bringen. Sie sind nur ausnahmsweise für Parkzwecke heranzuziehen; Parkflächen sind Nutzflächen und sollen in der Nähe der Verkehrsanziehungspunkte abseits der Plätze und wichtigen Straßen zwischen und hinter den Baublöcken verteilt werden. Bahnhofsvorplätze dürfen nicht zum Verkehrsknotenpunkt werden, sondern sind als die Empfangsplätze der Stadt würdig auszugestalten. Die technischen Anlagen der Straßenverkehrsmittel wie Wartehallen, Schutzdächer und Parkplätze sind unauffällig, jedoch so anzuordnen, daß geringste Wege für die an- und abfahrenden Reisenden gewährleistet werden."

Abb. 69: 1. Preis des Kollektivs Eisentraut für den Entwurf des Zentralen Platzes in Plauen im Rahmen des städtebaulichen Wettbewerbs für den Zentralen Bezirk von Plauen 1951. Die politischen und städtebaulichen Vorgaben hinsichtlich Lage, Größe und Aussehen des Zentralen Platzes wurden berücksichtigt. Der Zentrale Platz liegt im Zentrum der Stadt an den wichtigsten Straßen. Die Platzfläche ist für Demonstrationen freigehalten. Um den Platz sind gesellschaftlich wichtige Einrichtungen gereiht.

1952 kam es zu neuen Impulsen: Das Aufbauprogramm wurde von Ost-Berlin auf die gesamte DDR ausgeweitet, das Nationale Aufbauprogramm begann. Wettbewerbe wurden ausgeschrieben, darunter in Dresden, Leipzig, Magdeburg und Rostock.[290] Die Entwürfe, die nach den „16 Grundsätzen" und den erweiterten Planungsrichtlinien von 1951 entstanden, spiegelten das Bemühen wider, diese Vorgaben weitestgehend abzuarbeiten. Die Gestaltungsregeln erleichterten zwar prinzipiell die Entwurfsarbeit, allerdings hatten sich die Planungsrichtlinien von 1951 sich mit ihrer Veröffentlichung zu unverrückbaren Vorschriften entwickelt. In der Folge ähnelten sich die Entwürfe für die Zentralen Plätze in der DDR immens, denn die Planer hatten sich peinlich genau an das geforderte Gestaltungsprogramm von Größe, städtebaulicher Einbindung und repräsentati-

290 Durth et al (1999) S. 59f.

ven Bauten gehalten. Schablonenhaft wurden die Ausstattungselemente immer wieder verwendet, um die Akzeptanz der Pläne sicherzustellen. Die Erfüllung des gewünschten Programms gewährleisteten auch die sogenannten „Konsultanten“: Renommierte Architekten der Deutschen Bauakademie der DDR berieten einzelne Städte und begleiteten Wettbewerbe.[291]

Abb. 70: Entwurf für den Zentralen Platz Neubrandenburgs mit HO-Hotel (links), Kulturhaus (Mitte) und Rathaus (rechts) von Walter Lauermann, 1955. Die Entwürfe von Lauermann für die Bauperiode 1955/1956 berechtigten Hanns Hopp zur der Hoffnung, „daß hier eine schöne Stadt mit eigenem Charakter wiedererstehen wird.“[292]

Plätze jenseits der Festräume

Die traditionellen Stadtplätze in den Wohnvierteln waren nicht Teil des offiziellen sozialistischen Städtebaus. Zu ihrem Aussehen und ihren Funktionen finden sich keinerlei Aussagen in den „16 Grundsätzen“ und auch Artikel in Zeitschriften oder anderen Veröffentlichungen sparen Umbauten oder Neugestaltungen von Quartiersplätzen aus - viel wichtiger waren die neuen Zentralen Plätze für Aufmärsche und Demonstrationen. Doch gerade das konsequente Nichterwähnen dieser Stadtplätze zeigt, wie wenig Bedeutung ihnen zugemessen wurde, wie auch Linke schließt. Begrünte Stadtplätze „spielten im Planungsgeschehen der DDR (...) eine untergeordnete Rolle.“[293] Beispielhaft zieht Linke die Antwort des Leipziger Dezernates für Bauwesen auf den kritisierten Spielplatzman-

291 Durth et al (1999) S. 74
292 Hopp (1955) S. 294
293 Linke (2001) S. 14

gel[294] in der Stadt heran: So soll „die Schaffung von Kinderspielplätzen und ähnlichen Anlagen als kleine Teilaufgabe im großen Planungsrahmen nicht vergessen werden."[295]

Wie im Westen war auch im Osten Deutschlands nach Kriegsende an die Neuanlage oder grundlegende Umgestaltung von Quartiersplätzen zunächst nicht zu denken. Im Vordergrund stand die Beseitigung des Trümmerschutts, der auf vielen Stadtplätzen zwischengelagert wurde. Erst „seit Beginn der 50er Jahre widmete man sich verstärkt der Anlage neuer sowie der Umgestaltung vorhandener Grünanlagen."[296] So war man beispielsweise in Leipzig aufgrund der knappen Mittel für die Gestaltung der Grünflächen gezwungen, „auf die freiwillige Arbeitskraft der Leipziger zurückzugreifen. So erfolgte die Umsetzung zahlreicher Trümmerbegrünungen, von Stadtplätzen u.a. Grünanlagen im Rahmen des „Nationalen Aufbauwerks" (NAW). Bei Inangriffnahme einzelner Plätze gingen Aufrufe an die Anwohner der jeweiligen Stadtbezirke zur Beteiligung an den Baumaßnahmen."[297] Wie auch in der BRD griff man also auch in der DDR auf nationale Hilfsprogramme zurück, um Arbeitskräfte für die Gestaltung von Plätzen zu gewinnen.

Die begrünten Plätze in den Wohnvierteln, die aus der Zeit vor 1945 stammten, übernahmen auch nach 1945 vorrangig soziale Funktionen, wie Erholung, Kommunikation oder das Kinderspiel. „Von der Lage der untersuchten Stadtplätze in dicht bebauten Wohnvierteln beeinflusst, zeigt deren Ausgestaltung, welche direkten Funktionen ihnen für die Bevölkerung zukommen. Als öffentlich zugängliche Grünflächen sollen sie Möglichkeiten für erholungssuchende Bevölkerungsteile anbieten. Das sind keine intensiven Erholungsarten sondern ruhiges Verweilen in verschiedenen Sitzbereichen (...) sowie Pflanzenbetrachtung. Durch die u.a. mit reichen Blumen- und Staudenpflanzungen erreichte gartenmäßige Ausstattung stellen sie wahrscheinlich Ersatz für den fehlenden privaten Hausgarten dar (...) Weiterhin sind die Plätze Treffpunkt und dienen dem Kinderspiel. Das innere Erschließungssystem lässt erkennen, dass sie möglichst nicht als Durchgangszonen für eilige Passanten dienen sollten."[298]

---

294 Spielplätze waren fast immer Teil von begrünten Quartiersplätzen in der DDR.

295 Antwort des Dezernats Bauwesen auf die Anregung von Dipl.-Ing. Emmerich Markus zum Thema Kinderspielplätze vom 16.01.1950. In: Linke (2001) S. 14

296 Linke (2001) S. 8

297 Linke (2001) S. 9f.

298 Linke (2001) S. 15

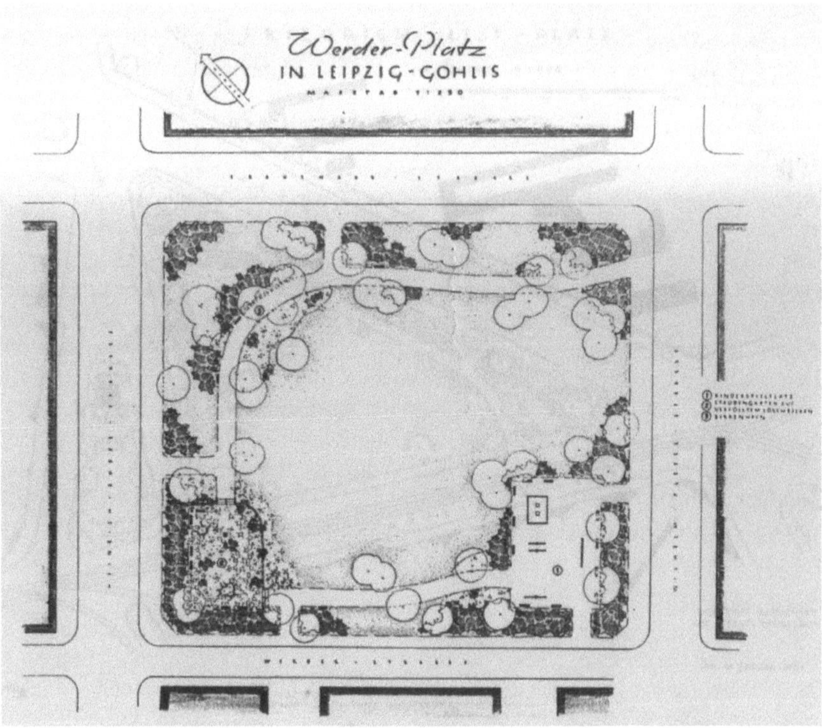

Abb. 71: Entwurf, vermutlich aus dem Jahr 1951, für den Werder-Platz (heute Heinrich-Budde-Platz) in Leipzig von Gerhard Scholz, Abteilung öffentliche Grünflächen, Dezernat Bauwesen des Leipziger Stadtgarten- und Friedhofsamt. Eine geschwungene Wegeführung umschließt eine große, freie Rasenfläche. Auf einem verfüllten Löschwasserbecken ist im westlichen Platzteil ein Staudengarten angelegt worden. Die südliche Ecke nimmt ein Kinderspielbereich mit Sandkasten, Wippen und Kletterstangen ein.

Einen intimen Charakter erhielten die Plätze durch eine Abpflanzung durch Bäume und Sträucher zu den umliegenden Straßen. Meist geschah dies allseitig, gelegentlich öffnete sich eine Seite zum Straßenraum. Auffällig ist bei den Plätzen die asymmetrische Gestaltungsform. Für die Leipziger Stadtplätze hält Linke fest: „Bei Plätzen mit historischer Gestaltung oder solchen, die in Beziehung zu einem dominierenden Gebäude stehen, herrschen rechte Winkel vor, und die Begrenzungslinien der Teilflächen sind gerade. Häufiger ist jedoch die Begrenzung der Teilflächen mit großzügig angelegten Schwüngen, die auch formalen Platzgliederungen die Strenge nimmt."[299] Die Wege rahmten in der Regel eine große, gut überschaubare Rasenfläche. An den Platzrändern waren eine große Anzahl von Sitzmöglichkeiten eingerichtet, die vor Heckenpflanzungen platziert

299 Linke (2001) S. 18

waren. Von diesen Bänken aus hatte der Besucher einen angenehmen Blick über die Rasenfläche, die Blumenbeete, Blumenschalen, Springbrunnen, Sonnenuhren oder auch den Verkehr. Stauden- und Sommerblumenpflanzungen waren wichtiges Gestaltungselement der Plätze. In gut sichtbarer Nähe der Sitzmöglichkeiten wurden sie entweder in ebenerdigen oder erhöhten Beeten oder in organischen Formen an die Ränder von Rasenflächen gesetzt. Die Bepflanzungen bestanden aus Gruppen- und Solitärpflanzen und gaben Akzente in Farbe und Höhe.[300]

Auf den Quartiersplätzen fanden sich fast immer Kinderspielbereiche. Auf kleineren Anlagen fanden die Kinder neben einem Sandkasten auch einfache Spielgeräte wie Wippen, Karusselle, Recke sowie Kletter- und Balanciermöglichkeiten. Auf größeren Anlagen wurde der Spielbereich unterteilt: Kleinere Kinder konnten das erwähnte Spielangebot nutzen, ältere Kinder erhielten einen Raum für Ballspiele.[301]

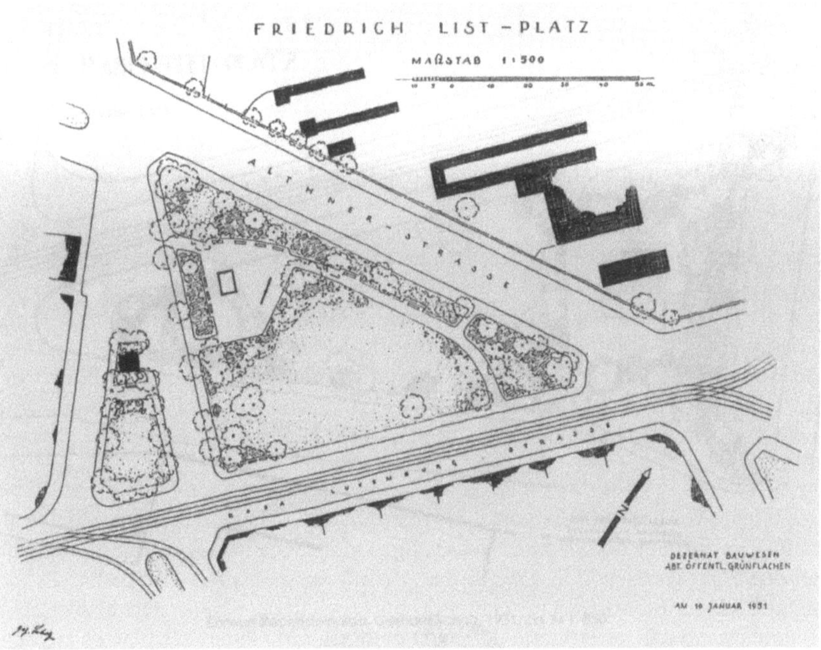

Abb. 72: Entwurf von Gerhard Scholz für den Friedrich-List-Platz in Leipzig von 1951. Im westlichen Platzteil ein Kinderspielbereich. Von den zahlreichen Bänken entlang der Wege lässt sich der Raum gut überblicken.

300 Linke (2001) S. 20
301 Linke (2001) S. 21

3.2.3 Beispiele: Platzgestaltungen in der DDR von 1945 bis 1954

Nicht alle Entwürfe für die Zentralen Plätze kamen zur Ausführung, denn sich schnell verändernde politische und städtebauliche Vorgaben erforderten neue Pläne, die es erst zu entwickeln galt. Zu den wenigen gebauten Zentralen Plätzen gehören die Ensembles in Saßnitz und Stalinstadt/Eisenhüttenstadt. Sie sind auch heute noch im Stadtbild sichtbar und erlebbar und sind daher für eine Analyse besonders interessant.

Nicht gebaute Wettbewerbsbeiträge für die Zentralen Bezirke verdeutlichen dennoch die Gestaltung der Zentralen Plätze. Als Beispiele stehen hierfür die Zentralen Plätze in Rostock und Frankfurt/Oder. Beide Planungen zeigen besonders exemplarisch die hohen politischen und planerischen Anforderungen, die an diese Vorzeigeprojekte gestellt wurden. Anforderungen, die schließlich den Bau scheitern ließen. Der Leipziger Möbiusplatz steht für einen Quartiersplatz jenseits der großen Festplätze und ist eine besonders gut dokumentierte Anlage.

Leipzig: Möbiusplatz

Der Leipziger Möbiusplatz wurde zu Beginn des 20. Jahrhunderts als regelmäßig gestalteter Schmuckplatz geplant und angelegt. Der dreieckige Platz war bis auf die Ostseite allseitig von Gründerzeitgebäuden gefasst.[302] Im Zweiten Weltkrieg wurde die unmittelbare Umgebung des Möbiusplatzes zwar nicht zerstört, doch litt die Gestaltung des Platzes durch die Kriegsfolgen. Auf dem Platz wurde, wie in vielen Städten in Ost und West, Trümmerschutt gelagert, später nutzte man den Platz als Grabeland.

1950 legte Gerhard Scholz vom Leipziger Dezernat Bauwesen einen Umgestaltungsplan für den Möbiusplatz vor. Aufgrund dieser Planung wurde die östlich an den Platz grenzende Straße für den Verkehr gesperrt und als Spielstraße genutzt.[303] In seinem Entwurf übernahm und erweiterte Scholz den historischen Baumbestand und vergrößerte den einst geringen Grünanteil des Platzes zugunsten einer großen Rasenfläche und zahlreichen Strauchpflanzungen.[304] Scholz

302 Linke (2001) S. 34

303 Linke (2001) S. 36

304 Das im Norden gelegene Trafohäuschen stammt wie die öffentliche Toilette an der östlichen Seite aus den 30er Jahren.

unterteilte den Platzraum in asymmetrische Teilbereiche. Die Rasenfläche lag leicht aus der Mitte gerückt und nahm fast zwei Drittel des Platzes ein. Im Norden war ein umpflanzter Kinderspielbereich mit einem Sandkasten vorgesehen. Der geschwungene Hauptweg führt im Osten zu einem langgestreckten Sitzbereich. Von dort aus konnten die Besucher über eine organisch geformte Staudenpflanzung die Rasenfläche sehen und den Verkehr beobachten. Durch den Umbau des Möbiusplatzes erhielten die Anwohner einen Quartiersplatz, den sie für die Erholung nutzen konnten; Kleinkinder erhielten einen Spielplatz.

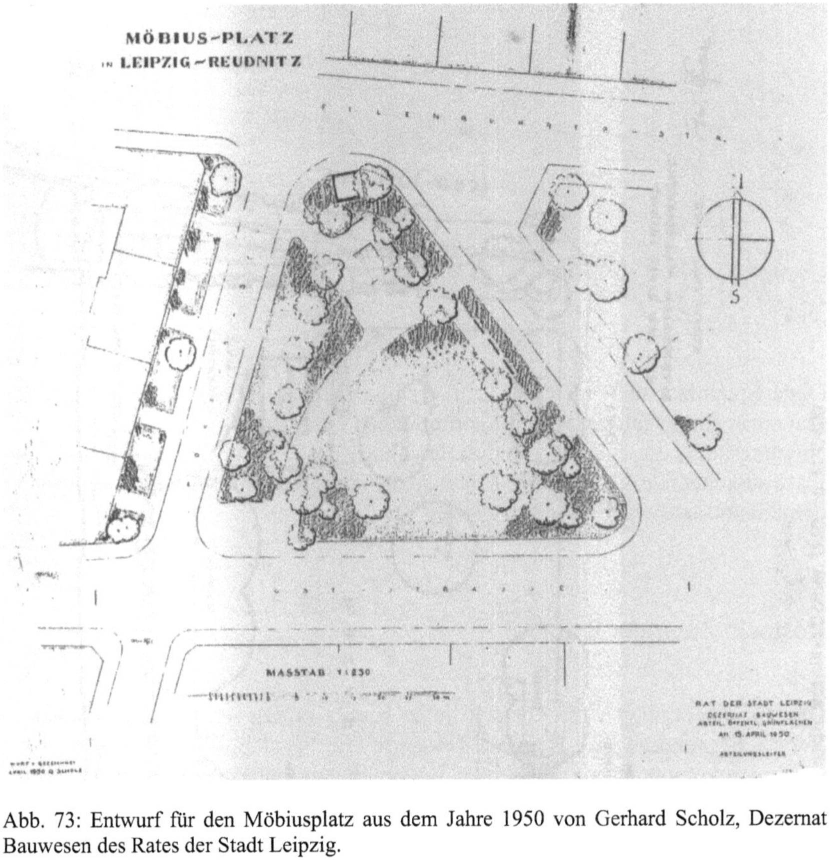

Abb. 73: Entwurf für den Möbiusplatz aus dem Jahre 1950 von Gerhard Scholz, Dezernat Bauwesen des Rates der Stadt Leipzig.

Der Möbiusplatz heute

Die Gestaltung des Möbiusplatzes hat sich bis heute in ihren Grundzügen erhalten. Allerdings wurde der kleine Spielbereich entfernt, so dass der Platz heute ausschließlich von Gehölz- und Rasenflächen bestimmt wird. Die Zahl der Bänke ist auf zwei Stück reduziert worden.

Abb. 74:
Der geschwungene Weg im westlichen Bereich des Möbiusplatzes, 2006. Von der Bank aus kann man über die Rasenfläche blicken.

Ohne Spielplatz und mit einer sehr geringen Anzahl von Bänken verliert der Platz allerdings viel von seiner ursprünglichen Funktion als Quartiersplatz. Ohne Nutzungsangebote gibt es für die Bewohner des Viertels keinen Grund, den Platz aufzusuchen. So wird der Möbiusplatz als reine Grünfläche degradiert und dient hauptsächlich als Durchgangsweg.

Rostock: Zentraler Platz

Die Aufbauplanungen für Rostock liefen bereits in den letzten Kriegsmonaten. Nach Kriegsende wurde Heinrich Tessenow die Wiederaufbauplanung übertragen, doch konnte er sich mit seinen Vorstellungen nicht durchsetzen. Es folgen weitere Planungen von Wolfgang Rauda, die aufgrund des veränderten städtebaulichen Leitbilds mit dem Erscheinen der 16 Grundsätze nicht in ihrer ursprünglichen Form durchgeführt werden konnten.[305] Für die Lange Straße und für die Altstadt wurde schließlich im August 1951 von dem Architekten König aus dem VEB Entwurfs- und Bauleitungsbüro Schwerin ein Bebauungsplan vorgelegt. Er sah eine Straßenverbreiterung vor unter Beibehaltung der alten Blockstruktur. Ein neuer zusätzlicher Platz war an der verbreiterten Straße am

305 vgl. Düwel (1995) S. 154ff.

Rande der Altstadt vorgesehen, „als repräsentativer Vorhof eines geplanten Kulturhauses, wie es für die *neue* Stadt damals obligatorisch war.“[306] Als Demonstrationsplatz war jedoch der historische Neue Markt ausgewählt.[307] Der Plan orientiert sich stark an den „16 Grundsätzen“, ohne jedoch die historischen Strukturen Rostocks vollkommen zu überformen.

Einen weiteren Impuls zum Aufbau Rostocks gab die 2. Parteikonferenz der SED im Sommer 1952, auf der zum beschleunigten Wiederaufbau von Leipzig, Dresden, Magdeburg und Rostock aufgerufen wurde. Vor diesem Hintergrund legte Ulrich Kuhlke im August einen Teilbebauungsplan für Rostock vor, der durch Diskussionen mit der Bauakademie und dem Aufbauministerium entstanden war und am 28.08.1952 von der Regierung bestätigt wurde.[308]

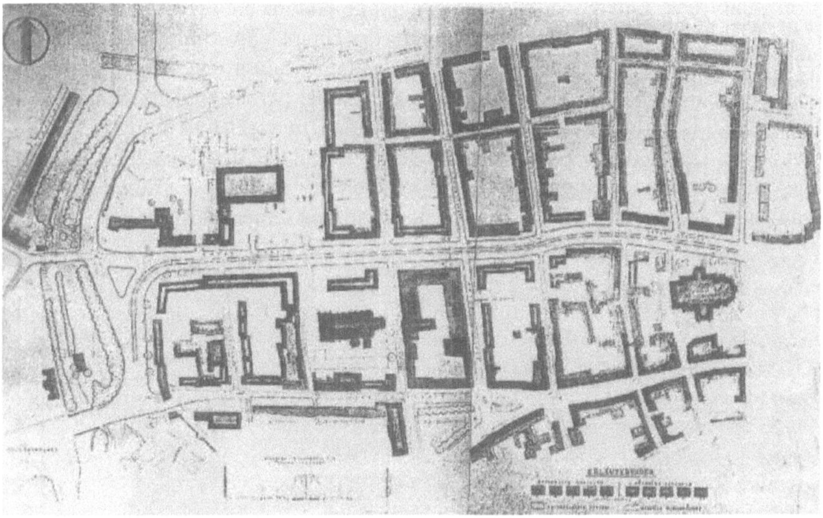

Abb. 75: Wiederaufbauentwurf für das Rostocker Stadtzentrum, Entwurfs- und Bauleitungsbüro Schwerin, vom Architekten König. 15.08.1951.

Mit der Verwaltungsreform vom 23.07.1952 wurde Rostock Bezirkshauptstadt, dementsprechend wuchs der Repräsentationsanspruch. Diese geänderten Rahmenbedingungen hatte Ulrich Kuhlke in seinem Plan jedoch noch nicht berücksichtigen können. Ein neuer Plan wurde von Albrecht Jaeger erarbeitet. Er plante „eine am Berliner Vorbild geschulte durchgreifende Neuordnung des inneren Stadtgebietes mit einem breiten Straßendurchbruch, der den Weg der Magistrale

306 Düwel (1995) S. 174
307 Düwel (1995) S. 175
308 Düwel (1995) S. 176ff.

begradigte und auf großzügige Platzfolgen abhob."[309] Die historische Struktur der Stadt wurden überplant. „Hingegen entwarf Jaeger ein Platzprogramm, das dem für Magdeburg oder Dresden – ebenfalls im Nationalen Aufbauwerk entstanden – ähnelte. Im Vergleich zur bisherigen Planung Kuhlkes veränderte er die Situation dahingehend, daß der Zentrale Platz in jeder Hinsicht zum wichtigsten Stadtgelenk geriet. So wurden alle wesentlichen Institutionen dort angesiedelt, und auch als Verkehrsknotenpunkt erhielt der Platz eine noch stärkere Bedeutung. Zudem wurde er als Brückenkopf ausgebildet: Die nördliche Platzseite öffnete sich zu einer Brücke, die die Warnow überqueren sollte. Der Platz war erheblich aufgeweitet und erstreckte sich bis zum Warnowufer. Das Kulturhaus wurde aus der zentralen Position an die westliche Platzseite gerückt. Konsequenterweise sollte auch die das Stadtbild von Rostock künftig beherrschende neue Höhendominante am Zentralen Platz angesiedelt sein."[310] Von Kuhlkes Vorschlag rückte man ab. „Der entscheidende Unterschied zur gesamten bisherigen Planung bestand darin, daß nunmehr die Hauptschwerlinie[311] Lange Straße zu einer Magistrale umgewandelt werden sollte. Sie führte vom Steinplatz über den Thälmann-Platz (Neuer Markt) in die Lange Straße und mündete in den Zentralen Platz mit Wohngebäuden und Läden in vier- und fünfgeschossiger Bauweise. Der Zentrale Platz wurde in den Westteil der Langen Straße verlagert, was man mit einer geeigneten Größe für Demonstrationen begründete. Außerdem sollte am Zentralen Platz der Rat des Bezirkes seinen Sitz erhalten."[312]

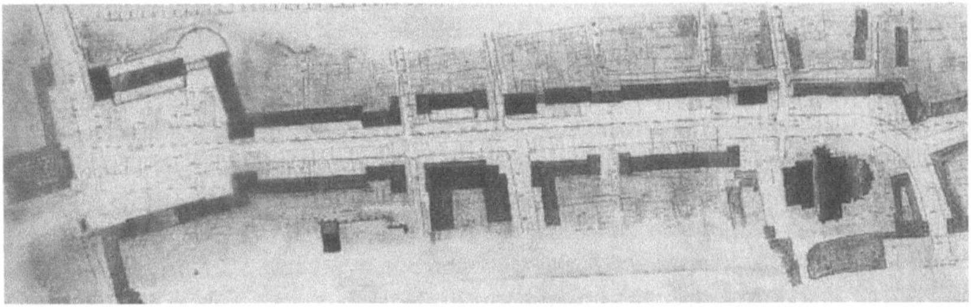

Abb. 76: Lage der Magistrale und des Zentralen Platzes, Plan von Albrecht Jaeger, September 1952.

Ebenfalls durch die Verwaltungsreform begründet, fand im Oktober 1952 ein Architekturwettbewerb für das Rostocker Zentrum statt, denn die Stadt war sich ihrer zukünftigen Rolle als Bezirkshautstadt bewusst. Jedoch war nicht der Zentrale Platz Thema der Ausschreibung, sondern die Wohnbebauung an der Magis-

309 Düwel (1995) S. 180
310 Düwel (1995) S. 180
311 Also die wichtige große Hauptstraße der Rostocker Innenstadt, Anmerkung der Autorin.
312 Düwel (1995) S. 179f.

tralen.[313] Von der Vorstellung, am Neuen Markt den Zentralen Platz einzurichten, nahm man Abstand. Für Standdemonstrationen wäre er zu klein gewesen, außerdem hätte man dort schlecht eine Höhendominante errichten können, da dort bereits die Marienkirche stand.[314] „Zum endgültigen Standort des Zentralen Platzes wurde – wie bereits im Ministerratbeschluß bestätigt – das Gelände zwischen der westlichen Altstadt und der Kröpeliner Vorstadt am Südufer der Unterwarnow erklärt. Der zukünftige Platz wäre mit einer Fläche von rund 2 ha der größte Platz der Stadt gewesen. Die Westwand wurde im Modell von einem neuen Theater gebildet, das gleichzeitig den optischen Abschluß der Straße des Nationalen Aufbauwerks in westlicher Richtung darstellte. An der Südseite des Platzes sollte ein Hotel mit einem Seemannsheim errichtet und die Nordwand zur Warnow mit dem Gebäude des Rates des Bezirkes geschlossen werden. Hier sollte auch der 120 m hohe Turm stehen, der damit die markanteste Dominante der Stadt gewesen wäre."[315]

Abb. 77: Baumassenmodell zur Gestaltung der Rostocker Innenstadt von 1954. Bebauung der Magistrale und des Zentralen Platzes, der am Warnowufer vorgesehen war.

313 Düwel (1995) S. 181

314 Deutsche Bauakademie. Institut für Städtebau. Kurt W. Leucht: Kritische Analyse des Städtebaus in der DDR.1.2.1954. In: BA Abt. Potsdam, DH 2, III/06/16. In: Düwel (1995) S. 198

315 Düwel (1995) S. 198

Die Entwürfe zum Zentralen Platz wurden erst weiter konkretisiert, nachdem ein Zusatzprogramm für den Wohnungsbau verabschiedet war. Die Schaffung von Wohnungen hatte damit zunächst Priorität.[316] Im Zuge der veränderten städtebaulichen Ziele Mitte der 50er Jahre wurde der Zentrale Platz schließlich nicht gebaut; stattdessen wurden 1959/60 Hochhäuser auf dem vorgesehenen Platz errichtet.[317]

Stalinstadt/Eisenhüttenstadt:
Wettbewerb Magistrale und Zentraler Platz 1953

Zu den umfassendsten Projekten, die nach dem Leitbild der „16 Grundsätze von 1950" entstanden, gehörten der 1. Abschnitt der Stalinallee in Ost-Berlin sowie die Neugründung der Stadt Stalinstadt.[318] Mit der Gründung der „ersten sozialistischen Stadt" für 30.000 Einwohner entstand die „Wohnstadt beim Eisenhüttenkombinat Ost (Fürstenberg)" als Gegenmodell zum westdeutschen Städtebau.[319]

Bestanden 1950 noch Unsicherheiten über die genaue städtebauliche Form, entwickelte sich unter Kurt W. Leucht ab Sommer 1951 die anfängliche Planung in Zeilenbauweise zu einer kompakten Bebauung: Begrenzte Bereiche und nahezu geschlossene Blockkanten kennzeichneten die städtebauliche Form.[320] Wichtigstes städtebauliches Gliederungselement war die Magistrale vom Werk zur Stadt. „Die Magistrale wird in der Perspektive als 50 m breites und 600 m langes, festliches Boulevard ausgewiesen, (...) angelehnt an den angestrebten großstädtischen Charakter der sowjetischen Industriestädte."[321]

Die kompakte städtebauliche Grundstruktur wurde bis 1957 verfolgt, trotz der Wende im Bauwesen im Jahr 1955. „Erst der Entwurf für den fünften Wohnkomplex vom Dezember 1958 spiegelte den in Berlin bereits vollzogenen neuerlichen Kurswechsel. Nun waren an geschwungenen Straßenräumen viergeschossige Zeilen unter geneigtem Dach locker aufgereiht, Punkthochhäuser bildeten als Dominanten Blickpunkte."[322]

316 Düwel (1995) S. 198
317 Düwel (1995) S. 196
318 Von 1953 bis 1960 hieß die Stadt „Stalinstadt", danach „Eisenhüttenstadt".
319 Düwel; Gutschow (2001) S. 185f.
320 Düwel; Gutschow (2001) S. 185f.
321 Palutzki (2000) S. 98
322 Düwel; Gutschow (2001) S. 186

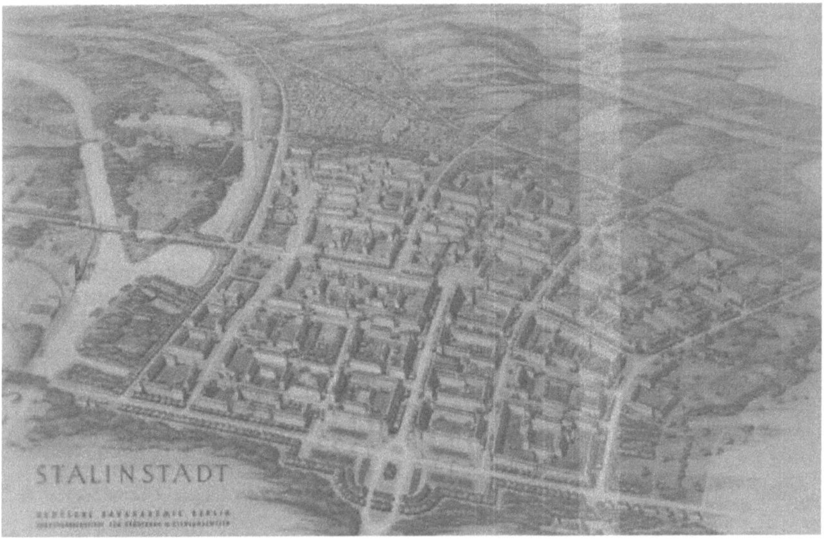

Abb. 78: Eisenhüttenstadt, zwischenzeitlich Stalinstadt genannt: Entwurf von Kurt W. Leucht nach dem Planungsstand von 1955 für die Gesamtanlage. Der Zentrale Platz liegt in der Achse der vom Werk ausgehenden Magistralen.

1953 wollte man mit der Planung der Wohnbauten an der Magistrale und der öffentlichen Gebäude am Zentralen Platz möglichst schnell beginnen, denn mittlerweile lebten bereits Einwohner in Stalinstadt, die die zentralen Einrichtungen dringend benötigten.[323] Ein Wettbewerb sollte Ideen und Lösungen für den Platz am Werkeingang, für die Magistrale und den Zentralen Platz aufzeigen. Dabei war die städtebauliche Gesamtkomposition wichtiger Ausgangspunkt: „Die Lage des Eisenhüttenkombinats J. W. Stalin im Norden der Stadt begründet, daß der Stadteingang an der Ernst-Thälmann-Straße der bedeutendere ist und durch die Magistrale mit dem Zentralen Platz verbunden wird. (...) In der städtebaulichen und architektonischen Gestaltung ist außerdem der ideologische Zusammenhang zwischen dem Werk als dem wichtigsten städtebildenden Faktor und dem Kern der Stadt stark zum Ausdruck zu bringen. Die bisherigen Entwürfe befriedigen in dieser Hinsicht nicht. Es wird daher angeregt, die platzartige Erweiterung südlich der Ernst-Thälmann-Straße anzuordnen."[324]

Die Wettbewerbsvorgaben waren strikt und ließen nur wenig Spielraum für Ideen. Der Zentrale Platz, der sich aus den „16 Grundsätzen" ableitete, sollte über die Magistrale der Leninallee hinweg ein Gegenpunkt zum Werkstor wer-

323 Anonym (1953a) S. 233
324 Anonym (1953a) S. 233

den. „Die Magistrale ist so zu gestalten, daß ihre Bedeutung als Hauptachse der Stadt, Demonstrationsstraße und Hauptgeschäftsstraße zum Ausdruck kommt.“[325] Ein Stalindenkmal sollte entweder auf dem Zentralen Platz oder am Werkeingang stehen. Am Zentralen Platz selbst war die Lage von Rathaus, Kulturhaus, Gebäuden der Partei und Massenorganisationen, Post, Hotel und Café als verbindlich anzusehen.

Der erste und der zweite Platz des Wettbewerbs schlugen eine kompakte, rahmende Bebauung entlang der Magistrale vor. Werkeingang und Zentraler Platz wurden gemäss den Vorgaben durch die Magistrale miteinander verbunden. Die Plätze, geprägt durch wichtige öffentliche Gebäude, waren von einer Gestaltung freigehalten und wurden von einer großen Fläche für Veranstaltungen dominiert. Die Entwürfe wurden jedoch in der prämierten Form nicht ausgeführt.

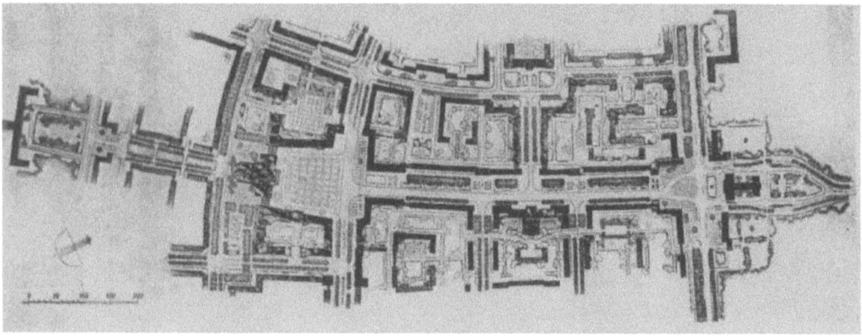

Abb. 79: 1. Preis des Architektenkollektiv der Planungsgruppe Berlin für die Magistrale, den Zentralen Platz und den Platz vor dem Werkeingang in Stalinstadt, 1953. Rechts der Platz vor dem Werktor, links der quadratische Zentrale Platz.

Das zentrierte Stadtkonzept wurde später durch das industrielle Bauen und durch das Hinzufügen weiterer Wohnkomplexe aufgebrochen. Doch noch 1955 hielt man an dem Kompositionsprinzip Zentraler Platz – Magistrale - Werktor fest: „Dadurch wird die Bedeutung des Eisenhüttenkombinats als Grundlage der Existenz von Stalinstadt deutlich zum Ausdruck gebracht und gleichsam symbolisch für das Neue im Leben unseres Arbeiter-und-Bauern-Staates werden die Hochöfen des Werkes und das Kulturhaus am Zentralen Platz zu einer Einheit zusammengefaßt.“[326] Doch die Ausführung dieser prinzipiellen Ideen für Stalinstadt, die Gestaltung und Komposition der Zentralen Plätze in der DDR auch im Allgemeinen widerspiegeln, scheiterte an der konkreten Ausführung. Im Jahr 1957 liefen die Vorbereitungen für den Wohnkomplex IV gerade an,

325 Anonym (1953a) S. 234
326 Collein (1955) S. 544

„während das Rückgrat und die eigentliche Mitte der Stadt – die Magistrale und der Zentrale Platz – noch fehlten. Von den überaus ehrgeizigen, 1953 entwickelten Bebauungsideen war lediglich das im März 1955 als Kreiskulturhaus eingeweihte Friedrich-Wolf-Theater verwirklicht worden. Der neoklassizistische Musentempel stand ebenso solitär an der vorderhand noch unbebauten Magistrale wie das 1954 begonnene Haus der Partei und Massenorganisationen am Zentralen Platz."[327]

Abb. 80:
Der 2. Preis vom Entwurfsbüro für Hochbau (Meisterwerkstatt Prof. Hopp) für Stalinstadt ähnelt dem 1. Preis, da die Wettbewerbsvorgaben sehr strikt waren. Modell von 1953.

In dem Haus der Partei brachte man schließlich auch das Rathaus unter, das ehemals in der Achse der Leninallee vorgesehen war und mit dem Werktor korrespondieren sollte, doch nie gebaut wurde. In den 60er Jahren wurden erneut große Pläne für den Zentralen Platz entwickelt, doch letztendlich konnte nur ein Warenhaus dem Ensemble zugefügt werden.[328] Auch später blieb aufgrund ökonomischer Zwänge der Zentrale Platz von Eisenhüttenstadt rudimentär.

Saßnitz: Zentraler Platz

Saßnitz auf der Insel Rügen bekam den Rang einer Aufbaustadt zugewiesen, da hier ein Fischkombinat aufgebaut werden sollte. Saßnitz war kaum von Kriegsschäden betroffen, die Aufbaupläne nahmen deshalb Abstand von Projekten innerhalb der Altstadt, da „eine Synthese der überkommenen Struktur mit den Sechzehn Grundsätzen in Saßnitz unmöglich erschien [..]."[329] Magistrale und Zentraler Platz wurden daher am Stadtrand auf unbebautem Gebiet geplant.[330] Der erste Entwurf für den Zentralen Platz von Heinz Werner vom Oktober 1950

327 Topfstedt (1997) S. 89
328 vgl. Topfstedt (1997) S. 93f.
329 Düwel (1995) S. 207
330 Düwel (1995) S. 206

sah den Platz an der Magistrale liegend und an drei Seiten gefasst. Die vierte Seite sollte sich zur Ostsee öffnen. Grundsätzlich behielt Werner diese Komposition auch bei seiner Überarbeitung einen Monat später bei. Die folgenden Entwürfe anderer Planer unterschieden sich in ihrer Grundfigur nicht wesentlich von dem ersten Entwurf.

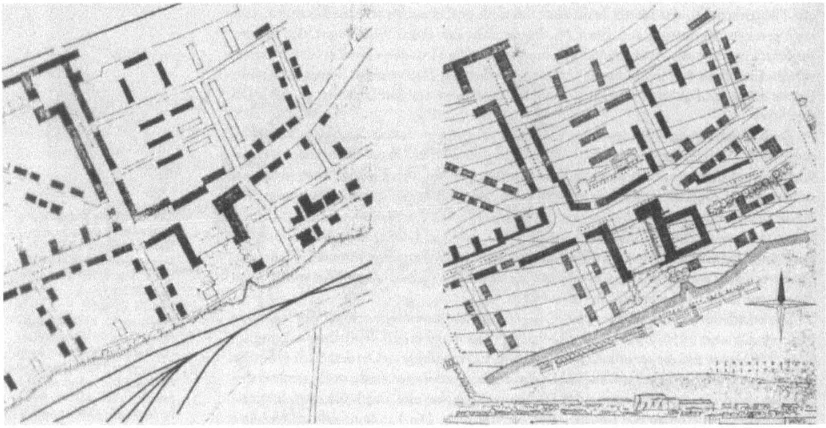

Abb. 81: Entwurf eines Demonstrationsplatzes für Saßnitz mit streng gefassten Platzwänden (links) von Heinz Werner, Oktober 1950. Überarbeiteter Entwurf mit Angaben zum Bauprogramm (rechts) ebenfalls von Heinz Werner, November 1950.

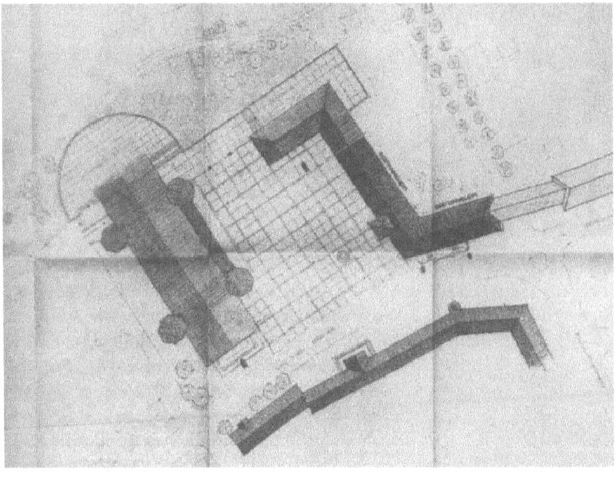

Abb. 82: Bebauungsentwurf für den Zentralen Platz in Saßnitz von Werner Grundmann, 1954.

Der endgültige Plan lag Dezember 1954 von Werner Grundmann vor: Auf der östlichen Seite war der Platz gefasst durch ein Kulturhaus, das sich zur Seeseite hin mit einer Terrasse öffnete. Auf der gegenüberliegenden Seite war ein Seemannsheim geplant. „Der Baukörper glich einem stumpfen Winkel, wobei der längere Schenkel eine Platzwand bildete und der kürzere Flügel in die Hauptschwerlinie einmündete."[331] Ein ebenfalls gewinkeltes Gebäude war auf der südwestlichen Ecke als Restaurant und Café projektiert. „Die Kubatur des Gebäudes entsprach einer quasisakralen Silhouette: Einem Langhaus mit schlanken hochrechteckigen Fenstern und seitenschiffartigen Anbauten war ein Turm vorgelagert."[332] Düwel geht davon aus, das jedoch nicht an ein sakrales Motiv erinnert werden sollte, sondern das Motiv eines Leuchtturmes aufgenommen wurde.[333] Denn die südliche Platzseite war „deutlich auf die Wahrnehmung für den von See nach Saßnitz Kommenden hin komponiert. Dem mit dem Schiff Nahenden sollte sich eine markante Silhouette, die das Stadtbild beherrscht hätte, bieten."[334] Dagegen sind jedoch die Forschungen von Fibich zu sehen, der für die Plätze des Nationalsozialismus nachwies, dass Türme bewusst die machtvolle und repräsentative Atmosphäre der großen Aufmarschplätze unterstrichen.[335]

Abb. 83: Der Vorentwurf von 1954 für die Bebauung des Zentralen Platzes in Saßnitz von Werner Grundmann. Restaurant und Café links und das Kulturhaus rechts. Ansicht des Zentralen Platzes von der Seeseite aus.

Der Saßnitzer Turm des Zentralen Platzes ist daher auch mit diesem Gedanken zu verknüpfen. Letztendlich verbinden sich mit dem Turm und dem anliegenden Seitenschiff sowohl ein sakrales als auch ein dominat-machtvolles Motiv, das sich als Gesamtensemble eindrucksvoll zur Ostsee öffnen sollte. Zwischen dem

331 Düwel (1995) S. 212
332 Düwel (1995) S. 213
333 Düwel (1995) S. 231f.
334 Düwel (1995) S. 213
335 Fibich (1995) S. 43

Kulturhaus und dem Restaurant bzw. Café waren zwei obeliskenartige Pfeiler vorgesehen. Die Straßenseite des Platzes war von Bebauung frei, wurde jedoch von den gegenüberliegenden Wohngebäuden der Magistrale gefasst.

Der Zentrale Platz in Saßnitz heute

Der Zentrale Platz blieb bis heute rudimentär, nur das Seemannsheim wurde ausgeführt, das heute das Kurhotel beherbergt. Die große Platzfläche dient als Parkplatz. Da zur Meerseite hin einige Bäume und Sträucher stehen, ist ein Blick aufs Wasser nicht möglich. An der Ostseite steht ein zehnstöckiges Hotel in Plattenbauweise, das allerdings nicht zur Fassung des Platzes beiträgt, sondern Fremdkörper im Platzraum ist. Eine Bushaltestelle an der Saßnitzer Hauptstraße koppelt den Platz optisch vom öffentlichen Raum ab.

Abb. 84: Nur das Seemannsheim wurde am Saßnitzer Zentralen Platz ausgeführt. Es beherbergt heute das Kurhotel. Foto von 2004.

Frankfurt/Oder: Zentraler Platz und Platz an der „Friedensbrücke“

Die Innenstadt von Frankfurt/Oder war nach dem Zweiten Weltkrieg weitgehend zerstört, eine Neuordnung der Stadt mittels der „16 Grundsätze“ erschien daher durchführbar. Die Ausschreibung eines Wettbewerbs sollte Lösungen für den Wiederaufbau bringen. Das Aufbauministerium erwartete dabei Bebauungsvorschläge für den Zentralen Platz, der für Staatsempfänge und Freundschaftskundgebungen mit den östlichen Nachbarn zu planen war und an dem ein Stadttheater, ein Museum, Bauten der Partei und eine Gaststätte Raum finden sollten.[336]

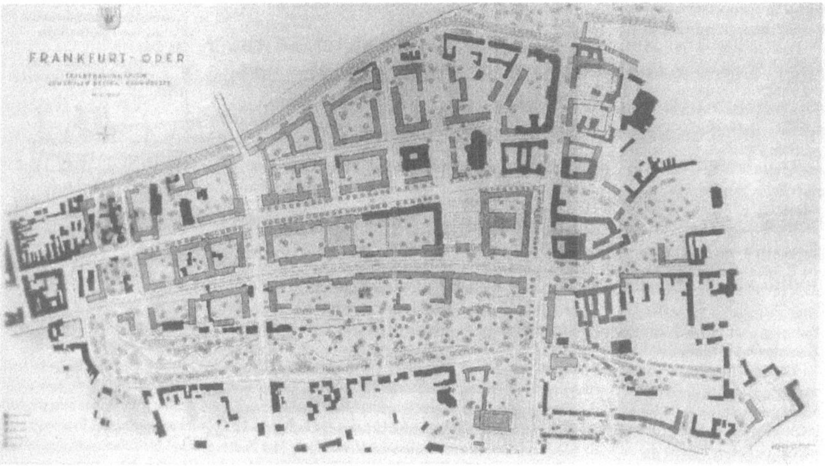

Abb. 85: Teilbebauungsplan für Frankfurt/Oder von Wilhelm Flemming, 1952. Einst kleinteilige Parzellen werden mit streng gefassten Platz- und Magistralwänden überformt. Der Zentrale Platz liegt in der Stadtmitte und zieht sich vom Rathaus über die Magistrale nach Westen. An der Oder war an der „Friedensbrücke“ ein weiterer Platz vorgesehen.

Den Wettbewerb gewann Wilhelm Flemming, der später mit der weiteren Bearbeitung der städtebaulichen Planung beauftragt wurde. Der Teilbebauungsplan von 1952 von Flemming zeigt eine großräumige Blockstruktur mit einem aufgeweiteten Straßenraum. An der Magistrale sollte sich zu beiden Seiten der Demonstrationsplatz ausbreiten. Als solcher war der Alte Markt vorgesehen, der allerdings erheblich aufgeweitet werden sollte: „Nicht der Alte Markt war mehr der „Kernplatz“, sondern seine westliche Verlängerung, etwa doppelt so groß wie der Alte Markt. Die westliche Platzerweiterung wurde in ein ehemals dicht

336 Düwel (1995) S. 247

bebautes Wohnquartier eingeschnitten. Dort sollten auch die neuen Verwaltungsgebäude errichtet werden.“[337]

Ein weiterer Platz war an der „Oder-Neiße-Friedensbrücke“ zum benachbarten Polen geplant. „Der Brückenkopf war im Entwurf zu einer mächtigen Baumasse aufgestaffelt und erhob sich über einen weitläufigen Platz.“[338] Auch nationalsozialistische Entwürfe hatten dort bereits einen eindrucksvollen Platz vorgesehen. „Unter nunmehr ganz anderen Vorzeichen wurde erneut ein Platz in Verbindung mit der Oderbrücke und wiederum mit Turm, jetzt mit dem ‚Friedensturm', zum Tor nach Osten entworfen.“[339] Durch die Magistrale sollten die Plätze miteinander verbunden werden.

Nach dem Tod Stalins im Jahr 1953 versuchten die zuständigen Planer durch einen Wettbewerb, der keine konkreten Vorgaben machte, sich mehr auf die historischen Strukturen zu besinnen. Der Wettbewerb wurde jedoch von der Regierung unterbunden; zu sehr hatten die Planer die politischen Vorgaben verlassen.[340] Letztendlich blieben die Frankfurter Pläne für die beiden Plätze unausgeführt. „Zwar wurde immer wieder nachdrücklich auf die Erfolge des Wiederaufbaus verwiesen, doch konnten auch im Nationalen Aufbauwerk 1953 und in den folgenden Jahren keine Bauarbeiten im Stadtzentrum begonnen werden, die einem übergreifenden Konzept folgten.“[341]

337 Düwel (1995) S. 248
338 Düwel (1995) S. 248
339 Düwel (1995) S. 248
340 Düwel (1995) S. 250
341 Düwel (1995) S. 251

3.2.4 Reflexion: Platzgestaltungen in der DDR von 1945 bis 1954

Politik

Die bereits kurz nach Kriegsende von den Sowjets in der SBZ eingerichtete Sowjetische Militäradministration und die Deutsche Wirtschaftskommission ebneten den Weg zu einem zentralistischen Staat, in dem alle wichtigen Entscheidungen von der Führungsspitze gefällt wurden. Die Bevorzugung von (Exil-)Kommunisten seitens der SED und der Sowjets sicherte zusammen mit einer ausgeprägten Kaderpolitik der politischen Führung Gleichgesinnte, auch was die Vorstellungen von einem sozialistischen Städtebau betraf. Andererseits entschieden sich viele Planer auch bewusst für ein Leben in der DDR, in der Hoffnung, ein menschenwürdiges, besseres Land aufzubauen.

Das Ziel der DDR-Regierung, alles zentral zu steuern und zu kontrollieren, führte dazu, dass für den Städtebau und die Architektur inhaltliche und gestalterische Vorgaben aufgestellt wurden. Auf diese Weise sollte gewährleistet werden, dass der „gebaute" Sozialismus in angemessener und repräsentativer Weise der eigenen Bevölkerung und der restlichen Welt vor Augen geführt werden konnte. Die Vorbilder für die Inszenierung von politischen Demonstrationen sowie für die Gestaltung der dafür angelegten Zentralen Plätze übernahm die SBZ bzw. die spätere DDR von der Sowjetunion, die den Osten Deutschlands an die UdSSR binden wollte. Die „16 Grundsätze des Städtebaus" von 1950 sowie die ein Jahr später erarbeiteten „Planungsrichtlinien Stadtzentrum und Zentraler Bezirk", in denen detaillierte Vorgaben für die Anlage von Zentralen Plätze zu finden waren, mussten von den ostdeutschen Planern inhaltlich abgearbeitet werden, um eine Akzeptanz des Entwurfes zu garantieren und berufliche Repressionen zu umgehen. Zentralismus und Kontrolle in der Planung sowie der Wunsch nach Repräsentation blieben die wesentlichen Einflüsse seitens der Politik auf die Platzgestaltung in der DDR von den Anfangsjahren des sozialistischen Staates bis zu seinem Ende 1990.

Dieser Wunsch, die Ideen des Sozialismus allgegenwärtig in der Stadtgestalt zu repräsentieren, fand neben dem Bau von eindrucksvollen Gebäuden auch Ausdruck in den Zentralen Plätzen, die zum immer wiederkehrenden Element im Stadtgefüge werden sollten. Der politische Hintergrund des Zentralen Platzes zeigt Parallelen zu den nationalsozialistischen Platzplanungen: Monumental und weitläufig spiegelte er mit den wichtigsten Gebäuden der Stadt den Machtanspruch der Regierung wider. Mit groß inszenierten Aufmärschen und Demonstrationen, die denen der Nationalsozialisten vom Typus her nicht allzu fern waren, sollte hier gegen den Nationalsozialismus und für eine neue Gesellschaftsform aufgerufen und demonstriert werden. Später manifestierten die Aufmärsche den politischen Status quo der DDR.

Abb. 86:
Zum 1. Mai 1951 führte eine politische Demonstration an der Tribüne am Ost-Berliner Marx-Engels-Platz vorbei.

In der BRD wären Aufmarschplätze und politische Demonstrationszüge dieser Art undenkbar gewesen. Der Wunsch war groß, sich auch im Stil möglichst stark von den Machtdemonstrationen des Nationalsozialismus abzusetzen. Die West-Alliierten hätten zudem monumentale Platzplanungen von vornherein verhindert, da dies in den westlichen Demokratien weder zu den politischen noch zu den städtebaulichen Vorstellungen gehörte.

Der Bau von Zentralen Plätzen lässt Parallelen zum Wohnungsbau in der DDR erkennen: So wie zu Beginn der 50er Jahre dekorative „Arbeiterpaläste" gebaut wurden, die die wirkliche Wohnungsnot nicht lösten, konzentrierte man sich bei den Plätzen auf den Bau von großen repräsentativen Flächen. Plätze in den Wohnquartieren wurden zwar in den 50er Jahren auch um- oder neugestaltet, doch diese Projekte wurden, da sie für den großen politischen Rahmen unwichtig waren, in der Fachpresse nicht erwähnt.

Städtebau und städtebauliche Einbindung

In den unmittelbaren Nachkriegsjahren orientierten sich die Planer in der SBZ bzw. in der DDR zunächst an den städtebaulichen Tendenzen der 20er Jahre und an der Idee der Stadtlandschaft. Generell herrschte jedoch Ratlosigkeit, wie sich der sozialistische Städtebau auszeichnen sollte. Erst aufgrund einer Reise nach Moskau wurden, mit entsprechenden „Empfehlungen" seitens der sowjetischen

Führung, 1950 die „16 Grundsätze des Städtebaus" entwickelt, nach denen bis Mitte der 50er Jahre die Stadtzentren geplant wurden. „Die Gesamtstadt wurde somit als ein vom peripheren Wohngebiet zur Stadtmitte hin baukünstlerisch zu steigerndes Ensemble betrachtet, dessen Zentrum, bebaut mit vielgeschossigen repräsentativen Wohnblocks und den möglichst als Höhendominanten zu errichtenden Gesellschaftsbauten, als ‚sozialistische Stadtkrone' ausgeformt werden sollte. Beim Übergang zu größeren städtebaulichen Dimensionen wurde an bewährten Grundprinzipien der traditionellen Stadtbaukunst, z.B. geschlossene Straßen- und Platzbildungen, Axialität und Symmetrie in der Baukörper- und Raumgestaltung, festgehalten."[342] Eindrucksvolle Platzanlagen sollten gemäß der „16 Grundsätze" in den Zentren das repräsentative Stadtensemble vervollständigen. Der Großteil der Entwürfe wurden allerdings nicht oder nur teilweise ausgeführt, die Zentren der meisten Städte blieben über Jahre hinweg trotz planerischer Bemühungen Brachland. Zu oft mussten Entwürfe ideologisch und inhaltlich überarbeitet werden, bis schließlich die Ideen aufgrund der Wende im industriellen Bau bereits 1955 veraltet waren.

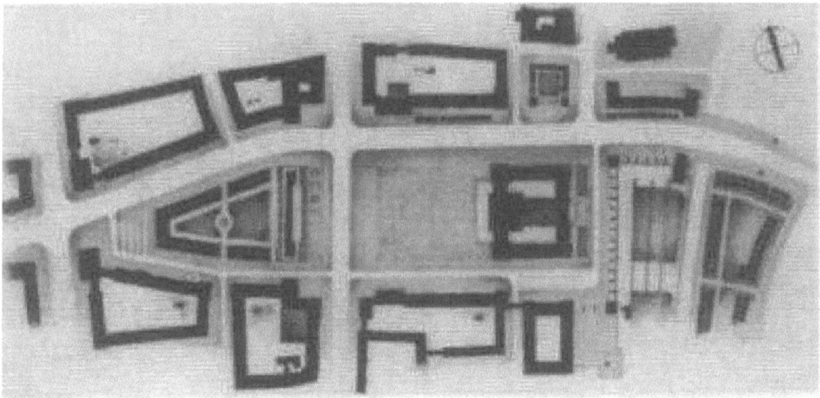

Abb. 87: Entwurf für den Zentralen Platz in Magdeburg aus dem Jahr 1954. Der Magdeburger Chefarchitekt Johannes Krämer achtete auf eine geschlossene Bebauung um den Platz.

1951 erarbeitete das Aufbauministerium Planungsrichtlinien, die gewährleisten sollten, dass alle Zentren der Städte mit den gewünschten repräsentativen und funktionalen Merkmalen ausgestattet wurden. Diese „Planungsrichtlinien Stadtzentrum und Zentraler Bezirk" beinhalteten genaue Anweisungen für die Anlage von Zentralen Plätzen. Sie basierten dabei hauptsächlich auf der zu erwartenden Zahl der Demonstranten und gaben sehr detailliert alle notwendigen Vorgaben für die Errichtung des Platzes vor, bis hin zum Stand der Tribüne. Die Zentralen Plätze wurden den Planungsrichtlinien und den „16 Grundsätzen" folgend mög-

342 Topfstedt (1988) S. 48

lichst in die Stadtzentren gelegt, wenn auch einige Planungen die Zentralen Plätze aus Platzmangel jenseits der Altstädte vorsahen, wie beispielsweise in Wolgast.[343]

Innerhalb der Altstädte waren es vor allem historische Plätze, wie beispielsweise über Generationen hinweg genutzte Marktplätze, die nun den neuen Bedürfnissen durch Erweiterungen angepasst wurden. Die Zentralen Plätze sollten an großen und breiten Straßen, den so genannten Magistralen liegen. Diese Magistralen waren in der Regel die Prachtstraßen der Stadt und mit besonders eindrucksvollen Arbeiterwohnhäusern gesäumt. Oftmals waren durch die Magistrale mehrere Plätze miteinander verbunden; Plätze und Magistrale gliederten auf diese Weise den Stadtraum. An den Zentralen Plätzen selbst fanden sich stets die gleichen Gebäude: wichtige Einrichtungen der Gesellschaft wie die Parteizentrale, das Kulturhaus sowie die Stadtverwaltung, gelegentlich fanden sich an den Plätzen auch Gaststätten. Häufig waren die allseitig gefassten Plätze auch mit einem hohen Turm geplant, der sich demonstrativ als neue Höhendominante über den Kirchturm streckte.[344]

Die politisch weniger wichtigen Quartiersplätze waren häufig bereits vor dem Zweiten Weltkrieg angelegte Plätze, die um- oder neugestaltet wurden. Die Quartiersplätze waren in der Regel allseitig gefasst, da sie sich im historischen Gefüge der Stadt befanden. Allerdings beschränkte sich die Fassung meist auf bestehende gewöhnliche Wohnhäuser und Geschäfte; wichtige gesellschaftliche Gebäude waren hier selten zu finden.

Parallelen zu Gauforen

Bezüglich der städtebaulichen Einbindung der Zentralen Plätze in das Gesamtbild der Stadt sind die Gemeinsamkeiten zu NS-Stadtplanungen auffallend. Wie sehr sich die sozialistischen städtebaulichen Konzepte der Nachkriegszeit und die der Nationalsozialisten ähneln, ist u.a. bei einem direkten Vergleich zwischen dem Planungsschema der DDR-Stadtzentren (Abb. 98), dem Idealplan von Stalinstadt von Kurt W. Leucht (Abb. 99) und dem Schema „Ortsgruppe als Siedlungszelle" von Konstanty Gutschow (Abb. 100) aus dem Jahr 1940/41 ablesbar: Die Planer in der DDR bedienten sich wie die Nationalsozialisten einer breiten Magistrale, die im Idealfall den Zentralen Platz vor dem Parteigebäude mit den städtischen Industriekomplexen verband. Gesäumt wurde die Magistrale mit Wohnbauten, die die Straße mit einer geschlossenen Front rahmten. In den Erdgeschossen waren Geschäfte vorgesehen. Hinter diesen Gebäuden wurde die Wohnbebauung sehr viel aufgelockerter und vermischte sich sowohl bei den so-

343 vgl. Düwel (1995) S. 223
344 Durth et al (1999) S. 75

zialistischen als auch bei den nationalsozialistischen Planungen mit Kindergärten, Schulen und ärztlichen Einrichtungen.

Wie zwischen 1933 bis 1945 wurden in der DDR die städtebaulichen Dimensionen gesprengt, d.h. die Magistrale besonders lang, die Plätze extrem großflächig und die rahmenden Gebäude sehr ausladend gestaltet. Wie bei den Gauforen der Nationalsozialisten fand sich auch auf den Zentralen Plätzen in der DDR meist ein Turm als Höhendominante und Machtsymbol. Ähnlich den nationalsozialistischen Platzplanungen bedingten sich also auch in der DDR politische Repräsentation, Machtspiegelung und städtebauliche Ideen einander. Somit wurde der Bürger auch im Alltag immerfort an die staatlichen Ziele und Erwartungen erinnert.

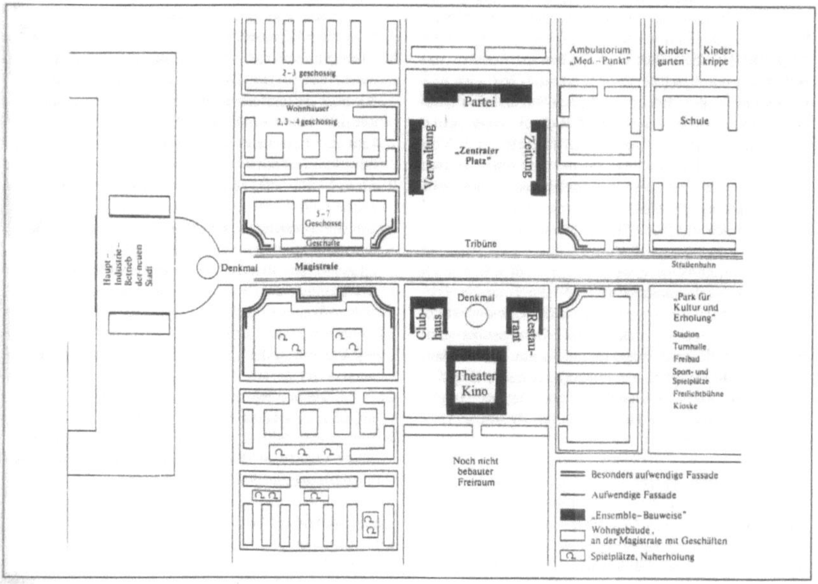

Abb. 88: Das immerwiederkehrende Planungsschema der DDR-Stadtzentren bis 1954: Der Zentrale Platz liegt mit den wichtigsten öffentlichen Gebäuden an der Magistrale, die die Innenstadt, den Zentralen Platz und den Hauptindustriebetrieb der Stadt miteinander repräsentativ verbindet.

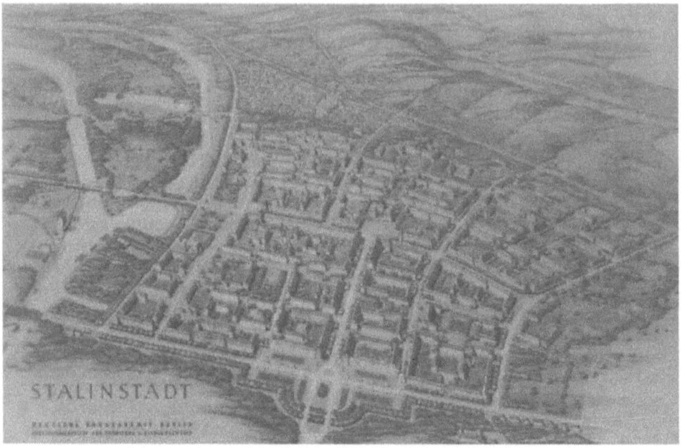

Abb. 89:
Stalinstadt: Entwurf von Kurt W. Leucht nach dem Planungsstand von 1955 für die Gesamtanlage. Der Zentrale Platz liegt im Stadtzentrum an der Kreuzung zweier Magistralen.

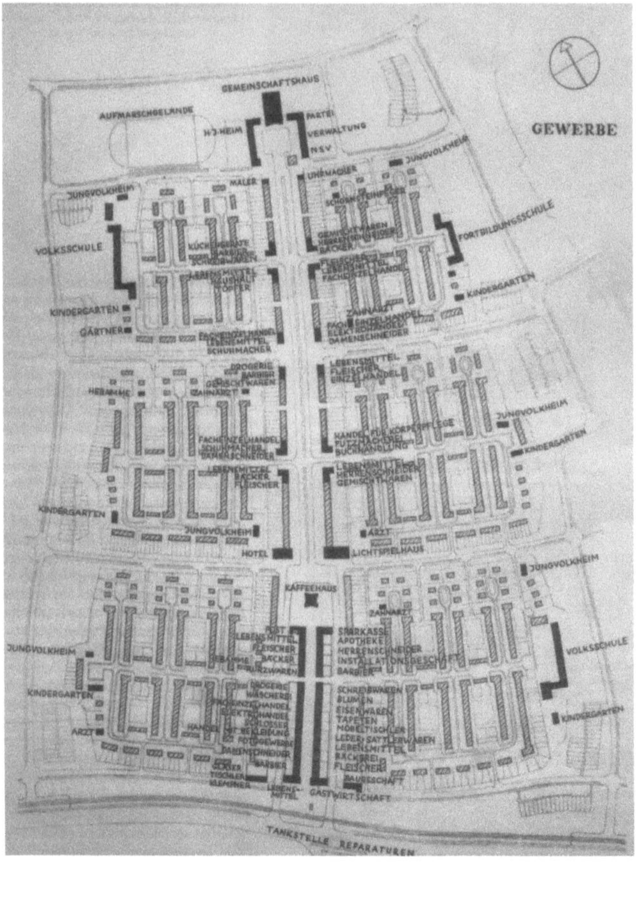

Abb. 90:
Ortsgruppe als Siedlungszelle. Das Schema von Konstanty Gutschow wurde 1940/41 in Musterheften verbreitet und für das „Altreich" als Siedlungskonzept empfohlen.

Funktion und Nutzung

Die Zentralen Plätze und die Quartiersplätze hatten grundlegend verschiedene Funktionen und Nutzungsmöglichkeiten.

Zentrale Plätze

Zentrale Plätze nahmen die Funktion des wichtigsten Platzes in der Stadt ein und stellten den gesellschaftlichen und kulturellen Mittelpunkt der Stadt dar. In erster Linie waren die Zentralen Plätze für politische Demonstrationen und Aufmärsche konzipiert. Repräsentiert wurde durch einen großzügig gestalteten Zentralen Platz mit den wichtigen gesellschaftlichen Gebäuden sowohl die Stadt als auch die Politik des Sozialismus.

Entsprechende Aufgaben erfüllten während der NS-Zeit die Gauforen, die wie die Zentralen Plätze an wichtigen Hauptstraßen lagen, um die Demonstrationszüge über die Anlage leiten zu können. Auch die Gauforen sollten die Stadtmitte politisch und städtebaulich überhöhen, um die Omnipräsenz der Partei zu unterstreichen. Im Alltag wären die Gauforen ähnlich verwaist gewesen wie die Zentralen Plätze. Denn durch den repräsentativen Monofunktionalismus und die Beschränkung, an beiden Platzarten hauptsächlich Verwaltungsgebäude unterzubringen, konnten keine belebten Zentren entstehen.

Quartiersplätze

Die begrünten Quartiersplätze waren im Gegensatz zu den Zentralen Plätzen für die tägliche Erholung konzipiert. Erwachsene fanden Ruhe oder die Möglichkeit, sich mit Freunden und Nachbarn auszutauschen, Kinder einen Spielbereich.

Abb. 91:
Der Ost-Berliner Kollwitzplatz 1950, der von Reinhold Lingner und Hannelore Waschnek von einem Schmuckplatz in einen Spiel- und Nutzplatz umgestaltet wurde. Erwachsene und Kinder erholen sich gleichermaßen auf dem begrünten Quartiersplatz.

Planerwünsche und Nutzerwünsche

Die Wünsche und Bedürfnisse der Bevölkerung wurden bei der Planung der Zentralen Plätze nicht berücksichtigt. „Daß insbesondere die großen Plätze nur wenige Tage im Jahr für Manifestationen, Volksfeste und Aufmärsche benötigt wurden, aber im unfestlichen städtischen Alltag auf Grund eines Unterangebotes an Kommunikationsmöglichkeiten sich nicht bewährten, wurde als Problem erst später zur Kenntnis genommen."[345] Als Folge blieben die weiten und großen Räume im Alltag unbelebt. Auch für die Quartiersplätze wurden die Wünsche der Nutzer nicht nachgefragt.

Sowohl die Vorgaben seitens des Städtebaus als auch die eigenständige Arbeit in den Verwaltungen zeigen, dass Politiker und Planer zu wissen glaubten, welche Gestaltung für die Nutzer angebracht sei. Planer und Politiker wollten durch die Zentralen Plätze die Bevölkerung zu Bewunderung und Stolz gegenüber ihrem Staat erziehen. Bei den Quartiersplätzen gingen die Planer vermutlich von ähnlichen Vorstellungen aus wie ihre westdeutschen Kollegen. Einen begrünten Stadtplatz sahen sie als Ersatz für die fehlende Natur, die sie den Besuchern wieder näher bringen wollten. Der Naturgenuss beschränkte sich dabei allerdings auf das Betrachten von Blumenbeeten und der restlichen Grüngestaltung.

Gestaltung der Plätze

Während in Westdeutschland die grundsätzlichen Gestaltungsideen auf allen Arten von Plätzen wiederzufinden sind, unterscheiden sich in der DDR die Gestaltungen von Zentralen Plätzen und Quartiersplätzen in vielerlei Hinsicht.

Zentrale Plätze: Ausstattung

Die Zentralen Plätze waren auf eine große Zahl von Demonstranten ausgerichtet. Die Folge waren große, freie Platzflächen, damit die Demonstrationen aufgestellt werden und später ungehindert den Platz passieren konnten. Zu den Ausstattungs- und Gestaltungselementen der Zentralen Plätze gehörten Tribünen, deren Standort in den Planungsrichtlinien detailliert festgeschrieben war, um Ehrengästen einen guten Blick auf die Kundgebungen und Aufmärsche zu geben. Bäume waren in nur wenigen Fällen auf den Zentralen Plätzen zu finden, denn sie hätten die Sicht auf die Redner und die Demonstration behindert. Gele-

345 Topfstedt (1988) S. 48

gentlich konnte ein Denkmal die Gesamtgestaltung ergänzen. Ebenso wenig Ausstattung war für die Gauforen zwischen 1933 und 1945 vorgesehen, um Aufmärschen möglichst viel Raum zu geben.

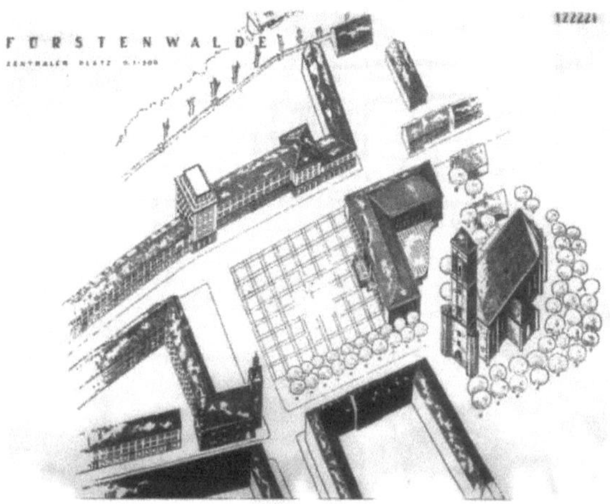

Abb. 92:
Entwurf für den Zentralen Platz in Fürstenwalde (Spree), 1953. 1. Preis des VEB Projektierung Brandenburg des städtebaulichen Wettbewerbs für den Zentralen Bezirk. Die gerasterte Fläche markiert den Platzraum zusätzlich zur allseitigen Fassung.

Quartiersplätze: Ausstattung

Bei der Ausstattung der Quartiersplätze fallen Parallelen zur westdeutschen Ausstattung der Wohnplätze und der Grünen Sitzplätze auf. Charakteristisch sind für die genannten Platzformen eine dezentrale Rasenfläche und Blumenbeete, die von den häufig zahlreichen Sitzgelegenheiten überblickt werden konnten. Abpflanzungen mit Bäumen und Sträuchern bewirkten einen intimen Raumcharakter, wenngleich sich auch eine Platzseite meist zur Straße hin öffnete. Hochbeete und Treppenstufen waren aus Naturstein gefertigt, kleinere Ausstattungsgegenstände wie Brunnen oder Vasen sollten eine intime Atmosphäre unterstreichen. Im Unterschied zu den westdeutschen Plätzen kann allerdings festgehalten werden, dass in der DDR für Kinder unterschiedlichen Alters Spielmöglichkeiten auf den Quartiersplätzen bereitgestellt wurden. Während im Westen Deutschlands häufig nur ein separater Platzbereich mit einem Sandkasten für Kleinkinder zur Verfügung gestellt wurde, gab es in der DDR meist auch für ältere Kinder Bereiche mit Wippen, Schaukeln und anderen Spielflächen.

Eine rechteckige oder quadratische Fassung der Zentralen Plätze korrespondierte meist mit einer gerasterten Platzfläche. Der Flächenbelag war durch gleichmäßig große rechteckige oder quadratische Platten oder durch ein Muster in Rasterform, beispielsweise sich kreuzende Plattenstreifen in einer anderen Farbe, gekennzeichnet. Das Gestaltungselement des Rasters wurde sowohl im Osten als auch im Westen als visuelle Gliederungsmöglichkeit verwendet. In der DDR diente es sowohl dem optischen Zusammenhalt der monumentalen Flächen, erleichterte aber außerdem den Teilnehmern an Aufmärschen, Demonstrationen und Standkundgebungen das Aufstellen in den geforderten gleichmäßigen Reihen, ähnlich wie bei den Gauforen.

Abb. 93:
2. Preis Städtebaulicher Wettbewerb Nordhausen. Entwurfsskizze für den Zentralen Platz, der von einer freien Fläche bestimmt wird. Ein Turm gibt einen vertikalen Akzent.

Gleichzeitig erweckten die überdimensionierten, leeren Räume beim Betrachter unterschiedliche Gefühle, die sich sowohl die nationalsozialistischen als auch die sozialistischen Planer zu Nutze machten: Während der Platzbesucher sich als Einzelperson einsam und allein fühlte, schloss er sich bei Aufmärschen gerne den Menschenmassen an, um zu einer Gemeinschaft zu gehören. Die Weite des Raumes gab Feiern einen repräsentativen Rahmen, doch flößte diese Größe dem Bürger gleichzeitig Respekt vor dem politischen System ein. Dazu wurde sowohl bei den Zentralen Plätzen als auch bei den Gauforen auch die Formensprache der Architektur genutzt: Die rahmenden Gebäude waren von monumentaler Größe und Gestaltungselemente wie breite Treppen, Säulengänge oder Türme unterstrichen diese Wirkung.

Auffällig ist bei den rahmenden Gebäuden der Zentralen Plätze, wie häufig ein Turm ein vertikales Element in das Gesamtensemble einbrachte, ähnlich wie bei den Plätzen der Nationalsozialisten. So hatten Türme nach Fibich für die

Gauforen „zunächst eine gestalterische Funktion zu erfüllen. Im Kontrast zu den meist überdimensionierten Flächen, zu den breit gelagerten Fassaden der umgrenzenden Gebäude, stellten sie die *vertikale* Komponente dar. Ebenso wie höhere, vorgesetzte Bauten flankierten sie die Einmündungen bedeutender Straßen und betonten sie auf diese Weise. In stadtgeschichtlicher Hinsicht war der Turm von Alters her ein Machtsymbol, ein Zeichen von Größe und Bedeutung. Angesichts der überkommenen Stadtsilhouetten, die meist von Kirchtürmen der Vergangenheit bestimmt waren, sollten die neuen Dominanten sichtbare Zeichen der nationalsozialistischen Herrschaft hinzufügen."[346] Man kann daher festhalten, dass Machtanspruch und Wille zur Repräsentation sowohl in der SBZ/DDR als auch während des Nationalsozialismus durchaus mit ähnlichen Gestaltungsmitteln hervorgerufen wurden.

Abb. 94: Das Modell für das Gauforum in Augsburg von Hermann Giesler. Der nationalsozialistische Platz wird durch monumentale Bauten gerahmt, an die sich ein Turm anschließt. Die Platzfläche ist für Aufmärsche freigehalten und unterstreicht mit ihrer Leere die repräsentative Atmosphäre des Ortes.

Abb. 95: Aufmarsch am Adolf-Hitler-Platz in Weimar am 1. Mai 1937.

Quartiersplätze: Formensprache

Die Gestaltung der Quartiersplätze ähnelt denen der westdeutschen Plätze in den 50er Jahren sehr. Auffällig sind die geschwungenen Wege, die teilweise in regelmäßigere Formen überleiten, sowie die Asymmetrie von Beeten, Wege- und

346 Fibich (1995) S. 43

Rasenflächen. Die Gestaltungsform der Quartiersplätze steht damit im klaren Gegensatz zu den monumentalen und regelmäßigen Formen der Zentralen Plätze.

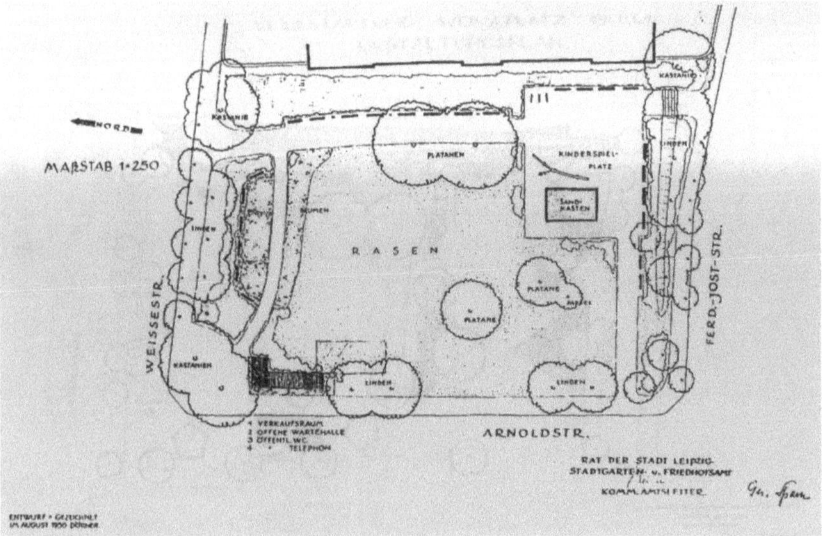

Abb. 96: Entwurf für den Leipziger Weißeplatz von Roswitha Dörner, 1950. Asymmetrische Flächen vermitteln einen lockeren Gesamteindruck.

3.3 Auf der Suche nach Urbanität: Platzgestaltungen in der BRD von 1960 bis 1972

In der BRD ist die Zeit zwischen 1960 und 1972 von einer florierenden Wirtschaft geprägt, die große Wohnprojekte und aufwändige Platzplanungen ermöglichte. Die politische Diskussion Ende der 60er Jahre kritisierte jedoch nicht nur die gesellschaftlichen Verhältnisse, sondern auch die gebauten städtebaulichen Visionen, die in den neuen Wohngebieten nicht immer die erhoffte Lebensqualität geschaffen hatten. Mit der „Ölkrise“ im Jahr 1973 beginnt ein neuer Planungsansatz, der sich vornehmlich auf das Vorhandene zurückbesinnt.

3.3.1 Politische Situation in der BRD von 1960 bis 1972 und ihr Einfluss auf die Anlage von Stadtplätzen

In den 50er Jahren wurde in der BRD die nationalsozialistische Vergangenheit zwar thematisiert, jedoch „wurde der Nationalsozialismus im wesentlichen als ein System gesehen, das von dem übermächtigen Diktator und von seinen verbrecherischen Mitstreitern ausgegangen und von diesen geprägt worden sei und dem sich vor allem das „andere Deutschland“ widersetzt habe, in dessen Tradition die Bundesrepublik nun stehe.“[347] In den 60er Jahren wurde diese Denkweise zunehmend aufgebrochen. Zahlreiche belastete Biographien von Personen in wichtigen öffentlichen Positionen wurden aufgedeckt. Der Umgang mit der nationalsozialistischen Geschichte und die Frage nach individueller Schuld und Verantwortung beschworen jedoch einen Generationenkonflikt herauf. Die Nachkriegsgeneration sah das Ausmaß der Gewaltverbrechen und die Verstrickung ihrer Eltern in der NS-Zeit. Vor allem die Studentenbewegung trug zur grundsätzlichen Diskussion über Vergangenheit und Zukunft der BRD bei.

wirtschaftliche Situation: Platzgestaltungen werden aufwändiger

Politisch blieb weiterhin die Unionspartei an der Macht; dem mittlerweile 85jährigen Adenauer folgte bei den Wahlen 1963 Ludwig Erhard in das Kanzleramt. Innerpolitische Probleme führten jedoch bald zum Ende von Erhards Kanzlerschaft. Bereits 1965 befürchtete die Bevölkerung eine wirtschaftlichen Rezession. Zwar herrschte an offenen Arbeitsstellen kein Mangel, doch geringfügige wirtschaftliche Abflachungen genügten, um bei den Bürgern, die sich an

347 Recker (2002) S. 52

den unaufhaltsamen Aufschwung des „Wirtschaftswunders" gewöhnt hatten, große Besorgnis auszulösen.[348] Erhard, der „Vater des Wirtschaftswunders", konnte dieser Situation nichts entgegensetzen und trat im November 1966 zurück; sein Nachfolger wurde Kurt Georg Kiesinger. Die kleine Rezession wurde schnell überwunden. Die Regierung verständigte sich „über eine aktive Konjunkturpolitik die Wachstumskräfte zu stärken und so die Wirtschaft wieder anzukurbeln. Darüber hinaus wollte sie generell die Rolle der öffentlichen Hand im ökonomischen Bereich ausweiten und neue Steuerungsinstrumente zur Beeinflussung der wirtschaftlichen Entwicklung zur Verfügung stellen."[349] Die sogenannte „Konzertierte Aktion" war bereits Mitte 1967 erfolgreich. Das „Wirtschaftswunder" und der stabilisierende Einfluss der Finanzpolitik brachten Städte und Gemeinden in den 60er Jahren in eine komfortable finanzielle Situation. Waren in der unmittelbaren Nachkriegszeit die entstandenen Grünanlagen und Plätze in der BRD noch von Einfachheit geprägt gewesen, konnten nun aufwändigere Projekte durchgeführt werden.

Gemeinden und Städte verfügten mittlerweile über genügend finanzielle Mittel, um große Bauprojekte umzusetzen, dazu gehörte auch der Umbau bzw. die Neuanlage von Plätzen, die mit einer hohen Anzahl von Ausstattungselementen versehen wurden. Statt der einfachen Anlagen mit möglichst viel Grün, also mit Rasen und Sträuchern, entstanden nun Plätze mit einer Vielzahl von Funktionen, die neben Bänken und Sandkisten auch Rosengärten, Liegestühle, Schachecken, Ruheräume und Spielbereiche für Kinder unterschiedlichen Alters anboten.

Neue Stadtviertel für Arbeitskräfte

Vor dem Hintergrund der florierenden Wirtschaft konnten weitere Weichen in den 60er Jahren gestellt werden: „Der Übergang in ein neues Jahrzehnt markierte auch einen Wendepunkt in der Entwicklung städtebaulicher Leitbilder, die zwischen dem Ende des Wiederaufbaus und dem Beginn bundesdeutscher Normalität auf neue Probleme einer sich wandelnden Industriegesellschaft zu reagieren hatten."[350] Denn Westdeutschland stieg zu einer starken Industrienation auf, die dringend Arbeitskräfte benötigte. Während es bis 1961 junge und gut qualifizierte Menschen aus der DDR gewesen waren, die den wirtschaftlichen Wiederaufbau im Westen mit voran getrieben hatten, wurden seit dem Mauerbau 1961 die sogenannten „Gastarbeiter" im Ausland angeworben. Sie kamen vor allem aus Italien, Griechenland und der Türkei und wurden meist in Arbeitsverhältnisse vermittelt, für die keine besonderen Qualifikationen nötig und die in der Regel körperlich sehr anstrengend waren. „Die Migrationswellen hin-

348 Görtemaker (2002) S. 170
349 Recker (2002) S. 60
350 von Beyme et al (1992) S. 20

terließen deutliche Spuren. Hatten vor dem Zweiten Weltkrieg auf dem Gebiet der späteren Bundesrepublik etwa 43 Millionen Menschen gelebt, so war diese Zahl Anfang der fünfziger Jahre auf 50 Millionen gestiegen, hatte 1961 bereits 56 Millionen, 1965 dann 59 Millionen (...) erreicht.“[351] Für all diese Menschen musste Wohnraum geschaffen werden; der Bau neuer Vorstadtsiedlungen und Trabantenstädte wurde daher forciert. Die Trabantenstädte boten allerdings keine Arbeitsstätten, so dass deren Bewohner zu ihrer Arbeit pendelten. Der Besitz des eigenen Autos wurde dabei immer normaler. Gab es 1950 in der BRD etwa eine halbe Million Autos, so stieg die Zahl 1960 auf vier Millionen und Ende der sechziger Jahre auf 13 Millionen.[352] Diese Massenmotorisierung zog wiederum einen Ausbau der Verkehrswege nach sich.

Mehr Demokratie wagen – auch in der Planung?

Bei der Bundestagswahl 1969 gewann die Union zwar knapp vor der SPD, doch ging die SPD mit der FDP eine Koalition ein und wurde somit regierungsfähig. Erstmals in der Nachkriegszeit stellte die SPD einen Kanzler: Willy Brandt. „Zudem ließ das politische, soziale und geistige Umfeld, in dem Willy Brandt das Amt des Regierungschefs übernahm, den Wechsel nicht nur als routinemäßigen institutionellen Vorgang, sondern als Auftakt einer weitreichenden Erneuerung von Politik, Wirtschaft und Gesellschaft erscheinen. Die Studentenbewegung, eine allgemeine Werterevolution, vor allem aber das Empfinden, dass die Ära Adenauer erst jetzt wirklich zu Ende ging, vermittelten den Eindruck eines umfassenden Neubeginns.“[353] Brandts Bemühungen um eine Annährung an den Osten waren erfolgreich, wenn auch anfangs stark kritisiert. Während Adenauer sich erfolgreich um die Einbindung der BRD in den Westen bemüht hatte, öffnete die Ostpolitik Brandts verbesserte Beziehungen zur DDR und den anderen östlichen Nachbarn. Auch in der Wirtschafts- und Finanzpolitik schien der neuen Regierung ein guter Start gelungen zu sein, doch bereits ein Jahr später zeigten sich Lücken im Haushaltsetat.[354] Durch die Rentenreform im Jahr 1972 spitzte sich die finanzielle Lage des Staates nochmals zu, denn es kam zu deutlichen Erhöhungen der Sozialausgaben. Zudem sorgten Lohnsteigerungen, gerade im öffentlichen Dienst, für eine hohe Belastung der Haushalte von Bund, Ländern und Gemeinden.

Das politische Motto Willy Brandts, „mehr Demokratie wagen“, wurde im Bauwesen zunächst nicht umgesetzt. Die direkte Bürgerbeteilung bei öffentlichen Bauvorhaben wurde erst 1976 gesetzlich verankert. Dennoch führten die

---

351 Recker (2002) S. 48
352 Recker (2002) S. 51
353 Görtemaker (2002) S. 213
354 Recker (2002) S. 68f.

gesellschaftlichen Diskussionen bereits zu Beginn der 70er Jahre vereinzelt zu mehr Mitspracherecht der Bürger bei Bauprojekten, allerdings „außerparlamentarisch“.[355] Es bildeten sich Bürgerinitiativen, die versuchten, das öffentliche Leben aktiv mitzugestalten. „Die Bürger ließen sich nicht mehr alles gefallen, Bürgerinitiativen entstanden: Partizipation war eine allseits verbreitete Forderung und die dadurch ausgelösten Diskussionsprozesse bewirkten wiederum eine Politisierung von Planern und Planung, die immer mehr in interdisziplinären Arbeitsgruppen entwickelt wurde.“[356] Wie beispielsweise beim Bau des Elisabethplatzes in München verstanden es einige Planer, den späteren Nutzer als „mündigen Bürger“ bereits vor 1976 in den Bauprozess mit einzubinden.

Bei der Planung des Elisabethplatzes in München, dessen Bauprozess 1969 begann, wurde die Bevölkerung von den Planern zunächst nach ihren Wünschen befragt und die Antworten ausgewertet. Danach wurden vier alternative Planungsvorschläge erarbeitet und diese den Bürgern zur Abstimmung, Beurteilung und zur Kombination vorgelegt. Die Abstimmungsergebnisse flossen in den abschließenden Gesamtplan mit ein. „Der Ansatzpunkt für die Beteiligung der Bürger bei einer Planung – in unserem Fall der Neugestaltung des Elisabethplatzes – war die uns gemeinsame Überzeugung, daß der Bürger kompetent ist, auf das Erscheinungsbild und die Nutzung von öffentlichem Freiraum mitgestaltend einzuwirken. Nicht, daß dieser nun selbst realisieren sollte, wozu es in unserer arbeitsteiligen Welt die Fachleute gibt, sondern daß er in die Lage versetzt wird, als Miteigentümer kommunalen Raums spezifische Vorstellungen zu äußern und als Bestandteil der Planung durchzusetzen.“[357]

---

355 Reinborn (1996) S. 280
356 Milchert (1987) S. 35
357 Fröbel et al (1973) S. 161, s. auch Illing; Illing (1986) S. 32

3.3.2 Städtebau in der BRD von 1960 bis 1972 und sein Einfluss auf die Anlage von Stadtplätzen

Die Unzufriedenheit der Planer mit den städtebaulichen Ergebnissen der 50er Jahre war konkret: „Die „Auflockerung“ der Siedlungen brachte viel Grün, aber nichts, rein gar nichts Städtisches. Die „Gliederung“ schaffte Ordnung in den neuen Stadtteilen, aber auch Monotonie und Langeweile. Die „Räume“ im Wohngebiet waren jetzt „fließend“ und von den Straßen abgewandt, wo aber war die „Öffentlichkeit“, wo fand „urbanes Leben“ statt?“[358]

Die Siedlungen in der BRD waren in Folge der Funktionstrennung zwischen Wohnen und Arbeiten reine Schlafstädte geworden. Mitscherlich spricht 1963 im Rückblick auf den Städtebau der 50er Jahre sogar von der „Unwirtlichkeit der Städte“, die seelische Schäden und Isolation bewirke.[359] „Die westliche „Stadt von Morgen“ war in den alten Kategorien nicht mehr zu fassen. Verkehrsaufkommen, Wirtschaftswachstum, Wanderungsströme und ausufernde Siedlungswellen stellen Ende der 50er Jahre neue Probleme, die mit den bisher gültigen Regeln der Gliederung und Auflockerung nicht mehr zu lösen waren. Auch die bisher gültigen Begriffe der Planung wurden von der Wirklichkeit überholt: Der Begriff der Stadt selbst, der immer noch eine dem Land gegenüber abgegrenzte räumliche Einheit suggeriert, erhielt neue Bedeutung durch die immer engere Verflechtung der Städte mit dem verstädternden Umland.“[360] Die Versöhnung von Stadt und Natur war umgeschlagen in einen weiträumigen Landschaftsverbrauch; die Lebensqualität in den Städten war vom steigenden Verkehrsaufkommen bedroht.

Auf der Suche nach Urbanität

Der Zuzug von Arbeitskräften, zunächst aus der DDR, später aus dem Ausland, erforderte den vermehrten Bau von Wohnungen. Zusätzlich verschärfte die Tendenz, in der Innenstadt Wohnhäuser durch Geschäftshäuser zu ersetzen, die angespannte Lage auf dem Wohnungsmarkt. Großwohnsiedlungen mit hohen Wohnungsdichten sollten das Problem lösen und das urbane Leben in die Neubauquartiere bringen. Verdichtung und Verflechtung, „Urbanität durch Dichte“ waren in den 60er Jahren die geltenden städtebaulichen Ideale in der BRD, die es umzusetzen galt. Die Planer wollten in den neuen Siedlungen „durch stark verdichtete Bauformen eine neue Urbanität schaffen, die bewußt mit der umgebenen Natur kontrastiert. Es ist die Zeit der großen Wachstumserwartungen und

358 Reinborn (1996) S. 238
359 zitiert nach Düwel; Gutschow (2001) S. 213
360 Durth; Topfstedt (1992) S. 19

des Glaubens an die Allzuständigkeit der Planung. Mit den Zielen, Fläche zu sparen und durch die Steigerung der Wohndichte und der Anordnung kurzer Wege zu den Gemeinschaftseinrichtungen das städtische Leben zu fördern, wird das Leitbild von der gegliederten und aufgelockerten Stadt mit ihrer geringen Dichte und der Dominanz der Natur als antiurban verworfen.“[361] Doch es sind nicht nur veränderte städtebauliche Ideen, die die neuen Projekte antrieben: „Es wurde von ‚Urbanität' gesprochen, aber vielfach meinte man nur die bessere Ausnutzung der Grundstücke.“[362]

Verstärkt durch einen ungebrochenen Fortschrittsglauben, durch eine positive wirtschaftliche Entwicklung und durch die Vorstellung vom Naturraum als unerschöpfliche Ressource sahen die Planer keine Grenzen für ihre städtebaulichen Ideen. Der Entwurf für die Nordweststadt in Frankfurt am Main sah 1959 25.000 Einwohner vor, die Gropiusstadt in West-Berlin war 1960 für 45.000 Einwohner konzipiert.[363] Die Planungen für die Großsiedlung Neuperlach bei München ging 1963 sogar von 100.000 Bewohnern aus.[364] Das neue Raumgefühl in den Siedlungen zog eine neue Architektur nach sich. „Gestaffelte Baukörper mit starken Vor- und Rücksprüngen, stumpfwinklig geknickte, in Kurven geschwungene, in Stufenpyramiden aufgetürmte Baumassen verdrängen die klaren Kuben.“[365] In den Großsiedlungen zeigten sich in den 60er Jahren zudem „verstärkte Anstrengungen, im Gegenzug zum Vorwurf der Monotonie visuelle Abwechslung zu erzeugen und dem auf Hochtouren leerlaufenden Modernismus mit gebrochenen und versetzten architektonischen Formen, mit neuer Plastizität und Farbigkeit frische Impulse zu geben.“[366]

Diesen Trabantensiedlungen eine eigene Identität zu geben, den Bewohnern das Gefühl von Heimat zu vermitteln, gelang jedoch nur schwer. Durch die Trennung von Wohnen und Arbeiten waren auch diese neuen Siedlungen zu Schlafstädten geworden. Ebenfalls ungelöst blieb das Verkehrsproblem: „Die immer weiter auseinander rückenden Standorte für Arbeit und Wohnen im Gebiet der nun so genannten ‚Stadtregionen' mußten über weite Pendelstrecken verbunden, Städte ‚autogerecht' erschlossen werden. Hans Bernhard Reichows 1959 erschienenes Buch ‚Die autogerechte Stadt' gab der folgenden Epoche ein werbewirksames Motto vor.“[367]

---

361 Reinborn (1996) S. 240
362 von Beyme et al (1992) S. 24
363 Düwel; Gutschow (2001) S. 204
364 Düwel; Gutschow (2001) S. 198
365 Albers; Papageorgiou-Venetas (1984) S. 290
366 Durth; Topfstedt (1992) S. 21
367 von Beyme et al (1992) S. 25

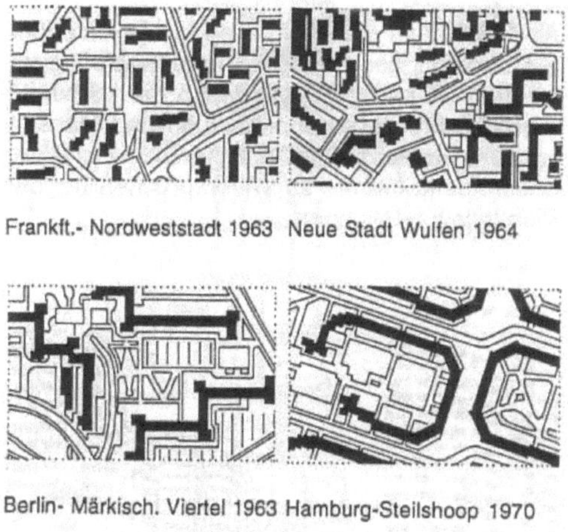

Abb. 97: Siedlungsstrukturen in den 60er Jahren und Anfang der 1970er Jahre in der BRD.

Die Wohnprojekte der 60er Jahre standen daher wegen der ungelösten städtebaulichen und sozialen Probleme bald erneut in der Diskussion. „Die spektakulären Bauvorhaben der sechziger Jahre, die als Reaktion auf die Bindungen des Bodenordnungsrechts überwiegend an den Stadträndern entstanden waren, hatten Kritik hervorgerufen, nachdem man ihre durch Lage und Dimensionen vorprogrammierten sozialen Konflikte erkannt hatte.“[368] So kritisierte und analysierte beispielsweise Wolf Jobst Siedler 1964 mit „Die gemordete Stadt. Abgesang auf Putte und Straße, Platz und Baum“ die Stadtbaupolitik.

Plätze in den innerstädtischen Gebieten

In der Innenstadt wurden parallel zu den städtebaulichen Entwicklungen die vorhandenen Plätze „aktiviert“, d.h. die Bevölkerung sollte durch vielfältige Nutzungsmöglichkeiten am „urbanen Leben“ teilhaben. Ähnlich wie in den 50er Jahren gehörten Wohn- bzw. Quartiersplätze sowie City-Plätze zum Angebot.

Wohnplatz/Quartiersplatz

Die in der Regel bereits in den historischen Wohngebieten vorhandenen Plätze wurden weiterhin genutzt, allerdings teilweise sehr viel differenzierter neugestaltet und die Nutzungsmöglichkeiten intensiviert. Kinder erhielten ihrem Alter gemäß verschiedene Spielbereiche; neben den Sandkästen gab es nun auch

368 Nielebock (1996) S. 134

Spielgeräte und Ballspielplätze. Erwachsene Besucher konnten sich in Lese- und Sondergärten zurückziehen, an Wasserspielen Platz nehmen oder neben Skat auch Freiluftschach spielen. Die Planer achteten dabei darauf, dass die Funktionsbereiche möglichst sinnvoll voneinander getrennt waren, um gegenseitige Störungen zu vermeiden. Insgesamt boten diese Wohn- bzw. Quartiersplätze im Vergleich zu den Plätzen der 50er Jahre für mehr Altersgruppen vielfältigere Erholungs- und Nutzungsmöglichkeiten.

City-Platz

City-Plätze sollten, wie auch in den 50er Jahren, in den 60er Jahren in erster Linie eine Stadt vorteilhaft an besonders repräsentativ gelegenen Stellen durch Weltoffenheit und Stil repräsentieren. Neben der Repräsentation boten die City-Plätze für die Bewohner und Besucher der Stadt einen Raum für den kurzen, erholsamen Aufenthalt. Denn Wasserspiele und Blumenpflanzungen setzten auf den City-Plätzen nicht nur ansprechende repräsentative Akzente, sondern trugen auch zur Aufenthaltsqualität bei.

Abb. 98:
Beispiel für einen City-Platz: Einzelstühle und ebenerdige Beete auf dem Rathenauplatz in Hannover, links ein Wasserbecken. Foto ca. 1965.

Plätze in den Neubausiedlungen

Das neue Leitbild der „Urbanität" bewirkte in den neuen Wohngebieten eine Abkehr der einst propagierten Verschmelzung von Stadt und Landschaft. Statt der grünen Siedlungsräume, in denen man das Gefühl haben sollte, sich in der Natur aufzuhalten, sollten also nunmehr in den 60er Jahren städtisch geprägte Räume in den Wohnvierteln entstehen.

Wohnplatz/Quartiersplatz

Plätze und platzähnliche Räume sollten den Bewohnern die Möglichkeit geben, sich zu treffen oder sich zu erholen. Bänke, einige Blumen- und Strauchpflanzungen, unter Umständen mit Spielgeräten für Kinder oder mit Schachplätzen für die Erwachsenen, gaben in der direkten Wohnumgebung die Gelegenheit des zwanglosen Aufenthalts. Als schwierig sollte sich allerdings der Umstand erweisen, dass die kleinen Platzräume, die die Identifikation der Bewohner mit ihrem neuen Wohnviertel fördern sollten, zu abgeschirmt waren. Bei dem Wunsch nach urbanem Flair und Intimität vergaßen die Planer, dass Unübersichtlichkeit bei den Nutzern Angst hervorruft. Dementsprechend verwaisten viele dieser kleinen Platzräume oder wurden mutwillig demoliert. Dazu kam, dass die Bewohner das Gefühl hatten, von oben beobachtet zu werden, wenn der Quartiersplatz unterhalb eines Hochhauses lag.[369]

Versorgungszentren

Neben den eher intimen Platzräumen ist beim Bau von Wohngebieten klar die Entwicklung von großen Versorgungszentren erkennbar. „Mit dem Größerwerden der neuen Stadtteile in den 60er Jahren wuchsen auch die Dimensionen der öffentlichen Einrichtungen. Sie entwickelten sich zu „Groß-Infrastrukturen“, die nicht mehr in die Wohnbebauung integrierbar waren. Die verschiedenen Schularten verschmolzen zu Gesamtschulen und aus „Einkaufsstraßen“ wurden mehrgeschossige „Einkaufszentren“, denen noch andere Funktionen und Einrichtungen angelagert waren. Auch dies entsprach dem Ziel nach mehr Urbanität in den „neuen Städten.““[370] Solche Versorgungskomplexe stellten in den neuen Wohngebieten das kulturelle, geschäftliche und gesellschaftliche Zentrum dar. Hierfür wurden im großen Maßstab Einkaufspassagen, Verwaltungsgebäude, Parkhäuser, Veranstaltungssäle mit einigen Wohnhäusern zu turmähnlichen Konglomeraten zusammengefügt. Diese Zentren verfügten dabei nicht immer über einen Platz als gesellschaftlichen und örtlichen Mittelpunkt, wenn auch einige dieser Zentren die Bezeichnung „Platz“ erhielten. Meist waren es lediglich platzartige Aufweitungen, die in den Komplexen zu finden waren.

---

369 vgl. die Befragung von Bewohnern in Neubauvierteln der 60er und 70er Jahre in: Irion; Sieverts (1991)

370 Reinborn (1996) S. 282

3.3.3 Beispiele: Platzgestaltungen in der BRD von 1960 bis 1972

Die Suche nach Urbanität und nach einer belebten Stadtatmosphäre bewirkte eine Funktions- und Nutzungsintensivierung der Stadtplätze. Wohnplätze wie der Olivaer Platz in West-Berlin, der Schünemannplatz in Hannover und der Goetheplatz in Mainz zeigen die Planerziele, den Bürgern mehr und individuellere Nutzungsangebote zu bieten. Der Kleine Schlossplatz in Stuttgart und der Alte Markt in Kiel sind City-Plätze, die zum einen die Innenstädte repräsentativ aufwerteten und gleichzeitig zur kurzen Erholungspause genutzt werden sollten. Die Beispiele in der Frankfurter Nordweststadt und im Märkischen Viertel in West-Berlin zeigen die unterschiedlichen Platzräume in den groß dimensionierten Neubaugebieten. Die äußerst günstige konjunkturelle Wirtschaftslage der BRD und das noch ungetrübte Vertrauen in die Unendlichkeit der Naturressourcen ließen selbst die größten Projekte machbar erscheinen, bis die Ölkrise 1973 die Bauvisionen in ihre Grenzen verwies.

West-Berlin: Olivaer Platz

Die Neugestaltung des Olivaer Platzes in West-Berlin wurde zu Beginn der 60er Jahre durch den Ausbau einer Hauptverkehrsstraße veranlasst. Zwar bestand der Olivaer Platz bereits vor dem Krieg als repräsentative Grünanlage, doch nun sollte der Platz vom Berlin-Wilmersdorfer Gartendirektor Eberhardt Fink vollkommen umgestaltet werden, damit der „bodenentwurzelte Stadtmensch“ sich wohlfühlen und entspannen konnte.[371] Schmids Kommentar verdeutlicht den in Planerkreisen damals gängigen Standpunkt, den Stadtbewohner noch immer als Person zu sehen, die durch eine Grünanlage ein unabdingbares „Naturerlebnis“ zum Seelenheil erfahren sollte.[372]

Die Straßenbauarbeiten vergrößerten die Fläche des Olivaer Platzes zwar, doch wurde fast die Hälfte des Platzes als Parkplatz gestaltet. Die Natur durfte anscheinend dem Stadtmenschen nur dann erfreuen, wenn alle anderen städtischen Notwendigkeiten, wie Parkmöglichkeiten, erfüllt waren. Bäume und Sträucher wurden auf dem Platz so platziert, dass die Anlage optisch größer erschien und die Parkplätze nicht allzu sehr in Erscheinung traten. Insgesamt erhielt der verbleibende Platzraum den Charakter eines Wohngartens, obwohl in der Nähe neben Wohnhäusern auch zahlreiche Geschäfte und der Kurfürstendamm lagen,

371 Schmid (1965) S. 12
372 vgl. Berndt (1968)

der West-Berliner Prachtboulevard, so dass der Olivaer Platz auch repräsentative Elemente eines City-Platzes aufwies.

In verschiedenen Platzräumen konnte sich der Besucher auf dem Olivaer Platz zurückziehen und Blumen und Wasserspiele betrachten; Kinder fanden mehrere Spielbereiche. Im nördlichen Bereich säumten ein Kleinkinderspielplatz, eine Liegestuhl-Terrasse, Staudenrabatten, ein Rosenhof, eine Pergola sowie eine Brunnenanlage eine langgestreckte Rasenfläche. Die Pergola betonte den Haupteingang der Platzanlage und war mit Glycinen berankt. Über eine kleine Treppenanlage gelangte man in den südlichen Teil, der einen offeneren Charakter besaß. Auch hier fanden sich Blumenbeete, Sitzgelegenheiten und ein Brunnen. Zum Parkplatz hin, etwas abseits vom Erholungsbereich der Erwachsenen, war ein Gerätespielplatz für die Kinder eingerichtet. Drei flache Wasserbecken in verschiedenen Größen wurden in den westlichen Teil eingebaut. Abends wurden die Fontänen mit Unterwasserscheinwerfer angestrahlt. „Niedrige Pilzleuchten zwischen Sommerblumen, Wandlampen an den Mauern der Sitznischen und die Anstrahlung einiger schöner alter Bäume mittels Scheinwerfer, die unsichtbar in der Rasenfläche eingebaut sind, tragen dazu bei, daß an warmen Sommerabenden eine intime Atmosphäre den Parkbesucher umgibt.“[373]

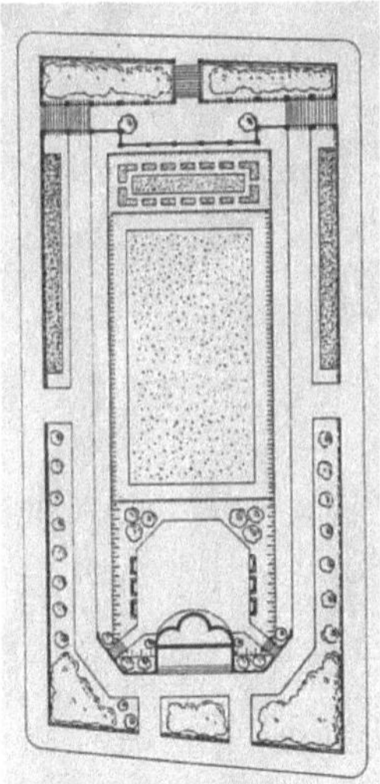

Abb. 100 rechts: Der Olivaer Platz um 1914. Der vertiefte Rasenspiegel war großflächig mit Blumen bepflanzt. Am Platzende ist eine Pergola zu erkennen.

Abb. 99 links: Historische Gestaltung des Olivaer Platzes als Blockplatz um 1910.

373 Schmid (1965) S. 12

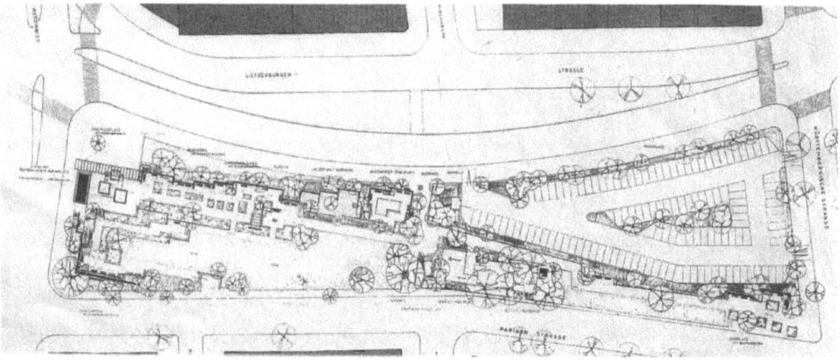

Abb. 101: Entwurf für den Olivaer Platz (ohne Datierung, vermutlich 1964) vom Berlin-Wilmersdorfer Gartendirektor Eberhardt Fink. Im Westen die eigentliche Platzanlage, im östlichen Teil die Parkplätze.

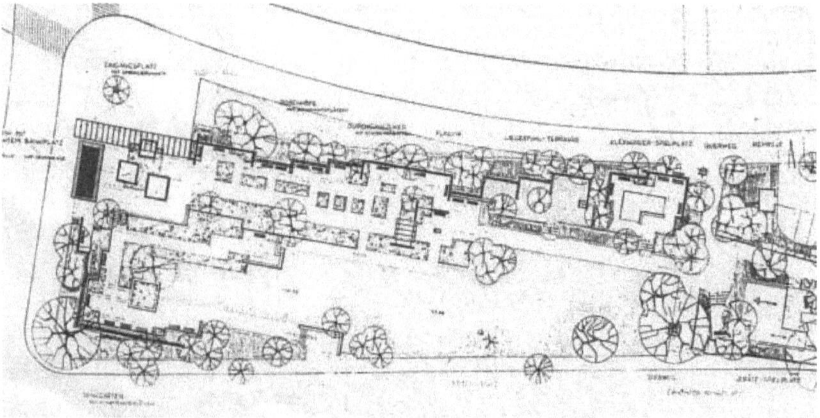

Abb. 102: Ausschnitt aus dem Entwurf von Eberhardt Fink: Gestaltung der verschiedenen Gartenräume im westlichen Platzteil.

Die Lage an einer verkehrsreichen Straße und das Nutzungsziel der Erholung schlossen sich nach Meinung von Eberhardt Fink nicht aus;[374] vielmehr würde eine Straße eine Anlage beleben. Dennoch musste eine Lösung gefunden werden, um den Verkehrslärm zu minimieren und ruhige Rückzugsmöglichkeiten zu bieten. Schutzwände aus holländischen Handstrichziegeln gegen Wind, Straßenlärm und Autoabgase wurden deshalb zwei Meter hoch um Sitznischen errichtet. „Die Verbindung der einzelnen Mauerabschnitte erfolgte durch Heckenwände, so daß zur Hauptstraße hin eine geschlossene Abschirmung vorhanden ist.

374 vgl. Fink (1960)

Höhenunterschiede im Gelände wurden durch Stützmauern in Kieselwaschbeton aufgefangen. (...) Die erforderlichen Treppen bestehen aus vorgefertigten Betonblockstufen in dunkelgrauem Farbton."[375]

Abb. 103: Der Olivaer Platz im August 1964. Im westlichen Eingangsbereich die drei Wasserbecken mit Fontänen in Mitten einer raffinierten Bepflanzung, die an Teichränder erinnert. Im Hintergrund der Rosenhof.

Die Gestaltung des Olivaer Platzes, die vermutlich 1964 abgeschlossen wurde, zeigt die Bemühungen, einen Stadtplatz durch verschiedene Funktionsräume möglichst vielen Altersgruppen für die aktive und passive Erholung anzubieten: Vom Kinderspielplatz bis zur Ruheecke für die Erwachsenen. Die vielen Gartenräume und die freistehenden Liegestühle boten dabei den Besuchern eine gewisse Individualität. Sie konnten sich ihren „eigenen" Raum aussuchen, sich den Platz wirklich zu eigen machen.

Die Formgebung des Platzes ist im Grundprinzip asymmetrisch. Wenn auch Blumenbeete, Wasserbecken etc. als Grundform das Quadrat oder das Rechteck zeigen, ist insgesamt ein Versetzen, ein Verspringen der verschiedenen Teile zu beobachten. Auffällig ist ebenfalls, dass es keine wirkliche Platzmitte gibt. Der Platz ist im Prinzip doppelt zweigeteilt: Zum einen in den Aufenthaltsbereich und den Parkplatz. Zusätzlich ist der Aufenthaltsbereich in eine Rasenfläche und

375 Schmid (1965) S. 12

in die Gartenräume unterteilt. Dabei sind diese beiden Flächen aus der Mitte gerückt.

Abb. 104: Der Olivaer Platz im August 1964. Der Rosenhof bot zahlreiche Bänke mit Blick auf Rosen und Sommerblumen. Die junge Hecke zwischen den Mauern bot zur Straße noch wenig Schutz. Im Vordergrund eine der Pilzleuchten im Sommerblumenbeet, das u.a. mit Rhicinus und Kochia bestanden ist. Beide Pflanzen waren wegen ihres ungewöhnlichen Wuchses bereits in den 1950er Jahren beliebt gewesen.[376]

Der Olivaer Platz heute

Der Olivaer Platz ist bis heute in seiner Gesamtstruktur und in vielen Details erhalten geblieben. Die aktuellen Fotos der vielen verschiedenen Platzbereiche, die nicht mit einem Blick erfassbar sind, verdeutlichen dies. Seine reichhaltige Bepflanzung, der alte Baumbestand und sein parkartiger Charakter machen ihn als Wohnplatz mitten in der Stadt noch immer für Besucher attraktiv.

Problematisch sind mittlerweile einige der separaten Räume geworden. Damals als Rückzugsmöglichkeit und Besonderheit gedacht, funktionieren diese heute nicht mehr, da sie zum einen durch die gewachsenen Pflanzungen zu dunkel und durch Vernachlässigung verwahrlost geworden sind. Mittlerweile meiden Besucher diese Räume aufgrund ihrer Unattraktivität und aus Angst vor Belästigun-

376 vgl. Glabau (1999); Glabau (2002)

gen. Durch diese Nichtnutzung verwahrlosen diese Platzräume zunehmend und werden so noch unnutzbarer.

Abb. 105: Olivaer Platz Mitte der 1960er Jahre, Blick in die Gartenräume. Die Mauern bieten Rückzugsmöglichkeiten, die Bepflanzung erhöht die Attraktivität des Raumes.

Abb. 106: Olivaer Platz 2004: Der ruhige Aufenthaltsraum ist erhalten geblieben, doch die Beete sind unattraktiv bepflanzt. Die Pflanzen verdunkeln den Raum, der damit in seiner Aufenthaltsqualität leidet.

Abb. 107: Rosenhof auf dem Olivaer Platz. Die Beetbepflanzung ist zwar bunt, doch bei Wietem nicht so differenziert und aufwändig wie in den 1960er Jahren. Die Pilzleuchten fehlen und die ebenerdigen Beete sind zu einem eingefassten Beet zusammengezogen worden.

Abb. 108: Die drei quadratischen Wasserbecken am westlichen Platzeingang des Olivaer Platzes, daneben die Pergola mit Glyzinen, 2004. Zwar ist die Bepflanzung der Wasserbecken etwas vernachlässigt, dennoch bietet das Ensemble aus dem Originalbestand noch immer einen interessanten Höhepunkt auf dem Platz.

Hannover: Schünemannplatz

Der Schünemannplatz, bis 1963 Vogesenplatz genannt, wurde 1938 in Hannover-Ricklingen angelegt und umfasste einen kleinen Kinderspielbereich, eine vertiefte Rasenfläche und eine größere Fläche für die Erholung von Erwachsenen. 1964 wurde die Anlage zu einem Quartiersplatz umgebaut, um den Anwohnern mehr Möglichkeiten an Spiel und Erholung zu bieten.[377]

Die Umgestaltung des Schünemannplatzes entsprach den Vorstellungen Erwin Laages, damaliger städtischer Gartendirektor von Hannover: „In der City, in Zentren dichtbebauter Stadtteile, auf Stadtgrünplätzen des älteren Städtebaus und in anderen Bereichen mit *übergeordnetem* Einzugsgebiet werden gärtneri-

377 Laage (1966b) S. 155

sche Anlagen geschaffen, die sowohl im pflanzlichen Aufwand als auch in der Nutzungsintensität für jedermann ein *Höchstmaß* erreichen dürfen und müssen. Das heißt für die Planung: Diese Anlagen sind räumlich so zu gestalten oder in mehrere Räume zu gliedern, daß der Besucher in sie hineingeführt wird und sie voll erleben kann. Nicht die Betrachtung von außen oder Repräsentation allein dürfen gelten. Es sind gartenähnliche Räume zu schaffen, ohne sich in zu feinen Details zu verlieren. Einzelgestühl, Anlehnung und Schutz für alle Sitzgelegenheiten, Blumen und Rosen, Brunnen und ein ausgewogenes Maß an lebendiger, städtischer Atmosphäre sichern jedem Grünplatz den vorzüglichen Zuspruch während des Jahres, der ihn zum unabdingbaren Bestandteil des städtischen Daseins und Bildes werden läßt.“[378]

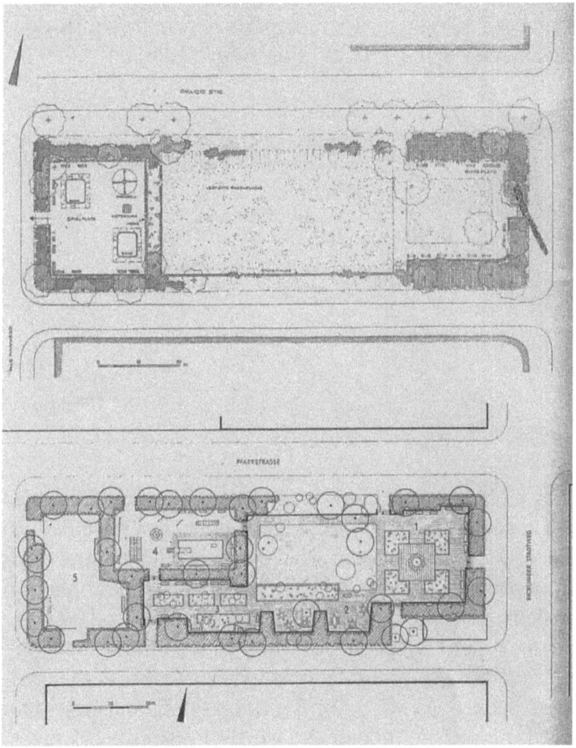

Abb. 109: Der Schünemannplatz. Oben ursprüngliche Planung aus dem Jahr 1938. Unten: Nach dem Umbau 1964. 1 Brunnengarten mit Sitzplätzen, 2 Skatplätze, 3 Rosengarten mit Sitzplätzen, 4 Sand- und Gerätespielplatz, 5 Tummelplatz.

Insbesondere Kinderspielmöglichkeiten sollten in den Schünemannplatz integriert werden, da in den dichten Altbaugebieten die „Spielnot“ gelindert werden sollte.[379] Die alten Gartenplätze „sind längst dem Ansturm der aus dem Innern

378 Laage (1966b) S. 156
379 Wend (1966) S. 73

der Baublöcke und von den Straßen vertriebenen Kinder nicht mehr gewachsen. Gerade die älteren Bürger hängen jedoch an ihren Schmuckplätzen mit gepflegtem Rasen und kultivierten Blumenrabatten, und sie bemühen sich vergeblich, die Kinder anzuhalten, ihr Spiel brav auf die kleine Spielecke zu beschränken."[380] Der Wunsch nach einem friedvollen Nebeneinander von Jung und Alt, Erholung und Spiel war daher beim Schünemannplatz wichtiger Ausgangspunkt für die Gestaltung. Der eher ruhige Bereich des Brunnengartens für die Erwachsenen und der Tummelplatz für die Kinder lagen jeweils am entgegengesetzten Ende des Platzes. Dazwischen verteilten sich ein Spielplatz, ein Rosengarten, eine Rasenfläche und die Skatplätze. Während der Spielbereich nur durch Hecken und Mauern begrenzt war, fanden sich im Erwachsenenbereich, der bis auf die Eingänge mit einer lärmmindernden Mauer eingefasst war, mehrere Blumenbeete, die, wie auf dem Foto zu sehen, üppig bepflanzt waren. Die Kinder sollten spielen, die Erwachsenen zusätzlich etwas „fürs Auge" haben.

Abb. 110:
Die Skatplätze liegen an der Platzseite in Heckennischen. Ein langgestrecktes Blumenbeet leitet vom Weg in die zentrale Rasenfläche über. Foto ca. 1965.

Hecken und Mauern waren nicht nur auf dem Schünemannplatz ein beliebtes Gestaltungsmittel, um die verschiedenen Funktionsbereiche voneinander zu trennen, sondern fanden sich auch auf anderen Plätzen in Hannover, die nach den neuen Funktionsideen geplant wurden: „Durch Höhenunterschiede, Mauern und Pflanzung werden die Plätze so gegliedert, daß ohne allzu starke Trennung doch alle den ihrem Alter und ihrer Neigung gemäßen Spiel- und Erholungsraum finden."[381] Auch auf eine Abschirmung nach außen wurde bei der Gestaltung Wert gelegt: Eine recht dichte Abpflanzung trennte auf dem Schünemannplatz zwischen Innen- und Außenraum. Auffällig sind bei dem Erscheinungsbild des Platzes trotz der grundsätzlichen Asymmetrie die rechteckigen und quadratischen Formen, die sich in den Pflanzbeeten, der Rasenfläche und bei den Funktionsräumen wiederfinden, ähnlich wie beim West-Berliner Olivaer Platz.

380 Wend (1966) S. 73
381 Wend (1966) S. 73

Die Gestaltung des Schünemannplatzes zeigt die Weiterentwicklung des „Wohnplatzes“ der 50er Jahre: Die Erholung und das Spiel werden aktiviert, die ruhige Betrachtung der Natur spielt nicht mehr die Hauptrolle.

Der Schünemannplatz heute

Im Rahmen des Stadtentwicklungsprogramms „Hannover schafft Platz“ wurde der Schünemannlatz 2002 umgestaltet und den veränderten Nutzungsgewohnheiten angepasst. Grundsätzlich ist die Aufteilung der Platzräume übernommen worden. So finden sich auch heute noch dort Spielbereiche für die Kinder, wie sie auch in der ursprünglichen Planung von 1964 vorgesehen waren. Allerdings sind die Skattische sowie die aufwändigen Pflanzbereiche entfernt worden.

2005 wurde im Rahmen einer Nutzerumfrage die Umgestaltung des Schünemannplatzes gelobt. Dennoch gibt es weiterhin Probleme, „weil es nach Meinung der Befragten nicht gelungen ist, bestimmte missliebige Bevölkerungsgruppen vom Platz fernzuhalten.“[382] Die Situation auf dem Schünemannplatz zeigt damit ein klassisches Dilemma. Einerseits ist der Platz öffentlich zugänglicher Raum, den sich die Bürger aneignen können. Andererseits entspricht diese Aneignung nicht immer dem gesellschaftlichen Ideal und dem Wunsch von Anwohnern und Platznutzern. Im Falle des Schünemannplatzes stören Trinker die anderen Nutzer, denen auf dem recht kleinen Platz kaum andere ungestörte Rückzugsmöglichkeiten zur Verfügung stehen.

Abb. 111:
Der Schünemannplatz ist heute sehr viel zurückhaltender in der Gestaltung. Die Betoneinfassungen erinnern an die Mauern aus den 1960er Jahren. Der Brunnengarten ist entfernt worden, an seiner Stelle steht nun im Eingangsbereich eine Plastik. Die Skattische befanden sich ursprünglich hinten rechts bei den Bänken. Foto 2005.

382 Tessin (2005) S. 49

Abb. 112:
Die Spielbereiche für die Kinder befinden sich immer noch am selben Ort wie in den 60er Jahren. Im Vordergrund der erneuerte Sand- und Gerätespielplatz, im hinteren Bereich der „Tummelplatz“, heute ein Ballspielfeld. Im nördlichen Platzraum sind noch zusätzlich einige Spielgeräte aufgestellt worden. Foto 2005.

Mainz: Goetheplatz

Der Goetheplatz wurde vermutlich 1965 in der dichtbesiedelten Mainzer Neustadt neuangelegt.[383] In früheren Zeiten als Exerzierplatz genutzt, war er nach dem Krieg zunächst Trümmerlagerstätte und Abfallplatz. Nach einer kurzen Diskussion, diesen Platz für die Verkehrsplanung zu nutzen oder für ein Hochbauprojekt zur Verfügung zu stellen, einigte man sich schließlich angesichts des Mangels an Grünflächen in dem dichten Wohnquartier auf einen Quartiersplatz zur Erholung. Der etwa vier ha große Platz wurde von zwei Straßen tangiert und von zwei weiteren durchschnitten.

Es entstand ein Platz, der für alle Altersgruppen Erholung und Spiel anbot. Auf ihm fanden sich Schulsportanlagen, weitere öffentliche Spielplätze für Kinder und Jugendliche sowie Erholungsanlagen für Erwachsene. Eine weite Rasenfläche bildete die Mitte des Goetheplatzes, zu der sich die angrenzenden Anlagenteile öffneten. Diese mit Bäumen und Sträuchern bestandenen Randbereiche schirmten somit den Platz von der Straße und von der unterschiedlichen Bebauung der Umgebung ab.

Die Sportflächen für die Jugendlichen wurden in einem umzäunten Bereich zusammengefasst und dienten zugleich der benachbarten Schule als Schulsportflächen. Außerhalb der Schulzeiten standen die Sportflächen als öffentlicher Jugendspielplatz zur Verfügung.

383 Schindler (1966) S. 216

Abb. 113:
Modell vom Goetheplatz, ca. 1965. Oben rechts eine Schulsportanlage, unten rechts Spielplätze, links in der Mitte der Erholungsbereich. Eine weite Rasenfläche bildet die „grüne Mitte“ des Platzes.

Entlang der Goethestraße befanden sich die öffentlichen Spielplätze für Kinder in unterschiedlichen Altersgruppen. Dem Mainzer Gartenbaudirektor Norbert Schindler erschien die räumliche Zusammenfassung der verschiedenen Spielbereiche sinnvoll, so dass Eltern und Spielaufsicht die Kinder übersichtlich im Blick haben, die Kinder schnell zwischen den verschiedenen Angeboten wechseln sowie Geschwisterkinder nahe beieinander spielen konnten. Zudem verteilte sich der Lärm der spielenden Kinder nicht auf den gesamten Goetheplatz.[384] Zu den vier Spielräumen gehörten: eine Rollschuhbahn, ein Wasserspielplatz mit drei Wassersprühgeräten und einer 30 m langen Planschrinne, ein Sandfeld mit vier Spielgeräten, ein Sandkasten mit zwei Spieltischen, drei Sandkästen für Kleinkinder, zwei Tischtennisplätze mit sechs Platten, eine Bocciabahn, eine größere freie Fläche; als Sitzgelegenheiten wurden etwa 30 Bänke aufgestellt. „Das optische Rückgrat bilden straßenzugewandt zwei moderne Flachbauten mit Toiletten, Umkleideräumen, Aufsichtsräumen, Geräte- und Personalräume sowie Schutzdächern, verbunden durch eine Stahl-Holz-Pergola. Die Spielräume sind durch Pflanzriegel unterteilt und mit Bäumen durchsetzt.“[385]

384 Schindler (1966) S. 218
385 Schindler (1966) S. 218

Die Erholungsbereiche für die Erwachsenen waren in den östlichen Platzteil gelegt, also von den eher lauten Spiel- und Sportanlagen und dem Straßenlärm am weitesten entfernt. Hier war eine Stahl-Holz-Sichtblende mit einer Pergola und starker Hinterpflanzung vorgesehen. Zur grünen Platzmitte lagen Promenier- und Sitzplätze zwischen regelmäßig geformten Gehölz- und Rosenpflanzungen, daneben fanden sich Bänke, Stühle und Sitzgruppen mit Tischen sowie ein Wasserbecken. Für Unterhaltung sorgte ein Freiluftschachspiel von 4 x 4 m. Schindler schwärmte von der Beliebtheit dieses Schachspiels: „Hier entstand ein Begegnungsplatz der Bevölkerung bester Art und Wirkung. Hier schlägt das lebendige Herz der Mainzer Neustadt. Hier zeigt die öffentliche Grünanlage am sichtbarsten ihre gemeinschaftsbindende, kontaktfördernde Funktion. Hier ist sie voller Ersatz für die dem müßigen Menschen verlorengegangenen Straßen und Plätze der früheren Stadt."[386]

Die Größe des Platzes bewirkte mit seiner intensiven Gestaltung schon fast einen Parkcharakter. Doch war durch die fassenden Gebäude eine kompakte Raumbildung möglich, die durch die Abpflanzung des Platzes nach außen noch verstärkt wurde. Die Gestaltung des Goetheplatzes basierte auf rechteckigen und quadratischen Formen, die in ihrer Gesamtheit allerdings asymmetrisch verteilt waren. Dominierend war die große Rasenfläche in der Mitte der Anlage, die den Platz optisch noch vergrößerte. Zu den Bereichen, die noch fertiggestellt werden sollten, gehörten die Kleingolfpisten und Ballspielfelder für Erwachsene.

Abb. 114: Der Erholungsbereich mit Ruheplätzen, ca. 1965.

Abb. 115: Die Freiluftschachanlage des Goetheplatzes, ca. 1965.

Der Mainzer Goetheplatz ähnelt in seiner Funktionszuweisung den Wohnplätzen der 50er Jahre. Das Treffen mit Freunden und die Erholung stand auch hier im Vordergrund. Dennoch fallen Unterschiede auf: Die Spielflächen für Kinder waren nicht nur erheblich größer dimensioniert, sondern außerdem für die verschiedenen Altersgruppen konzipiert, statt nur für Kleinkinder. Und auch für die

386 Schindler (1966) S. 218

Erwachsenen bestand Erholung nicht mehr vornehmlich aus dem ruhigen Genießen der Bepflanzung, sondern zog durch Freiluftschach, Minigolf und Ballspiele die aktive Nutzung mit ein.

Abb. 116: Die Kleinkinderspielplätze auf dem Mainzer Goetheplatz, ca. 1965.

Abb. 117: Goetheplatz: Wasserspielplatz[387] und Spielplatzgebäude, ca. 1965.

387 Im Gegensatz zu den zahlreichen Wasserspielbecken in den Volksparks der Weimarer Republik, gehörten Kinderplanschbecken nach dem Zweiten Weltkrieg in der BRD aufgrund der gesteigerten hygienischen Anforderungen kaum noch zur Ausstattung von öffentlichen Anlagen. Vgl. dazu Wolschke-Bulmahn (2002).

Die Planer waren mit der Gestaltung des Wohnplatzes sehr zufrieden, die neben der Erholung auch zur Identifikation der Bürger mit ihrem Stadtviertel beitragen sollte. Der Platz bildete „eine vielseitig und reichausgestattete Erholungsanlage für alle Altersgruppen der Bevölkerung in der Mainzer Neustadt. Er erfüllt die wichtigsten Bedürfnisse in, wie wir glauben, richtiger Ordnung und ist gleichzeitig eine wohlgefällige Gartenanlage. Sein Erlebniswert ist hoch. Die daraus resultierende Anziehungskraft gibt dem weitgehend gesichtslosen Neustadtgebiet einen Mittelpunkt von offensichtlich weitreichender menschlicher und gesellschaftlicher Bedeutung."[388]

Der Goetheplatz heute

Der Mainzer Goetheplatz wurde 2005 einer Umgestaltung unterzogen. Die Gestaltungselemente aus den 60er Jahren wurden dafür zum Teil entfernt, wenn auch die Grundidee des Platzes, nämlich Erholungs- und Freizeitplatz für unterschiedliche Altersgruppen zu sein, weiterhin im Vordergrund steht. Noch immer nehmen Sportanlagen einen großen Teil des Goetheplatzes ein und die weite Rasenfläche bestimmt die Mitte des Platzes. Der Kinderspielbereich und das Wasserbecken wurden den veränderten Nutzungsanforderungen entsprechend umgestaltet, Beete im ehemaligen Erholungsbereich neu angelegt. Grundsätzlich blieben die Gestaltungsform sowie die Funktionsräume erhalten, wenn auch um neue Gestaltungselemente erweitert.

Abb. 118:
Goetheplatz, 2005: Ein neuer Wasserspielplatz und ein modernes Hockeyfeld.

388 Schindler (1966) S. 221

Stuttgart: Kleiner Schlossplatz

Der Kleine Schlossplatz in Stuttgart ist das Ergebnis einer städtebaulichen Planung, bei der die Verkehrsregelung im Vordergrund stand. Die Idee, zwei parallele Hauptstraßen durch eine weitere Straße zu verbinden, stammte bereits aus dem Jahre 1947. 1964 einigte man sich darauf, diese beiden Hauptstraßen durch einen Tunnel zu verbinden.[389] Das im Zweiten Weltkrieg teilweise zerstörte Kronprinzenpalais wurde abgerissen und dort ein Tunnel gebaut, durch den die neue Straßenverbindung führen sollte. Auf dem Standort des ehemaligen Kronprinzenpalais wurde der Kleine Schlossplatz auf der Tunnelüberdeckelung ein autofreies Zentrum mitten in der Innenstadt. Die direkt am Kleinen Schlossplatz vorbeiführende Königsstraße sollte mit dem Platz zu einer Fußgängerzone zusammengefasst werden.

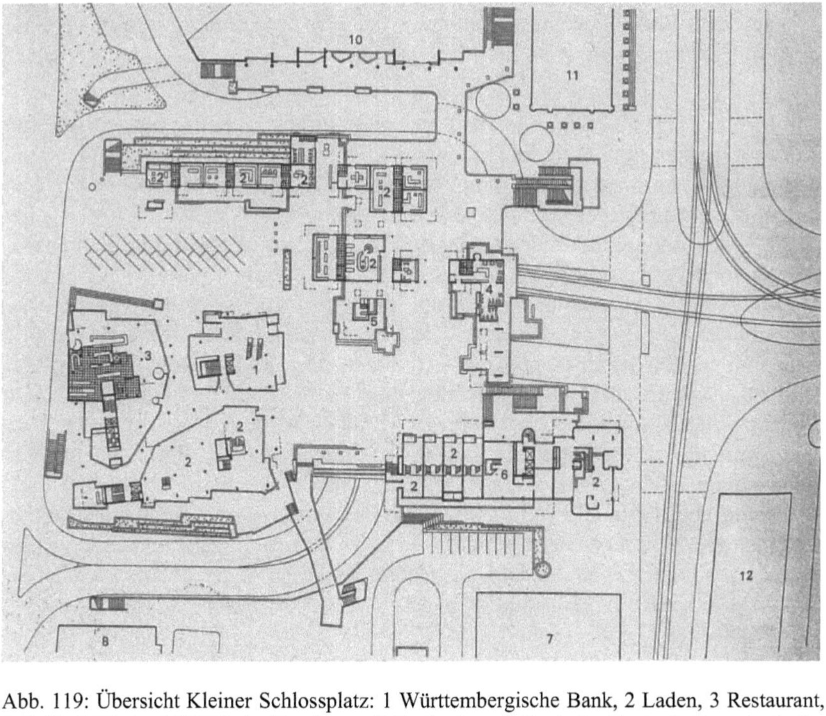

Abb. 119: Übersicht Kleiner Schlossplatz: 1 Württembergische Bank, 2 Laden, 3 Restaurant, 4 Café, 5 Kiosk, 6 Städtische Sparkasse, 7 Speiserbau, 8 Deutsche Bank, 9 Gewerkschaftshaus, 10 Postscheckamt, 11 Königsbau, 12 Commerzbank. Rechts die Königsstraße und die Tunneleinfahrt. Im hinteren Teil des Platzes (links) waren Parkplätze vorgesehen.

389 Anonym (1969) S. 1401

Nach verschiedenen Wettbewerben und Gutachterausschüssen wurde Mitte der 60er Jahre die Platzplanung an die Architekten Max Bächer, Walter Belz und Hans Kammerer übergeben. Zwischen 1966 und 1969 entstand der Kleine Schlossplatz, den die Architekten als eigenständiges Zentrum sahen: „Auf der Platte, die vom Schloßplatz und von der vielbegangenen Königsstraße aus über Treppen und Rolltreppen erreicht wird, stehen pavillonartige Läden mit kurzen Passagen; die Fußgängerebene wird hier und da durch Stufen gegliedert und durch Brunnenplätze mit Bänken belebt. Die weit auskragenden Dächer der Ladentrakte gestatten ein geruhsames Betrachten der Auslagen bei jedem Wetter. Zu den Läden und Kiosken gesellen sich Gaststätten im Neubau der Württembergischen Bank und über dem Portal der Straßentunnel am Schloßplatz. Beton in kräftigen, kubischen Formen, Glas und Stahl bestimmen das Bild der Ladentrakte, die zusammen mit Passanten- und Ruhezonen, mit schmalen Durchgängen und kleinen Platzerweiterungen, mit Niveauverschiebungen, mit Brunnenbecken, Pflanztrögen und begrünten Flächen zwischen geometrisch aufgeteilten Pflaster- und Plattenbelägen ein anmutig belebtes Einkaufszentrum mit eigener Note im Herzen der Stadt ergeben.“[390]

Die Idee des Kleinen Schlossplatzes war von Anfang an heftig umstritten. Vom Konzept überzeugte Planer lobten, dass das „Verkehrswirrwarr entflochten“ und den Fußgängern „neue Stadträume“ angeboten wurden.[391] Man lobte die Ausnutzung des Stuttgarter Gefälles, die Einbindung auch der westlich gelegenen Stadtgebiete, die oberhalb der Königsstraße lagen, sowie das bunte Farbenspiel des Kleinen Schlossplatzes.[392] Diese „neuen Stadträume“ bildeten für Kritiker allerdings einen künstlichen Stadtraum, der einen gefährlichen Eingriff in die Struktur des Königsplatzes bildete. Die Platte sah man als artifizielles Gebilde, „mit immer künstlicher geweckten Aktivitäten. Das Endergebnis darf man vielleicht als Kleinstadt-Idylle bezeichnen: Hier wird Markt gespielt (...).“[393] Die Ladenpavillons, die Leben auf den Platz bringen sollten, schienen zu klein dimensioniert, doch konnten die Läden aufgrund statischer Probleme im Verkehrsbereich nicht größer gestaltet werden.[394] Kritisiert wurden auch die Parkplätze auf dem Platz, die verhinderten, dass sich die Ladenzeile zu einer kleinen Ladenstraße hätte erweitern können. Negativ bewertet wurde außerdem, dass eine Platzseite direkt an die Theodor-Heuss-Straße grenzte und somit weder Gestaltungs- noch Aufenthaltsqualität hatte.[395]

390 Anonym (1970) S. 401f.
391 Mander (1972) S. 90
392 Mander (1972) S. 90
393 Anonym (1969) S. 1402
394 Anonym (1969) S. 1402
395 Anonym (1969) S. 1402

Abb. 120: Der Kleine Schlossplatz ca. 1969 von der Königsstraße aus. Die gerundeten Balkone sollten einen gefälligen Übergang zwischen dem Kleinen Schlossplatz und der Königsstraße schaffen.[396]

Abb. 122 rechts: Der Treppenaufgang zum Kleinen Schlossplatz.

Abb. 121 links.: Tunneleinfahrt unter der Plattform des Kleinen Schlossplatzes. Im Hintergrund der Königsbau.

Die Treppenanlage, die zur eigentlichen Platzfläche hinaufführte, lud nur wenig ein, den Einkaufsbummel oder den erholsamen Aufenthalt auf dem Kleinen Schlossplatz zu verbringen. Sie wirkte zu wuchtig und zu geschlossen, als dass sie Neugier auf einen anderen Stadtraum geweckt hätte. Mander lobt jedoch das gestalterische Element der Treppenanlage, die die großen Höhenunterschiede überspiele. Durch die verwinkelten Aufgänge sah er „mit dem Auf und Ab der

396 Mander (1972) S. 90

Passanten (...) die Treppenanlage als große begehbare Plastik."[397] Mander beurteilte die Gestaltung des Kleinen Schlossplatzes insgesamt als gelungen und fortschrittlich. Für ihn hatte sich die Anlage zu einem der beliebtesten Punkte Stuttgarts entwickelt. Als Gründe nannte er den neuen Stadtraum, in dem sich Fußgänger und Verkehr gleichberechtigt nebeneinander bewegen könnten sowie die vielen interessanten Details, vom Ornament bis zum Licht. Denn „nur Stadtkonzepte, die den technischen Fortschritt nicht eindämmen, können eine zukünftige lebendige Stadtentwicklung sichern."[398]

Abb. 123: Der Kleine Schlossplatz in Stuttgart links oben, rechts unten der Schlossplatz. Unter der Platte des Kleinen Schlossplatzes fließt der Verkehr.

Abb. 124: Die Platzgestaltung ca. 1969 mit Pavillons, Brunnen und einer gebänderten Fläche.

397 Mander (1972) S. 90
398 Mander (1972) S. 90

Aufgrund der Diskussionen über die Vor- und Nachteile des Kleinen Schlossplatzes wurde bereits in den 70er Jahren über seine Neuplanung nachgedacht, denn mittlerweile war die Königsstraße zu einer attraktiven Fußgängerzone ausgeweitet worden. „Der Kleine Schloßplatz hatte seine Funktion als ruhige Rückzugszone verloren, so daß er langsam verkam. Nachdem auch Belebungsbemühungen nicht erfolgreich waren, wurde eine mehrgeschossige Wiederbebauung in Betracht gezogen. Ein Architekturgutachten machte deutlich, daß der Abriß des teilzerstörten Kronprinzenpalais wohl doch nicht der richtige städtebauliche Weg gewesen war.“[399] Die Anlage des Kleinen Schlossplatzes zeigt die Vision der Planer, durch Verdichtung einen neuen urbanen Raum zu schaffen. In seiner Abkapselung und seiner Autarkie bot dieser City-Platz allerdings kaum Verbindungen mit der Umgebung und ähnelte mit seinem artifiziellen Charakter den großen Zentren in den Neubaugebieten.

Der Kleine Schlossplatz heute

Nachdem feststand, dass die Galerie der Stadt Stuttgart an den Kleinen Schlossplatz ziehen sollte, folgten Architekturwettbewerbe. 1986 wurde mit dem Entwurf des amerikanischen Büros Pei/Cobb ein stark kritisiertes Ergebnis erzielt. Schon sah man die Neugestaltung des Kleinen Schlossplatzes näher rücken: „So jung kann einer sterben. Stuttgarts Kleiner Schloßplatz, knapp 20, wird die Vollendung seines ersten Vierteljahrhunderts wohl nicht mehr erleben.“[400]

1999 wurde jedoch ein neuer Wettbewerb für die Umgestaltung des Kleinen Schlossplatzes ausgelobt, den die Architekten Hascher und Jehle gewannen. Die Galerie der Stadt Stuttgart stand dabei wieder im Mittelpunkt des Entwurfes. Ein sogenannter „Lichtsee“ war auf der höhergelegenen Platzfläche direkt an den Museumskubus angegliedert. Diese gläserne Platzfläche wollte zum einen zentrales Element des Kleinen Schlossplatzes sein, zum anderen sollte damit auf die Ausstellungsflächen unter dem Platz aufmerksam gemacht werden.[401] Der Entwurf wurde mittlerweile ausgeführt. Seit dem Frühjahr 2005 hat die Galerie der Stadt Stuttgart nun ihren Sitz in einem transparenten Kubus am Kleinen Schlossplatz. Statt des Lichtsees wurde allerdings auf der oberen Platzebene ein Lichtstreifen gelegt. Ein Café, ein Bankhaus und Geschäfte grenzen an die obere Platzfläche. Skater nutzen sowohl den Lichtstreifen als auch die Platzfläche für ihre Übungen. Zur Königsstraße und zum Schlossplatz hin öffnet sich der Kleine Schlossplatz mittels einer großzügigen Treppenanlage.

---

399 Reinborn (1996) S. 292
400 Sayah (1987) S. 1019
401 Knirsch (2004) S. 110

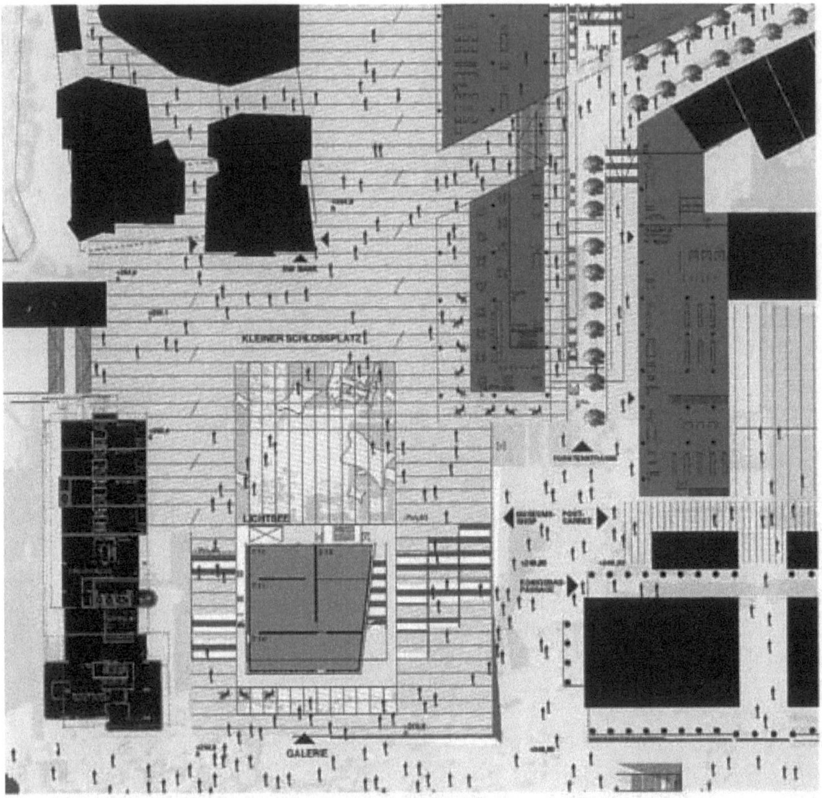

Abb. 125: Der Plan von Hascher und Jehle für den Kleinen Schlossplatz. Die Architekten gewannen mit diesem Wettbewerbsentwurf 1999 den 1. Platz.

Der Treppenanlage und dem transparenten Kubus gelingt nun, was in den 1960er Jahren vergeblich versucht wurde: Die Verbindung zwei unterschiedlicher Ebenen, die Verbindung zwei unterschiedlicher Stadträume, die Verbindung von Erholung, Einkauf, Kultur und Repräsentation. Die Neugestaltung des Kleinen Schlossplatzes macht die Anlage tatsächlich zum City-Platz, der die gesamte Innenstadt aufwertet.

Abb. 126: Kleiner Schlossplatz in Stuttgart, 2005: Eine breite Treppenanlage führt am Museumskubus vorbei auf den Kleinen Schlossplatz und verbindet ihn dadurch mit der Königsstraße.

Abb. 127: Ein Lichtstreifen hat auf dem Kleinen Schlossplatz den geplanten Lichtsee ersetzt. Rechts die Baden- Württembergische Bank, deren Gebäude bereits in den 1960er Jahren gebaut wurde. Links ein Ladentrakt mit Café, im Hintergrund die Galerie der Stadt Stuttgart.

Kiel: Alter Markt

Im Zweiten Weltkrieg wurde die Bebauung des Alten Marktes und des Kirchplatzes in Kiel stark zerstört. Die historischen dreigeschossigen Häuser um die Nicolaikirche waren verschwunden, der Platz war ein leerer und beziehungsloser Raum geworden, die Fläche wurde als Parkplatz genutzt. 1967 lobte die Stadt Kiel einen Ideenwettbewerb für die Neugestaltung der Innenstadt aus; für den Alten Markt wurden ebenfalls Problemlösungsvorschläge verlangt. „Die preisgekrönten und angekauften Entwürfe zeigen fast alle eine lockere Wiederbebauung des Alten Marktes im Sinne des historischen Stadtbildes unter Berücksichtigung der heutigen Verkehrslage; schon damals ist der Markt als reiner Fußgängerbereich ausgewiesen."[402]

Jedoch verschoben sich die Ziele der Stadtsanierung im Rahmen der Segelolympiade, die 1972 in Kiel stattfinden sollte: Das südliche Stadtzentrum sollte zu einem „komplexen Gebilde" umgewandelt werden, „fast so groß wie die halbe Altstadt, mit Kaufhaus, Fußgängerhochstraße, Geschäften, Büros und Wohnhochhäusern."[403] Der Alte Markt sollte dabei nach dem Vorentwurf von Wilhelm Neveling den nördlichen Endpunkt einnehmen und Geschäften, Gaststätten, Cafés und Informationsständen Raum geben. „Ein shopping center soll auf verschiedenen Ebenen entstehen. Mit geringem Höhenversatz durch Stufenrampen miteinander verbunden aus muldenförmig vertiefter Marktmitte zu den Rändern hin gegen die Platzwände terrassenförmig ansteigend, durchbrochen von offenen Zugängen aus allen Richtungen, umschließt eine aufgelockerte Baugruppe die Platzmitte, die wie eine Wegespinne den Fußgängerstrom aus allen Richtungen anzieht."[404] Der Vorentwurf ging dabei zunächst von einer Verkaufsfläche von 3.000 qm aus, im Laufe der Diskussionen einigte man sich später auf 2.000 qm, um Rampen und Treppen zu reduzieren.

Duvigneau kritisierte 1970 den Entwurf Nevelings als städtebaulich zu beliebig für den speziellen Raum um die Nicolaikirche.[405] Zudem stellte er die beabsichtigte „Kommerzialisierung der öffentlichen Platzfläche" in Frage: „Mit der angestrebten Geschäftsnutzung wird der Platz einer einseitigen Zweckbindung unterworfen, obwohl er durch seine Lage im Ausstrahlungsraum unterschiedlicher zentraler Einrichtungen als Bereich der Selbstdarstellung und als Kristallisationspunkt für beliebige Nahkontakte besonders geeignet ist."[406] Der neue Alte Markt wurde 1972 eingeweiht. Die Ausführungsplanung Nevelings unterschied

402 Neveling (1969) S. 1824
403 Neveling (1969) S. 1824
404 Neveling (1969) S. 1824
405 Duvigneau (1970) S. 486
406 Duvigneau (1970) S. 487

sich in der Gestaltung prinzipiell nicht vom Vorentwurf. Unterstützt wurde Neveling vom Gartenarchitekten Günter Schulze und dem Bildhauer Max Sauk.

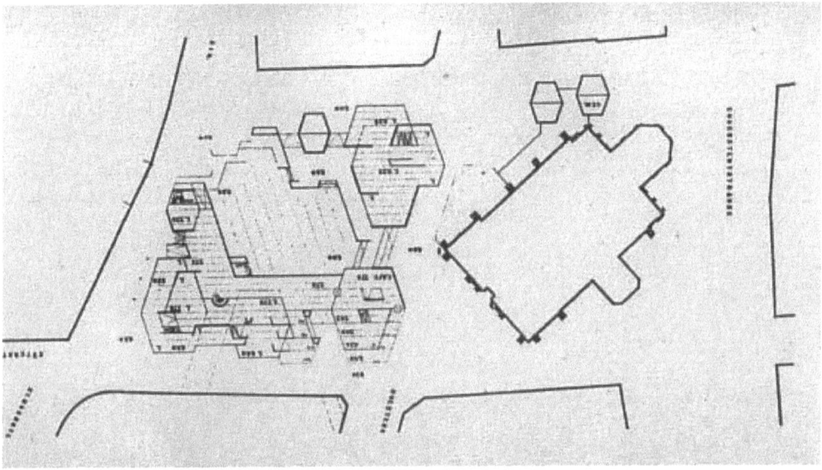

Abb. 128: Vorentwurf für den Alten Markt mit 3.000 qm Nutzfläche von Wilhelm Neveling, ca. 1968. Rechts die Nicolaikirche, die im Zweiten Weltkrieg stark beschädigt wurde, links davor der geplante neue Raumkomplex mit Pavillons für den Alten Markt.

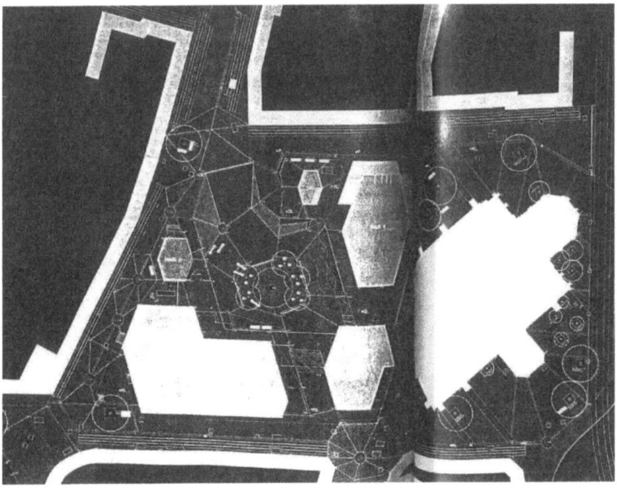

Abb. 129: Der überarbeitete Entwurf von Neveling für den Alten Markt in Kiel.

Der „Platz im Platz“ entstand aus kubenförmigen, unterschiedlich großen Geschäfts- und Gaststätten-Pavillons, mit wabenartigen Dachaufsätzen, die so gruppiert waren, dass sie einen Innenplatz bildeten. Der so entstandene Raum wurde etwas abgesenkt, so gewann das neue Innenplatzniveau noch zusätzlich Intimität. „Es entstehen erhöhte Umgänge, Rampen und Überbrücken, von denen man über Treppen und schiefe Ebenen auf das innere Platzareal gelangt.“[407] Bei der Planung wurden „bewußt symmetrische Strukturen vermieden. Stattdessen stellt der Grundriß der neuen Platzanlage eine netzartige Komposition dar aus verschiedenen geometrischen Grundformen - Kreis, Trapez, Dreieck, Rhombus -, aus denen sich auch die Grundflächen der Pavillons zusammensetzen.“[408]

Abb. 130: Alter Markt, ca. 1973: Die Pavillons formen auf dem Alten Markt einen weiteren Innenraum, der durch Treppen und Rampen zu erreichen ist.

Da zwei nordöstlich in den Platz einmündende Straßen zu Fußgängerzonen umgestaltet werden sollten, wollten die Planer vermeiden, dass der Alte Markt lediglich zu einem Kreuzungspunkt der Fußgängerstraßen würde: „Zahlreiche Sitzbänke, betonumfriedete Beete, Baumgruppen mit dekorativen Stützen, die vorspringenden Eckrisalite der Pavillons und die Nordwestecke des Seiten-

407 Leuteritz (1974) S. 268
408 Leuteritz (1974) S. 268

schiffs von St. Nikolai mit der Barlachskulptur „Der Geistkämpfer“[409] zwingen deshalb bewußt zu manch kleinen Umwegen, die die neue Funktion des Alten Marktes spürbar machen: nämlich ein Ort der Ruhe, der Entspannung und der Begegnung zu sein. So ist es gelungen, auf engem Raum Ruhezonen mit Bereichen geschäftigen Treibens so miteinander zu vereinen, daß sie sich nicht nur nicht beeinträchtigen, sondern sogar in ihrer Wirkung gegenseitig verstärken. Das ist das Ergebnis jener kleinmaßstäblichen, ineinandergreifenden Pavillon-Bebauung, die - sozusagen auf Schritt und Tritt - Außenräume von einladender Intimität entstehen läßt.“[410]

Abb. 131: Ein Tumulus im abgesenkten Platzinnenbereich soll die Passanten zu Umwegen anhalten.

Abb. 132: Ein ungewöhnlicher Brunnen und Findlinge auf dem „Platz im Platz“.

Statt einer Rasenfläche wurde „die neben den Pavillons verbleibende gesamte Platzfläche mit einer differenzierten Pflasterung überzogen, die sich allen Bodenbewegungen und gliedernden Strukturen anpaßt. Als Pflasterstein wurde roter nordischer Granit gewählt, der mit dem Backsteinmauerwerk der platzbeherrschenden Nikolai-Kirche harmoniert. Dagegen ist die Platzmitte (Tumulus von Kiel) grau gepflastert, ebenso wie die geometrisch strukturierenden Bänder. In Kontrast dazu stehen die Betonelemente des Platzes: die Bodenplatten, die Treppen, die Brüstungen und niedrigen Mauern, die wellenförmige Sitzbank, die Halbkugeln der Baumstützsockel, die vier Lichtmasten. Starker Akzent: eingelassene Findlingsgruppen, die als zusätzliche Sitzmöglichkeiten dienen und von

409 Diese Skulptur Barlachs stand vormals an der Universitätskirche Kiel, wurde jedoch während der NS-Zeit entfernt. Ende 1945 schlug der Landschaftsarchitekt Wilhelm Hübotter im Rahmen der landschaftsarchitektonischen Gestaltung der Gedenkstätte Bergen-Belsen vor, die Skulptur am dortigen Gedenkturm aufzustellen. (Wolschke-Bulmahn (1995) S. 335)

410 Leuteritz (1974) S. 270

den Kindern als Klettergegenstände begrüßt werden. Auch interessant für Kinder: der Brunnen. In den Betonzylinder der Brunnenschale ergießt sich ein stattlicher Wasserstrahl aus einem zweifach gekrümmten, rot angemalten „Ofenrohr". Unregelmäßig aufgestellte Sitzbänke und eine die Platzmitte betonende lichte Baumgruppe vervollständigen das Bild."[411]

Die vielen zusätzlichen Akzente, die von den Planern eingebracht worden sind, zeigen, was hinter der Platzgestaltung stand: Eine „vielgestaltige, kleingliedrige, ungemein lebendige „Platzlandschaft".[412] Durch eine Aktivierung des Raumes, durch das Hereinziehen der Passanten, durch Aktivitäten wie Einkaufen oder das Entdecken der vielen kleinen Besonderheiten des Platzes, sollte der Alte Markt als City-Platz ständig belebt und erlebbar sein. Die Befürworter der Planung lobten den Alten Markt über alle Maßen und hielten die Idee des „Platzes im Platz" für gelungen.[413]

Der Alte Markt heute

In seinen Grundzügen ist die Planung Nevelings für den Alten Markt bis heute erhalten geblieben. Formen und Aufteilung entsprechen noch immer seinem Entwurf. Allerdings haben Umbauten den größten Teil der ehemaligen Ausstattung entfernt. Statt des Granitkleinpflasters ist der Platz nun mit Platten aus rotem Kunststein befestigt. Vom Platz sind dabei der umpflanzte Tumulus, die wellenförmige Sitzbank und die Findlinge beim Brunnen entfernt worden. Cafés nutzen nun die Fläche, um Stühle und Tische hinauszustellen. Neben dem Brunnen ist eine Bank aus Drahtsitzen aufgestellt und die Beete sind mit Buchsbaumkugeln bepflanzt worden.

Durch die Umgestaltung des Alten Marktes verlor der Platz seine eigentliche Gestaltungsintention, nämlich differenzierte, erlebbare und multifunktionale Fläche zu sein. Nunmehr ist der Platz lediglich Durchgangsraum für die Passanten und Außenraum der Cafés. Der Platz hebt sich damit kaum mehr von der umgebenden Fußgängerzone ab. Die Pavillons des Alten Marktes sind zum größten Teil genutzt. Neben den erwähnten Cafés sind darin auch Geschäfte und Dienstleistungseinrichtungen untergebracht.

---

411 Leuteritz (1974) S. 270
412 Leuteritz (1974) S. 268
413 Leuteritz (1974) S. 268

Abb. 133:
Alter Markt, 2004: Die Platzfläche bietet nur noch wenig Multifunktionalität: Durch den Außenraum der Cafés ist die Nutzung vorgegeben. Die verbleibende Restfläche ist zu klein und zu ungünstig geschnitten für andere Aneignungen der Besucher. Der Alte Markt ist damit auf einen Durchgangsweg und einen Caféaußenraum reduziert worden.

Abb. 134: Der nördliche Platzteil geht durch eine Rampe, die zum Originalbestand gehört, sanft in die Fußgängerzone über. Die Treppenstufen schaffen interessante Raumstrukturen, doch werden diese durch die vielen Stühle und Tische der Cafés wieder relativiert.

Frankfurt am Main:
Platzräume in der Nordweststadt und das Nordwestzentrum

Die Frankfurter Nordweststadt wurde 1959 bis 1962 geplant und bis Anfang der siebziger Jahre auf Grundlage des städtebaulichen Entwurfs von Walter Schwagenscheidt und Tassilo Sittmann gebaut. Die Planung beruhte auf dem Konzept der „Raumstadt“ von Schwagenscheidt: Baukörper wurden rechtwinklig zu räumlichen Gruppen angeordnet, differenzierte Räume aus ähnlichen Einzelelementen gebildet.[414] Hans Kampffmeyer, damaliger Planungsdezernent von Frankfurt am Main, beschreibt die Ziele der gesamten Planungsgruppe folgendermaßen: „Wir wollten in einem neuen großen Wohnviertel alle Schichten der Bevölkerung durch eine Vielfalt von Angeboten des Wohnens, der Umwelt, der Versorgung und Entfaltungsmöglichkeiten, besonderer Reize also, zusammenbringen.“[415] Beim Neubau der Nordweststadt wurde eine eigene Grünkonzeption entworfen, denn der grüne Freiraum erhielt die gleiche Wertigkeit wie die Bauten.[416] Die Grünplanung übernahm der Gartenarchitekt Erich Hanke, für dessen Arbeit der damalige Gartenbaudirektor Frankfurts am Main, Joachim Sallmann, lobende Worte fand: „Das Grün ist hier nicht dekoratives Beiwerk, sondern integrierender Bestandteil des Ganzen, und das ist wohl das höchste Kompliment, das der Grünfachmann seinem Kollegen vom Bau machen kann.“[417]

Unterschiedliche Räume sollten der Nordweststadt ihr eigenes Aussehen geben. Neben Spielräumen für die Kinder und Jugendlichen „Flächen für jedermann, auch für die Erwachsenen. Dazwischen Plätze für alte Leute, Skatecken, Plätze zum Schauen, zum Plaudern. Treffpunkte, wo sich die Menschen begegnen, wo sie sich einander näherkommen und sich kennen lernen. Das ist die Idee der Raumstadt, sie soll die Menschen zusammenführen und die Stadt mit Leben füllen.“[418] Die Grünkonzeption sollte also im Sinne der Planer nicht nur Verbindungen zwischen den Gebäuden, sondern auch zwischen den Menschen schaffen.

Auffallend ist die quadratisch-rechteckige Formgebung der Gestaltung mit leichten Versprüngen. Die Raumbildung sollte neben der Gebäudeanordnung selbst durch Betonmauern, Pergolen, Spaliere, Pflanzbeete und Plastiken sowie Brunnen- und Wasserbecken gelingen.[419] „Zur Eingrünung von Spiel- und Sitzplätzen haben sich besonders bewährt: Cotoneaster diviractus, Cotoneaster dielsianus,

414 Irion; Sieverts (1995) S. 103
415 Interview Hans Kampffmeyer in Irion; Sieverts (1995) S. 107
416 Interview Tassilo Sittmann in Irion; Sieverts (1995) S. 115
417 Sallmann (1967) S. 7
418 Sallmann (1967) S. 10
419 vgl. auch Gleininger (1995) S. 152

Cotoneaster bullatus, Cornus alba, Cornus sanguinea, Symphoricarpus orbiculatus, Ligustrum vulgae artovirens, Amelanchier canadensis, Spirea in verschiedenen Arten. Kolkvitzia amabilis, Rosa rugosa, Pyracantha, Berberis thunbergii."[420] Plätze mit größeren Wasserbecken waren abends erleuchtet. „Die hellen sprudelnden Wasserstrahler ziehen die Menschen in ihren Bann und laden sie zum Sitzen und Verweilen ein. An anderen Stellen sind viele niedrige Lichtquellen angeordnet. Es ist unterhaltsam, aus den 8- oder 14geschossigen Häusern auf die vielen Lichtpunkte zu schauen. Bei einem Platz am See werden größere weiße Scheiben angestrahlt - Monde in der Nordweststadt."[421]

Abb. 135: Entwurf für die Nordweststadt von Schwagenscheidt, Sittmann und Hanke.

420 Sallmann (1967) S. 11
421 Sallmann (1967) S. 10

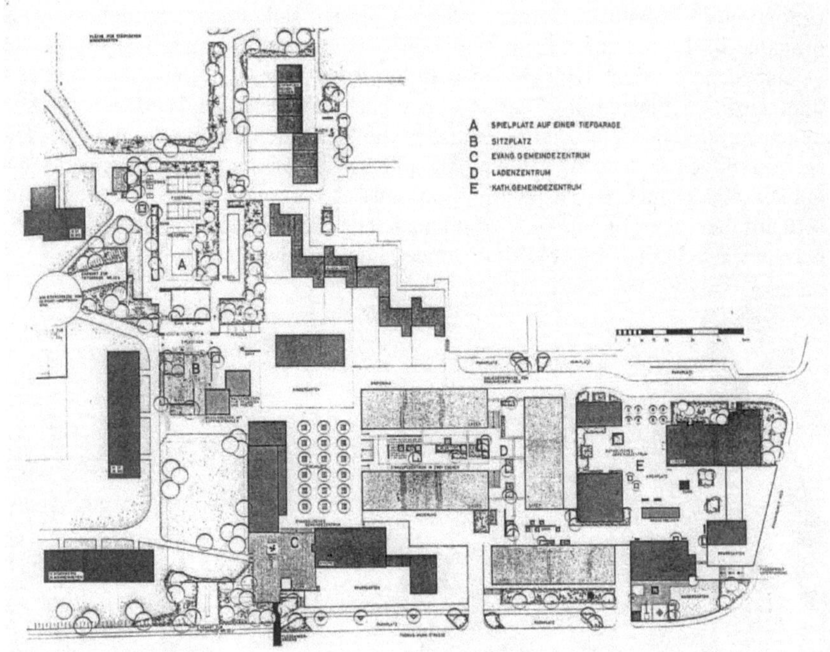

Abb. 136: Ausschnitt aus der Planung für die Nordweststadt. Die Freiflächen weiten sich zu kleinen Platzräumen, wo die Raumbildung durch eine differenziertere Gestaltung unterstützt wird.

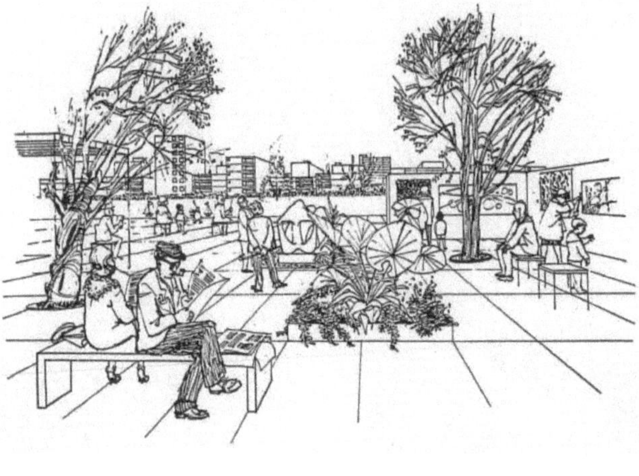

Abb. 137: „Plätze der Ruhe für die Erwachsenen". Skizze von Schwagenscheidt für einen Sitzplatz in der Nordweststadt. Betonwände geben dem Raum Fassung.

Bei der Grünplanung war vorgesehen, dass alle in den Grünanlagen verwendeten baulichen Werkstoffe wie Wegebeläge, Stützmauern, Pergolen usw. mit dem Gesamtcharakter der Bauten harmonieren mussten. Zudem sollte das Fußwegesystem zügig zu den verschiedenen Zielen führen und sich gelegentlich ausweiten zu Spielplätzen, Ruheplätzen und sonstigen Schwerpunkten.[422] Zu diesen Aufweitungen ist auch die Idee eines Sitzplatzes von Schwagenscheidt (Abb. 155) zu zählen, der in der öffentlichen Grünzone vorgesehen war.

Abb. 138: Schachplatz in der Frankfurter Nordweststadt (ca. Mitte der 60er Jahre). Die Raumbildung erfolgt hauptsächlich durch die Stelen, der Raum selbst zerfließt.

Abb. 139: Ein Außenraum wird mit Spalieren räumlich gefasst.

Allerdings konnten nicht alle Vorstellungen der Planungsgemeinschaft zu den Gebäuden und zu den Freiräumen realisiert werden, so dass Kritiker bald die wenig einprägsamen Räume der Nordweststadt bemängelten. „Hatte der Schwagenscheidt-/Sittmannsche Entwurf zumindest aus der Vogelperspektive noch die Ablesung spezifischer, deutlich aufeinander bezogener Raumbildungen ermöglicht, in denen die Zwischenräume und Schwerpunkte der einzelnen Gruppierungen bis zu einem gewissen Grad ablesbar blieben, zeigen die nachfolgenden Stadien und vor allem der endgültige Bebauungsplan eine allseitige Öffnung, ein Zerfließen dieser Arrangements in immer losere und damit auch beliebigere Zusammenhänge. Zäsuren, Abgrenzungen und Übergänge erfolgen allenfalls durch Straßeneinschnitte".[423] Dieser Mangel an einprägsamen Räumen erschwerte es zudem Ortsfremden, sich zu orientieren.

422 Sallmann (1967) S. 6
423 Gleiniger (1995) S. 152

Das Nordwestzentrum

Bei der Planung für die Nordweststadt war von Anfang an ein großes Zentrum für die Versorgung der Bewohner vorgesehen, das mehr als eine „Bedarfsdeckungsstation"[424] werden sollte. Das Nordwestzentrum war als kultureller und gesellschaftlicher Mittelpunkt vorgesehen, mit ihm sollte „nicht mehr und nicht weniger als eine neue, dezentrale „Stadtmitte" entstehen, die sich selbstbewußt, kompakt und vielfältig gegenüber der Innenstadt profilieren und behaupten sollte – in ihrer Funktionsmischung, ihrem Versorgungsangebot und ihrer städtischen Ausprägung."[425]

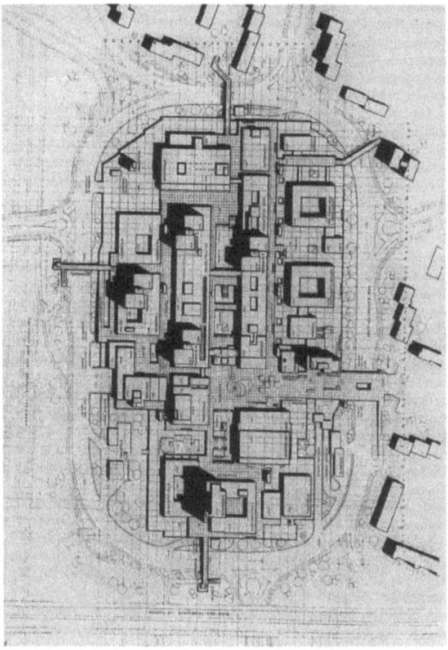

Abb. 140: Entwurf für das Nordwestzentrum von Otto Apel, Günther Becker und Helmut Beckert. In der Mitte der Walter-Möller-Platz, der sich aus einer Achse entwickelt.

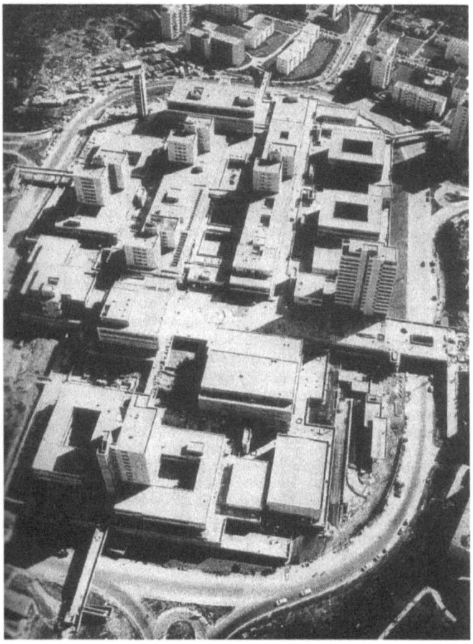

Abb. 141: Das Nordwestzentrum kurz nach seiner Fertigstellung im ursprünglichen Zustand. Die große Achse mit Platz ist einer von mehreren Fußgängerwegen ins Zentrum. Um das Zentrum liegt eine mehrspurige Ringstraße.

1961 wurde der Wettbewerb für das Zentrum ausgelobt, den das Frankfurter Architekturbüro Apel, Becker und Beckert für sich entscheiden konnte. Den Entwurf basierte nach Gleininger auf einem „simplen, rechtwinkligen Achsensystem, das sich mit komplizierten, individualisierenden Platz- oder Raumbildun-

424 Gleiniger (1995) S. 198
425 Gleiniger (1995) S. 198

gen nicht weiter aufhält."[426] Eine Querachse öffnete sich zu einem Platz, an dem die sozialen und kulturellen Einrichtungen des Zentrums lagen. An diesem Platz, später Walter-Möller-Platz genannt, begannen drei parallele Erschließungsachsen mit dem Geschäftsbereich. Große Lichtschächte mit verschiedenen Einkaufsebenen soviel zahlreichen Rampen, Brücken und Treppen prägten das Bild des Zentrums.

Die gewünschte städtische Atmosphäre machte sich allerdings eher in der dichten Bebauung bemerkbar, denn in einer wirklich belebten Stadtmitte: Das ovale Areal des Zentrums blieb vom Rest der Nordweststadt durch eine Ringstraße abgetrennt. Nur durch einzelne Rampen und Treppen waren die Einkaufsmöglichkeiten zu erreichen. Zudem fehlte ein wirklicher Platz, der zur Identifikation und als Sammelpunkt hätte genutzt werden können. Der Walter-Möller-Platz und die lichthofartigen Räume konnten das urbane Versprechen nicht halten. Die Idee der Stadtmitte funktionierte nur kurze Zeit, schon geriet das Nordwestzentrum durch Fluktuation, Leerstände, eine wachsende Kriminalität und Verwahrlosung in Verruf.[427]

Das Nordwestzentrum heute

1985 übernahm ein privater Investor den Komplex und eröffnete 1989 das Nordwestzentrum als überdachtes Einkaufszentrum. So präsentiert sich das Nordwestzentrum heute mit allseits gewohnten Bildern, wie sie aus anderen Einkaufszentren bekannt sind. Neben Wasserspielen gibt es Ruhebänke, Pflanzen und ein Farbkonzept, das den Raum optisch zusammenhält. Es ist sauber und ordentlich, doch es gibt nichts, woran das Auge gerne verweilte.

Der Walter-Möller-Platz ist bis heute erweiterter Durchgangsraum geblieben, der nun in das Farb- und Gestaltungskonzept des Einkaufszentrums integriert ist. An dem Platz liegen zwei Cafés, ein Schwimmbad sowie der Saalbau „Titus-Forum". Aller Ideen und Umbauten zum Trotz, bleibt der Walter-Möller-Platz und das gesamte Nordwestzentrum allerdings farblos und langweilig. Es herrscht der „Versorgungsgeist" vor, doch allein die Versorgung der Bewohner mit Gesellschaftsbauten, Einkaufsmöglichkeiten und Cafés bedeutet nicht, dass sich daraus eine lebendige Mitte herausbilden kann. Zwar wurde hier eine neue Mitte geschaffen, doch wird sie nur aus Mangel an nähergelegenen Alternativen genutzt.

---

426 Gleiniger (1995) S. 209
427 Gleiniger (1995) S. 216

Abb. 142: Das Nordwestzentrum mit den Lichthöfen im ursprünglichen Zustand.

Abb. 143: Das Nordwestzentrum 2005 nach dem Umbau. Über die Lichtschächte ist ein Dach gezogen worden.

Abb. 144: Der Walter-Möller-Platz, 2005, ist im Frankfurter Nordwestzentrum erweiteter Durchgangsraum der Hauptachse. Am Platz liegen zwei Cafés, ein Schwimmbad und ein Kulturzentrum.

West-Berlin: Marktplatz im Märkischen Viertel

Die Neubausiedlung des Märkischen Viertels im Norden West-Berlins wurde für 40.000 Menschen von 1962 an geplant und bis 1974 gebaut. Die Gründe für den Bau dieses Viertels sind sowohl vor dem wirtschaftlichen als auch vor dem politischen Hintergrund zu sehen: Bereits seit Mitte der 50er Jahre hatte die West-Berliner Regierung vorgesehen, das „ungeordnete" Gebiet in Wilhelmsruh, das Ackerflächen und Laubengrundstücke mit teilweise illegal gebauten Wohnlauben umfasste, umzuplanen.[428]

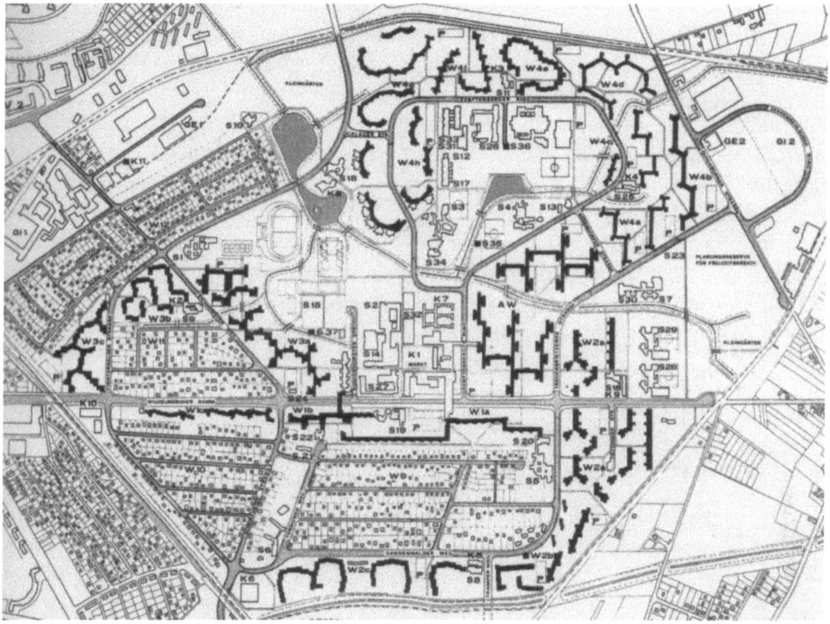

Abb. 145: Gesamtkonzeption für das Märkische Viertel – Planungsstand 1970. Vom Zentrum aus umfassen drei Bebauungsarme das Viertel. Die ursprüngliche Planung von 1962 wurde mehrmals geändert. So waren im Norden und Osten des Viertels ursprünglich Einfamilienhausgebiete vorgesehen. Dort wurden jedoch später dringend benötigte Schulen sowie Jugend- und Senioreneinrichtungen gebaut. In der Mitte (K1) des Viertels liegt der Marktplatz neben einem Ladenkomplex.

1961 wurde durch den Mauerbau die Entscheidung für den Bau des Märkischen Viertels weiter voran getrieben: Bislang hatten etwa 60.000 Grenzgänger zwar

428 Die Neuplanung bezeichnete der Bausenator Rolf Schwedler 1963 allerdings als „Sanierung".

in Ost-Berlin bzw. in der DDR gewohnt, doch in West-Berlin gearbeitet.[429] Diese Arbeitskräfte fielen nun mit einem Schlag weg. Für die neuangeworbenen Arbeitskräfte aus der BRD und dem Ausland mussten in der Folge neue Wohnungen geschaffen werden. Die hochverdichtete Großsiedlung im Märkischen Viertel sollte dazu beitragen, das Problem zu lösen. „Vornehm verschwiegen wird dabei die Tatsache, daß diese „Wohnungsnot“ wesentlich hausgemacht war. Zeitgleich mit dem Baubeginn des Märkischen Viertels wurde nämlich das „Erste Stadterneuerungsprogramm“ verkündet, das die Sanierung (d.h. in erster Linie den Abriß und Neubau) von 56.000 Altbauwohnungen in einem Zeitraum von 10 bis 15 Jahren vorsah.“[430]

Im April 1962 beauftragte der West-Berliner Bausenator die Architekten Hans Christian Müller, Georg Heinrichs und Karl Fleig mit einer Generalkonzeption für das Märkische Viertel. Im Juli legte die mittlerweile personell veränderte Architektengemeinschaft - statt Fleig arbeitete nun der Senatsbaudirektor Werner Düttmann mit - einen ersten Vorentwurf für das Quartier vor. Dem Entwurf lag die Idee von drei Umfassungsarmen zugrunde: „Jeder der drei Umfassungsarme beginnt am Zentrum mit einem 16geschossigen Baukörper, der sich im ersten Drittel bis auf 4 Geschosse abstaffelt, im Mittelteil 4geschossig verläuft und sich im letzten Drittel noch einmal bis zu einer Spitze mit 12 Geschossen steigert. Die einzelnen Geschoßbauten dieser (...) Umfassungsarme bilden miteinander wiederum Räume, die als Grünflächen ausgebildet werden sollen.“[431]

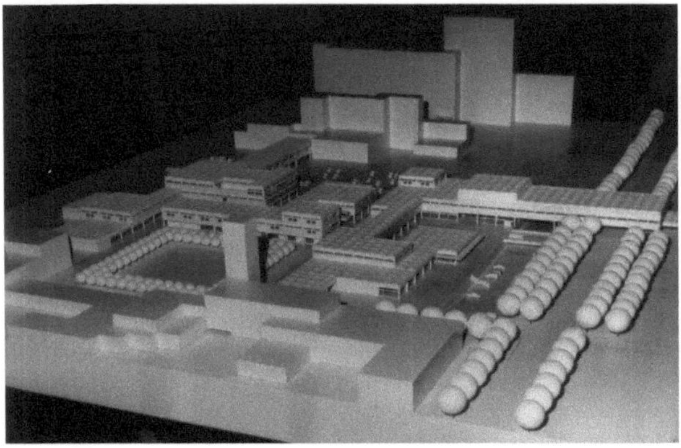

Abb. 146: Modell des Hauptgeschäftszentrums im Märkischen Viertel von 1963. Obwohl sich die Höhe der Randbebauung im Planungsverlauf noch ändern wird, ist der Marktplatz bereits zu Anfang der Planung als baumumsäumtes Quadrat vorgesehen. Im Vordergrund der Kirchturm von St. Martin.

Das baumgesäumte Quadrat des Marktplatzes übernahm im Zentrum eine Mittlerfunktion: Es verband das überörtliche Hauptgeschäftszentrum in der Mitte des

429 Wilde (1989) S. 41
430 Bodenschatz et al (1989) S. 2039
431 Düttmann et al (1966) S. 14

Viertels mit dem anliegenden Kulturzentrum. Während sich östlich des Marktplatzes im Kerngebiet des Hauptgeschäftszentrums Läden, Restaurants und ein Kino befanden, lagerten sich direkt an den Marktplatz neben einigen Läden ein Wohnhochhaus, die katholische Kirche St. Martin, das Fontane-Kulturhaus und ein Hallenbad an. Insbesondere die klassische Verbindung Kirche – Marktplatz unterstreicht das Bemühen der Planer, im Neubauviertel althergebrachte (Stadt)Bilder zu konstruieren, um die Akzeptanz dieses öffentlichen Raumes im großen Wohngebietszentrum zu fördern.

Abb. 147: Das Märkische Viertel 1975 nach Abschluss der Bauarbeiten. Im Vordergrund das Quadrat des baumgesäumten Marktplatzes im Märkischen Zentrum. Rechts das Wohnhochhaus, links das langgestreckte Hallenbad. Westlich schließt das Fontanehaus an den Platz. An der südwestlichen Ecke ist der Kirchturm von St. Martin zu erkennen.

Die Versorgung der ersten Mieter mit dem täglichen Bedarf war 1964 noch sehr unzureichend gewesen. Es gab lediglich provisorische Verkaufsstellen, die in Garagen untergebracht waren. Im Mai 1968 eröffnete das Hauptgeschäftszentrum. 1969 folgte im Herbst die Fertigstellung des Marktplatzes, auf dem ab Anfang 1970 auch ein Wochenmarkt statt fand.[432] Der Markt blieb, abgesehen von den Bäumen, weitgehend freie Fläche, die, wenn sie nicht dem Wochenmarkt

432 Wilde (1989) S. 89f.

oder anderen Veranstaltungen diente, als Parkplatz genutzt wurde. Die partielle Bänderung in der Platzfläche half, den Marktständen ihren Standort zuzuweisen.

Abb. 148: Der Marktplatz im Märkischen Viertel mit dem angrenzenden Einkaufszentrum und umliegender Wohnbebauung 1976. Rechts ist eine Ladenzeilen zu sehen. Die Bänderung auf der Platzfläche erleichterte den Marktständen den geordneten Aufbau.

Vor dem 1974 fertiggestellten Hallenbad und dem 1976 eröffneten Fontanehaus befanden sich eine Pergola mit unterschiedlich hohen Kuppeln sowie einige ebenerdige Beete. Bänke gaben auf dem Platz Gelegenheit zum Verweilen; zahlreiche Lampen ermöglichten auch Veranstaltungen im Winter und am Abend. Bei allen Bemühungen, den Marktplatz durch die Rahmung mit öffentlichen Gebäuden als belebte und identitätsstiftende Mitte zu bestimmen, entriss man den Bewohnern die Platzfläche jedoch der eigenen, der öffentlichen Nutzung: Durch die vorrangige Funktion als Parkfläche konnten sich die Bürger den Platz im Alltag jenseits von Wochenmärkten kaum aneignen. Auch blieb die Gestaltung vor dem Kulturhaus zu beliebig, als dass sie wirklich die Neugier zur Benutzung geweckt hätte. Wie in vielen Neubausiedlungen gehörte ein Marktplatz zum scheinbar notwendigen Inventar, um urbanes Flair in das Wohnviertel zu bringen. Doch allein die Existenz eines solchen Platzes konnte noch keine wirkliche Mitte, keine intensive Benutzung nach sich ziehen.

Abb. 149: Der Marktplatz 1989. Links die kuppelförmige Pergola vor dem Hallenbad. Im Hintergrund das Wohnhochhaus.

Abb. 150: Der Marktplatz 1989. Vor dem Fontanehaus liegen einige ebenerdige Pflanzbeete.

Der Marktplatz im Märkischen Viertel heute

1983 wurden Überlegungen zur Wohnumfeldverbesserung des Märkischen Viertels angestellt, um auch langfristig die Vermietbarkeit der Wohnungen zu gewährleisten. „Resultat dieser Überlegungen war ein Mehrjahresprogramm, in dem die GeSoBau als Eigentümerin des Märkischen Viertels ihre Absicht verkündete, die einzelnen Wohnhausgruppen farblich neu zu gestalten, triste Sockelzonen und Hauseingangsbereiche umzubauen, Grünflächen neu anzulegen bzw. vorhandene zu vergrößern und naturnäher zu bepflanzen, kommunikationsfördernde Orte für die Mieterschaft einzurichten, bisher nicht genutzte Flächen für Gemeinschaftseinrichtungen zur Verfügung zu stellen und – allerdings erst sehr viel später – auch bauliche Verdichtungen anzustreben.“[433]

Im Sinne dieser kommunikationsfördernden Orte wurde auch der Marktplatz im Märkischen Viertel umgestaltet.[434] Der Marktplatz präsentiert sich heute als autofreie Fläche, die Parkflächen wurden verlagert und die Kuppelpergola sowie die Pflanzbeete entfernt. Die Fassung des Marktplatzes erfolgt weiterhin durch ein Baumquadrat. Der Markt wird zusätzlich durch einen mehrstrahligen Stern, der aus dunklem Kleinpflaster in einer hellen Fläche liegt, betont. Zwei übergroße Spaziergänger beleben als Plastik den Platz. Außerhalb der unmittelbaren Marktfläche mit dem gepflasterten Marktstern ist der Platz mit rötlichem Stein

433 Bodenschatz et al (1989) S. 2043
434 Bodenschatz et al (1989) S. 2043

befestigt, der mit weißen Streifen durchlaufen ist. Dieser weiß-rote Belag verbindet den Marktplatz mit den übrigen Fußgängerbereichen. Dort wurde ebenfalls diese Farbkombination als Flächenbelag gewählt.

Eine Umgestaltung erfuhr auch der Eingangsbereich des Fontanehauses, in dem u.a. die Stadtbücherei, die Volkshochschule und ein multifunktionaler Veranstaltungssaal untergebracht sind. An der Front zum Marktplatz wurde eine Brunnenskulptur des Bildhauers Emanuel Scharfenberg aufgestellt.[435]

Abb. 151: Der Marktplatz im Märkischen Viertel 2005. Nach der Umgestaltung überqueren zwei übergroße Skulptur- Spaziergänger den gepflasterten Marktstern.

Abb. 152: Außerhalb des Marktrundes liegt eine rötliche Fläche mit weißen Streifen. Diese weiß-rote Kombination ist auch in der Fußgängerzone im Ladenzentrum zu finden.

Abb. 153: Vor dem Kulturhaus wurde im Zuge der Umgestaltung eine Brunnenskulptur von Emanuel Scharfenberg aufgestellt.

435 Bodenschatz et al (1989) S. 2043f.

3.3.4 Reflexion: Platzgestaltungen in der BRD von 1960 bis 1972

Politik

Zwar war die dringendste Wohnungsnot in den Nachkriegsjahren behoben worden, doch der Zustrom von Arbeitskräften, bis 1961 aus der DDR und später die Zuwanderung von Gastarbeitern, bewirkte weiterhin einen hohen Bedarf an Wohnraum. Große Wohnprojekte, die durch die gute wirtschaftliche Lage der BRD möglich waren, sollten helfen, dieses Problem zu lösen. Die positive Konjunktur ermöglichte zudem umfangreiche Platzgestaltungen: Ein hohes Maß an Möblierung, der Einbau von Wasserbecken und -spielen sowie viele pflegeintensive Bepflanzungen kennzeichneten zahlreiche Platzgestaltungen in dieser Zeit.

Die Forderung Willy Brandts, der 1969 ins Kanzleramt gewählt wurde, „mehr Demokratie zu wagen" lässt sich auch an der Baupolitik ablesen. Zwar mussten Entwürfe von öffentlichen Vorhaben erst 1976 zur direkten Bürgerbeteiligung ausgelegt werden, doch wurden bereits vorher bei einigen Projekten die späteren Nutzer aktiv in den Planungsprozess einbezogen.

Städtebau und Einbindung in das Stadtgefüge

In den „aufgelockerten und gegliederten" Wohnvierteln, die in den 50er Jahren entstanden waren, vermissten die Planer bald die städtische Atmosphäre. Sie kritisierten die fließenden Räume und die starke Einbeziehung der Landschaft. Als Gegenantwort formte sich die Idee, in den neuen Siedlungen durch stark verdichtete Bauformen eine städtische Atmosphäre zu schaffen, die bewusst mit der umgebenden Natur kontrastieren sollte.

Verdichtung und Verflechtung, „Urbanität durch Dichte" waren die neuen städtebaulichen Ideale, die umgesetzt wurden. Plätze und platzähnliche Räume sollten das Bild der Urbanität unterstreichen und die Identifikation der Bewohner mit ihrem neuen Wohngebiet unterstützen. Diese Plätze waren nicht immer klar räumlich definiert, wenn auch die dichtere Anordnung der umgebenden Häuser mehr Raumfassung bot als in den 50er Jahren. Unterstützt wurde die Fassung u.a. durch den Einbau von Mauern und Pergolen. Eine wirkliche städtebauliche

Einbindung, d.h. eine Bezugnahme auf das Wohngebiet, das Verbinden der Plätze mit Straßenzügen oder eine Bedeutung dieser Plätze für das gesamte Wohngebiet fand in der Regel nicht statt.

Neben diesen eher intimen Platzräumen ist beim Neubau von Wohngebieten auch klar die Entwicklung von großen Zentren erkennbar. Eine isolierte räumliche Kumulation von Funktionen der Dienstleistungen und des Handels sollte den neuen Wohngebieten das kulturelle, geschäftliche und gesellschaftliche Zentrum geben. Hierfür wurden im großen Maßstab Einkaufspassagen, Verwaltungsgebäude, Parkhäuser, Veranstaltungssäle und teilweise auch Wohnhäuser zusammengefügt. In diesen westdeutschen Zentren war allerdings meist kein Platz im eigentlichen Sinne ausgebildet. Es waren eher platzartige Aufweitungen, die in diesen Zentrumskomplexen lagen.

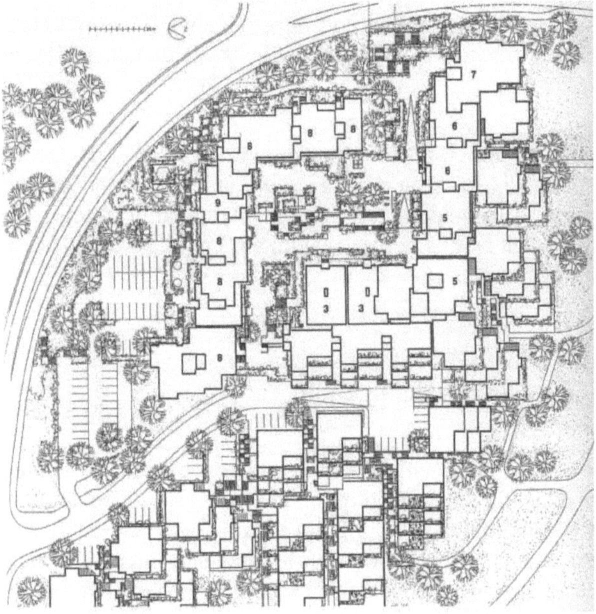

Abb. 154:
Beispiel für Platzräume für Erholung und identitätsstiftende Kommunikation in den neuen, „urbanen" Wohngebieten:
Wohngebiet Heidelberg-Emmertsgrund (Planung 1967 bis 1970, Ausführung des 1. Teils 1971 bis 1973). Abfolge von Hof- und Platzräumen im Teilgebiet I.

In den Innenstädten wurden Plätze als qualitativer Stadtraum und als Teil der Grünversorgung gesehen.[436] Erfolgten Platzplanungen in der Innenstadt, so fand dies in der Regel im Bestand statt, so dass die Platzfassung, historisch bedingt, meist allseitig vorgegeben war.

436 Laage (1966b) S. 154

Funktion und Nutzung

Wie auch in den 50er Jahren sind für die Zeit zwischen 1960 und 1972 in der BRD die Nutzung und Gestaltung von Wohn- und Cityplätzen zu unterscheiden. Im Gegensatz zur unmittelbaren Nachkriegszeit verzichteten die Planer weitestgehend auf die Anlage von Grünen Sitzplätzen.

Wohnplätze

Bei Neugestaltungen von innerstädtischen Wohnplätzen stand die Erholungsfunktion im Vordergrund. Durch die Intensivierung der Nutzungsmöglichkeiten sollten möglichst viele unterschiedliche Altersgruppen die Plätze zur Erholung und als Treffpunkt nutzen können. Zahlreiche Funktionsräume, vom Kleinkindspielplatz über Sportflächen für Jugendliche, über Rosengärten und Ruheräume bis hin zu Skattischen und Schachflächen für Erwachsene, reihten sich auf den Plätzen aneinander. Im Gegensatz zu den 50er Jahren stand nun nicht mehr der „stille Naturgenuss" im Vordergrund, sondern die intensive und individuelle Nutzung der Platzangebote. Aufgrund der Planung der „autogerechten Stadt" und der zunehmenden Inanspruchnahme des Stadtraums durch den Verkehr waren die Planer zudem darauf angewiesen, Plätze und andere freie Flächen so ansprechend wie möglich zu gestalten, um eine hohe Aufenthaltsqualität zu gewährleisten.

Cityplätze

Funktion und Nutzung der Cityplätze wandelten sich nicht grundlegend gegenüber den 50er Jahren: Sie blieben repräsentativer Raum für die Stadt, wenngleich ebenfalls Wert auf interessante und erholsame Aufenthaltsmöglichkeiten gelegt wurde.

Plätze in den Neubaugebieten

In den großen Neubaugebieten können die kleinen Platzräume prinzipiell mit den innerstädtischen Wohnplätzen gleichgesetzt werden, denn in der unmittelbaren Wohnumgebung sollten sie die Funktion des Treffpunktes und der Erholung übernehmen und die Identität der Bewohner mit ihrem neuen Wohnviertel stärken.

Eine andere Aufgabe fiel den Versorgungszentren der Neubaugebiete zu. Hier fanden sich alle wichtigen Einrichtungen, wie Einkaufsmöglichkeiten, Veranstaltungssäle, Bibliotheken und verschiedene Dienstleistungen. Die Plätze, die oftmals nur platzartige Aufweitungen innerhalb von Raumfolgen der langgestreckten Zentrumsbauten waren, boten wenige Aufenthalts- oder Kommunikationsbereiche an, sondern waren in erster Linie Durchgangsraum. Gelegentlich fanden dort Märkte statt.

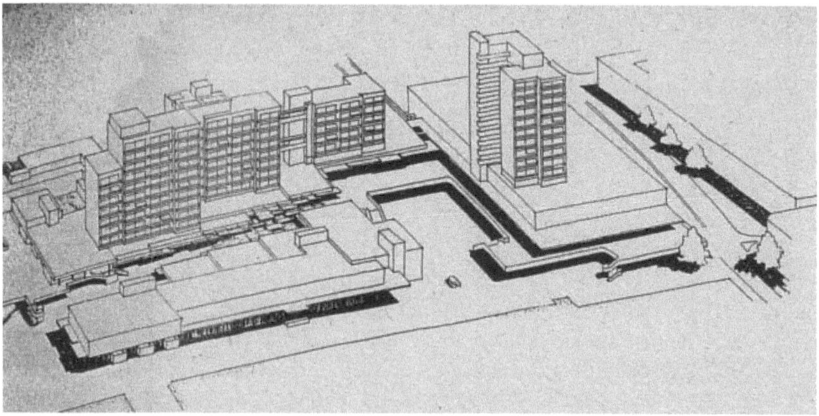

Abb. 155: Neubau des Einkaufszentrums von Leverkusen-Wiesdorf. An eine langgestreckte Fußgängerpassage schließt sich eine platzartige Aufweitung an.

Planerwünsche und Nutzerwünsche

Nach den Vorstellungen der Planer sollten sich die Besucher auf den aufwändig gestalteten Plätzen, die dem „Wohngarten“ verpflichtet waren, erholen, einen individuellen Rückzugsraum erhalten und sich mit Freunden treffen können. Allein ein begehbarer Rasen erschien nicht mehr zeitgemäß, vielmehr wollte man den Besuchern eine ganze Reihe neuer Nutzungsmöglichkeiten für verschiedene Altersgruppen anbieten, darunter Blumen- und Lesegärten, Freiluftschach, Skatplätze, Sitzgruppen und Spielmöglichkeiten für Kinder. Allerdings war der jeweilige Aktionsrahmen durch die strikten Funktionsräume auf den Plätzen weiterhin von den Planern vorgegeben.

Die Cityplätze sollten nicht nur die Innenstädte aufwerten, sondern auch den Besuchern die Teilnahme am städtischen Leben ermöglichen. Die Planer gingen dabei von der Annahme aus, dass die Besucher durchaus eine belebte und sogar teilweise recht laute Umgebung zu schätzen wüssten. „Haben auch freie Landschaft und städtische Parks für die Erholung große Bedeutung, so muß sich doch nicht alle Freizeit ausschließlich im sonntäglichen Grünen abspielen, während das einst gelobte Land des Flaneurs, der Kern der Stadt, zur trostlosen Hülle des grauen Alltags verkommt, die der Profit bestimmt."[437] Denn „viele namenlose Lustgärten und -plätze verdanken ihre Beliebtheit heute vor allem ihrer Lage inmitten des intensivsten städtischen Betriebs."[438] Die Beobachtungen des Hannoveraner Stadtgartendirektors Laage scheinen den Planern recht zu geben: „Ruhige, von Blumen und Brunnen belebte Stadtplätze haben von früh bis spät sehr große Anziehungskraft. Im Laufe des Tages lassen sich verschiedene charakteristische Besuchergruppen beobachten. Morgens kommen Schüler, die noch rasch ihre Aufgaben vergleichen, die ersten Zeitungsleser lassen sich nieder, Mütter mit ihren Kinderwagen, alte Herren genießen die Sonne, des Mittags eilen Menschen aus den Büros herbei, Frauen machen Einkaufspause; nachmittags und abends trifft man Müßiggänger und viele junge Leute, die etwas von der Atmosphäre miterleben wollen, die der Stadtbetrieb ausstrahlt."[439]

Für die Zentren der großen Neubaugebiete wünschten sich die Planer gesellschaftliche Mittelpunkte. Sie sahen in den Zentren wichtige Räume, die nicht nur die Versorgung der Bewohner sicher stellen sollten, sondern auch etwas von der viel beschworenen Urbanität der Innenstädte in die neuen Stadtgebiete transferieren sollten. Durch die Mischung von Wohnen und Kultur, u.a. durch Kinos, Dienstleistungen und Einkaufsmöglichkeiten, Veranstaltungssäle, Bibliotheken oder Hallenbäder sahen sich die Entwerfer diesem Ziel einen Schritt näher.

Die Einbeziehung von Nutzerwünschen geschah erst mit einer Novellierung des Baugesetzes im Jahr 1976. Dennoch setzte sich in Planerkreisen teilweise bereits früher die Auffassung durch, den zukünftigen Nutzer als „mündigen Bürger" in die Planung mit einzubeziehen. Im Sinne von Bundeskanzler Brandts Aufforderung „mehr Demokratie wagen" folgten erste Nutzerbefragungen und aktive Mitgestaltungsrunden u.a. bei Platzplanungen.

Gestaltung der Plätze

Während die Wohnplätze, sowohl in den Innenstädten als auch in den Neubaugebieten, sowie die Cityplätze von einer kleinteiligen Gestaltung geprägt waren, zeichneten sich die Zentren in den Neubaugebieten durch aufgeweitete Räume aus, die nur sparsam gegliedert waren.

---

437 Kühn (1975) S. 526
438 Kühn (1975) S. 526
439 Laage (1966c) S. 75

Insbesondere die Wohnplätze erhielten in der BRD besonders umfangreiche Gestaltungen mit vielen Ausstattungselementen und Funktionsräumen, da sie, ähnlich wie in den 50er Jahren, auch als Ersatz für den eigenen Garten dienen sollten. So fanden sich dort u.a. die bereits erwähnten Lese- und Ruheräume, Sondergärten, Rosenhöfe, Skatplätze und Freiluftschachecken, Spielplätze für Kinder verschiedenen Alters und einfache Rasenflächen.

Mauern, Anfang der 60er Jahre aus Naturstein, später aus Beton gefertigt,[440] trennten die unterschiedlichen Funktionsbereiche voneinander ab. Die Mauern variierten in ihrer Höhe und in ihrer Funktion. Zu Straßen oder Spielplätzen hin waren sie gemeinhin höher, um den Lärm abzuschirmen. Kleinere Mauern trennten optisch Bereiche voneinander. Zusätzlich boten die Mauern Rückendeckung und unterstrichen die Funktion der Rückzugsmöglichkeit. Pergolen trennten nicht nur einzelne Bereiche, sondern spendeten im Sommer zusätzlich Schatten.

Abb. 156: Ebenerdige Pflanzbeete in einer gerasterten Platzfläche vor dem Staatstheater in Kassel Ende der 1960er Jahre. Im rechten Vordergrund ein Wasserbecken.

Abb. 157: Pflanzschalen auf Stahlrohrgestellen vor dem Rathaus Berlin-Tiergarten in den 1960er Jahren.

Zu den immer wiederkehrenden Gestaltungselementen auf Wohn- und City-Plätzen gehörten anfangs der 60er Jahre Hochbeete mit Rosen, Stauden- oder Sommerblumenbepflanzungen, jedoch gab man bald ebenerdigen Beeten den Vorzug. Pflanzkübel aus Waschbeton wurden „auf Stadtplätzen, Fußgängerstraßen und sonstigen Gehsteigbereichen verwendet, bei denen infolge einer dichten Lage unterirdischer Versorgungsleitungen Baumpflanzungen oder andere Begrünungsarten, die mit dem Erdboden verbunden sind, ausscheiden."[441] Wasser-

440 vgl. Hampf-Heinrich; Peschken (1985) S. 88

441 Friedrich (1963) Ohne Seitenangabe

becken und Brunnen waren ebenfalls beliebte Ausstattungselemente, speziell bei den eher repräsentativen City-Plätzen. Vorrangig wurden niedrige, rechteckige oder quadratische Becken verwendet, in denen kleine Sprudler für Belebung sorgten. Die Plätze erhielten auf diese Weise einen Anziehungspunkt, zudem spendete das Wasser in der Sommerzeit Kühle.

Um die individuelle Nutzung der Stadtplätze zu unterstreichen, wurden gelegentlich Einzelstühle angeboten. Je nach Tageszeit oder Stimmung des Besuchers konnte der Stuhl mehr in die Sonne, näher zum Brunnen oder weiter entfernt vom Platzgeschehen gestellt werden. „Auf den neu angelegten Stadtplätzen haben wir etliche hundert Einzelstühle stehen. Stühle können ein ungewohntes Maß an persönlicher Freiheit vermitteln. Wer seinen Stuhl in die Hand nehmen, in die Sonne, in den Schatten tragen, wer mit den Füßen auf dem Brunnenrand leise summend mit dem Stuhle wippen kann, dem ist eine Möglichkeit des Besitzergreifens, des fast privaten Sichzuhausefühlens und des individuellen Verhaltens gegeben worden, die gar nicht hoch genug gewertet werden kann.“[442]

Bis Anfang der 70er Jahre wurden auf Stadtplätzen immer mehr Gestaltungs- und Nutzungselemente eingefügt. Kritiker bemängelten, dass auf diese Weise die öffentlichen Flächen unbrauchbar gemacht wurden: „Da werden ganze Straßenzüge in Spiellandschaften verwandelt, vollgepfropft mit Boutiquen und poppigem Firlefanz. Aber pneumatische Hüpfkissen und bunte Plastikschläuche zum Durchkriechen werden von Arbeitern und Omas ebensowenig als Verbesserung städtischer Lebensqualitäten aufgefaßt werden wie Rutschspiralen auf Straßenkreuzungen oder Kraterlandschaften, mit denen soeben vom Verkehr befreite Plätze wieder unbegehbar gemacht werden. (...) Pläne sind vollgestempelt mit tiefgründigen Aussagen wie: quatschen, planschen, buddeln, bummeln, Krachmachen. An jeder Ecke wird kommuniziert, aktiviert, informiert, diskutiert und programmiert: Agora, Forum, Speakers Corner, Info!“[443] Die Platzräume in den großen Versorgungszentren waren zumeist von einer Gestaltung freigehalten. Gelegentlich waren sie mit Bäumen bestanden oder mit einer strukturierten Fläche versehen, die auch das Aufstellen von Marktständen ermöglichte.

Formensprache

Die Rasterung als Grundgestaltungsform begann in den späten 50er Jahren und setzte sich in den 60er Jahren durch. Um eine zu monotone Gestaltung durch die Rasterung zu verhindern, wurde, ähnlich wie in den 50er Jahren, die Platzmitte aus dem Zentrum gerückt. Rechteckige Elemente, wie Beete und Brunnen, waren asymmetrisch in die Gesamtgestaltung gesetzt. Ende der 60er Jahre fanden

---

442 Laage (1966c) S. 74
443 Bächer (1974) S. 451

sich zunehmend trapez- und rhombenartige, unregelmäßige sowie wabenartige Formen. Während bei „gerasterten" Entwürfen die Asymmetrie noch durch eine gewollte Störung der sich wiederholenden Quadrat- und Rechteckformen hervorgerufen wurde, beispielsweise durch ein Auslassen eines Rasterelements oder durch das Zusammenfassen, war bei den späteren Formen die Asymmetrie der Trapezformen Unregelmäßigkeit genug.

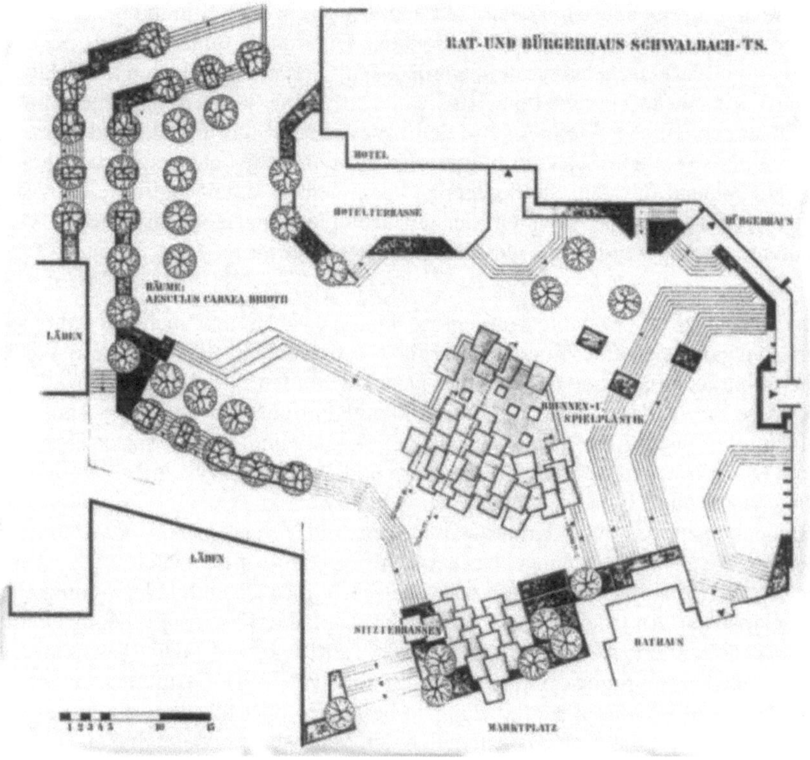

Abb. 158: Marktplatz Schwalbach, gebaut 1973. Zu Beginn der 70er Jahre haben sich asymmetrische Gestaltungsformen durchgesetzt.

3.4 Gebaute Visionen einer sozialistischen Stadt: Platzgestaltungen in der DDR von 1955 bis 1970

Ähnlich wie in der BRD sind die 60er Jahre in der DDR geprägt von einer außerordentlichen Aufbruchstimmung. Trotz und auch aufgrund des Mauerbaus werden die Entwürfe für innerstädtische Bauensembles und Plätze immer futuristischer und immer größer dimensioniert, denn der Aufbau des Sozialismus erforderte gebaute Visionen einer erfolgreichen Gesellschaft. Im Gegensatz zum Westen Deutschlands mussten sich die Ideen schon bald der wirtschaftlichen Realität und der industriellen Bauweise unterordnen. Viele der eindrucksvollen Vorhaben wurden daher nie ausgeführt.

3.4.1 Politische Situation in der DDR von 1955 bis 1970 und ihr Einfluss auf die Anlage von Stadtplätzen

Nach der Niederschlagung des Arbeiteraufstandes vom 17. Juni 1953 erkannte die SED-Führung, dass das sozialistische System allein durch Forderungen gegenüber der Bevölkerung nicht zu halten war. Die Normerhöhungen bei Lohnverzicht, die Auslöser für den Aufstand der Arbeiter gegen den eigenen Staat gewesen waren, wurden zurückgenommen und Verbesserungen in der Lebensmittelversorgung festgelegt. In der Folgezeit sanken die Flüchtlingszahlen, stiegen jedoch 1955 wieder deutlich an.[444] Nur durch die Intensivierung der Propaganda allein war die Abwanderung in den Westen also nicht zu stoppen.

Der Tod Stalins im März 1953 verursachte eine politische Wendung in der Sowjetunion und damit auch in der DDR. Stalins Nachfolger wurde Chruschtschow. Seine Enthüllungen über die Verbrechen Stalins stürzten die gesamte kommunistische Bewegung in eine Krise. Baupolitisch führte Chruschtschows Kritik an Stalins Prestigebauten und an den Arbeiterpalästen zu veränderten Prioritäten im Bauwesen nicht nur in der Sowjetunion. Die DDR schloss sich Chruschtschows Forderungen an, den Wohnungsbau nun unbedingt zu forcieren und durch eine industrielle Bauweise effizienter zu machen.

444 Mählert (2001) S. 79ff.

Für die Vollendung des sozialistischen Aufbaus

1958/59 ging es wirtschaftlich in der DDR aufwärts. „Erholungs- und Ferienheime des FDGB, Kulturhäuser, Kinderhorte und Polikliniken wurden als ‚Errungenschaften' des Systems angenommen. Der Ausbau der Konsumgüterindustrie zeitigte erste Erfolge. Die letzten Lebensmittelkarten wurden abgeschafft. Der Lebensstandard der Bevölkerung stieg. Viele Menschen begannen, sich mit dem System zu arrangieren, das vor allem Arbeitern bisher ungekannte Aufstiegschancen bot. Die Flüchtlingszahlen sanken 1959 mit 143.917 auf den tiefsten Stand seit 1949."[445] Aufgrund der verbesserten wirtschaftlichen Situation und der internationalen politischen Konsolidierung beschlossen die Delegierten im Juli 1958 auf dem V. Parteitag die Vollendung des sozialistischen Aufbaus. „Der Preis, den die SED für die vermeintlich letzte große Etappe der ‚sozialistischen Umgestaltung' bezahlen mußte, war hoch. Die Versorgungsschwierigkeiten, die aus der überstürzten Kollektivierung der Landwirtschaft erwuchsen, und der verschärfte politische Kurs der SED ließen den Strom der Bürger, die ihrem Staat für immer den Rücken kehrten, zu einer neuerlichen Massenflucht anwachsen; darunter waren immer mehr junge Menschen sowie Arbeiter und Angehörige der ‚Intelligenz'. Die DDR brauchte eine Atempause, eine ökonomische Konsolidierung und gesellschaftliche Befriedung, sonst drohte der Kollaps."[446] Die zugespitzte und verfahrene politische Lage endete am 13. August 1961 mit dem Bau der Mauer. Der „antifaschistische Schutzwall" sollte die DDR vor dem Ausbluten stoppen.

kurzzeitige politische Lockerungen

Im Gegenzug versuchte die DDR-Führung die Bevölkerung, durch Lebensmittelimporte aus der Sowjetunion zu befrieden, da Anfang der 60er Jahre erneut einige Nahrungsmittel rationiert werden mussten. Auch ideologisch begann die SED, auf die Bevölkerung zuzugehen. „Die zweite Welle der Entstalinisierung, die vom XXII. Parteitag der KPdSU im Oktober 1961 ausging, wirkte sich auch auf das innenpolitische und kulturelle Klima in der DDR aus. Stillschweigend wurden die Stalinbilder abgehängt, die ‚Stalinstraßen' und ‚-alleen' umbenannt und seine ‚Werke' aus den Bibliotheken entfernt."[447] Die Stadt Stalinstadt wurde in Eisenhüttenstadt umbenannt. Vorsichtig öffnete sich die DDR politisch gegenüber der Bevölkerung, kritische Künstler durften auftreten. „Das innenpolitische Tauwetter in der DDR sollte bereits im Dezember 1965 jäh enden. Dem abrupten Kurswechsel war im Oktober des Vorjahres der Sturz Nikita Chruschtschows vorausgegangen. Als sein Nachfolger, Leonid Breschnew, die

445 Mählert (2001) S. 86
446 Mählert (2001) S. 95
447 Mählert (2001) S. 103

Entstalinisierung für beendet erklärt hatte, witterten die dogmatischen Kräfte überall im Ostblock Morgenluft."[448] Die politischen Lockerungen wurden zurückgenommen, kritische Künstler mit Auftrittsverbot belegt und ungewünschte Bücher und Filme aus dem Verkehr gezogen. „Dessen ungeachtet waren die gesamten sechziger Jahre vom Versuch gekennzeichnet, die Produktivkräfte der ‚wissenschaftlich-technischen Revolution' freizusetzen und für die Gesellschaft und vor allem die Wirtschaft nutzbar zu machen."[449]

Aufbruchstimung: Gebaute sozialistische Visionen

Trotz der innenpolitischen Probleme blieb das Ziel der „umfassende Ausbau des Sozialismus", der auch die Gestaltung der städtischen Umwelt mit einbezog. „Geht es doch unter den Bedingungen der wissenschaftlich-technischen und der sozialistischen Revolution und des kulturellen Aufschwungs um die Umgestaltung der aus der feudalistischen und kapitalistischen Vergangenheit überlieferten Städte, Dörfer und Siedlungen zu einer sozialistischen Lebensweise entsprechenden gestalteten räumlichen Umwelt."[450]

Im Wettbewerb der Systeme glaubte man sich in der DDR aufgrund sozialer Errungenschaften und verbesserter wirtschaftlicher Lage Ende der 60er Jahre der BRD gegenüber wieder überlegen und bemühte sich, „Weltniveau" zu diktieren. Die Platzentwürfe wurden großzügig und die Ideen futuristisch. „Entwürfe, die in jenen Jahren entstanden, vermitteln etwas von neuem Selbstbewusstsein und Siegeszuversicht im Wettbewerb der Systeme, in dem auch manche westdeutsche Planer erstaunt auf die neuen Entwicklungen in der DDR zu blicken begannen."[451]

Doch „alle Bemühungen, das Staatswesen effizienter, funktionaler und moderner zu gestalten, kollidierten letztlich stets mit der Weigerung der SED-Führung, den eigenen Führungsanspruch einzuschränken. Und so kontrastierten die Großbauten des Sozialismus, die in den späten sechziger Jahren den Aufbruch der DDR in die Moderne symbolisierten sollten – der 1969 eröffnete Fernsehturm in Ostberlin oder das Universitätshochhaus in Leipzig - mit den vormodernen Herrschaftsstrukturen in der DDR."[452] Denn die Entscheidungen für den Bau von Siedlungen und Gebäuden, nicht nur bei Prestigeprojekten, zog die Regierung an sich. Zudem waren Architektur und Städtebau in die Planwirtschaft integriert „mit dem Ziel, auf diese Weise die materiellen Voraussetzungen für die

448 Mählert (2001) S. 106
449 Mählert (2001) S. 108
450 Deutsche Bauakademie Berlin (1969) S. 9
451 Durth et al (1999) S. 79
452 Mählert (2001) S. 110

Realisierung gesellschaftlicher Bauprogramme planmäßig – das heißt: nach den Plänen der DDR-Volkswirtschaft – sichern zu können."[453]

Abb. 159: Modell für das Universitätshochhaus und das Gewandhaus am Leipziger Karl-Marx-Platz 1968. Entwürfe von Hermann Henselmann, Horst Siegel und Helmut Ullmann. Während das Universitätshochhaus bereits seiner späteren Ausführung entspricht, wurde der Entwurf des Gewandhauses nochmals geändert. Sehr charakteristisch für die DDR-Platzgestaltungen in den 60er Jahren sind das Raster der Platzfläche sowie quadratische Wasserspiele und Pflanzbeete.

453 Flierl (1998) S. 53

3.4.2 Städtebau in der DDR von 1955 bis 1970 und sein Einfluss auf die Anlage von Stadtplätzen

Mit dem Tod Stalins im März 1953 wandelten sich die städtebaulichen Prinzipien sowohl in der UdSSR als auch in der DDR. Stalins Nachfolger Chruschtschow wandte sich dem bisher in der Sowjetunion vernachlässigten Wohnungsbau zu und erklärte, dass durch eine weittestgehende Industrialisierung des Bauwesens das Problem der Wohnungsnot gelöst werden sollte. Die Verbesserung von sozialen Missständen erhielt nun Vorrang gegenüber dem Bau von Prestigeobjekten.[454] Der politische Richtungswechsel in der Sowjetunion führte in der DDR zunächst zur Verunsicherung „hinsichtlich der eigenen künftigen architektonischen Gestaltung. Die Situation unterschied sich insofern von der sowjetischen Neuorientierung, als die bisherige Architektur der nationalen Traditionen in der DDR nicht nur stark ideologisch motiviert gewesen war, sondern vor allem in Abgrenzung zur westdeutschen gestanden hatte."[455] Die DDR schloss sich dem neuen sowjetischen Ziel dennoch an, denn in Ost-Deutschland waren ähnliche Probleme wie in der UdSSR entstanden: Den Planungen für die Zentralen Plätze standen im Verhältnis eine geringe Zahl von neu errichteten Wohnungen gegenüber. Zudem waren die bisherigen Bauprojekte unter einem hohen Zeit- und Kostenaufwand entstanden, bedingt durch den geringen Einsatz moderner Methoden.[456]

1955: „Besser, schneller und billiger bauen"
Die Industrialisierung des Bauens

Anfang April 1955 fand in Ost-Berlin die erste Baukonferenz der DDR unter dem Motto „Besser, schneller und billiger bauen" statt und führte zur konsequenten Industrialisierung des Bauens: Noch im selben Jahr erarbeitete das Ministerium für Aufbau Richtlinien für eine einheitliche Typenprojektierung und eine neue Typenordnung für den Wohnungsbau.[457] Die anfängliche Erleichterung der Architekten darüber, von den überhöhten Bauformen Abstand nehmen zu können, wich jedoch zunehmend der Enttäuschung über neue künstlerische Einschränkungen, denn „die landesweite Umstellung auf industrielle Bauverfahren zielte keineswegs auf die Entwicklung eines vielfältigen Bausystems, sondern auf die industrielle Fertigung und Montage von Typenhäusern."[458] Besonderheiten an den Bauelementen waren unmöglich, denn sie hätten zu umfangrei-

454 Durth et al (1999) S. 76
455 Düwel (1995) S. 255
456 Topfstedt (1988) S. 10
457 Topfstedt (1988) S. 10f.
458 Düwel (1995) S. 259

che Umstellungen in der Herstellung und in der Montage gefordert und die gewünschte effiziente Planung empfindlich gestört.[459]

Offene Bebauungsstrukturen

Die veränderten Bauformen in der DDR brachten einen veränderten Städtebau mit sich, denn „zugleich bedingten die neuen Bautechnologien auch eine Abkehr von geschlossenen Raum- und Baukörpergestaltungen hin zu offenen Bebauungsmustern. Damit war - zeitversetzt, über ideologische und terminologische Differenzen hinweg - der Anschluß an Formen der westlichen Moderne hergestellt. Die Einmütigkeit traf sich in Vorstellungen von der offenen, gegliederten, verkehrsgerechten Stadt, verbunden mit einer Absage an tradierte Werte aus dem Erbe der nationalen Baukultur. Doch trotz einer wachsenden formalen Übereinstimmung blieb der Anspruch unverändert; Bilder einer spezifisch sozialistischen Stadt im Kontrast zur kapitalistischen Verstädterung zu entwerfen."[460]

Abb. 160: Das Wohngebiet Rostock Lütten-Klein in den 1960er Jahren. Die gleichförmigen Strukturen setzen nur wenige räumliche Akzente.

Die Wohnsiedlungen am Rande der Städte entstanden in offener Zeilenbebauung. Der Abstand zwischen den einzelnen Bauten richtete sich nach rein technischen Vorgaben. „Der Verlauf der Kranbahn, der Aktionsradius der Hebezeuge, die Lagermöglichkeiten der Platten, die Zufahrtswege der für ihren Transport notwendigen Tieflaster und viele andere Faktoren hatten den Vorrang vor raumgestalterischen Überlegungen aller Art."[461] In der Folge fehlte diesen Wohnsiedlungen die architektonisch-räumliche Fassung. Die „heillose optische Verschachtelung" bewirkte Richtungslosigkeit, gab dem Betrachter keinen Halt und

459 Topfstedt (1988) S. 15
460 Durth et al (1999) S. 77
461 Topfstedt (1988) S. 18

ließ die Siedlung ohne räumliche Wirkungen.[462] „Die geschlossene Bebauung galt nichts mehr; man setzte sich über sie hinweg und füllte die einmal vorhandenen Räume kurzerhand mit allseitig freistehenden Wohnbauten, die untereinander jegliche Beziehung vermissen lassen."[463]

Anfang der 60er Jahre waren durch verbesserte Baumöglichkeiten längere Baublöcke und höhere Geschosszahlen möglich. Dies kam der Forderung entgegen, die Einwohnerdichten in den Neubausiedlungen zu erhöhen, denn die bisherigen offenen Zeilen- und Reihenhausbebauungen wiesen eine zu geringe Bewohnerzahl auf, um einen effizienteren Wohnungsbau zu gewährleisten.[464] Mit den weiterentwickelten Baumöglichkeiten wurde die offene Bebauung zunehmend durch in sich geschlossene Bebauungsstrukturen abgelöst, so dass Wohnhöfe entstanden. Scheiben- und Punkthochhäuser sollten außerdem in den Wohnkomplexzentren und an anderen exponierten Standorten markante Dominanten setzen, um die ansonsten wenig ausgeprägte Höhenstaffelung zu beleben.[465]

Aufbau der Zentren

Als 1958 zum „umfassenden Aufbau des Sozialismus" aufgerufen wurde, schloss dies auch den zügigen Aufbau der Stadtzentren ein: Bis 1962 sollten die letzen Schäden in den Zentren der Aufbaustädte beseitigt und bis 1965 die Neugestaltung der Zentren in der Hauptstadt sowie in einigen Bezirksstädten im Wesentlichen abgeschlossen sein.[466] „Die Aufgabe besteht darin, die Stadtzentren zu großzügigen und weiträumigen Ensembles zu entwickeln, in denen das durch den Sozialismus geschaffene Neue im Leben der Gesellschaft seinen Ausdruck findet. Als Mittelpunkt des gesellschaftlichen Lebens müssen die Stadtzentren zum Höhepunkt der städtebaulichen Komposition und der architektonischen Gestaltung der sozialistischen Stadt werden." [467] Doch obwohl der Wunsch nach einem spezifischen sozialistischen Städtebau bestand, ähnelten sich die Entwürfe aus Ost und West immens. Zugespitzt wurde die Situation durch den Umstand, dass der westdeutsche Architekt Ernst May 1957 den städtebaulichen Wettbewerb für den Fennpfuhl im Ost-Berliner Bezirk Lichtenberg gewann. May wurde schließlich der 1. Preis aberkannt. Die Parallelen im west- und ostdeutschen Städtebau wurden offensichtlich. In einem Resümee der bisher

462 Topfstedt (1988) S. 18f.
463 Topfstedt (1988) S. 27
464 Topfstedt (1988) S. 21
465 Topfstedt (1988) S. 22
466 Topfstedt (1988) S. 11
467 Collein (1960) S. 34

aufgebauten Zentren kritisierte Collein 1959 scharf die westlichen, kapitalistischen Tendenzen: „Es gibt eine weitere Erscheinung, die uns zeigt, daß beim Aufbau der Stadtzentren nicht mit genügendem Nachdruck die politische Aufgabenstellung zum Ausgangspunkt der Planungen gemacht wurde. Es handelt sich um das Eindringen westlicher Städtebautendenzen, was meist mit einer niederreißenden Kritik oder Verächtlichmachung der bisher in unseren Stadtzentren gebauten Ensembles verbunden ist."[468]

1960: Grundsätze der Planung und Gestaltung sozialistischer Stadtzentren

Um die herrschende städtebauliche Unsicherheit zu beenden, wurden im Herbst 1959 am Institut für Gebiets-, Stadt- und Dorfplanung, das der Bauakademie der DDR zugeordnet war, die „Grundsätze der Planung und Gestaltung sozialistischer Stadtzentren" erarbeitet, die 1960 in der Fachzeitschrift „Deutsche Architektur" veröffentlicht wurden. Das Leitbild der schönen und kompakten Stadt hatte sich gewandelt. Die „16 Grundsätze" wurden offiziell zwar nicht als falsch bezeichnet, doch neu bearbeitet „entsprechend unseren heutigen Erkenntnissen."[469] Kurt W. Leucht nutzte die „16 Grundsätze des Städtebaus" als Basis, um die sozialistischen Gestaltungsvorstellungen beim Bau von Zentren im Hinblick auf industrielle Bauweisen zu aktualisieren. „Dabei wurde deutlich, daß die Grundzüge der sozialistischen Stadt, wie sie in den dreißiger Jahren in der Sowjetunion entwickelt worden waren, weitgehend unverändert blieben: Der hierarchische Aufbau, dominiert von der Stadtmitte mit den wichtigsten politischen und gesellschaftlichen Einrichtungen, bildete trotz des drastischen Wandels der architektonischen Formen auch weiterhin das Grundgerüst jeder Planung, doch sollte sich in den folgenden Jahren sowohl der Zuschnitt der Freiräume als auch die Sprache der Architektur grundsätzlich ändern."[470]

Vollkommen neu an den überarbeiteten Grundsätzen von 1960 war die Idee von „Weiträumigkeit" und „Großzügigkeit". „Derartige Forderungen hatten freilich schon in den 1950er Jahren den Charakter der Zentrumsplanungen bestimmt. Sie führten seinerzeit zur weitgehenden Aufgabe des alten Straßen- und Platzgefüges, doch wurde am traditionellen Konzept des räumlich in sich geschlossenen Architekturensembles festgehalten. Nun verband sich, diktiert von der Notwendigkeit, industrielle Bauverfahren auch bei der Anlage neuer Wohnkomplexe im Zentrum einzusetzen, das Idealbild vom weiträumigen sozialistischen Stadtzentrum mit dem städtebaulichen Gestaltungsprinzip der offenen Bebauung."[471] In

468 Collein (1959) S. 360
469 Collein (1960) S. 61
470 Durth et al (1999) S. 77
471 Topfstedt (1988) S. 50

den neuen Grundsätzen wurde nun sogar betont, dass nun die offene, weiträumige Bebauung prägend für den sozialistischen Städtebau sei. „Im Gegensatz zur Engräumigkeit der meisten mittelalterlichen Anlagen und der City kapitalistischer Städte ist Großzügigkeit und Weiträumigkeit ein Wesenszug sozialistischer Städte.“[472] Der westdeutsche Städtebau mit seiner weiträumigen Stadtlandschaft wurde mit dieser Aussage vollkommen ignoriert. Dies zeigt das Profilierungsbedürfnis der DDR-Planungselite, die eigenen gewandelten städtebaulichen Prinzipien als grundsätzlich neu und besser darzustellen. Weiter heißt es in den neuen Grundsätzen von 1960: „Eine großzügige und weiträumige Bebauung entspricht den räumlichen Vorstellungen und ästhetischen Anschauungen der Menschen im Sozialismus. Die offene, weiträumige Bebauung verändert das architektonische Bild der Plätze und Straßen. Die Bebauung der Ensembles sozialistischer Stadtzentren unterscheidet sich deutlich von den allseitig räumlich geschlossenen Straßen und Platzanlagen der Städte früherer Bauepochen.“[473] Damit distanzierte man sich sogar von den eigenen bisherigen Planungen. Im Laufe der 1960er Jahre gab es also „einen merklichen Umschwung in den Zielvorstellungen über den Charakter des sozialistischen Stadtzentrums (...): der Übergang vom kulissenhaft monumentalen Straßen- und Platzensemble zum funktionell und gestalterisch differenzierten Kommunikationsbereich mit vielfältigen gesellschaftlichen Einrichtungen.“[474]

Am 4. Mai 1961 wurden vom Ministerrat der DDR die „Grundsätze zur Planung und Durchführung des Aufbaus der Stadtzentren“ beschlossen. Der Forderung nach Weiträumigkeit wurde Nachdruck verliehen. In der Folge verzichtete man beispielsweise in Potsdam auf den Wiederaufbau des Stadtschlosses zugunsten eines großen, zur Havel hin sich öffnenden Forums, in Dresden wurde die Zentrumsfläche erheblich erweitert, ebenso in Karl-Marx-Stadt, und in Leipzig nahm man Abschied vom denkmalpflegerischen Sanierungskonzept für die Innenstadt.[475] Der Einbezug von historischer Stadtsubstanz wurde in der städtebaulichen Euphorie in den 60er Jahren nicht immer gewährt. Zwar sollte „die wertvolle historische Bausubstanz in die Gestaltung des Zentrums als architektonischen Höhepunkt der Stadt“[476] berücksichtigt werden, doch faktisch geschah dies nur dort, wo das Alte das Neue nicht behinderte. Das Beibehalten von historisch Überkommenem wurde seitens der Regierung nicht gerne gesehen, bereits realisierte Wiederaufbauprojekte stark kritisiert, wie beispielsweise die Planung für Neubrandenburg. Hier sei „aus einer falschen Einstellung zum kulturellen

472 Grundsätze der Planung und Gestaltung sozialistischer Stadtzentren von 1960. Abgedruckt in: Durth et al (1999) S. 96

473 Grundsätze der Planung und Gestaltung sozialistischer Stadtzentren von 1960. Abgedruckt in: Durth et al (1999) S. 96

474 Topfstedt (1988) S. 49

475 Topfstedt (1988) S. 50f.

476 Collein (1960) S. 38

Erbe ein kleinbürgerliches Stadtzentrum geplant und zum großen Teil aufgebaut."[477]

Abb. 161: In Potsdam war am Havelufer statt des Wiederaufbaus des Stadtschlosses das Karl-Liebknecht-Forum geplant, das mit Festhalle, Ufergaststätte und Hotelhochhaus die Aufgaben des Zentralen Platzes übernehmen sollte. Modell der Planung des Zentralen Platzes in Potsdam.

1965: „Grundsätze der Planung und Gestaltung der Städte in der DDR in der Periode des umfassenden Aufbaus des Sozialismus"

1965 wurden von der Deutschen Bauakademie die „Grundsätze der Planung und Gestaltung der Städte in der DDR in der Periode des umfassenden Aufbaus des Sozialismus" herausgegeben, die eine endgültige Überarbeitung der Grundsätze von 1960 darstellten. „Sie zeichneten sich auch durch eine neue Diktion aus. So wurden bemerkenswerterweise Schlüsselbegriffe wie „Magistrale" und „Zentraler Platz", welche bisher zum unverzichtbaren städteplanerischen Vokabular gezählt hatten, gänzlich vermieden."[478] Im Planungsalltag wurden dennoch auch nach 1965 noch einige Zentren ganz offiziell als Zentrale Plätze bezeichnet, wie beispielsweise Ende der 60er Jahre in Magdeburg, in Halle-West (später in Halle-Neustadt umbenannt) und in Frankfurt/Oder.

Die eindrucksvolle Repräsentation der sozialistischen Gesellschaft war weiterhin wichtiges Ziel der städtebaulichen Vorgaben von 1965. „In der räumlichen Ordnung der Stadt wie in der künstlerischen Gestaltung sind die gesellschaftlichen Zentren besonders hervorzuheben, weil in ihrer Komposition und Architektur die veränderte sozialistische Lebensweise besonders sinnfällig zum Ausdruck kommt. Die Großzügigkeit und Klarheit der räumlichen Zusammenhänge, der Kontrast zwischen Weiträumigkeit und Intimität, das Zusammenspiel offe-

477 Collein (1960) S. 38
478 Topfstedt (1988) S. 52

ner und geschlossener Räume, konzentrierte, vielfältige Formen der Bebauung und hohe architektonische Qualität der Bauten müssen den besonderen Charakter einer Stadt bestimmen und zu ihrer Schönheit beitragen."[479] Die Grundsätze von 1965 zeigten jedoch einen Wandel hinsichtlich der funktionellen Mischung der Stadtzentren. Waren gemäß der „16 Grundsätze des Städtebaus" von 1950 in den Stadtzentren öffentlichen und staatlichen Gebäuden Vorrang einzuräumen, war mittlerweile eine Mischung mit Wohnbauten ausdrücklich erwünscht. Auf diese Weise sollte die Entwicklung eines urbanen Stadtlebens unterstützt werden.[480] „Aus den einst würdevollen Räumen für Feiern des Volkes in der Mitte der Städte ergaben sich infolge der nun geplanten Mischung und Überlagerung verschiedener Funktionen neue Möglichkeiten urbaner Nutzungen. Der gesellschaftlichen Profanisierung der Zentren verliehen die Architekten Ausdruck, indem sie weitgehend homogene Strukturen entwarfen. Fast könnte man annehmen, die Geister der Vergangenheit sollten ausgetrieben werden, so gründlich unterschieden sich die neuen Entwürfe von den vorangegangenen."[481] Die Ziele waren hoch gesteckt, nicht nur der Aufbau sollte zum Abschluss gebracht werden, auch sollten die „Bauwerke und städtebaulichen Schöpfungen eine hohe Qualität besitzen, die uns die Möglichkeit gibt, das Weltniveau im Städtebau und in der Architektur mitbestimmen zu können."[482]

Studien zur Analyse von Stadtzentren, die im Laufe der 60er Jahre am Institut für Städtebau und Architektur der Deutschen Bauakademie erarbeitet wurden, sollten den Aufbau der Zentren effizienter gestalten.[483] Neben allgemein gehaltenen Analysen wurden einige DDR-Städte näher untersucht. Dabei stand ein funktionierendes Zentrum und dessen Wirtschaftlichkeit im Vordergrund. Auf Grundlage der Ergebnisse sollte vermieden werden, mehrere Zentren zu bauen, wenn eines ausreichte. Möglichst viele Funktionen sollten zusammengefasst werden, um kostengünstig zu bauen.[484]

Die Erarbeitung und Vorgabe der verschiedenen Leitlinien wirkte sich zweischneidig aus. Was auf den ersten Blick wie eine hilfreiche Orientierung für die Planer aussah, entpuppte sich im Entwurfsalltag als schwierige Aufgabe, denn die Entwerfer mussten zwischen ihren eigenen Ideen und den Vorgaben vermitteln. Mängel oder fehlende Elemente wären durch die Richtlinien sofort erkannt worden. Dies machte die Ergebnisse einerseits leicht nachprüfbar, schränkte sie andererseits in ihren Gestaltungsformen sehr stark ein.

---

479 Deutsche Bauakademie (1965) S. 6
480 Deutsche Bauakademie (1965) S. 7
481 Durth et al (1999) S. 81
482 Collein (1960) S. 60
483 vgl. z.B. Andrä (1966)
484 Scholz (1966)

Bei all diesen politischen Vorgaben und städtebaulichen Idealvorstellungen für den Aufbau der Zentren verwundert es nicht, dass die traditionellen Stadtplätze der innerstädtischen Wohngebiete in der Fachpresse und in der Fachliteratur nicht erwähnt werden. Wie auch in den 50er Jahren erschien diese Planungsaufgabe nicht wirklich wichtig genug, um über sie berichten zu müssen, wenn gleich auch in den 60er Jahren durchaus Quartiersplätze neu- oder umgestaltet wurden.[485]

Plätze in den Neubaugebieten

Während die Zentren, sowohl in den Innenstädten als auch in den Neubaugebieten, durch genaue Planungsvorgaben zu eindrucksvollen Ensembles mit großen Platzanlagen ausgebaut werden sollten, waren die Vorstellungen für kleinere Platzbereiche in den Neubaugebieten sehr viel nüchterner. Statt auf Platzräume wurde mehr Wert auf einen Grünraum gelegt, der sich um die Wohnhäuser und in die Wohnhöfe legte. Dort fand das Treffen mit den Nachbarn, das Spiel der Kinder statt. Auf den ersten Blick scheint es mit diesen grünen Freiflächen eine Parallele zu den Siedlungen der 50er Jahre in der BRD zu geben. Damals wurden in West-Deutschland Plätze und Straßen, also Elemente, die urbanen Stadtraum spiegelten, möglichst aus dem Siedlungsraum verbannt. Stattdessen hatte die Einbeziehung der umliegenden Natur Priorität. In den Siedlungen der DDR beschränkte sich der Grünraum allerdings weitestgehend auf die Anlage von Rasen sowie Blumen- und Strauchpflanzungen. Dieser Grünraum war sehr viel preiswerter, als Vorhandenes zu integrieren oder in großer Zahl Bäume anzupflanzen.

Die Anlage von Freiflächen dieser Art wurde ähnlich pragmatisch geplant und berechnet, wie der Grünraum und die Wohnhäuser selbst: „Freiflächen sind nicht nur an den Vorschuleinrichtungen und Schulen erforderlich, sondern auch an den Bauten des Handels und der Versorgung, der Kultur, an Dienstleistungseinrichtungen u.ä. Es handelt sich dabei vorwiegend um Wege- und Platzflächen, um Anfahrten und Lagerflächen und um kleine Strauch- und Blumenpflanzungen. Die genannten Einrichtungen werden in der Praxis meistens in Versorgungs- und Dienstleistungskomplexen zusammengefaßt, so daß nicht für jede Einrichtungen ein gesonderter Bedarf an Freiflächen entsteht. Als Grundlage für die Feststellung des Bedarfs an Freiflächen wurden in den vergangenen Jahren zahlreiche Projekte ausgewertet. Ergebnis dieser Analysen sind Durch-

485 vgl. Linke (2001) S. 27

schnittswerte. Diese Durchschnittswerte sind als Richtzahlen verwendbar, weil ihr Anteil an der benötigten Gesamtfläche aller Rechträgerbereiche sehr gering ist. Freiflächen an sonstigen gesellschaftlichen Einrichtungen Quadratmeter/Einwohner: Wege und Plätze 0,3; Pflanzungen 0,1. Insgesamt 0,4.“[486] Diese nüchternen Berechnungen sollten Bau- und Arbeitsressourcen optimal ausnutzen, doch individuelle Platzräume ließen sich dadurch nur schwer gestalten.

Neben den übergeordneten Versorgungszentren mit ihren großen Platzanlagen gab es in den Neubausiedlungen Nebenzentren mit Kaufhallen. Vor diesen Nebenzentren waren kleine Platzräume angelegt. Diese kleinen Plätze wurden selten als solche benannt oder als Platz definiert; sie waren meist lediglich Vorraum für die Geschäfte.

Abb. 162:
Lageplan Wohngebiet Rostock-Südstadt. Platzbereiche (schraffiert) waren nur an den Kaufhallen (K) vorgesehen.

486 Kress; Rietdorf (1973) S. 127

3.4.3 Beispiele: Platzgestaltungen in der DDR von 1955 bis 1970

In der Zeit von 1955 bis 1970 sind in der DDR die Entwürfe und Ideen für die Zentren in den Innenstädten und in den Neubaugebieten sehr ambitioniert und futuristisch. Kleine Platzräume erfahren in den neuen Wohngebieten allerdings nur wenig Gestaltung, und über die Quartiersplätze der Innenstädte wird nicht berichtet.

Der Augenmerk lag auf dem Aufbau der Zentren, insbesondere in Ost-Berlin, in der Hauptstadt der DDR, sowie in den Aufbaustädten und in einigen Bezirksstädten, darunter auch Leipzig. Leipzig, seit 1952 Hauptstadt des neugegründeten Bezirks Leipzig, war traditioneller Messestandort und für die DDR internationales Aushängeschild. Um den in- und ausländischen Gästen ein erfolgreiches Bild des Sozialismus zu bieten, schritten hier die Pläne für den Zentrumsaufbau besonders schnell voran. Der erste Bebauungsplan von 1952 wollte das Zentrum in seiner ursprünglichen Struktur wiederherstellen, doch als 1958 der „umfassende Aufbau des Sozialismus“ ausgerufen wurde, änderte sich dieses Vorhaben. 1959 lag eine neue Planung für die Umgestaltung des Leipziger Stadtzentrums vor, die den historischen Charakter der Stadt „schöpferisch“ weiterentwickelte und „zugleich in ihrer Großzügigkeit und Weiträumigkeit die siegreichen Ideen des Sozialismus ausdrückt“.[487] In der Folge gab man Neuplanungen und repräsentativen Projekten den Vorrang, darunter die Bauten am Leipziger Markt und am Karl-Marx-Platz, den Sachsenplatz und das nicht verwirklichte Ensemble am Karl-Liebknecht-Platz. Auch in Dresden war der Bau der Prager Straße mehr als nur der Aufbau des Zentrums. Hotels, Gaststätten, ein Kino, Geschäfte, Gärten und ein Wasserspielbrunnen zeigten zusammen mit einer großzügigen Fußgängerzone das große sozialistische Repräsentationsbedürfnis der 1950er und 1960er Jahre in der DDR. Ähnliches spiegeln die großen Platzprojekte in Halle-Neustadt und am Ost-Berliner Leninplatz wider.

Leipzig: Markt

Zu den wichtigsten städtebaulichen Aufgaben in Leipzig nach dem Zweiten Weltkrieg zählte der Wiederaufbau und die Neugestaltung des Marktes im Stadtzentrum, denn die ehemals geschlossene Umbauung war im Krieg stark zerstört worden. Zwar war bereits von 1946 bis 1950 das Alte Rathaus wiederhergestellt worden, doch in den darauffolgenden zehn Jahren trat zunächst eine

487 Collein (1960) S. 39

Aufbaupause ein, bis in den 1960er Jahren die Planungen für die Ostseite des Marktes fortgeführt wurden.[488] Bis 1965 sollten Messehaus, Ausländertreff, Messeamtsgebäude, die Rekonstruktion der Alten Waage und ein Wohnblock zwischen Katharinenstraße, Salzgässchen und Reichsstraße den Markt umschließen.[489]

Der Marktplatz sollte „zum Sammelpunkt eines vielfältigen, pulsierenden Lebens" werden.[490] Ausgangspunkt waren die Messegebäude, die zusammen mit Restaurants, Cafés, Bars und Läden in den Erdgeschosszonen urbanes Leben auf den Platz bringen sollten. Außerdem waren am Rand Passagen und Arkaden vorgesehen, durch die die Fußgänger den Platz problemlos queren sollten. Passagen und Durchgänge hatten in Leipzig zudem Tradition und sollten zur Auflockerung beitragen.[491] Die Platzfläche selbst war in den Planungen freigehalten. Während der Karl-Marx-Platz die Rolle des Mittelpunktes von Leipzig übernommen hatte, behielt der Markt eine „gewisse Mittelpunktfunktion, nämlich auf das Zentrum bezogen (...). Er erhielt durch die Messegebäude, die sich in seinem Bereich auf engem Raum konzentrierten, jedoch ein verändertes Gepräge."[492]

Abb. 163: Planungsskizze des Leipziger Marktes, 1962: Blick von der Einmündung der Petersstraße aus auf die Nord- und Ostseite des Marktes mit der rekonstruierten Alten Waage. Rechts das Alte Leipziger Rathaus und der Wohnblock an der Einmündung der Katharinenstraße.

Realisiert wurde die gesamte Planung bis auf den Ausländertreff. Die Wohnbebauung entstand von 1961 bis 1964. „Der sandsteinverkleidete, flachgedeckte sechsgeschossige Bau mit seiner nüchternen Fassade nahm zwar noch die Fluchtlinie der Katharinenstraße auf, war aber ein erster irreversibler Einbruch in das Platzensemble, das nicht mehr unter ausschließlich denkmalpflegerischen

488 Topfstedt (1988) S. 87
489 Müller; Schulze (1962) S. 81
490 Müller; Schulze (1962) S. 81
491 Müller; Schulze (1962) S. 81ff.
492 Müller; Schulze (1962) S. 81

Gesichtspunkten wiederaufgebaut werden sollte.“[493] Zeitgleich entstand an der Südseite „das weitaus besser gestaltete und sich trotz seiner modernen Fassade sehr gut in den Platzraum einfügende Messehaus am Markt (1961-1965) (...). Unmittelbar danach entstand jedoch das Messeamt (1963-1965), mit dem die Hoffnung, den historischen Charakter des Platzes im Ganzen doch noch bewahren zu können, völlig zunichte gemacht wurde. Seither konkurriert der siebengeschossige Baukubus mit seiner indifferenten Glas-Aluminium-Fassade auf geradezu unlautere Weise mit dem gegenüberliegenden Renaissance-Rathaus. Andererseits gelingt es dem Gebäude nicht, die Platzfront völlig abzuschließen, denn es steht lediglich als ein brutal eingeschobener Riegel zwischen dem relativ offenen Marktbereich“[494] und der bis 1988 als Parkplatz genutzten leeren Fläche im Bereich hinter dem Markt.

Die Bebauung am Leipziger Markt zeigt das Bemühen, die Stadtzentren der DDR bis Mitte der 1960er Jahre eindrucksvoll und abschließend auszubauen. Insbesondere für die Messestadt Leipzig war dies nicht nur ein wichtiges nationales Bauprojekt, sondern durch die Gäste aus aller Welt auch ein internationales Zeichen, das der Stadt und der DDR zu Ansehen verhelfen sollte.

Abb. 164:
Planungsskizze für den Leipziger Markt, 1962. Blick aus der Katharinenstraße. Links das Alte Rathaus, gegenüber das Messeamtsgebäude. An der Südseite liegt das Messehaus an der Einmündung Petersstraße.

Der Leipziger Markt heute

Der Leipziger Markt gehört aufgrund seiner historischen Gebäude zu den wichtigsten Leipziger Plätzen, die die Stadt prägen und charakterisieren. Das Alte Rathaus und die Alte Waage zeugen von der Geschichte der alten Messestadt Leipzig.

---

493 Topfstedt (1988) S. 87
494 Topfstedt (1988) S. 87f.

Abb. 165:
Bauarbeiten auf dem Leipziger Markt für den unterirdischen City-Bahntunnel im Jahr 2005.

2005 war der Markt Ort umfangreicher Baumaßnahmen. Der Markt wird an einen unterirdischen City-Tunnel angeschlossen und wird einer von fünf neuen Stationen sein, an denen künftig S-Bahnen und Züge aus dem Umland halten werden. Trotz der Bauarbeiten finden auf dem Platz regelmäßig Wochen- und Jahrmärkte statt.

Halle-Neustadt: Zentraler Platz und Stadtzentrum

Mit dem Bau der „Chemiearbeiterstadt" Halle-Neustadt war 1964 begonnen worden. Die Idee, westlich des Hallenser Stadtgebietes eine Erweiterung vorzunehmen, war jedoch nicht neu gewesen. Bereits in den 1920er Jahren hatte die Stadtverwaltung nach Bauland gesucht, um für die Bevölkerung neuen Wohnraum zu schaffen. Auf dem Gebiet westlich der Saale fand sich zwar ausreichend Bauland, doch aufgrund der ungünstigen Grundwasserlage erschien eine Bebauung als technisch zu aufwändig. Die Pläne wurden daher verworfen.[495] In der DDR wagten sich die Planer jedoch wieder an diese Herausforderung. Im Zuges des euphorischen „Zeitgeistes" zu Beginn der 60er Jahre, als das Vertrauen in die technischen Möglichkeiten immens und die städtebaulichen Visionen kühn waren, entstanden auch für Halle-Neustadt, anfangs noch als Halle-West bezeichnet, die ersten Ideen. „Der Bau der Chemiearbeiterstadt Halle-Neustadt ist das größte geschlossene städtebauliche Vorhaben der Deutschen Demokratischen Republik. Der Bau der Stadt ist beispielgebend für die Verwirklichung der Grundsätze des sozialistischen Städtebaus und beweist deren zutiefst humanistischen Inhalt. Er soll richtungsweisend für die Anwendung der modernsten Bau-

495 Schramme (2005) ohne Seitenangabe

technik und hochentwickelter Produktionstechnologien beim Bau großer Komplexe sein."[496] Halle-Neustadt sollte also das Versprechen des sozialistischen Städtebaus einlösen, das allen Bürgern eine bezahlbare Wohnung, eine nahegelegene Versorgung mit Schulen, Kindergärten, Ambulanzen und Einkaufsmöglichkeiten versprach, sowie Freiflächen für Erholung und Sport.

Das Zentrum von Halle-West benötigte eine lange Planungsphase und wurde letztendlich nie so gebaut, wie über lange Strecken geplant. Entwürfe wurden oft überarbeitet und modifiziert, neue Wettbewerbe ausgerufen. Für das Zentrum des neuen Stadtteils wurde 1964 ein Wettbewerb durchgeführt, den das Institut für Städtebau und Architektur der Deutschen Bauakademie für sich entscheiden konnte. Das Ergebnis befriedigte allerdings nicht und wurde weiter überarbeitet: „Dieser erste Entwurf hat einen vielseitigen Entwicklungsprozeß durchgemacht, indem die Meinung vieler Fachleute und Funktionäre, von Abgeordneten und künftigen Bewohnern der Stadt sowie Hinweise der leitenden Gremien unserer Partei- und Staatsführung in die Konzeption eingeflossen sind."[497] Die Überarbeitung war bei diesem Prestigeobjekt eine politische Entscheidung, denn schließlich war nicht weniger als die gebaute Zukunft des sozialistischen Städtebaus gefordert. Auf der Grundlage des Entwurfes fand 1966 eine Studie statt.[498] Vermutlich bezieht sich Bach auf diese Studie, wenn er schreibt: „Die im Juni bestätigte Konzeption des Zentrums der Chemiearbeiterstadt geht in Lage und Struktur auf den prämierten Wettbewerbsentwurf des Instituts für Städtebau und Architektur der Deutschen Bauakademie von 1964 zurück."[499]

Diese überarbeitete städtebauliche Komposition sah ein bandartiges Zentrum an einer Magistrale vor, die „als innerstädtische Hauptverkehrsader, welche die indirekte Verlängerung der Fernverkehrsstraße 80 innerhalb der Stadt Halle darstellt und eine optische Verbindung zum alten Stadtkern von Halle mit seiner markanten Silhouette bildet."[500] Fünf quer zur Zentrumsachse gestellte Scheibenhochhäuser sollten die Silhouette des neuen Stadtteils prägen; in den niedrigeren Vorbauten fanden sich gesellschaftliche und kulturelle Einrichtungen. Im Knickpunkt der Magistrale und am Ende des langgestreckten Hauptzentrums war der Zentrale Platz mit dem Hochhaus der Chemie vorgesehen. „Unter dem zentralen Platz befindet sich der Bahnhof der Schnellbahn nach Buna und Leuna mit Ausgängen zum Platz sowie nach den nördlichen und südlichen Wohnkomplexen, so daß sich inmitten des Zentrums zugleich der Ziel- und Quellpunkt des stärksten Fußgängerverkehrs befindet."[501]

496 Anonym (1968) S. 4
497 Bach (1967) S. 210
498 Topfstedt (1988) S. 46
499 Bach (1967) S. 210
500 Anonym (1968) S. 4
501 Bach (1967) S. 211

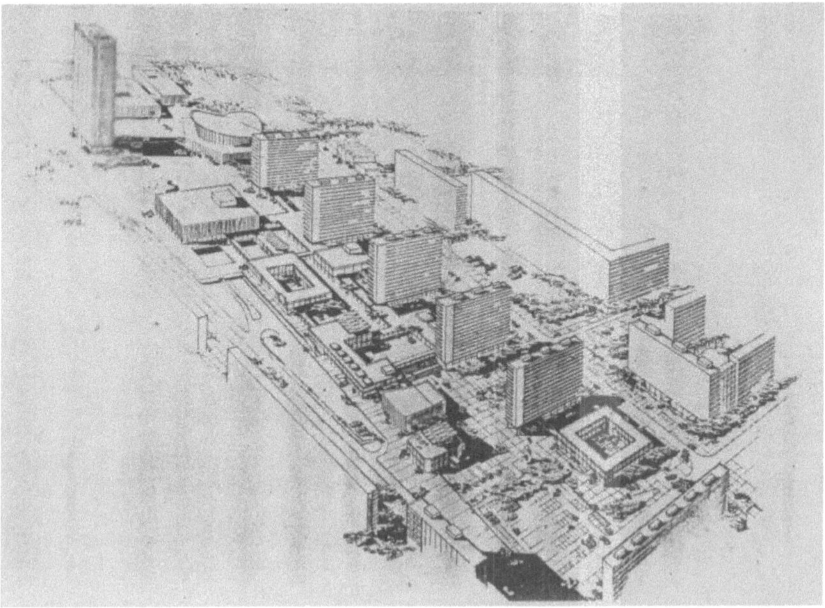

Abb. 166: „Vogelschauperspektive des Stadtzentrums von Halle-West". Überarbeiteter Entwurf des Kollektivs um Joachim Bach, Horst Siegel und Karlheinz Schlesier, vermutlich von 1966. Im hinteren Teil des bandartigen Ensembles die vorgesehene Stelle für den Zentralen Platz: am Hochhaus der Chemie, an der ovalen Stadthalle mit Restaurants und der dahinterliegenden Bibliothek. Weiter hinten der Park mit dem Bruchsee.

1967 wurde ein Wettbewerb ausgerufen, um die Planung für den Zentralen Platz weiter zu konkretisieren. Bei der Auslobung wurde darauf hingewiesen, dass der naheliegende Bruchsee in die Planung mit einzubeziehen sei.[502] Die Wettbewerbsergebnisse wurden im Januar 1968 in der Zeitschrift „Deutsche Architektur" vorgestellt, die Überarbeitung der Entwürfe hatte bereits vorher stattgefunden. Der erste Preis ging an das Kollektiv der Technischen Universität Dresden. Dem Hochhaus der Chemie vorgelagert, befanden sich weitere niedrigere Gebäude, die den höhergelegenen Teil des Zentralen Platzes einfassten: das Rechenzentrum, die Stadthalle und das Stadthaus. Die Verbindung zum Bruchsee sollte durch ein langgestrecktes Wasserbecken erfolgen, das im hinteren Teil kaskadenförmig zum Bruchsee auslief. Durch eine Treppe ging der Platz in die tiefergelegene Fußgängerzone über. Vor der Treppenbrüstung waren im tieferen Bereich quadratische Pflanzbeete vorgesehen sowie vor dem Haus der Chemie ein weiteres rechteckiges Wasserbecken.[503]

502 Anonym (1968) S. 4
503 Anonym (1968) S. 6f.

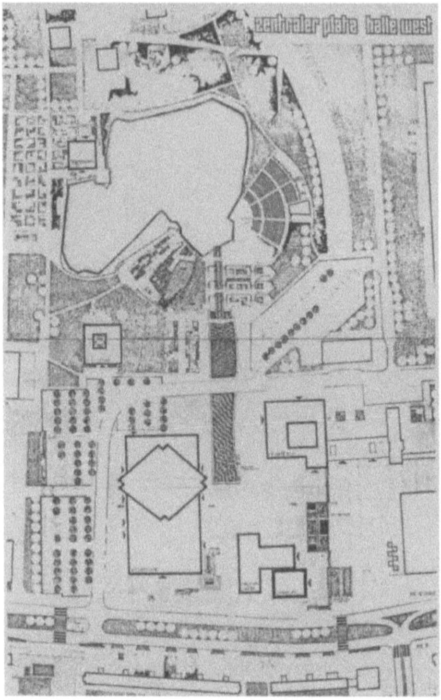

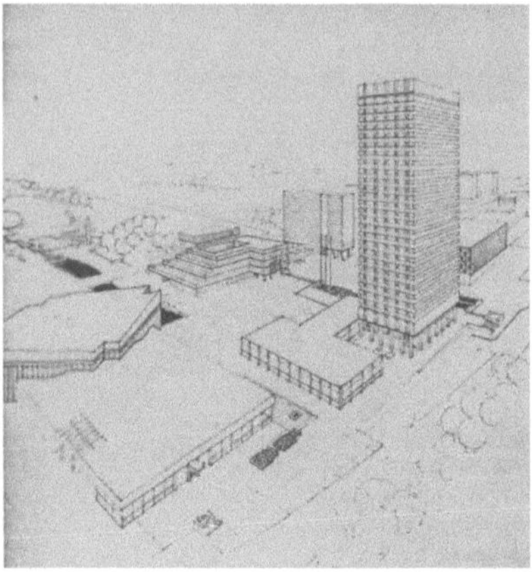

Abb. 168: 1. Preis Kollektiv Technische Universität Dresden. Vogelschau des Zentralen Platzes. Links die Stadthalle, rechts das niedrige Rechenzentrum und das Hochhaus der Chemie. Hinten das terrassierte Stadthaus.

Abb. 167 links: 1. Preis Kollektiv Technische Universität Dresden für den Zentralen Platz in Halle-West.

Den zweiten Preis erhielt das Wohnungsbaukombinat Rostock. Dieser Beitrag wies dem Zentralen Platz nur eine untergeordnete Rolle und entsprechend wenig Raum um das Haus der Chemie zu. Die weit größere Bedeutung und den größten Raum erhielt in diesem Entwurf eine Art Passagenkomplex mit zwei Innenhöfen. Der seitlich gelegene Zentrale Platz war tiefergelegt und von Gestaltung weitgehend freigehalten. Umso mehr Details erhielten die Innenhöfe und der Übergang zur Fußgängerzone. Interessanterweise schloss sich der Zentrale Platz zwar an die Fußgängermagistrale an, war jedoch von ihr aus nicht einsehbar, weil der Platz seitlich versetzt war.[504]

504 Anonym (1968) S. 8f.

Abb. 169: 1. Preis Kollektiv Technische Universität Dresden. Entwurfsskizze des Zentralen Platzes. Tiefergelegene Fußgängerzone. Blick auf die Treppenanlage, die zum Zentralen Platz führt, und auf die Stadthalle.

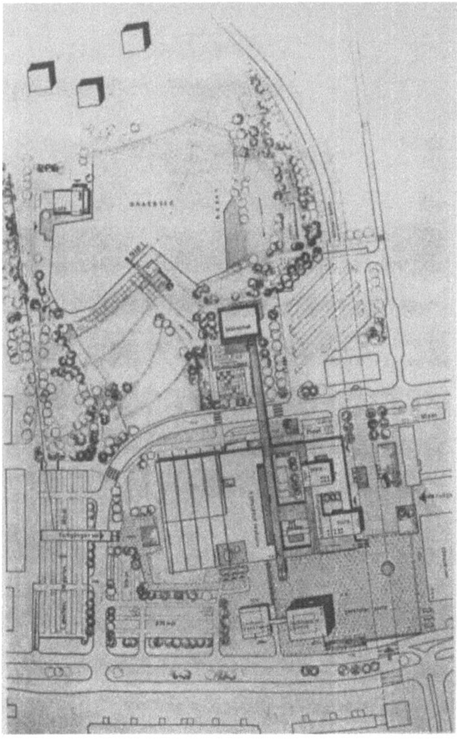

Abb. 170:
2. Preis Wohnungsbaukombinat Rostock. Aus der Begründung des Preisgerichts: „Der zentrale Platz wird nahezu aufgehoben und steht als Platzraum in keiner Beziehung mehr zu den angrenzenden städtebaulichen Räumen.“[505]

505 Anonym (1968) S. 8

Da Veränderungen am Programm nach Auslobung des Wettbewerbs auftraten, die Stadthalle wurde räumlich reduziert, das Rechenzentrum fiel weg, und außerdem keine der eingereichten Arbeiten zur Befriedigung ausfiel, schien auf Basis der erarbeiteten Ideen eine weitere, endgültige Entwurfslösung für den zentralen Bereich nötig. „Grundlage des jetzigen Entwurfs bildeten die eindeutigen Empfehlungen der Jury zum Standort der einzelnen Gebäude am Zentralen Platz sowie das Bestreben, eine ökonomisch vertretbare Lösung zu finden. Beibehalten wurde der von den zweiten Preisträgern entwickelte Grundgedanke der vertieften Hauptfläche des Platzes. Dadurch entsteht ein forumartiger Fest- und Versammlungsplatz, und die verhältnismäßig flachen Bauten werden – ihrer Bedeutung entsprechend – exponiert. Eine neue Lösung mußte für die räumlich-funktionellen Beziehungen zum Park einerseits und nach Westen, zum Bildungszentrum, andererseits gefunden werden. Mit dem vorliegenden Entwurf, der die Grundlage für die Technisch-Ökonomische Zielstellung der 2. Aufbaustufe bildet, sind die Ordnungsprinzipien des zentralen Bereiches festgelegt worden."[506]

Abb. 171: Gesellschaftliches Zentrum von Halle-Neustadt mit dem „Haus der Chemie". Modell von 1968.

506 Anonym (1968) S. 11

Die Bedeutung des Zentralen Platzes lag weiterhin in der Repräsentation der Stadt Halle-West und in der Bündelung von wichtigen gesellschaftlichen und kulturellen Einrichtungen, doch standen auch Benutzbarkeit und eine urbane Atmosphäre im Vordergrund: „Der zentrale Platz ist gesellschaftlicher und repräsentativer Mittelpunkt der Stadt. Seine Großräumigkeit entspricht der Bedeutung der hier konzentrierten Bauten. Durch seine Lage über dem Bahnhof dürfte gewährleistet sein, daß viele Bürger täglich diesen Platz berühren und mit Leben füllen. Durch die Differenzierung der Platzfläche wird eine räumliche Gliederung angestrebt, die – trotz der relativ großen Abmessungen – dem Maßstab des Fußgängers entspricht. Verschiedene Zonen, wie zum Beispiel der Eingangsbereich zum Stadthaus, die Terrassenflächen um die Stadthalle und die Kontaktzone des Warenhauses mit dem Eingang zur Fußgängermagistrale, werden gestalterisch variiert."[507]

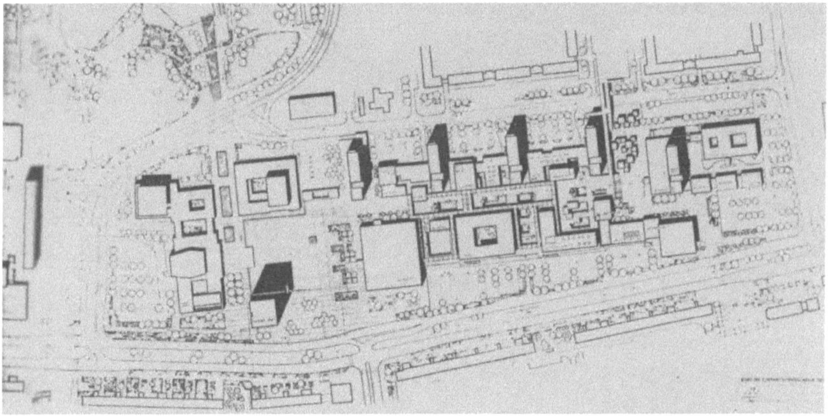

Abb. 172: Die scheinbar endgültige Entwurfslösung für den zentralen Bereich von Halle-West Ende der 1960er Jahre. Am Zentralen Platz sollte sich ein Hochhaus über das Ensemble strecken. Die Fußgängerstraße mit ihren Galeriegängen hätte sich nach Westen hin zur Weite des Zentralen Platzes geöffnet.

Letztendlich wurde auch das Haus der Chemie nicht gebaut und 1969 das bandartige Zentrum nochmals modifiziert.[508] Doch der Zentrale Platz blieb über alle Modifikationen hinweg „gesellschaftlicher und politischer Mittelpunkt, Stätte der festlichen politischen Manifestation der Einwohnerschaft von Halle-Neustadt. Dem sollen Großräumigkeit und repräsentative Großzügigkeit des baulichen Ensembles entsprechen. Dieses Ensemble wird durch das Rathaus, (...) durch das Kulturzentrum, das Hochhaus, das Warenhaus und das Bahnhofsgebäude gebildet. Es ist die Absicht, den zentralen Platz durch die Zusammen-

507 Bach (1967) S. 211
508 Topfstedt (1988) S. 46

fügung markanter Bausubstanz und einer wirkungsvollen Gestaltung der Platzfläche selbst repräsentativ, festlich und ästhetisch eindrucksvoll zu machen."[509]

Abb. 173:
Der Zentrale Platz von Halle-Neustadt lag erhöht am westlichen Ende der Fußgängerzone. Ein Flachbau bildete schließlich 1975 den architektonischen Abschluss.

Doch erst 1975 entstand die endgültige Planung für das Stadtzentrum.[510] Sie basierte auf den vorhergegangenen Ideen eines bandartigen Zentrums. Der Zentrale Platz lag dabei 4,20 Meter höher als der östliche Beginn des Fußgängerbereiches, so dass sich die Fußgängerstraße auf zwei Ebenen entwickelte.[511] Die Fläche des Zentralen Platzes hatte sich allerdings verkleinert: ein Drittel nahm ein 1975 gebauter Flachbau ein,[512] in dem ein Kino untergebracht war. Der am westlichen Ende des Zentrums gelegene Platz „im Verlaufe der Projektierung stets kleiner dimensioniert, aber dafür räumlich geschlossener gefaßt – öffnet sich

509 Büro für Städtebau und Architektur des Rates des Bezirkes Halle (1972) S. 112
510 Topfstedt (1988) S. 46
511 Deutloff (1974) S. 354
512 Palutzki (2000) S. 289

nach Osten zu dem als Fußgängerzone ausgebildeten Einkaufs- und Versorgungszentrum, das seinerseits vielfältige räumliche Verbindungen zu den angrenzenden Wohnkomplexen eingeht."[513] Dieser bandartige Aufbau des Stadtteilzentrums von Halle-Neustadt ist zeittypisch. Wie in vielen anderen Zentren der Neubaugebiete reihten sich an einer Fußgängerstraße die Versorgungseinrichtungen. Innerhalb der Achse schufen platzartige Aufweitungen, auch innerhalb des Galerieumganges, abwechslungsreiche räumliche Eindrücke.

Obwohl der Zentrale Platz von Halle-Neustadt nicht so ambitioniert gebaut wurde, wie er geplant worden war - auch das Kulturhaus kam nicht zur Ausführung - zeigt seine Planungsgeschichte zeittypische Merkmale der Gestaltungsströmungen in der DDR zwischen 1955 und 1970: Die großdimensionierten Entwürfe, die die selbstbewussten Visionen einer sozialistischen Gemeinschaft verkörperten, spiegelten die schwungvolle Aufbruchstimmung nach 1955 wider, die auf den ersten politischen Erfolgen und im Vertrauen auf die technischen Machbarkeiten gründeten. Die Erwartungen, in Halle-Neustadt mit dem Stadtzentrum ein bahnbrechendes Prestigeprojekt zu bauen, lähmten jedoch letztendlich die Ideen. Zusätzlich verstärkten die zunehmenden finanziellen Schwierigkeiten die Bauprobleme, bis schließlich von den großen Gesten nur ein Vakuum übrig blieb.

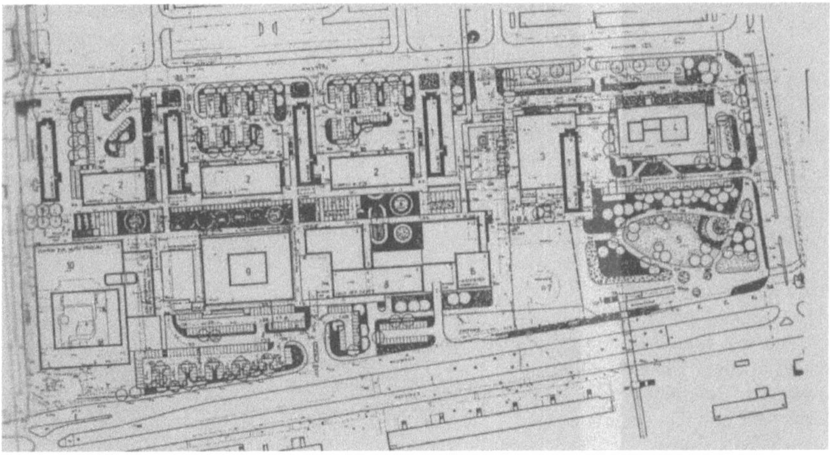

Abb. 174: Die endgültige, ausgeführte Planung für das Stadtzentrum von Halle-Neustadt – Östlicher Bauabschnitt. Die Gestaltung des Zentralen Platz wurde im Entwurf allerdings nicht thematisiert. Der Plan endet im Westen kurz vor dem Zentralen Platz. Im Osten schließt an das Zentrum eine parkähnliche Grünfläche an.

513 Topfstedt (1988) S. 46

Der Zentrale Platz von Halle-Neustadt heute

Der Zentrale Platz blieb trotz – oder gerade aufgrund – der ambitionierten Ideen bis in die 90er Jahre hinein ein städtebauliches Vakuum. Stillschweigend übergingen seit den 70er Jahren Planer und DDR-Regierung seine Nichtgestaltung in Fachzeitschriften und anderen Veröffentlichungen. Auch die geplante Stadthalle wurde in ihrer verkleinerten Form nicht mehr gebaut. Erst das von 1999-2001 errichtete Stadtteilzentrum Neustadt bildet nun den westlichen Abschluss des Wohnzentrums. Der Fußgängerbereich des langgestreckten Zentrums wurde 2005 saniert.

Abb. 175:
Das Landesverwaltungsamt Sachsen-Anhalt hat seinen Sitz am ehemaligen Zentralen Platz von Halle-Neustadt.

Abb. 176:
Der Durchgangsraum zwischen dem Bahnhof Halle-Neustadt und dem ehemaligen Zentralen Platz im Jahr 2005. Rechts die Stufen zum Neubau des Stadtteilzentrums Neustadt, in dem sich ein Kino und Geschäfte befinden. Der Raum hat damit eine begrenzende Fassung erhalten.

Abb. 178: Das östliche Ende des Zentrums, 2005. Hier erweitert sich die Fußgängerpassage zu einem platzartigen Raum, in dem zwei Brunnen stehen. Ein paar Treppen führen zu einem höhergelegenen Platzteil, der als Markt genutzt wird.

Abb. 177 links: Die Galerieumgänge im langgestreckten Zentrum wurden 2005 saniert. Links die prägenden Scheibenhochhäuser, die zu DDR-Zeiten als Wohnheime dienten.

Leipzig: Sachsenplatz

Der Sachsenplatz entstand auf einer kriegsbedingten Baulücke. Im Zweiten Weltkrieg hatten Bomben die dichte Wohnbebauung des Brühls zerstört. Der Platz schloss sich direkt hinter dem Markt an. Im Gegensatz zum Markt bot der Sachsenplatz eine vielfältige Gestaltung und verschiedene Nutzungsmöglichkeiten. 1968 wurde die Neugestaltung des Platzes beschlossen, der Bau begann 1969. Man sah den Sachsenplatz zusammen mit der „Leipzig-Information" „als geistiges und kulturelles Zentrum der Stadt."[514] Die städtebauliche Konzeption für den Sachsenplatz mit dem Informationsgebäude wurde unter dem Kollektiv des Architekten Ambros G. Gross entwickelt, die Gestaltung der Platzfläche übernahm das Kollektiv unter Gerhard Scholz und Othmar Fey.[515]

Der 250 m x 130 m große Sachsenplatz wurde im Osten durch das elfgeschossige Bürohaus „Interpelz" sowie einer siebengeschossigen Wohnbebauung begrenzt. Im Süden schloss sich ein sechsgeschossiges Wohnhaus an, im Westen

514 Gross (1972) S. 101
515 Volk (1979) S. 66f.

Altbauten. Im Norden sorgten das Informationszentrum sowie Wohn- und Ladenbauten für einen Abschluss. In allen Erdgeschosszonen befanden sich Versorgungs-, Gastronomie-, Kultur- und Geschäftseinrichtungen.[516]

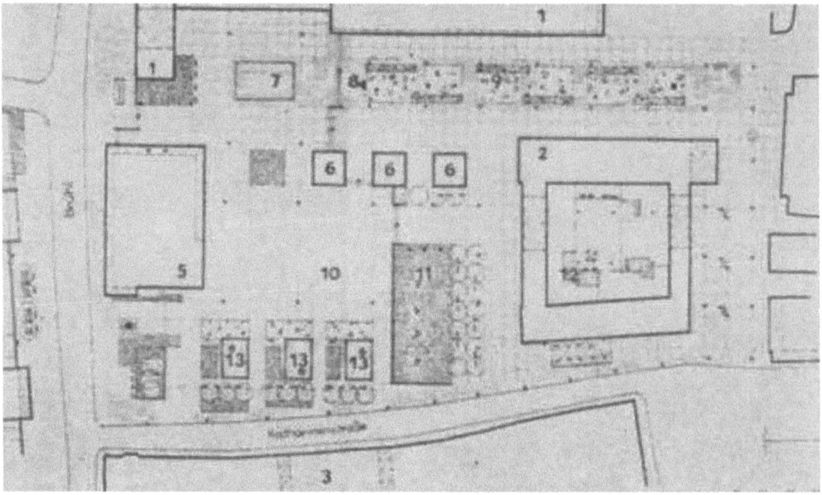

Abb. 179: Lageplan Sachsenplatz. 1 Büro- und Wohnbauten Reichsstraße. 2 Wohnbebauung Salzgäßchen 3 Altbauten Katharinenstraße 4 Wohn- und Ladenbauten am Brühl 5 Informationszentrum mit Caféterrasse 6 Versorgungspavillons 7 Wasserbecken mit Leuchtfontänen 8 Werbemonument 9 Polyantharosen- und Staudenanlage 10 Veranstaltungsplatz 11 Sitzterrasse und hochwertige Bepflanzung 12 Schmuckhof mit Brunnen 13 Wasserbecken und Einjahresblumenanlage.

Zusätzlich vermittelten drei Versorgungspavillons, drei Wasserbecken mit Einjahresblumenbeeten, eine Sitzterrasse sowie ein Wasserbecken mit Leuchtfontänen, alle im Raster angeordnet, für eine straffe Fassung und Gliederung des Platzes. Nur eine relativ kleine Fläche blieb als Veranstaltungsfläche frei von Gestaltung. „Der Zusammenhalt aller gärtnerischen Teilanlagen, Kleinarchitekturen und Wasserbecken wird durch Mosaik- oder Kleinpflaster erreicht. Die Fußgängerverbindungen und Platzflächen wurden in Asphalt ausgeführt. (...) Das gesamte Gebiet ist mit einer repräsentativen Beleuchtung ausgestattet, Blumenflächen werden indirekt von Bodenleuchten angestrahlt."[517]

Grundsätzlich lässt sich der Sachsenplatz in zwei Funktionsbereiche teilen: Ein langgestreckter Bereich an der Reichsstraße, der durch eine kleinteilige Beetbepflanzung, Sitzgelegenheiten und Plastiken einen angenehmen und ge-

516 Scholz (1974) S. 14
517 Scholz (1974) S. 15

schützten Aufenthalt bot. Zudem leitete dieser Bereich zu dem eigentlichen Platzbereich über. Seinen Abschluss fand dieser intimere Bereich in einem großen Wasserbecken. Der eigentliche Platzbereich war durch die drei Versorgungspavillons vom Reichsstraßenbereich abgegrenzt. Hier öffnete sich der Platz gegenüber dem Informationszentrum und bot neben einer freien Veranstaltungsfläche weitere Wasserbecken, umfangreiche Bepflanzungen und eine Sitzterrasse.

Auffällig ist die quadratisch-rechteckige Rastergestaltung des gesamten Platzes. Sämtliche Gestaltungselemente waren an diesem Raster ausgerichtet, das durch den Flächenbelag sichtbar wurde. Selbst die Verteilung der Bäume fügte sich in das Grundschema ein und gliederte auf diese Weise nochmals den Platz. Die intensive Gestaltung sowie die Geschäfte und Gaststätten am Platzrand verschafften dem Platz vermutlich eine hohe Attraktivität, so dass sich die Messestadt Leipzig seinen internationalen Gästen ansprechend präsentieren konnte. In Nachbarschaft zu den Messegebäuden am Markt wurde den Besuchern am Sachsenplatz ein modernes und aufstrebendes Leipzig gezeigt.

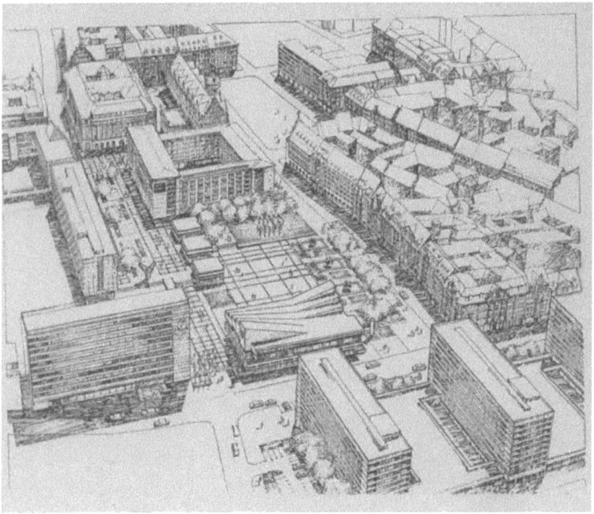

Abb. 180:
Der Sachsenplatz in Leipzig mit Informationszentrum, links die Versorgungspavillons und der langgestreckte Bereich der Reichsstraße. Rechts Wasserbecken mit Fontänen/Wasserspielen. (Rechts hinter dem Sachsenplatz liegt der Markt). Städtebaulicher Entwurf unter dem Kollektiv von Ambros G. Gross, Büro des Chefarchitekten der Stadt Leipzig.

Abb. 181: Brunnenplastik am Sachsenplatz / Katharinenstraße von Bildhauer Harry Müller, ca. 1972.

Abb. 182: Das Informationszentrum am Sachsenplatz, ca. 1972. Gut zu erkennen ist die rechteckige Rasterung der Platzfläche.

Abb. 183:
Die drei Wasserbecken mit Fontänen an der Platzseite zur Katharinenstraße, ca. 1973. Die rahmenden Bäume, auf dem Vogelschauplan von Gross (Abb. 180) gut zu erkennen, sind neugepflanzt.

Der Sachsenplatz heute

Der Sachsenplatz erfuhr im Jahr 2000 mit der Grundsteinlegung für das Leipziger Museum der bildenden Künste eine grundlegende Veränderung: Statt der differenzierten Fläche und der Messegebäude bestimmt heute der Museumsbau den Sachsenplatz. Die Platzgestaltung aus DDR-Zeiten sowie die auf dem Platz stehenden Gebäude sind entfernt worden.

Abb. 184: Das Museum der bildenden Künste Leipzig auf dem Sachsenplatz, 2005. Hier stand einst ein Teil der „Leipzig-Information“.

Leipzig: Karl-Liebknecht-Platz

Der Karl-Liebknecht-Platz, vormals Bayrischer Platz, doch nach dem Leipziger „Stadtsohn“ umbenannt, lag innerhalb der Messemagistrale. „Für die Gesamtkomposition der Stadt stellt die Messemagistrale gegenwärtig eine der interessantsten städtebaulichen Achsen dar. Sie beginnt im Bereich des Wilhelm-Leuschner-Platzes, führt über den Deutschen Platz, dort ändert sie die Richtung und geht über das Messegelände bis zur Anlage des Völkerschlachtdenkmals. (...) Unsere städtebauliche Kompositionsplanung sieht im Bereich des Deutschen Platzes, gegenüber der Deutschen Bücherei, eine weitere Höhendominante vor, so daß im Blickpunkt der jeweils geraden Magistralführung unverwechselbare Bauten zu sehen sind. Innerhalb der Magistrale kommt dem Karl-Liebknecht-Platz große Bedeutung zu. Das Ensemble liegt im Schnittpunkt der Messemagistrale mit der innerstädtischen Nord-Süd-Verbindung der Arthur-Hoffmann-Straße und der Nürnberger Straße. Ihm schließt sich das Gelände der Universitätskliniken an. Durch die geplante unterirdische Verkehrsverbindung wird es mit dem Hauptbahnhof verbunden."[518] Die historische Platzabfolge wurde also mit dem Umbau des Karl-Liebknecht-Platzes aufgegriffen, allerdings sollte mit der Neugestaltung die sozialistischen Visionen im Stadtbild ablesbar werden. In der Folge wurde 1969 ein Wettbewerb ausgerufen, der für die Gesamtkonzeption Internate, Wohnungen, Büros und gesellschaftliche Einrichtungen wie Mensa, Jugendzentrum, Verkaufs- und Dienstleistungsanlagen und ein Raumflugplanetarium forderte.[519] Die Bebauung war auf zwei gegenüberliegenden Straßenseiten vorgesehen.

Abb. 185:
Wettbewerb Karl-Liebknecht-Platz, 1969. Dunkel schraffiert das Wettbewerbsgebiet innerhalb des Stadtgefüges.

Der erste und zweite Preis des Wettbewerbs wurden als Grundlage für die endgültig zu erarbeitende Platzplanung bestimmt. Der erste Preis des Kollektivs Dresden setzte die Bebauung auf der einen Straßenseite zurück, so dass ein etwas spitzwinkliger Platz entstand. An ihm streckt sich ein Hochhaus in die Höhe. Während auf der gegenüberliegenden Platzseite die Gebäude vorrangig eine klare Linie zum Platz bildeten, war die Bebauung auf der Platzseite in Höhe und Grundriss gestaffelt. Um das Hochhaus gruppierten sich weitere etwa 14-geschossige Hochhäuser, die durch Vor- und Rücksprünge den Platz auf der Südseite eckig begrenzten. Vor diesen Häusern waren niedrigere Vorbauten vorgesehen, die sich ebenfalls verschachtelt in die Platzfläche schoben. Durch die Vor- und Rücksprünge entstanden ein freier, repräsentativer Bereich des

518 Siegel (1969) S. 464
519 Siegel (1969) S. 464

Platzes, der direkt an der Straße lag und ein etwas intimerer Teil, der zwischen den Gebäuden lag und durch Terrassierung erhöht war. Auf der repräsentativen Teilfläche befand sich das geforderte Karl-Liebknecht-Monument.[520] Über die Platzgestaltung um das Monument selbst wurden keine Aussagen getroffen. Eine Skizze von der gegenüberliegenden Straßenseite (Abb. nächste Seite) lässt jedoch den Schluss zu, dass auch für diese Freiflächen eine Gestaltung mittels erhöhter quadratischer Pflanzbeete vorgesehen war. Auch der Entwurf für die Teilflächen auf der anderen Straßenseite zeigte das Bemühen, durch Verschachtelungen weitere ineinander übergehende Räume zu schaffen. Verbunden waren beide Komplexe durch eine Fußgängerbrücke.

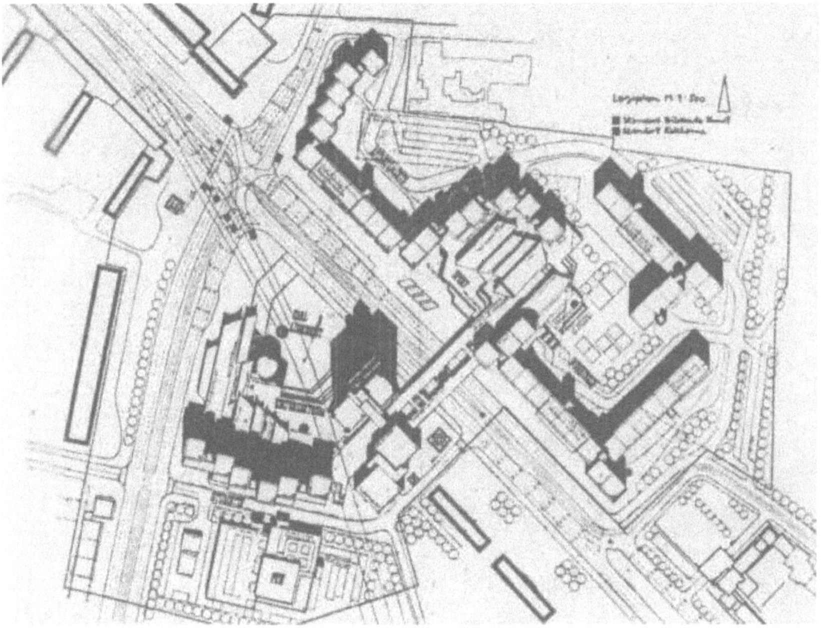

Abb. 186: Wettbewerb Karl-Liebknecht-Platz, 1969. Entwurf des 1. Preises. Kollektiv Dresden. Im unteren Bereich die repräsentative Platzfläche mit dem geforderten Monument.

Der zweite Preis des Kollektivs Leipzig zeigte ebenfalls ein Zurücksetzen der Bebauung auf der einen Straßenseite, um einen dreieckigen Platzraum zu schaffen. Während beim ersten Preis die Gebäude durch Versprünge und Staffelung angeordnet waren, war dieser Entwurf durch breite Hochhausscheiben charakterisiert.

520 Siegel (1969) S. 466f.

Abb. 187: Wettbewerb Karl-Liebknecht-Platz, 1969. Skizze zum Entwurf des 1. Preises. Kollektiv Dresden. „Blick auf den Karl-Liebknecht-Platz“. Blick über die Straße auf den repräsentativen Platzbereich unterhalb der Hochhäuser.

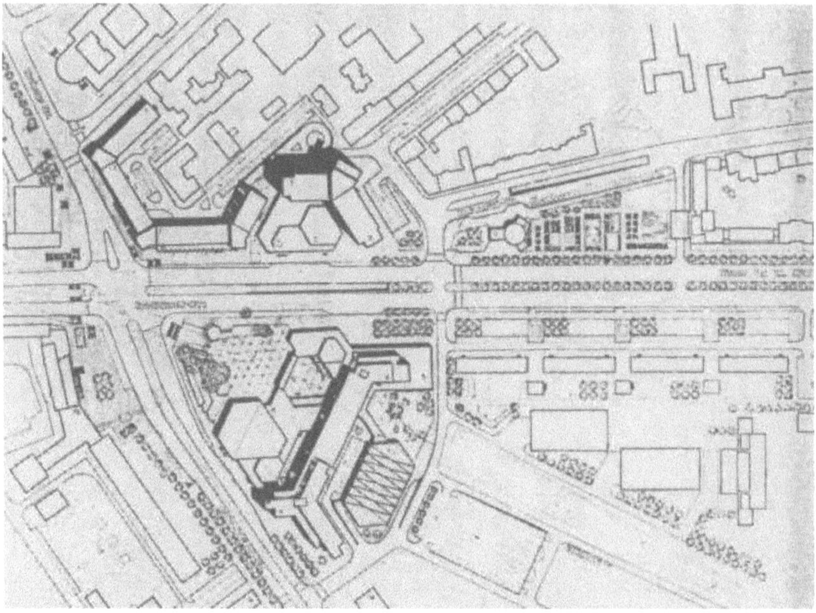

Abb. 188: Wettbewerb Karl-Liebknecht-Platz, 1969. Entwurf des 2. Preises. Kollektiv Büro des Chefarchitekten der Stadt Leipzig.

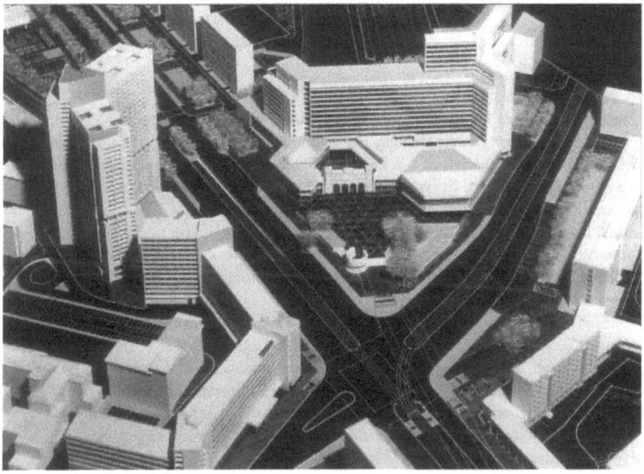

Abb. 189: Wettbewerb Karl-Liebknecht-Platz, 1969. Modell des 2. Preises. Kollektiv Büro des Chefarchitekten der Stadt Leipzig. Gut zu erkennen das historische Tor des Bayrischen Bahnhofs.

Neben der dem Straßenverlauf folgenden Hochhausscheibe war eine Hochhausdominante auf der gegenüberliegenden Platzseite vorgesehen. Dort waren der Hochhausscheibe einige niedrige Vorbauten zugeordnet. Auch dieser Entwurf differenzierte zwischen einem repräsentativen und einem intimeren Platzbereich. Der repräsentative Bereich war der Straßenseite zugewandt. An den Außenseiten waren eine Brunnenanlage, das geforderte Karl-Liebknecht-Monument und eine Pflanzfläche vorgesehen. Auch auf dem straßenzugewandten Platzteil war auf diese Weise eine gewisse Abschirmung geboten. Der intimere Teil erschloss sich durch das verbliebene historische Tor des Bayrischen Bahnhofs, das in die Gestaltung miteinbezogen war. Durch dieses Tor gelangte man in einen Innenhof, der von den modernen Vorbauten umschlossen war.[521] Auffällig ist an diesem Entwurf die Variation des Sechsecks, das wiederkehrende Motiv des 60°/120° Winkelmotivs, das sich in den Grundrissen der Gebäude, in der Gestaltung der Brunnenanlage und in den Umrissen der Pflanzflächen wiederfand.

Wenn auch keine der Ideen für den Karl-Liebknecht-Platz umgesetzt wurde, so spiegeln die Entwürfe jedoch den „Zeitgeist“, der in den 60er Jahren in der DDR herrschte: Der Glaube an die technische Machbarkeit der architektonischen Zukunftsvisionen einer besseren und fortschrittlichen sozialistischen Gesellschaft war fest. Große und spektakuläre Projekte sollten nicht nur den Bürgern der DDR, sondern auch der westlichen Welt verdeutlichen, dass der Aufbau mit enormen Schritten vorging.

521 Siegel (1969) S. 468f.

Der Bayrische Platz heute

Das ambitionierte Projekt des Karl-Liebknecht-Platzes wurde nicht ausgeführt. Der Platz wurde nach 1990 wieder in Bayrischer Platz umbenannt. Noch immer erinnert das Tor des Bayrischen Bahnhofs an die Geschichte des Platzes. Die Hochhausscheiben im Hintergrund nehmen die Magistralenbebauung der 50er Jahre in der Windmühlenstraße auf, die nördlich des Bayrischen Platzes beginnt.

Abb. 190: Der Bayrische Platz in Leipzig mit dem historischen Tor des Bayrischen Bahnhofs, 2005.

Dresden: Prager Straße mit dem „Platz der Begegnung“

Die Prager Straße in Dresden zeigt in besonders anschaulicher Weise das neue Prinzip des großräumigen und weiten Zentrums. Die Prager Straße war vor dem Krieg eine der belebtesten Geschäftsstraßen Dresdens, wurde jedoch 1945 teilweise zerstört. Einige Gebäude hätten durchaus wieder aufgebaut werden können, wie beispielsweise die Hotels Excelsior und Deutscher Hof, die beide aus der Gründerzeit stammten.[522] Doch die politische Führung entschied sich für eine spektakuläre Neuplanung, um selbstbewusst den Sozialismus zu repräsentieren. 1962 wurde ein städtebaulicher Ideenwettbewerb ausgerufen, an dem sich 38 Architekten und Kollektive beteiligten. Die Ergebnisse flossen jedoch nur teilweise in den endgültigen Entwurf mit ein. „Auch war keiner der prämierten Architekten an der Ausführung beteiligt, denn die Regierung in Berlin übernahm

522 Kantschew (2005) (ohne Seitenangabe)

in Dresden wie in allen anderen Städten der DDR die Führung. Kurt W. Leucht, der im Kollektiv von Hermann Henselmann den ersten Abschnitt der Berliner Stalinallee mitgeplant hatte, (...) engagierte die Dresdner Planer Hans Konrad, Peter Sniegon und Kurt Röthing und berief Joachim Näther, der sich durch seine Beteiligung bei der Errichtung der Berliner Fischerinsel (...) profiliert hatte."[523]

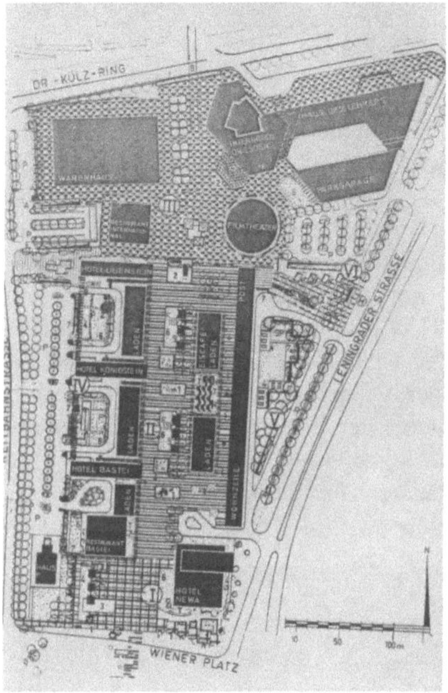

Abb. 191: Gestaltungsplan der Prager Straße in Dresden.

Abb. 192: Die Prager Straße mit den verschiedenen rechteckigen und quadratischen Gestaltungselementen nach der Ausführung des Entwurfs.

Zwischen 1965 und 1978 erfolgte die Bebauung der Prager Straße. „Der Hauptgegenstand der Diskussion war die Frage, ob in den Zentren unserer Großstädte, speziell in einer Größenordnung wie Dresden, eine Spezialisierung nach Funktionskategorien (Trennung in Einkaufs-, Vergnügungs-, kulturelle, Touristen- und Verwaltungszentren und reine Wohnkomplexe) und damit eine Citybildung mit getrennten Funktionszeiten erwünscht ist oder ein Zentrum, das in all seinen Teilen mehrere Funktionen in sich vereint und somit Ganztagsfunktion erfüllt. Unserer Ansicht nach kann für das Zentrum oder den Stadtkern einer solchen Großstadt nur das letztere in Frage kommen, da nur so die politisch-kulturelle

523 Zeidler (2004) S. 14f.

Aufgabe erfüllt, die Einheit aller Bereiche hergestellt und eine harmonische Befriedigung aller Bedürfnisse erreicht werden kann."[524] Prägend für die Prager Straße wurden die drei quer zur Straßenachse gestellten Scheibenhochhäuser, in denen Hotels untergebracht waren. Auf der gegenüberliegenden Seite fasste ein langgestrecktes Wohnhochhaus die Straße. Zwischen den Hochhäusern fügten sich niedrigere Bauten ein. In den Erdgeschosszonen fanden sich viele kulturelle und gastronomische Einrichtungen sowie zahlreiche Geschäfte.

Der Fußgängerbereich entstand von 1967 bis 1972 nach Plänen der Landschaftsarchitekten J. Pietsch, S. Kaßberg, H. Wagner und G. Leiteritz. Die Prager Straße war räumlich in drei Abschnitte geteilt. Den Eingangsbereich, den Mittelraum und den nördlichen Bereich. Der Eingangsbereich war der Bereich am Wiener Platz, der den Übergang vom Hauptbahnhof zur Prager Straße bildete. Bis zum endgültigen Ausbau des Wiener Platzes war er zunächst als Interimslösung mit Rasen begrünt und mit drei großen Blumenkreisen vor dem 17geschossigen Hotel „Newa" gestaltet.[525] An die Rasenfläche schloss sich eine große namenlose Platzfläche an, die an der westlichen Seite mit vier quadratischen Wasserbecken und zwei rechteckigen Pflanzbeeten ausgestattet und mit einem Rastermuster versehen war. Hier wurde der Besucher am Hotelrestaurant „Bastei" mit dem Wandbild „Dresden grüßt seine Gäste" empfangen. Auch nach dem vorgesehenen Ausbau des Wiener Platzes hätte diese Freifläche dem Auftakt der Prager Straße genügend Raum gegeben.

Abb. 193: Der Eingangsbereich der Prager Straße 1976 mit dem Wandbild „Dresden grüßt seine Gäste" am Hotelrestaurant „Bastei". Rechts das Hotel „Newa".

Abb. 194: Der Eingangsbereich Richtung Wiener Platz Mitte der 1970er Jahre. Links die großen Blumenbeete vor dem Hotel „Newa", rechts Brunnen und Pflanzbeete vor dem Restaurant „Bastei".

524 Sniegon (1965) S. 9
525 Pietsch et al (1974) S. 7

Abb. 196: Der Pusteblumenbrunnen von Leonie Wirth und Karl Bergmann. Die Besucher konnten durch Einzelstühle ihren individuellen Platz am Wasserspiel einnehmen.

Abb. 195 links: Der Mittelteil der Prager Straße von Hotel „Newa" Ende der 1980er Jahre aus gesehen. Im Vordergrund der „Schalenbrunnen". Links die drei Hotelhochhäuser, rechts die Ladenpavillons, die mit einer Pergola umfasst waren.

Als Kernstück der Prager Straße wurde der Mittelraum gesehen. Hier befanden sich der „Schalenbrunnen" und der „Pusteblumenbrunnen". Der mittlere Bereich „erhielt eine klare, funktionsbetonte statisch wirkende Gestaltungsform durch reich ausgestattete Wasserspiele und einer breiten Skala von Vegetationselementen – Rasen – Sommerblumen – Stauden – Rosen und Bäume in geometrischen Grundformen. Die dadurch anhaftende strenge Linie wird durch die Wasserspiele, Blumenpflanzungen und Farbe in der Materialverwendung gemildert. Zusätzlich erfolgte eine Belebung durch andere Beläge in kleineren intimeren Bereichen in bezug auf Form und Material."[526] Um zusätzlich den 65 Meter breiten Raum zu gliedern, setzte man in den Mittelteil zwei Ladenpavillons, die durch eine umlaufende Pergola verbunden waren. Ebenfalls durch Pergolen waren die drei Hotelgebäude „Bastei", „Königsstein" und Lilienstein" verbunden. Hinter den Pergolen lagen Touristengärten, die jedoch auch der Bevölkerung offen standen.

Der nördliche Bereich der Prager Straße wurde als „Platz der Begegnung"[527] bezeichnet, was zwar durch die vielen Angebote wie Warenhaus, Hotel, Restaurant und Kino nachvollziehbar ist, doch aufgrund der undifferenzierten Fassung er-

526 Pietsch et al (1974) S. 8
527 Pietsch et al (1974) S. 6ff.

staunt. Denn im Gegensatz zum südlichen Eingangsbereich bot der „Platz der Begegnung“ eher einen fließenden, linearen Raum, als einen geschlossenen Platz. Doch der „Platz der Begegnung“ war durch andere räumliche Wirkungen begrenzt: Er lag einen dreiviertel Meter höher als der Mittelbereich und im Knickpunkt einer – optisch kaum erkennbaren – Achse am Centrum-Warenhaus. „In dieser kaum wahrnehmbaren Drehung steckt eine für die damalige Zeit überraschend kontextuelle Geste, denn die Ostfassade des Kaufhauses führt in ihrer Verlängerung nach Norden exakt auf die Arkaden der Altmarktbebauung aus den frühen fünfziger Jahren und „vermittelt“ trotz der erheblichen Distanz zwischen den beiden so verschiedenen Phasen des Dresdner Wiederaufbaus.“[528] Zusätzlich differenzierte der Flächenbelag den Platz: „Ein kleingliedriges, flächiges und ineinandergreifendes, stark kontrastierendes Ornament breitet sich „teppichartig“ über den gesamten Patz aus und umschließt die Gebäude. Gestalterisch wird diese Zone zusätzlich belebt durch das große Stufenwasserbecken, durch Sommer- und Gehölzhochbeete und durch die Freisitzterrasse des Restaurants „International“.“[529]

Abb. 197: Das Rundkino am „Platz der Begegnung“, ca. 1973. Vor dem Kino liegen das große Stufenwasserbecken mit Wasserspiel und einige Pflanzbeete im auffälligen Plattenbelag. Um das Kino schmiegen sich ebenfalls Pflanzbeete.

Den nördlichen Abschluss am „Platz der Begegnung“ sollte neben dem Centrum-Warenhaus ein Hochhauskomplex einnehmen. Die Planungen sahen ein Hotel, das „Haus des Lehrers“ sowie eine Parkgarage vor,[530] andere Ideen bevorzugten das „Haus der Wissenschaft und Technik“ oder sogar eine Hochhaus-

528 Elser (2004) S. 24
529 Pietsch et al (1974) S. 8
530 Pietsch et al (1974) S. 6

skulptur auf dreieckigem Grundriss mit geschwungenem Flugdach.[531] Gebaut wurde zwar das Kaufhaus, doch die Pläne für die weiteren Gebäude blieben unausgeführt.

Die Platzräume der Prager Straße heute

Die Freiräume der Prager Straße wurden von 2003 bis 2004 grundlegend umgebaut. „2004 erfolgte eine komplette Erneuerung des durch die große Flutkatastrophe geschädigten Bodenbelages. Dabei wurden die Brunnen, die typischen, rechteckigen 70er Jahre Hochbeete und Rasenflächen durch neue Baumreihen und einen schmalen Wasserstreifen ersetzt. Ein winziger Teil des äußerst beliebten Pusteblumen-Brunnen ist als einziges Relikt in die neue Umgestaltung integriert worden, wirkt aber nun in dem zu kleinen Becken lächerlich mickrig und in keiner Weise angemessen."[532] Die Mitte des langen Durchgangsraumes der Prager Straße wird mittlerweile „Prager Platz" genannt, obwohl der Bereich hier optisch fließt und sich nicht vom umgebenden Raum absetzt.

Nachteilig haben sich auch die neu eingefügten Gebäude auf die Raumgliederung der Prager Straße ausgewirkt. Der Eingangsplatz der Prager Straße sowie die Rasenfreifläche vor dem ehemaligen Hotel „Newa" sind mittlerweile mit zwei Gebäuden besetzt, ein drittes ist derzeit im Bau. Der Blick auf das Wandbild „Dresden grüßt seine Gäste" am ehemaligen Hotelrestaurant „Bastei" ist somit versperrt.

Abb. 198:
Vom ehemaligen Eingangsplatz der Prager Straße aus ist 2005 der Blick auf das Restaurant „Bastei" mit seinem Wandbild durch ein neuerrichtetes Geschäftsgebäude verstellt. Auch das Hotel „Newa", heute „Mercure" erleidet ohne die einstige Freifläche einen herben optisch-räumlichen Verlust. Die Eingangssituation der Prager Straße ist damit verloren.

531 Zeidler (2004) S. 15
532 Kantschew (2005) (ohne Seitenangabe)

Abb. 199:
Durch die Umgestaltung 2003/2004 gingen die verschiedenen Aufenthaltsräume der Prager Straße verloren. Die Achse ist auf einen Durchgangsraum reduziert. Im Vordergrund der verkleinerte „Pusteblumenbrunnen".

Abb. 200: Der „Platz der Begegnung" vor dem Rundkino ist 2005 durch den Neubau des „Wöhrl-Plaza" kaum mehr erkennbar. Links die Skulptur „Völkerfreundschaft".

Abb. 201: Das Rundkino liegt nun in einer Hinterhof ähnlichen Raumsituation.

Der „Platz der Begegnung" ist durch den Bau des Geschäftshauses „Wöhrl-Plaza" (1995-1996) vollkommen verschwunden und hat nun den Charme eines Hinterhofes. Der architektonisch eindrucksvolle Rundbau des Kinos liegt heute optisch und räumlich vollkommen abgeschnürt am Rande der Prager Straße. Das Stufenwasserbecken ist entfernt worden, ebenso die Pflanzbeete und der ursprüngliche Freiflächenbelag. Geblieben ist jedoch die Skulptur „Völkerfreundschaft", die nach dem Bau des „Wöhrl-Plaza" wieder aufgestellt wurde.

Ost-Berlin: Leninplatz

Bei der Planung des Leninplatzes in Ost-Berlin ging man von der städtebaulichen Grundidee aus, die axialen Beziehungen zwischen dem Leninplatz, dem Strausberger Platz und dem Volkspark Friedrichshain darzustellen.[533] Durch seine Lage am Rande des Friedrichshains und in mitten eines neuen Wohngebietes, sollte der Leninplatz außerdem den Charakter und die Funktion eines gesellschaftlichen Mittelpunktes für die Bevölkerung erfüllen.[534] „Die Konzeption des neuen Leninplatzes, weiterentwickelt aus einer Wettbewerbsidee der Deutschen Bauakademie und das Ergebnis einer erfolgreichen, umfassenden Gemeinschaftsarbeit, soll die Synthese von sozialistischem Städtebau, Architektur und bildender Kunst zum Ausdruck bringen."[535] Ausgegangen war Heinz Mehlan, der das für den Leninplatz beauftragte Projektierungskollektiv leitete, dabei von einem früheren Entwurf von Hermann Henselmann aus dem Jahr 1967.[536]

Abb. 202: Ausführungsmodell für den Leninplatz von Mehlan und Tomski, ca. 1968. Im Vordergrund der Volkspark Friedrichshain mit Café. Der Volkspark sollte mittels einer Freitreppenanlage einbezogen werden. Auf der Spitze des Parks war ein Café in Leichtbauweise geplant.[537] Die Sichtachse führt zum Lenindenkmal und weiter zum Strausberger Platz.

Abb. 203: Modell des Leninplatzes von Hermann Henselmann aus dem Jahr 1967.

533 Mehlan (1969) S. 139
534 Horn (1969) S. 56, Mehlan (1969) S. 139
535 Mehlan (1969) S. 139
536 vgl. Palutzki (2000) S. 224 und S. 270
537 Mehlan (1969) S. 139

Der Leninplatz lag halbkreisförmig an der Leninallee. Dominiert wurde der Platz durch ein dreifach gestaffeltes Wohnhochhaus mit 16, 20 und 24 Obergeschossen, die jeweils leicht versetzt den Leninplatz nordöstlich begrenzten. Der Flachbau am Fuße des Hochhauses unterstützte die Halbkreisform „durch eine markante 1,20 m hohe Dachkante, die nach Westen hin ausschwingt."[538] Die westliche und südöstliche Bebauung erfolgte mit elfgeschossigen geschwungenen Wohnhäusern. „Die konvex gebogenen Teile der elfgeschossigen Wohnbauten stehen sich diagonal verschoben gegenüber. Dadurch wird die angestrebte Dynamik des Platzraumes noch gesteigert."[539]

Unübersehbarer gestalterischer Höhepunkt war das 18 m hohe monumentale Lenindenkmal, das 1969 von dem ehemaligen Präsidenten der sowjetischen Akademie der Künste, Professor Nikolai Tomski, fertiggestellt wurde. Nur durch die Hochhausdominante und die weitere rahmende Wohnbebauung war es möglich, ein solches gewaltiges Denkmal in den Platz einzugliedern. „Der Standort des Denkmals wurde im räumlichen Schwerpunkt des Platzes, auf der vor dem Wohnhochhaus liegenden Freifläche gewählt, der auch den vorhandenen Sichtbeziehungen am besten entspricht."[540] Der Platzgestaltung wurde nicht allein wegen des wichtigen Lenindenkmals eine große Aufmerksamkeit geschenkt: „Mit den vielgeschossigen Wohnbauten und Hochhäusern des modernen Städtebaus gewinnt die Sicht von oben auf die Freifläche zunehmend an Bedeutung. Das trifft in besonderem Maße auf Freiflächen zu, die das Denkmal unmittelbar umgeben. In Anbetracht ihrer Symmetrie und Regelmäßigkeit lag es deshalb nahe, ausgehend von dem kreisförmigen Denkmalssockel, hier die mit Natursteinplatten befestigten Flächen geometrisch zu gestalten. Hell- und dunkelgraue Granitplatten wurden strahlenförmig über die Fläche verteilt."[541] Der Denkmalsbereich wurde mit drei flachen Stufen optisch erhöht. Zwischen der Platzfläche des Denkmals und einer Stützmauer vor dem Wohnhochhaus war ein Rasenspiegel angelegt, der dem repräsentativen Raum eine feierliche Ruhe verleihen sollte. Die Stützmauer war gleichzeitig ein Hochbeet mit immergrünen Gehölzen und Rosen.[542]

Das vom Friedrichshain zur Leninallee abfallende Gelände wurde zur Platzbildung ausgenutzt. Durch die Stützmauern waren die unterschiedlichen Funktionsbereiche des Platzes abgegrenzt.[543] „Mit dem Hochbeet wird gleichzeitig das am Hochhaus liegende Gelände abgefangen. Es wirkt dadurch als niedrige Stützmauer, die den Denkmalsbereich nach hinten räumlich abschließt. Zwei

538 Mehlan (1971) S. 336.
539 Mehlan (1971) S. 336
540 Mehlan (1971) S. 336
541 Mehlan (1971) S. 338
542 Horn (1969) S. 56
543 Horn (1969) S. 56

Unterbrechungen mit Differenztreppen stellen die Verbindung vom Denkmal zum Hochhaus und in Richtung Friedrichshain her. Die Freiflächengestaltung der übrigen Abschnitte des Platzes ist ebenfalls integrierender Bestandteil der gesamten Konzeption des Platzes. Mit schwerpunktmäßig angeordneten Baumgruppen oder Baumreihen, Blumenfeldern, Rasenflächen und einer auf die Baufluchten bezogenen Wegführung wird der städtebauliche Grundgedanke unterstützt."[544] Alleen und Baumblöcke unterstrichen die gesamträumlichen Beziehungen des Leninplatzes zum Strausberger Platz, zum Friedrichshain sowie zur Mollstraße.[545] Der Leninplatz wurde 1970 eingeweiht. Ob er zu dem gewünschten gesellschaftlichen Mittelpunkt in der Nähe des Ost-Berliner Zentrums wurde, ist fraglich, denn er bot außer der Leninfigur, die symbolisch wie faktisch den größten Raum für sich beanspruchte, neben einigen Geschäften keinen nennenswerten Anziehungspunkt für einen angenehmen und interessanten Aufenthalt. Selbst die Gestaltung mit einigen Beeten und Bäumen kann nicht darüber hinwegtäuschen, dass der Platz in erster Linie den Sozialismus repräsentierte und ein verbindendes städtebauliches Glied zwischen dem Friedrichshain, der Leninallee und dem Strausberger Platz war.

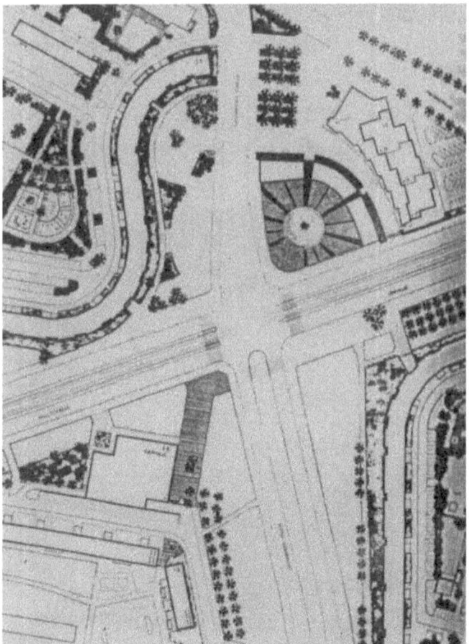

Abb. 204: Bestätigter Plan der Freiflächen des Leninplatzes, 1968.

Abb. 205: Das monumentale Lenindenkmal vor dem gestaffelten Wohnhochhaus kurz nach Fertigstellung im Jahr 1970. Gut zu erkennen, die strahlenförmige Gestaltung der Platzfläche, den Rasenspiegel, die die Platzfläche um das Denkmal rahmen, und die dahinter liegende Stützmauer.

544 Mehlan (1971) S. 338
545 Horn (1969) S. 56

Der Leninplatz / Der Platz der Vereinten Nationen heute

Das Lenindenkmal wurde 1991 stückweise abgetragen und am Rande Berlins vergraben. Durch dieses verschämte Abtragen von gebauter DDR-Geschichte wird unliebsame Vergangenheit aus dem Stadtbild entfernt. Dies zeigt auch der Abriss des Palastes der Republik am Berliner Schlossplatz.

1992 wurde der Leninplatz in „Platz der Vereinten Nationen“ umbenannt. An die Stelle des Lenindenkmals setzte man 1994 eine Brunnenanlage aus Granitsteinfindlingen, die nach Kontinenten bzw. Fundorten benannt sind. Aus fünf Findlingen sprudelt eine kleine Wasserfontäne. Statt des steinernen Platzes und den Rasenspiegeln liegt heute eine Fläche vor den Hochhäusern, die den Charakter einer Grünanlage besitzt. Eine Rasenfläche, in der die Brunnenanlage liegt, wird diagonal von einem Weg durchkreuzt, der zum Hochhausensemble führt. Gerahmt wird die Grünfläche durch einen zweireihigen Baumhalbkreis sowie durch Hochbeete, die mit Gehölzen bestanden sind. Hochbeete und Koniferen entstammen vermutlich noch der ursprünglichen Gestaltung des Leninplatzes. Bänke unterhalb der Baumreihe bieten die Möglichkeit der Ruhepause. Die Gestaltungselemente des ehemaligen Leninplatzes vor den anderen nahestehenden Hochhäusern, d.h. Hochbeete, Bänke, Baumreihen und Baumgruppen sind heute noch vorhanden und verbinden die Platzanlage optisch nicht nur über die Straßenkreuzung hinweg, sondern noch immer mit dem Strausberger Platz und dem Friedrichshain.

Abb. 206:
Die städtebauliche Achse vom Strausberger Platz zum Platz der Vereinten Nationen, 2005. Gut zu erkennen sind die Hochhausdominanten am ehemaligen Leninplatz und der Volkspark Friedrichshain dahinter.

Abb. 207: Der Platz der Vereinten Nationen im Jahr 2005: Das Lenindenkmal ist durch eine Brunnenanlage ersetzt worden. Der Entwurf des Brunnens stammt von Adalbert Maria Klees.

3.4.4 Reflexion: Platzgestaltungen in der DDR von 1955 bis 1970

Politik

Politisch und in Fragen des Städtebaus folgte die DDR den Entwicklungen in der Sowjetunion. Stalins Nachfolger Chruschtschow kritisierte den bisherigen Bau von repräsentativen Prestigeobjekten zu Ungunsten des dringend benötigten Wohnungsbaus. Er forderte, mit Hilfe von einer industriellen Bauweise schneller und billiger Wohnraum zu schaffen. Dieser Entscheidung schloss sich die Führung der DDR an; bis 1965 wollte man die Wohnungsnot gelöst haben.[546] Trotz der Forcierung des Wohnungsbaus wurde der Ausbau der Stadtzentren nicht vollkommen unterbrochen, doch der schleppende Aufbau der Zentren wurde im Sommer 1958 von Ulbricht auf dem V. Parteitag der SED kritisiert. 1958 wurde zum „umfassenden Aufbau des Sozialismus" aufgerufen. Bis 1962 sollten die letzten Schäden in den Zentren der Aufbaustädte beseitigt und bis 1965 die Neugestaltung der Zentren in der Hauptstadt sowie in einigen Bezirksstädten im Wesentlichen abgeschlossen sein.[547]

Vor dem Hintergrund der innerpolitischen Probleme, der innerdeutsche Flüchtlingsstrom in den Westen riss nie wirklich ab und wurde erst 1961 mit dem Mauerbau gestoppt, war es der DDR-Führung besonders wichtig, den „umfassenden Ausbau des Sozialismus" zu demonstrieren. Im Wettstreit der Systeme bemühte sich die DDR, durch städtebauliche und architektonische Leistungen „Weltniveau" zu diktieren. Plätze blieben weiterhin Teil der sozialistischen Aufbaupropaganda, und die Fortschritte beim Aufbau der Stadtzentren sollten sich in eindrucksvollen Ensembles spiegeln. Allerdings führte die zunehmende Ausstattung mit Gestaltungselementen dazu, dass viele der neuen Plätze nur noch eingeschränkt für Demonstrationen geeignet waren. Trotz vieler Bemühungen fehlte in den 60er Jahren in vielen Städten noch immer ein Zentraler Platz bzw. eine funktionierende Stadtmitte. Wettbewerbe fanden zwar statt und Beschlüsse wurden gefasst, doch die Ausführungen wiederholt verschoben, da der Wohnungsbau Vorrang genoss. Zu den finanziellen Schwierigkeiten kamen politische Hindernisse hinzu. Zu oft mussten Entwürfe überarbeitet werden, wenn sie nicht die ideologischen Vorgaben befriedigen konnten.

---

546 Durth et al (1999) S. 77

547 Topfstedt (1988) S. 11

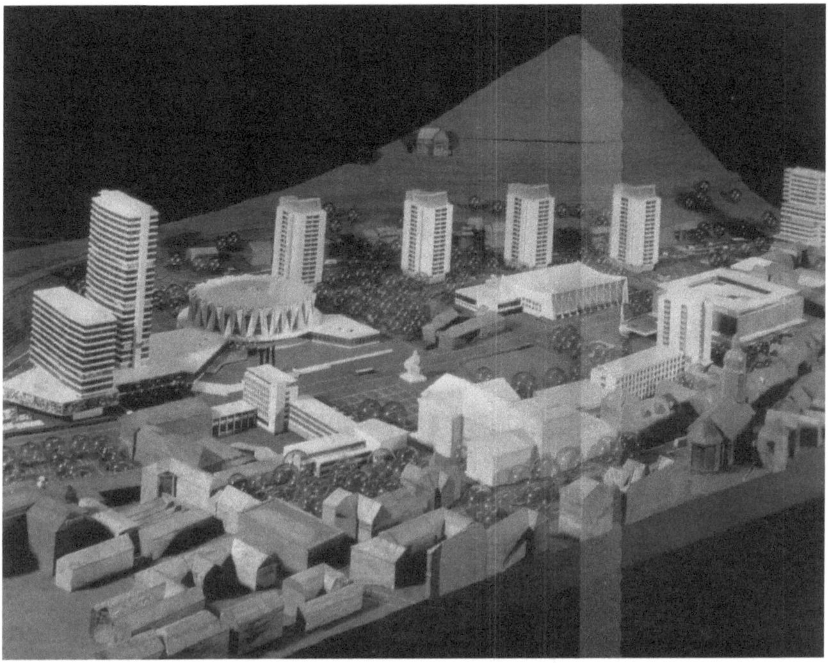

Abb. 208: Modell aus dem Jahr 1968 für das Stadtzentrum von Suhl. Das imponierende Ensemble wurde mit einigen Änderungen schließlich auch gebaut.

Während Politik und Städtebau und somit auch die Fachpresse sich genauestens mit den Zentralen Ensembles befassten, waren die traditionellen Quartiersplätze in der Öffentlichkeit und in der Fachliteratur kein Thema. Ähnlich wie in den 50er Jahren wurden diese Plätze zwar gestaltet und genutzt, doch ihre Rolle im großen politischen und städtebaulichen Ganzen wurde als zu gering betrachtet, als dass über sie berichtet wurde.

Städtebau und Einbindung in das Stadtgefüge

Die Zeit von 1955 bis 1970 ist in der DDR von der Suche nach neuen städtebaulichen Formen geprägt, die mit dem industriellen Bauen vereinbar sein sollten. Allerdings herrschte aufgrund des radikalen Umschwungs zunächst Unsicherheit. Während entweder Planungen aufgrund der veränderten Ziele stagnierten, wurden andernorts die ursprünglichen Entwürfe verworfen.[548] Um den veränder-

548 vgl. bspw. die Planung des Leipziger Zentrums. Siehe dazu Topfstedt (1988) S. 83

ten politischen Vorgaben und denen des industriellen Bauens Rechnung zu tragen, wurden 1960 zunächst die „Grundsätze der Planung und Gestaltung sozialistischer Stadtzentren“ erarbeitet, die zwar die „16 Grundsätze“ von 1950 zur Basis hatten, doch den neuen Zielen angepasst wurden. 1965 gab die Deutsche Bauakademie schließlich die „Grundsätze der Planung und Gestaltung der Städte in der DDR in der Periode des umfassenden Aufbaus des Sozialismus“ heraus, die eine endgültige Überarbeitung der Grundsätze von 1960 darstellten.

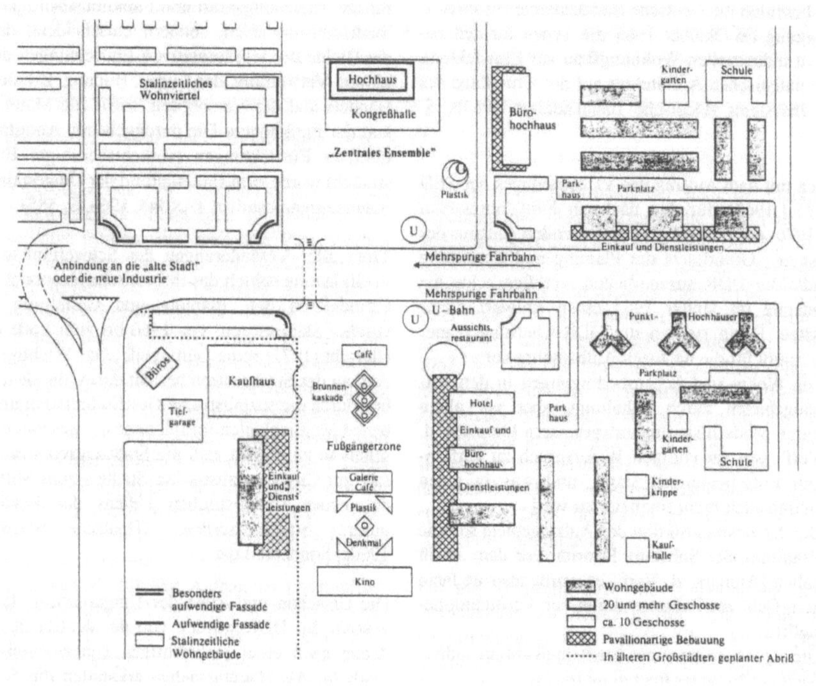

Abb. 209: Schema eines innerstädtischen Zentrums in der DDR der 60er bis 70er Jahre. Die Übersicht zeigt die Grundidee der veränderten städtebaulichen Auffassungen: Das Zentrum ist weiter und offener geworden. Urbanität und Leben sollen durch die Mischung von Wohnen und Arbeiten, durch Kinos, Läden und Gaststätten in die Zentren gelangen. Die wichtigsten gesellschaftlichen Bauten befinden sich aber noch immer im Stadtzentrum.

Die Grundsätze von 1965 zeigten einen Wandel hinsichtlich der funktionellen Mischung der Stadtzentren. Waren laut den „16 Grundsätzen von 1950“ die Stadtzentren von Wohnbebauung noch weitgehend freizuhalten und öffentlichen und staatlichen Gebäuden Vorrang einzuräumen, war mittlerweile eine Mischung mit Wohnbauten ausdrücklich erwünscht. Ziel war es, ähnlich wie in der BRD, ein urbanes Stadtleben zu fördern. In der BRD hatten man allerdings vor allem in den Neubausiedlungen das urbane Leben vermisst, nicht in den innerstädtischen Zentren. In Ost-Deutschland hingegen waren es die Zentralen Plätze, die jenseits von Aufmärschen und Festen leer blieben und Missfallen hervorriefen. Eine weitere Parallele zum westdeutschen Städtebau ist in der neuen Forderung nach Weiträumigkeit und Großzügigkeit zu sehen, die nun nicht nur die Plätze, sondern auch die städtebauliche Gesamtstruktur der Stadtzentren in der DDR bestimmen sollte. Zeitversetzt hatte die DDR damit den Anschluss an die westlichen Strömungen gefunden, die in der gegliederten und aufgelockerten Stadt das Stadtideal gesehen hatten, wenn sich auch in der BRD zu Beginn der 60er Jahre bereits das neue Ideal von „Urbanität durch Dichte“ durchgesetzt hatte. Eventuelle Gemeinsamkeiten mit dem westlichen Städtebau ignorierte die DDR allerdings und stellte die scheinbaren Neuerungen als sozialistische Errungenschaften dar.

Der Bau von großen, repräsentativen und urbanen Plätzen im Zusammenhang mit zentralen Ensembles konzentrierte sich hauptsächlich in den Zentren der Innenstädte und der Neubauquartiere. Unabhängig davon, ob es sich um einen Platzumbau oder -neubau handelte, waren die Plätze stets in die städtebauliche Gesamtkonzeption eingefügt. Sie lagen entweder innerhalb einer Platzfolge, an Magistralen oder an anderen wichtigen Punkten in der Stadt.

Während Anfang der 60er Jahre die Zentralen Plätze zumeist noch eine vollständige Fassung durch umliegende Gebäude oder prägnante Straßen aufwiesen, begann sich ab Mitte der 60er Jahre die Platzfassung bis 1970 zunehmend aufzulösen. Es bildeten sich auf den Plätzen unterschiedliche Räume: Repräsentative oder mehr intime, Räume mit Durchgangscharakter oder solche zum Aufenthalt. Es entstanden bandartige, langgestreckte Zentren, die oftmals mit einer Fußgängerzone, einer sogenannten Fußgängermagistralen, verknüpft wurden, denn „das Stadtzentrum lebt in erster Linie davon, begehbarer Raum zu sein.“[549] In der Folge gingen einige Plätze in Fußgängerzonen über. Die Abgrenzung gegenüber dem Straßenraum erfolgte durch das Höher- oder Tieferlegen der Platzfläche, durch einen anderen Flächenbelag, durch Mauern oder durch Beete. Die Belebung der Zentren geschah durch Kinos, Geschäfte, Hotels und Wohnbauten sowie wichtige Repräsentationsgebäude der Industrie. Dementsprechend fanden sich solche Gebäude an den zentralen Platzensembles.

Bedeutend weniger städtebauliche Einbindung erfuhren die kleinen Plätze in den Neubaugebieten. Sie waren in der Regel nur Vorbereich u.a. von Kaufhallen, Bibliotheken oder Apotheken. Nur selten setzten sie gestalterische Akzente im Stadtgefüge.

549 Behr; Wilcke (1964) S. 59

Abb. 210: Hoyerswerda in den Bauphasen zwischen 1955 und 1965. Urbanen Raum gibt es zwischen den Neubauten nur selten. Bestimmend sind die weiten Rasenflächen zwischen den Häusern.

Funktion und Nutzung

Während der Zentrale Platz der 50er Jahre noch ausschließlich für Demonstrationen und für die sozialistische Repräsentation konzipiert war, erweiterte sich in der 60er Jahren die Funktion der großen Stadtplätze sowohl in den innerstädtischen Gebieten als auch in den Zentren der Neubausiedlungen.

Zentrale Ensembles

Die Plätze der zentralen Ensembles sollten attraktive, belebte Punkte innerhalb der Stadtzentren werden. „Im Zentrum der Stadt konzentriert sich das gesellschaftliche, kulturelle und politische Leben der Bevölkerung. Hier sind die wichtigsten Einrichtungen für die Versorgung, die Freizeitgestaltung und die Bildung angeordnet. Durch eine starke Konzentration gesellschaftlicher Einrichtungen und die unmittelbare Nachbarschaft von Wohnbebauung hoher Dichte soll erreicht werden, daß die Vielfalt großzügig und abwechslungsreich gestalteter Räume ständig vom pulsierenden Leben erfüllt ist.“[550]

550 Anonym (1968) S. 4

Abb. 211: Der Alexanderplatz in Ost-Berlin, 1973. Ab 1966 wurde die Platzanlage nach Plänen von Joachim Näther und Peter Schweizer gebaut. Zusammen mit dem Fernsehturm und den umliegenden Gebäuden zeigt der Alexanderplatz den Stolz über den technischen Fortschritt und den Glauben an eine bessere, sozialistische Zukunft.

Neben der Platzgestaltung selbst sollten Kinos, Geschäfte, Kaufhäuser, Hotels und Kulturhäuser und Bauten der Industrie das immer wieder beschworene lebendige Treiben auf den Plätzen gewährleisten. Fußgängerzonen in Verbindung zu Plätzen trugen ebenfalls zur Belebung bei. Bei allen Bemühungen, den Bürgern vielfach nutzbare Plätze anzubieten, auf denen man sich treffen, erholen und am Stadtleben teilnehmen konnte, hatten die zentralen Ensembles auch einen wichtigen politischen Zweck: Gerade im Wettstreit der Systeme und beim Aufbau des sozialistischen Staates mussten die Entwürfe die Versprechungen eines besseren Lebens widerspiegeln.

Kleine Plätze in den Neubaugebieten

Während die Plätze in den Zentren der Neubaugebiete die gleichen wichtigen Funktionen wie die in den innerstädtischen Gebieten einnahmen, erhielten kleine Plätze weniger planerische Aufmerksamkeit. Sie waren in der Regel nur Vorbereich der Nebenzentren mit ihren Kaufhallen, Zweigbibliotheken oder Apotheken. Nur selten lud die Gestaltung ein, sich dort länger aufzuhalten.

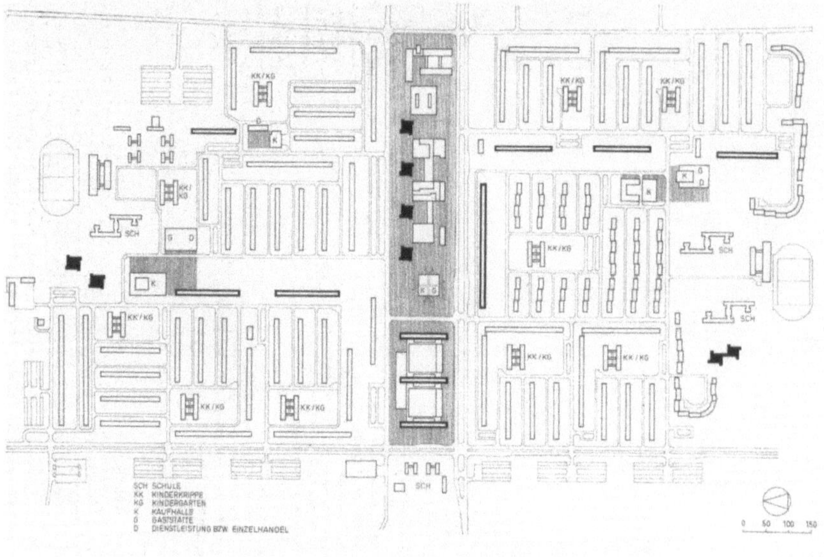

Abb. 212: Lageplan des Neubaugebietes Rostock-Lütten-Klein, Ende der 1960er Jahre. Außerhalb des langgestreckten Versorgungszentrums sind Platzbereiche (schraffiert) nur an den Kaufhallen (K) vorgesehen.

Planerwünsche und Nutzerwünsche

Die Wünsche und Vorstellungen, mit denen die Planer die Plätze und Zentren konzipierten, zeigen, wie sehr die Entwerfer bemüht waren, die neuen Grundsätze von 1965 abzuarbeiten: Stets sind die Plätze „Höhepunkte“ des städtebaulichen Konzepts oder sind „pulsierende Zentren des gesellschaftlichen Lebens“. Die Zusammenarbeit mit den zukünftigen Nutzern fand nur in Ausnahmefällen statt. Beim Postplatz in Dresden wurden die Arbeiten ausgestellt und eine Meinungsäußerung ermöglicht, beim Zentralen Platz in Dessau sollten die Anregungen der Bürger im Ideenwettbewerb „Wir alle gestalten das Morgen“ in die endgültige Platzplanung mit einfließen.[551]

Mit ihren hochfliegenden, futuristischen Ideen kamen die Planer der DDR-Führung entgegen, die architektonische Höhepunkte zum Beweis des sozialistischen Siegeszugs sehen wollte. Wie in der BRD war das Vertrauen in die tech-

551 vgl. IRS (1998) S. 127

nische Machbarkeit immens und die Entwürfe wurden immer größer dimensioniert.

Gestaltung der Plätze

Wenn auch grundsätzlich zwischen den ambitionierten Plätzen der zentralen Ensembles und den schlichten Vorplätzen in den Neubaugebieten unterschieden werden muss, so gelten die folgenden Gestaltungsmerkmale in der Zeit zwischen 1955 und 1970 durchaus für beide Platztypen. Bei den schlichten Vorplätzen waren die Gestaltungsformen allerdings weit weniger ausgeprägt.

Ausstattung

Nachdem die Zentralen Plätze in den 50er Jahren lediglich leere Flächen gewesen waren, wurden die Plätze in den Zentren nun mit sehr vielen Gestaltungselementen versehen. Die Anzahl der Demonstranten bestimmte nicht mehr das Aussehen; vielfach waren die Plätze durch Vertiefungen, Treppenanlagen oder Wasserbecken für Aufmärsche gar nicht mehr nutzbar. Plätze konnten, wie bereits erwähnt, ein paar Stufen höher oder tiefer liegen, damit sie sich vom bandartigen Fußgängerzentrum abhoben. Diese optische Fassung konnte durch ein besonderes Flächenmuster oder einen anderen Belag verstärkt werden.

Abb. 213: Quadratische Wasserbecken mit Wasserspielen und Pflanzschalen schmücken in den 60er Jahren den Raum vor dem Kulturhaus am Dresdner Altmarkt.

Abb. 214: Wasserbecken, Fahnenstangen und der gerasterte Flächenbelag befanden sich auch 2005 noch vor dem Dresdner Kulturhaus.

Abb. 215: Vorbereich einer Kaufhalle in Schwedt/Oder mit Hochbeet, Ende der 1960er Jahre.

Abb. 216: Kleiner Platzraum vor einem Café in Halle-Neustadt, 1960er Jahre. Ein quadratisches Wasserbecken und ein ebensolches Pflanzhochbeet gestalten mit ebenerdigen Strauchpflanzungen den Raum.

Zusätzlich fanden sich quadratische oder rechteckige Wasserbecken auf den Plätzen, teilweise sogar mit Wasserspielen, sowie niedrige Pflanzbeete und Hochbeete mit Stauden und Sommerblumen. Die Gestaltung mit Bäumen und Sträuchern geschah nur sparsam. Die Sitzgelegenheiten bestanden aus Bänken, teilweise ohne Lehne, sowie in einigen Fällen aus Einzelstühlen. All diese Ausstattungen fanden sich auch auf den City-Plätzen in der BRD, die allerdings weniger weiträumig waren. Häufig wurde die Platzgestaltung durch Plastiken und Denkmale ergänzt.

Die kleinen Plätze in den Neubaugebieten vor den Kaufhallen etc. waren deutlich einfacher ausgestattet. Zwar fanden sich auch hier Pflanzflächen und Bänke sowie gelegentlich Skulpturen und Wasserbecken, doch handelte es sich in der Regel nur um ein einziges Becken ohne Sprudler oder sehr wenige Beete. Bäume fanden sich selten. Insgesamt beschränkte sich die Ausstattung auf ein gestalterisches Mindestmaß, das nur wenig konkrete und aktive Nutzungsmöglichkeiten bot. Erholung fand in den sonstigen Freiräumen der Siedlung oder in den sogenannten Kulturparks statt.[552]

Formensprache

Auffallend ist die Grundform des Rasters, das die gesamte Platzgestaltung prägte. Ob als Quadrat oder als Rechteck: Wie eine Schablone durchzog eine Rasterung sowohl die Gesamtkonzeption als auch die Details. Plattenbeläge orientierten sich am Raster, teilweise sogar ergänzt durch strukturierende Bänder, die

552vgl. auch Greiner (1991) S. 12

nochmals größere Rechtecke abstecken. Auf diese Weise wurde der optische Zusammenhalt erneut verstärkt.[553] In das Raster fügten sich quadratische oder rechteckige Hochbeete und Wasserbecken ein. Selbst Bäume standen oftmals gereiht entlang der optischen Linien.

Abb. 217:
Wo nach dem Zweiten Weltkrieg der Zentrale Platz von Rostock vorgesehen war, entstand in den 1960er Jahren vor dem Haus der Schifffahrt ein quadratischer Platz, der in Formgebung und Stadtrepräsentation Ähnlichkeiten mit den City-Plätzen der BRD der selben Zeit aufweist.

Im Laufe der 60er Jahre wurde die Form des quadratisch-rechteckigen Rasters in der DDR durch die des unregelmäßigen Sechsecks oder des Vielecks ergänzt. Die Gestaltungsformen verschachtelten sich ähnlich wie in der BRD und waren nicht mehr klar und geradlinig. Trotz dieser neuen Formen blieben Quadrat und Rechteck das meist benutzte Formelement bei der Gestaltung von Stadtplätzen.

553 Die immer wiederkehrende Bänderung mit verschiedenfarbigen rechteckigen oder quadratischen Platten hatte allerdings nicht nur gestalterische Intentionen. Die Materialauswahl blieb in der DDR stets eingeschränkt, Sonderanfertigungen waren aus Kostengründen so gut wie nie möglich. Es blieb daher meist nur die Möglichkeit, mit quadratischen Steinen zu arbeiten, die wiederum die quadratisch-rechteckige Gestaltungsform aufnahmen. (Kister (2005) mündlich).

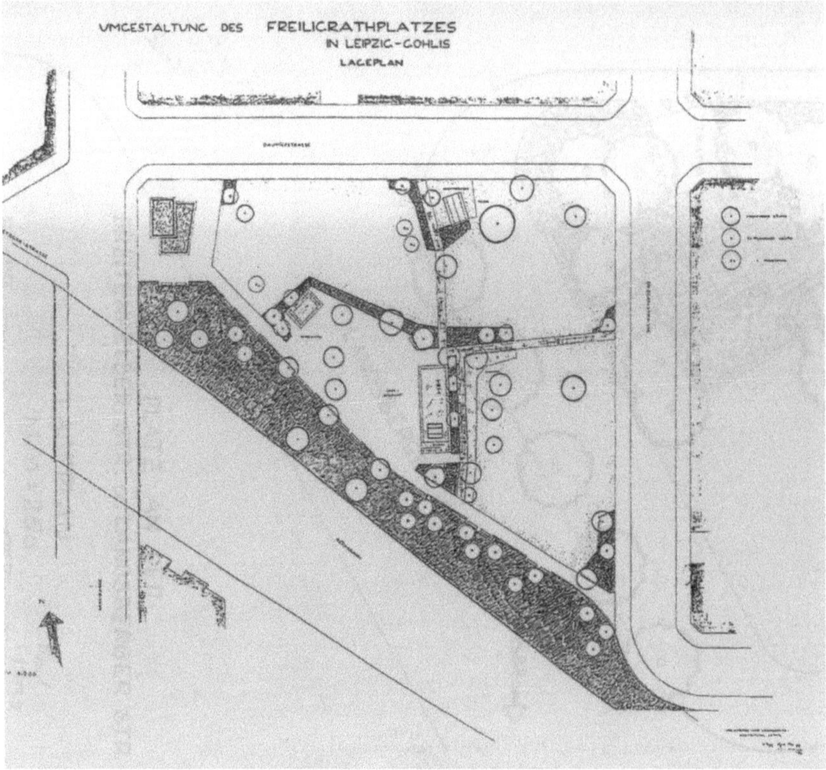

Abb. 218: Entwurf für die Umgestaltung des Leipziger Freiligrathplatzes von Wolfgang Herzog, 1961/1963. Statt einer Rasterung bestimmen betont eckig-asymmetrische Figuren den Entwurf.

3.5 Rücksicherung in der Geschichte: Platzgestaltungen in der BRD von 1973 bis 1990

Durch die sogenannte „Ölkrise“ war das Jahr 1973 ein tiefer Einschnitt in der Geschichte der BRD. Die „Grenzen des Wachstums“ waren erreicht, nicht alles Denkbare erschien mehr machbar. In der Folge wurden die einst immer größer dimensionierten städtebaulichen Projekte bedeutend verkleinert. Man richtete sich im Bestand ein und versuchte, sich anhand des Vorhandenen weiterzuentwickeln. Stadtteilplätze erlebten eine große Renaissance. Es erfolgte eine „Wiederentdeckung“ dieser städtischen Räume und man gestaltete sie im Rahmen von Sanierungsprogrammen oder Wohnumfeldverbesserungen um.

3.5.1 Politische Situation in der BRD von 1973 bis 1990 und ihr Einfluss auf die Anlage von Stadtplätzen

Das Jahr 1973 war weltweit von der Ölkrise geprägt. Auch die BRD, mittlerweile zu einer international agierenden Wirtschaftsmacht aufgestiegen, traf dies schwer. „Autofreie Straßen und Autobahnen veranschaulichen im November 1973 die Dramatik der ersten Ölkrise. Die arabischen Förderländer haben nach dem Yom-Kippur-Krieg im Oktober 1973 eine Mengenverknappung und drastische Verteuerung des Erdöls beschlossen, um die westlichen Industrieländer zu zwingen, ihre Unterstützung für Israel einzustellen. Die Erpressung misslingt, doch die Krise markiert den Beginn einer wirtschaftlichen Wende und das Ende unbedingter Fortschrittsgläubigkeit. Düstere Prognosen des „Club of Rome“ über „die Grenzen des Wachstums“ scheinen sich nun überraschend schnell zu bewahrheiten.“[554] Die zweite Nahostkrise 1978/79 führte erneut zu einer Erhöhung der Erdölpreise.

Innenpolitische Probleme

Die Ölkrise bewirkte die stärkste Rezession seit dem Zweiten Weltkrieg. Zu der wirtschaftlichen Krise kamen im Jahr 1974 weitere Probleme: Günther Guillaume, der persönliche Referent des Kanzlers, wurde im April 1974 als DDR-Spion enttarnt. Guillaumes detaillierte Kenntnisse über das Privatleben des Kanzlers führten schließlich zum Rücktritt Brandts. Sein Nachfolger wurde Helmut Schmidt.

554 Görtemaker (2002) S. 262

Innerpolitisch hatte die BRD in den 70er Jahren außerdem mit dem Terrorismus der „Rote Armee Fraktion“ (RAF) zu kämpfen. Gewaltbereite Gruppen hatten sich aus den Studentenprotesten abgesondert, um „das angeblich vom staatlichen Herrschaftsapparat eingeschüchterte und von den Massenmedien manipulierte Volk zum bewaffneten Kampf zu ermutigen.“[555] Im Sommer 1970 begann eine erste Serie von Brand- und Sprengstoffattentaten. Trotz der Verhaftung führender Köpfe der RAF im Juni 1972 erfolgten weitere Terroraktionen, darunter die Besetzung der deutschen Botschaft in Stockholm. 1977 erreichten die Gewalttaten mit der Ermordung Hanns Martin Schleyers, dem Präsidenten der Bundesvereinigung der Deutschen Arbeitgeberverbände und des Bundesverbandes der Deutschen Industrie, ihren Höhepunkt.

Zum innerdeutschen Terror kam die Bedrohung durch das Aufflackern des Kalten Krieges: Die sowjetische Führung begann, neue Mittelstreckenraketen aufstellen, die Ziele in Westeuropa anvisierten. Helmut Schmidt drängte die westliche Allianz, entweder die Sowjetunion zum Abbau der Raketen zu bewegen oder aber eine nachholende Aufrüstung zu beschließen, wenn ein Gleichgewicht nicht anders erreicht werden könne. Das Ergebnis war der Doppelbeschluss des NATO-Ministerrates vom 12. Dezember 1979. Er kündigte die Stationierung von nuklearen Waffensystemen in Westeuropa an, die die Sowjetunion unmittelbar bedrohen würden, und schlug gleichzeitig der politischen Führung in Moskau Verhandlungen über den Abbau deren SS-20-Raketen vor. Erst nach dem Scheitern dieser Verhandlungen sollte die westliche Nachrüstung beginnen.

Die Ölkrise, die Friedensbewegungen aufgrund der Auseinandersetzungen um den Doppelbeschluss und die zunehmende Umweltverschmutzung sensibilisierten die Bevölkerung: Bürgerinitiativen bildeten sich, um verschiedenste Interessen zu vertreten, u.a. für eine ökologisch orientierte Politik und mehr bürgerliche Mitbestimmung bei Planungsvorhaben.

Bürgerbeteilung bei Projekten

Fester Bestandteil der Planung bei öffentlichen Bauvorhaben wurde die „frühzeitige Bürgerbeteilung“ im Jahr 1976. Politik und Planer lösten das von vielen Bürgern geforderte Mitspracherecht ein. Dieser erweiterte Planungsprozess stand früh im Zentrum von Diskussionen und Analysen. So zeigten Nelles und Oppelmann im Jahr 1979 anhand einer Untersuchung von verschiedenen Sanierungsgebieten Vorteile und Defizite der Bürgerbeteiligung auf: Die Kommunen waren in der Regel mit dem neuen Vorgehen zufrieden, denn nun konnten Planungen rationell nachvollziehbarer gestaltet und ihre Qualität verbessert werden. Allerdings kritisierten die Kommunen, dass die Bürger sich nicht früh genug

555 Görtemaker (2002) S. 313

aktiv an den Planungen beteiligten.[556] Nelles und Oppelmann hielten allerdings dagegen, dass eine aktive Mitarbeit für die betroffenen Bürger ein hohes Maß ein Zeiteinsatz sowie zum Teil auch Kosten durch einen eventuellen Mitgliedbeitrag in Bürgerinitiativen und Vereinen oder andere Aufwendungen bedeutete.[557] Kritisiert wurde auch, dass „ein ansonsten zum passiven „Politikempfänger“ verkürzter Bürger nicht durch plötzliche Informationsüberschüttung zu einem informierten und kompetenten Politikteilnehmer gemacht werden kann, zumal dann nicht, wenn die Informationen seitens der Stadt in der bei ihr üblichen abstrakten und unanschaulichen Sprache der Planer vermittelt werden, die von den Betroffenen nicht verstanden wird.“[558] Grundsätzlich wurde die Bürgerbeteiligung von Nelles und Oppelmann jedoch positiv als wichtige Innovation bewertet, wenn auch der Glaube an Erfolgsaussichten je nach Region und Kommune unter den Bürgern schwankte.[559]

Abb. 219: Unterschriftenaktion einer Bürgerinitiative, die Mitte der 1980er Jahre gegen die Umgestaltungspläne des Viehmarktes in Trier protestierte.

Allerdings reichte die Bürgerbeteiligung bei Gestaltungsfragen allein vielen Bürgern nicht aus: „Nicht mehr nur eine bloße Beteiligung an Planungsprozessen wird von den Bürgern gefordert, verlangt werden nun Möglichkeiten selbstbestimmter Freiraumaneignung.“[560] Tessin führte dies auf die mittlerweile verbesserten Lebensbedingungen zurück, denn „die zunehmenden Bürgerproteste über fehlende Kindergärten, zu viel Lärm in den Straßen usw. indizieren eine wachsende Bedeutung bzw. Aufmerksamkeit der Bewohner für das Wohnumfeld, z.T. wohl auch weil die ärgsten Wohnungsprobleme für einen Großteil der Bevölkerung beseitigt sind.“[561]

556 Nelles; Oppelmann (1979) S. 32
557 Nelles; Oppelmann (1979) S. 32
558 Nelles; Oppelmann (1979) S. 37
559 Nelles; Oppelmann (1979) S. 32f.
560 Milchert (1985) S. 647
561 Tessin (1977) S. 114

Für den Landschaftsarchitekten bedeutete der Wunsch nach aktiver Mitgestaltung der Bürger im ureigensten Sinne eine neue Herausforderung: „Die traditionelle Aufgabenstruktur der Landschaftsarchitekten als Gestalter ändert sich: er bringt in den Gestaltungsprozeß nunmehr seine fachlichen Kenntnisse ein, er ist nicht mehr der alleinige Produzent. Der radikale Funktionalismus in der Landschaftsarchitektur möchte durch eine Förderung von Eigengestaltungs- und Selbsthilfemaßnahmen den Identifikationsprozeß der Nutzer mit ihrem Freiraum entwickeln.“[562] Für Plätze in Wohngebieten wurden daher zunehmend Planungswerkstätten durchgeführt um sicherzustellen, dass die späteren Nutzer die neuen Treffpunkte auch akzeptierten, wie beispielsweise für den Jungbuschplatz in Mannheim-Jungbusch.[563]

Bürgerinitiativen beschränkten sich bei ihren Aktionen nicht allein auf die unmittelbaren Wohngebiete, sondern auch auf wichtige und traditionsreiche Stadtplätze, wenn diese aufgrund von umfangreichen Baumaßnahmen drohten, ihr Gesicht zu verlieren. So entspann sich Mitte der 80er Jahre in Trier zwischen Bürgerbündnissen und der Stadtverwaltung eine langanhaltende Diskussion über den Umbau des Viehmarktes. Die Bürger fürchteten, dass der Neubau der Sparkasse und der Bau einer Tiefgarage die Platzdimensionen sprengen und die Aufenthaltsqualität des Viehmarktes mindern würde. Kritisiert wurde neben dem Mangel an Grün auch, dass die archäologischen Funde auf dem Viehmarkt zerstört werden würden.[564] In der Folge fanden nicht nur zahlreiche Planungswerkstätten und Diskussionsforen statt, sondern auch ganz konkrete Bürgeraktionen, wie zum Beispiel das Sammeln von Unterschriften oder Plakatierungen am Bauzaun.[565]

Kohl wird Kanzler

1982 zerbrach die sozial-liberale Koalition. Zur Nachrüstungsfrage sowie zur Wirtschafts- und Finanzpolitik konnte keine Einigung erzielt werden. „Angesichts eines deutlichen Konjunktureinbruchs nach der zweiten Ölpreisexplosion 1979, wachsender Arbeitslosigkeit und steigender Inflationsraten plädierte der liberale Koalitionspartner immer deutlicher für harte Einschnitte bei den staatlichen Ausgaben und für eine weitere wirtschaftspolitische Umsteuerung im Sinne einer angebotsorientierten Politik.“[566] Neuer Kanzler wurde Helmut Kohl. Vorgezogene Neuwahlen im Jahr 1983 bestätigten die christlich-liberale Regie-

---

562 Milchert (1985) S. 648

563 vgl. Paulitschek (1984)

564 Seit 1998 sind die „Viehmarktthermen“ am Viehmarktplatz eröffnet. Hier können die Fundamente eines römischen Bades, mittelalterliche Abfallgruben und die Kellerräume des barocken Kapuzinerklosters besucht werden.

565 vgl. Heinrich et al (1989)

566 Recker (2002) S. 84

rung, die den NATO-Doppelbeschluss befürwortete. Als internationale Verhandlungen in Genf zum Abbau der sowjetischen SS-20-Raketen erneut kein Ergebnis erbrachten, stimmte der Bundestag schließlich 1983 der Stationierung neuer Waffensysteme zu.

Zu den dringlichsten innerpolitischen Aufgaben der neuen Regierung gehörte die Überwindung der Wirtschaftskrise und die Konsolidierung des Bundeshaushaltes. Zwar konnte die Konjunktur wiederbelebt, die Inflation gesenkt, die Wachstumskräfte gestärkt und das Exportvolumen weiter erhöht werden, doch die Arbeitslosenrate war trotz aller Bemühungen 1989 auf zwei Millionen Personen angestiegen.[567] Außenpolitisch setzte Kohl auf die Annährung an die DDR. Durch umfangreiche Kredite wurde die Regierung der DDR zu Zugeständnissen in humanitären Fragen, zur Lockerung des rigiden Grenzregimes und zur Ausweitung der Kontakte zwischen beiden Staaten veranlasst.

Die deutsche Wiedervereinigung

Die Wende im Herbst 1989, die Öffnung der DDR-Grenzen am 9. November und der letztendliche Zusammenbruch der DDR-Regierung kam für die westdeutsche Bundesregierung überraschend. „Der Freude über die Vorgänge in der DDR und im ganzen Ostblock und der Hoffnung, der Einheit der Nation vielleicht schon bald näher kommen zu können, stand die Furcht gegenüber, durch unbedachte Äußerungen und Schritte die Situation weiter zu verschärfen."[568] Die ersten freien Wahlen fanden in der DDR jedoch bereits am 18. März 1990 statt. Unmittelbar nach Bildung einer Regierung nahm Ministerpräsident Lothar de Mazière in Ost-Berlin mit der Bundesrepublik Gespräche auf, um über die Wirtschafts- und Währungsunion sowie über weitere notwendige Schritte auf dem Weg zur staatlichen Einheit zu sprechen. Am 3. Oktober 1990 konnte die Wiedervereinigung der beiden Teile Deutschlands vollzogen werden.

567 Recker (2002) S. 86
568 Recker (2002) S. 93

3.5.2 Städtebau in der BRD von 1973 bis 1990 und sein Einfluss auf die Anlage von Stadtplätzen

Der Bau von Großwohnsiedlungen hielt bis Anfang der 70er Jahre an. Die Planungseuphorie und der Glaube an ein andauerndes Wachstum wurden zunächst auch nicht durch die Erklärungen des Club of Rome gebremst, der 1972 seinen „Bericht zur Lage der Menschheit" vorlegte. Die Warnungen, wenn die „Zunahme der Weltbevölkerung, der Industrialisierung, der Umweltverschmutzung, der Nahrungsmittelproduktion und der Ausbeutung der natürlichen Rohstoffe" anhalte, wären innerhalb eines Jahrhunderts die „Grenzen des Wachstums"[569] erreicht, fanden zunächst keinerlei Resonanz.

Blick auf den Bestand

Erst die sogenannte Ölkrise im Jahr 1973 führte die BRD zum Richtungswechsel. Der Blick der Planer richtete sich nun auf den Bestand. Was folgte, war Kritik an dem bisher Erreichten, denn die Großsiedlungen hatten selten die gewünschte urbane Atmosphäre entstehen lassen. Und auch für die Innenstädte hatte Bahrdt bereits 1969 gefordert: „So imposant der flutende Autoverkehr sein mag, zur Teilhabe an der Öffentlichkeit einer Stadt, zum Bewegen in der Öffentlichkeit gehört eine Gelassenheit, die nur der Fußgänger aufbringen kann. Hierzu muß man ihm wieder eine Chance geben, indem man ihm einen Teil der Straßen und Plätze zurückgibt, den Fahrverkehr jedoch an die Peripherie verweist."[570] Bahrdt plädierte damit nicht für ein völlige Verbannung des Autoverkehrs aus der City: „Vielmehr müssen auch hier wieder zwei Systeme der Verästelung angestrebt werden: in der Mitte die nunmehr öffentlichen Plätze, Wege und Passagen für Fußgänger, von außen nach innengreifend die Straßen und Parkplätze für den Autoverkehr."[571]

Die Gestaltung des öffentlichen Raumes erhielt mit dem Blick auf den Bestand in der BRD nun vermehrt Aufmerksamkeit. „Seit dem Beginn der 70er Jahre kommt es deshalb zu einem neuen Leitmotiv des Städtebaus, zur Verbesserung der Stadtgestalt und des Wohnumfelds. Die Zeit der Fußgängerzonen und Verkehrsberuhigungen (...), die Zeit der Verbesserungen des Wohnumfelds und umfassender stadtgestalterischer Korrekturen brach an. Auch Modernisierung und Sanierung sind seitdem wesentliche Zielsetzung städtebaulichen Handels."[572]

569 Meadow, Dennis (1972): Die Grenzen des Wachstums. Bericht des Club of Rome zur Lage der Menschheit. Stuttgart. S. 17. In: Düwel; Gutschow (2001) S. 239

570 Bahrdt (1969) S. 146

571 Bahrdt (1969) S. 146

572 Borchard (1989) S. 1325

Planungsgebiete waren in erster Linie Innenstadtbereiche, Altbauwohngebiete sowie Altstädte. Unterstützt wurde diese städtebauliche Trendwende auch durch das Europäische Denkmalschutzjahr 1975, das die Berücksichtigung des historischen Bestands forcierte.

Durch ein gewachsenes Umweltbewusstsein erhielten zudem ökologische Aspekte zunehmend Bedeutung in der Stadtplanung. Daneben war eine Funktionsmischung in einem ausgewogenen und sinnvollen Maß Bestandteil im neuen Leitbild der „nachhaltigen Stadtentwicklung". Wohnen, Arbeiten und Freizeit sollten sich in den Stadtvierteln mischen und eine neue – alte – Lebensqualität schaffen.

Abb. 220: Ian Hamilton Finlay: „Adornos Hütte" (1986/87). Knalliges Rot, Stahl und Holz verfremden das Architekturzitat eines klassischen Tempels postmodern.

Abb. 221: Piazza d'Italia (1976-1979) in New Orleans (USA) von Charles Moore. Italienische Formen der Klassik und der Renaissance sind mit Neonlicht und metallenen Kapitellen verbunden.

Die Postmoderne

In West-Berlin hatten die Erfahrungen der 60er Jahre, die ersten Versuche mit Partizipationsmodellen und die Kritik am Märkischen Viertel zur neuen Internationalen Bauausstellung (IBA) geführt, die in den 80er Jahren fruchtbare Architekturdiskurse einleitete. Die West-Berliner IBA hatte drei Ziele: die Innenstadt wieder bewohnbar zu machen, die Rekonstruktion des historischen Stadtgrundrisses sowie die Revitalisierung des vernachlässigten Bezirks Kreuzberg durch „behutsame Stadterneuerung". Die Vorbereitungen zur IBA ebneten das neue städtebauliche Ideal der „Stadtreparatur durch kritische Rekonstruktion". Die historische Struktur der Stadt wurde zur Planungsgrundlage erhoben, auf der

Neues entstehen sollte. Als Folge wurden wieder Blockrandbebauungen gebaut und Stadträume durch die Wiederaufnahme von historischen Fluchtlinien erneut erlebbar gemacht.[573]

Abb. 222: Der Friedensplatz in Dortmund zeigt Gestaltungsmerkmale der Postmoderne. Die Platzfläche nimmt geometrische Muster auf, die an Gartenkompartimente der Renaissance und des Barocks erinnern. Ein Obelisk steht in moderner Version in der Platzmitte. Arkaden und ein überdimensionierter Portikus rahmen den Platz seitlich.

Auch bei der Anlage von Bauten und Plätzen zeigte sich die Hinwendung zu historischen Vorbildern: Die Postmoderne hielt Einzug in die Gestaltung und erinnerte mit ihren baulichen Reminiszenzen an vormalige architektonische Epochen. In der Architekturtheorie wird die Postmoderne assoziiert „mit den Vorstellungen des bequemen Ausweichens in eine populistische Genußszene, wo die grelle Farbigkeit einer Lollypop-Kultur sich verbindet mit der künstlichen Patina eines Nostalgie-Historismus. (...) In der Architekturkritik wird heute der Begriff der Postmoderne vor allem angewendet, wenn eine historisierende Architektur gemeint ist, die in der nostalgischen Einstimmung auf Vergangenes gänzlich aufgeht."[574] Sowohl in der Architektur als auch in der Landschaftsarchitektur zählen in der Postmoderne u.a. Obelisken, Säulen, Arkaden, geometrische Formen, Rundbögen und kubische Pavillons zu den immer wiederkehrenden Gestaltungselementen. Durch die Neuinterpretation dieser Stilformen und

573 Düwel; Gutschow (2001) S. 250 ff.
574 Klotz (1987) S. 16

durch den unerwarteten Einsatz von unterschiedlichen Materialien, also zum Beispiel statt Marmor und Stein nun z.B. Metall, Holz oder Beton, oder durch knallige Farben oder künstliches Licht, werden die traditionellen Elemente in einen neuen, postmodernen Kontext gesetzt. „Die Inhalte der Postmoderne können sich auf vielerlei beziehen, (...) im Sinne des Illusionismus eine „schöne Welt des Scheins“ kreieren, die von der baren Tatsächlichkeit der Architektur als Schutzhülle fortlenkt auf die ganz anderen Bereiche einer „Umwelt als erzählerische Darstellung“.“[575]

Platzräume werden rekonstruiert

Der Rückblick in die Geschichte bedingte nicht nur den Stil der Postmoderne und die Sanierung des Bestandes, sondern zeigte auch die Verluste auf, die durch den Zweiten Weltkrieg und die anschließenden Kahlschläge des Wiederaufbaus entstanden waren. Der Wunsch nach ablesbarer Geschichte wurde durch Rekonstruktionen aber oftmals auch lediglich durch Pseudorekonstruktionen erfüllt.

Abb. 223: Der rekonstruierte Marktplatz von Hildesheim (1988).

Abb. 224: Für die Bebauung am kriegszerstörten Römer in Frankfurt am Main wurden historische Gebäude von anderen Standorten am Platz neuaufgebaut.

So beispielsweise in Frankfurt am Main, wo am Römer Fachwerkhäuser, die nie dort gestanden hatten, hier neuaufgestellt wurden. In Hildesheim wurden die Platzwände historisierend wiederaufgebaut. „Die Trendwende zum Geschichts- und Heimatbewusstsein förderte (...) den Hang zu Rekonstruktionen, denn das jahrelange Verleugnen der „alten Stadt“ und ihr zum Teil abrupter Umbau zu einer „zeitgemäßen Stadt“ hatte bei den Bewohnern eine emotionale Lücke in ihrem Stadtbewusstsein erzeugt. Deshalb war in vielen Städten, in denen nach der Zerstörung im Zweiten Weltkrieg die alten Kernstädte mit einer neuen Iden-

575 Klotz (1987) S. 134

tität des „Neuen Bauens“ ohne historische Bezüge versehen wurden, ein Restaurationsprozeß im Sinne eines „Puppenhaus-Städtebaus“ in Gang gekommen.“[576] Gefällige Rekonstruktionen der Platzwände waren allerdings nicht die Regel. Platzräume konnten auch durch neue Architektur historisch gefasst werden, so dass der Raum wieder als solcher erlebbar war, wie beispielsweise bei der Rekonstruktion des Prager Platzes in West-Berlin.

Plätze in den innerstädtischen Gebieten

Zu den geschätzten Qualitäten des historischen Stadtgefüges gehörten die Stadtplätze.[577] Man sah sie als Symbol und Mittelpunkt urbanen Lebens, als Treffpunkt der städtischen Bevölkerung. Als Folge war man nun bemüht, die Plätze in den Innenstädten repräsentativ zu gestalten und mit einer entsprechenden Form den Stadtraum zu zelebrieren. Der Besucher begann, Teil der Inszenierung zu werden. Diese Stadtentwicklungsziele führten ab Mitte der 70er Jahre zu umfangreichen Projekten, u.a. in West-Berlin: „Auch eine Reihe von Stadtplätzen ist in den 70er Jahren erneuert worden. Während noch vor einiger Zeit Platzumbauten häufig durch den Ausbau von Verkehrsstraßen erforderlich wurden, werden im Zuge von Maßnahmen der Verkehrsberuhigung zunehmend Stadtplätze erweitert und sogar neu angelegt. Außerdem stehen vielfach die ursprünglichen Gestaltungspläne bei der Rekonstruktion Pate.“[578]

Plätze als Teil von Wohnumfeldverbesserungen

Die westdeutschen Planer besannen sich auf die Qualitäten der Altbauwohngebiete. Sanierungsmaßnahmen am Baubestand, Hofbegrünungen und Wohnumfeldverbesserungen gehörten, wie bereits erläutert, fortan zu den häufig durchgeführten Maßnahmen.[579] Die Plätze in den Wohngebieten sollten die Kommunikation der Anwohner sowie ihre Identifikation mit ihrem Kiez fördern und ihnen eigene Freiräume zugestehen. Bürgerbeteiligungen waren dabei ein Mittel, die Anwohner aktiv in den Planungsprozess einzubeziehen und die Akzeptanz der Sanierungen zu sichern.[580]

Teil einer Wohnumfeldverbesserung war beispielsweise der Vinetaplatz in West-Berlin. Im Bezirk Wedding wohnten traditionell Arbeiterfamilien, seit der

576 Reinborn (1996) S. 291
577 vgl. Nielebock (1996) S. 135f.
578 Mahler (1980) S. 314
579 vgl. de la Chevallerie (1981) S. 246
580 Borchard (1989) S. 1322

Anwerbung von Gastarbeitern zunehmend auch Familien aus der Türkei. Der Vinetaplatz war ein ehemaliger Schmuckplatz der Jahrhundertwende, auf dem in den 20er Jahren Spielflächen angelegt worden waren. Bis Anfang der 70er Jahre war der als Treffpunkt und Spielplatz genutzte Platz allerdings stark verwahrlost und trug nur noch wenig dazu bei, den Mangel an Grünflächen im Bezirk auszugleichen.[581] Ein beschränkter Wettbewerb im Jahr 1973 rief zur „Freiraumplanung Vinetaplatz" auf, der nicht nur die Platzfläche selbst umfasste. Zudem sollten die angrenzenden Straßenräume zu einem Fußgänger- und Freizeitbereich umgestaltet werden.[582] Der Gewinner des Wettbewerbs musste bei der weiteren Überarbeitung eine Vielzahl von Vorgaben und Vorstellungen erfüllen: „Der Freiraum als Stätte der Begegnung steht der Gefahr der Vereinsamung des Einzelnen bzw. der neu hinzuziehenden Bewohner entgegen. Kommunikationsangebote sollen Generationskonflikte relativieren und Solidarisierungsmöglichkeiten eröffnen (Marktplatz, Freizeitsport, Forum, Biergarten). Die Mehrfachnutzung der Gestaltungselemente steht im Vordergrund und soll zu Kreativität und Spontaneität anreizen. Es werden keine vorprogrammierten Spiele angeboten, sondern Spielentwicklung und Materialerfahrung ergeben sich durch einfache, bereits entwickelte Holzgerüste zusammen mit Sand, Wasser, Pflaster, Naturstein, Ziegel und Beton. Für die einzelnen Straßenabschnitte werden Orientierungshilfen vorgegeben, um Identifikationsmerkmale zu liefern wie Pflasterstruktur, markante Pflanzungen, Pergolen, Brunnen, Forum, Spielangebote. Im menschlichen Maßstab soll eine humane Umwelt dem Entspannungsbedürfnis zum Feierabend und zur Freizeit durch kleinteilige Einheiten, Ruhezonen, Spiel und Sport, Lärmschutz, Wind- und Wetterschutz Rechnung tragen. Die ökologischen Bedingungen werden durch geschlossene und verdichtete Vegetationsflächen mit entsprechenden Auswirkungen auf das Kleinklima (...) verbessert."[583] Dieses ehrgeizige Programm spiegelt nicht nur die planerischen Ideale, sondern auch die gesellschaftliche Haltung der 70er Jahre wider: Der Glaube, durch intensive Kommunikation allein alle Probleme lösen zu können, die Entfaltung der Individualität durch das Ausprobieren von Möglichkeiten und Sinneserfahrung sowie der Wunsch nach Identifikation.

Plätze als Teil von Fußgängerzonen

Im Zuge der Stadtsanierungen wurden vermehrt Fußgängerzonen eingerichtet, wie beispielsweise bei der Neukonzeption der Ludwigshafener Innenstadt.[584] Fußgängerzonen sollten nicht nur die Aufenthaltsqualität der Innenstädte steigern, sondern auch den Geschäften in der Stadt eine Möglichkeit geben, konkurrenzfähig mit den neu entstehenden „Shopping Center" an den Stadträndern zu

581 Knothe (1974) S. 467
582 Knothe (1974) S. 465
583 Jacobshagen; Flechner (1977) S. 367ff.
584 Anonym (1981) S. 692

bleiben. Durch die Sanierung der Innenstädte und der Fußgängerzonen profitierten auch die Stadtplätze von den gewandelten städtebaulichen Ideen.[585] „Solange der Autoverkehr die Plätze beherrschte, konnten die Menschen nicht mehr auf ihnen verweilen, sondern mußten sie – aus Angst vor den Fahrzeugen – möglichst rasch überqueren. So war die Funktion der Plätze im Vergleich mit ihrer Entstehung in das genaue Gegenteil verkehrt worden: statt Kristallisationspunkte des urbanen gesellschaftlichen Lebens zu sein, waren sie Fluchtpunkte geworden. Andere Plätze konnten ihrer eigentlichen Funktion nicht mehr dienen, weil sie zu Abstellflächen von Autos degradiert wurden. Die Folge davon: Das Niveau der Plätze war durch die parkenden Autos in die Blickhöhe der Menschen geschoben, das Bild des Platzes optisch verschleiert."[586]

Abb. 225:
Der Luisenplatz in Darmstadt, 2005. Die Anlage wurde durch eine Fußgängerzone aufgewertet. Den Platzraum teilen sich nun Fußgänger und Straßenbahnen. Ein großflächiges Bodenmuster bestimmt den Platz, historische Elemente wie Denkmale und Brunnen werden dadurch betont.

Ein ähnliches Problem hatte sich auch in Darmstadt auf dem Luisenplatz eingestellt: Die Randgebäude waren im Zweiten Weltkrieg zerstört, die Platzfläche nach und nach dem Autoverkehr überlassen worden. Als im Zuge erster Schritte für die Einrichtung einer Fußgängerzone das Luisen-Center am Platz entstand und für den Autoverkehr ein Tunnel gebaut war, erfuhr auch der Luisenplatz Anfang der 80er Jahre eine Aufwertung. Der Platzraum konnte wieder dem Fußgänger übergeben werden, der sich die Fläche nur noch mit der Straßenbahn teilen muss. Ein großflächiges Muster in der Platzfläche betont nun historische Elemente. Der Luisenplatz entwickelte sich nach dem Umbau zum Mittelpunkt der Stadt und übernahm zunehmend die ihm zugedachte Funktion des Treffpunkts.[587]

585 vgl. auch Nelles, Teichmann (1981)
586 Gollwitzer (1975) S. 139
587 Bott (1984) S. 1634f.

Plätze in den Neubaugebieten

Die Wiederentdeckung des öffentlichen Raums „ist nicht nur Motivation für Straßen- und Platzraumgestaltungen in bestehenden Wohngebieten, sondern auch Anreiz zur Schaffung von Stadträumen in neuen Siedlungen. Der Wohnblock mit der Möglichkeit einer „Polarisation von Öffentlichkeit und Privatheit“, wie sie Hans Paul Bahrdt forderte, war zunächst auch nur ein anderes Siedlungsmuster auf der „Suche nach Urbanität“.“[588] Die Rückbesinnung auf die alten Blockrandstrukturen zeigt sich beispielhaft in der Wohnbebauung der Ritterstraße in West-Berlin. Zwischen 1979 und 1981 entstand unter dem städtebaulichen Gesamtkonzept von Rob Krier im Rahmen der IBA ein neues Wohngebiet im Stil der Postmoderne. „Einstmals Selbstverständliches ist wiederentdeckt worden. Die Blockbebauung, von der Moderne lange Zeit verteufelt, wird neu gerechtfertigt.“[589] In diese Blockstrukturen konnten nun vorhandene Plätze integriert oder neue angelegt werden. Aufgrund der wenigen großen Neubauprojekte in den 80er Jahren ist allerdings die Informationslage zu Plätzen in Neubausiedlungen sehr begrenzt. Planungen erfolgten meist im Altbaubestand.

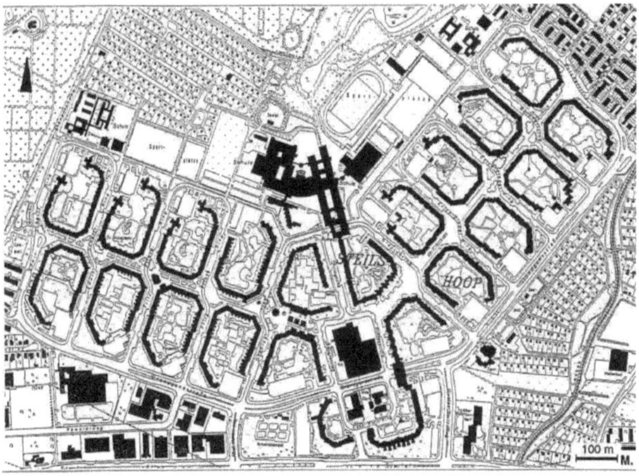

Abb. 226: Die Siedlung Steilshoop in Hamburg, ca. 1985. Die städtebauliche Figur des Häuserblocks wird neu aufgenommen.

588 Reinborn (1996) S. 261; vgl. auch Bahrdt (1969) S. 60ff.
589 Pehnt (1986) S. 131

3.5.3 Beispiele: Platzgestaltungen in der BRD von 1973 bis 1990

Die Platzgestaltungen in der Zeit zwischen 1973 und 1990 verdeutlichen den Stimmungswandel, der in der BRD stattgefunden hatte. Der größte Teil der Planungen bezog sich auf bereits vorhandene Plätze, die nun „wiederentdeckt" und aufgewertet oder neugestaltet wurden. Dies geschah sowohl in Großstädten wie West-Berlin (Marktplatz Spandau, Los-Angeles-Platz, Henriettenplatz und Prager Platz), Hamburg (Rathausmarkt) und Frankfurt am Main (Platz am Weißen Stein) aber auch in Kleinstädten wie Aalen (Spritzenhausplatz).

Der Stil der Postmoderne zeugt von der Idee der Planer, historische Vorbilder zu suchen. Die Rücksicherung im Althergebrachten, also sowohl der Blick auf den Bestand als auch die Postmoderne mit den Architekturzitaten vergangener Jahrhunderte, verdeutlicht die gesellschaftliche Verunsicherung, die auch angesichts der „Ölkrise", stagnierender Wirtschaft und dem zunehmenden Bewusstsein für Umweltprobleme Halt in Altbekanntem und Bewährtem suchte.

West-Berlin: Marktplatz Spandau

Der Bezirk Spandau ist ein Randbezirk im Westen Berlins und konnte sich bis heute Teile seines mittelalterlichen Altstadtkerns bewahren. Nach den Zerstörungen des Zweiten Weltkrieges lag der Schwerpunkt des Wiederaufbaus der Altstadt bis Anfang der 70er Jahre in erster Linie auf der Anlage von Gewerbeflächen und dem Ausbau des Individualverkehrs. Neue Wohn- und Geschäftsbauten wurden ohne besondere Sensibilität in die Altstadt eingefügt und alte Substanz vernachlässigt. Bis Mitte der 70er Jahre „hatte die Altstadt einen großen Verlust an Wohnbevölkerung zu verzeichnen. Einkommensstarke Mieter verließen die Altstadt nicht zuletzt wegen des ständig schlechter werdenden Wohnumfeldes."[590] 1974 begannen erste Untersuchungen für eine Sanierung des alten Stadtkerns von Spandau, um ihn als kulturhistorische Stätte Berlins zu erhalten, die Altstadt als Handels- und Dienstleistungszentrum zu stärken und als Ort städtischen Wohnens zu reaktivieren.[591]

Fünf Plätze in der Altstadt, darunter der historische Markt, sollten durch eine neue Gestaltung eine Aufwertung erfahren. Der Markt im Zentrum der Altstadt

590 Bezirksamt Spandau von Berlin (1990) S. 20
591 Bezirksamt Spandau von Berlin (1990) S. 21

sollte zunächst durch eine Bebauung im Ostteil in seine historischen Fußgängerproportionen zurück versetzt werden.[592] Ein Ideenwettbewerb im Jahr 1977 zeigte jedoch eine andere Lösung: „Ausgewählt wurde (...) der von den Architekten Grötzebach/Plessow mit dem Bildhauer Ohlwein erarbeitete Entwurf. Dieser enthielt eine großzügig gegliederte, aber nutzungsneutrale Freifläche innerhalb der vorhandenen Dimensionen und ohne zusätzliche Bebauung. Auf die Ausführung der entlang der nördlichen Kolonnaden wurde zunächst verzichtet."[593] Die dreieckige Marktfläche als Teil einer Fußgängerzone war streng gegliedert: Im Süden fassten Baumreihen zusätzlich den Platz, ein kleiner Treppenschwung setzte einen Akzent im östlichen Teil.

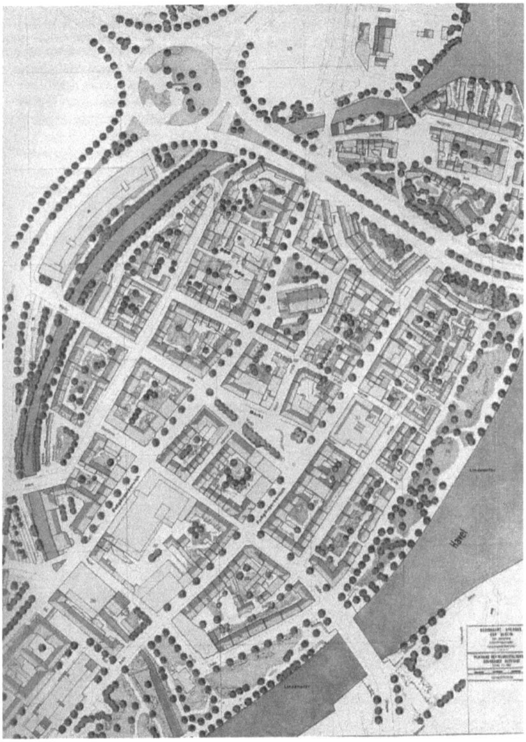

Abb. 227:
Die Altstadt von Berlin-Spandau. Geplante und bereits durchgeführte Maßnahmen Ende der 1980er Jahre. Im Zentrum der Altstadt der Markt nach der Umgestaltung.

Für Diskussionen sorgte das für viele Fußgänger als unangenehm empfundene Kleinpflaster, die Kunstobjekte auf dem Platz und die geringe Grünausstattung. Zwei Pflanzbeete wurden daher, gegen den Widerstand der Entwerfer, in den Platz integriert.[594] Kritik kam nicht nur aus den Reihen der Bevölkerung. Auch

592 Bezirksamt Spandau von Berlin (1990) S. 22
593 Bezirksamt Spandau von Berlin (1990) S. 42
594 Bezirksamt Spandau von Berlin (1990) S. 42

Nielebock bemängelt: „Neues (altes) Zentrum der Altstadt wurde eine gepflasterte, um den ehemaligen Straßenanteil vergrößerte multifunktionale Fläche, auf der die - von nun an unvermeidliche - Kunst noch diskret an den Rand rückte. Kunst und Wasser waren erneut Mittel der Platzgestaltung geworden. (...) Die Fußgängerzone mündete in den Platz, ihn scheinbar ergänzend. Am Tage, wenn das Konsumverhalten der Bürger im gewünschten Rahmen verläuft, scheint diese Idylle zu stimmen. Aber nach Ladenschluß stellt sich ein beklemmende Kleinstadtatmosphäre ein. Auch hier wird der Verlust wichtiger Funktionen spürbar, die die Qualitäten des gewachsenen Stadtplatzes ausmachen.“[595]

Abb. 228:
Der Entwurf für den Spandauer Markt von den Architekten Grötzebach und Plessow sowie dem Bildhauer Ohlwein erhielt 1977 den 1. Preis. Die Kolonnaden gelangten nicht zur Ausführung.

Trotz der Kritiken zeigt die Gestaltung des Spandauer Marktplatzes die Bemühungen, sich dem bisher vernachlässigten urbanen Raum der Innenstädten wieder zuzuwenden und ihn aufzuwerten, wie es überall in der BRD zu dieser Zeit geschah. Der Platz ist jedoch nicht nur Beispiel für die Wiederentdeckung und Reaktivierung des öffentlichen Raumes, sondern auch für die Gestaltungsideen der Postmoderne: Das Wasserspiel auf der südlichen Platzseite zeigt Anklänge an Kaskaden und Wasserläufe, wie sie auch in der Gartenkunst der Renaissance und des Barocks beliebt waren.

595 Nielebock (1996) S. 136

Abb. 229: Der Spandauer Markt nach seiner Umgestaltung. Im Vordergrund eine Baumgruppe mit Bänken und Spielgeräten, im Hintergrund das Wasserspiel. Noch sind keine Hochbeete eingefügt, nur eine Pflanzschale befindet sich an der kleinen Treppenanlage. Aufnahme vermutlich 1983.

Abb. 230: Die Skulptur „Rückgrat" des Bildhauers Ohlwein an der südlichen Platzseite. Das Wasserspiel erinnert in seiner postmodernen Gestaltung an die ...

Abb. 231: ... Wassertreppe im Renaissance-Garten der Villa Lante in Bagnaia.

Der Spandauer Markt heute

Das Aussehen des Spandauer Marktes entspricht auch heute noch der Gestaltungsidee der 70er Jahre. Am Markt befinden sich verschiedene Geschäfte sowie ein Café. Eingebunden in die Fußgängerzone belebt sich der Platz durch die flanierenden Einkäufer. Zusätzlich bringen Märkte (Kunstmarkt, Weihnachtsmarkt, Bauernmarkt etc.) Treiben auf den Platz. Kinder nutzen die Wippgeräte oder entdecken die Skulptur „Rückgrat“ als Spielmöglichkeit.

Abb. 232: Auf dem Spandauer Markt findet 2004 ein Kunstmarkt statt. Im Vordergrund die Skulptur „Gespaltene Säule“ des Bildhauers Ohlwein. Rechts hinter den Ständen ist der Kinderspielbereich.

Hamburg: Rathausmarkt

Der große Hamburger Brand von 1842 markiert die Entstehungsgeschichte des Rathausmarktes. Der Architekt Alexis de Chateauneuf entwickelte den Plan für den Platz, der den Raum vor dem zu errichtenden Rathausbau, das Becken der Kleinen Alster und die Alsterarkaden miteinander verband. Von 1844 bis 1846 erfolgte der Bau der Alsterarkaden sowie des Platzes, der vorher zur Hälfte Wasserfläche gewesen war. Den Entwurf für die viertelkreisförmige Wassertreppe zur Kleinen Alster übernahm der Ingenieur Johann Hermann Maack. Das Rathaus selbst wurde erst 1886 bis 1897 unter der Leitung von Martin Haller im Stil der Neorenaissance errichtet.[596]

1930/31 wurde der Markt aus verkehrstechnischen Gründen umgestaltet. Im Zuge dessen erhielt der Platz vier ovale Wartehäuschen mit Kiosk und WC. Eben-

596 Stephan (1985) S. 28

falls 1931 wurde das Ehrenmal für die Gefallenen des Ersten Weltkrieges nach einem Entwurf von Klaus Hoffmann an der Kleinen Alster aufgestellt. Das Relief „Trauernde Mutter mit Kind“ schuf Ernst Barlach.[597]

Abb. 233: Der Hamburger Rathausmarkt im Jahr 1932: Vier ovale Wartehäuschen stehen auf der ansonsten als Parkplatz genutzten Marktfläche, auf der auch die Straßenbahn fährt. An der Kleinen Alster liegen die viertelkreisförmige Wassertreppe und das Ehrenmal.

Abb. 234: Der Rathausmarkt kurz vor seiner Umgestaltung im Mai 1980. Auch Blumenkübel und eine große Schmucksitzbank haben den Platzraum kaum attraktiver gemacht. Problematisch blieb auch der Verkehr.

1977 rief die Stadt Hamburg einen städtebaulichen Ideenwettbewerb aus, um für die Gestaltung des Rathausmarktes und die anschließenden Randzonen Lösungsvorschläge zu erhalten.[598] Auslöser für den Wettbewerb war die unbefriedigende Gestaltung des Platzes aus den 1930er Jahren sowie die vorrangige Nutzung als Verkehrsplatz, denn dies konnte „weder dem städtebaulichen Anspruch noch der symbolischen Bedeutung als politisches Zentrum einer Weltstadt gerecht werden.“[599] Bei der Bearbeitung des Wettbewerbs hatten die Teilnehmer zwei Punkte besonders zu beachten: erstens, die Umgestaltung des Rathausmarktes in eine Fußgängerzone und ihre Einbeziehung in die Innenstadt und zweitens, die repräsentative Gestaltung als politischer Mittelpunkt Hamburgs.[600] Für Kritik in Planerkreisen sorgten allerdings die verkehrstechnischen Vorgaben bei der Platzgestaltung: „Fast die Hälfte des nordöstlichen Platzteils wird selbstverständlich für Busse gebraucht – der Asphalt ist von 11 auf 14 m zu verbreitern, macht fast 25 m breite Verkehrsanlagen, Aufstellflächen, Überholspur – daß dabei Abgasschwaden und Diesellärm alle den schönen Aktivitäten, die auf dem nach 135 Jahren nun angeblich befreiten Platz erträumt werden, den Garaus

597 Stephan (1985) S. 28f.
598 Goecke (1978) S. 151
599 Goecke (1978) S. 151
600 Goecke (1978) S. 156

machen werden ficht die Verkehrsplaner nicht an. Sie bestehen auf ihren kleinkarierten Forderungen, auf daß sich eine oder mehrere Hundertschaften Architekten, Künstler und Gartenarchitekten einmal mehr den Kopf zerbrechen über eine Sache, die mit dieser Vorgabe ein weiterer Schuß in den Ofen zu werden verspricht."[601] Auch der Bund Deutscher Architekten schloss sich dieser Kritik an und forderte überarbeitete Wettbewerbsvorgaben für den Verkehr,[602] die jedoch nicht gewährt wurden.

Abb. 235: Modell des 1. Preises: Das Hamburger Rathaus erhält eine repräsentative Fläche, die sich bis an die Kleine Alster zieht.

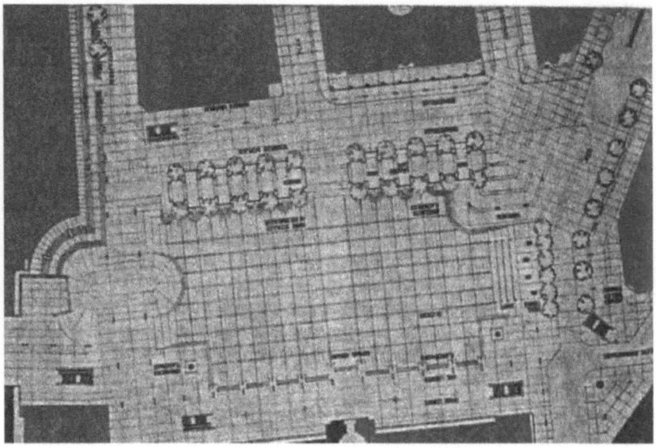

Abb. 236: Der 1. Preis des städtebaulichen Ideenwettbewerbs für den Hamburger Rathausmarkt erhielt die Feldsien-Nickels-Orth-Planungsgruppe.

Den ersten Preis des Wettbewerbs erhielt die Feldsien-Nickels-Orth-Planungsgruppe (von Seggern/Pfadt/Dau/Ohrt) aus Hamburg. Der Entwurf, der 1980/82 zur Ausführung kam, zeigte eine klare Raumgliederung, die mit einer sparsamen Platzmöblierung unterstrichen wurde. Die mittlere Platzfläche wurde leicht abgesenkt und ist nun durch eine langsam ansteigende Rampe zu erreichen sowie durch einige rahmende Stufen. Im Norden begrenzen zwei Arkadengänge den Platz und setzen ihn zusammen mit geschnittenen Platanen optisch von der Straßen und den Bushaltestellen ab. Im Westen findet sich an der Mönckebergstraße eine repräsentative Treppenanlage, die zum einen den Schwung der Maack'schen Vierteltreppe aufnimmt, jedoch zum anderen streng-geradlinig zum neuen Heinrich-Heine-Denkmal hinaufführt, das wiederum mit Platanen hinterpflanzt ist.[603]Das Pendant zu den Arkaden setzte eine Laternen-

601 BDA (1977) S. 1072

602 BDA (1977) S. 1072

603 Das Heinrich-Heine-Denkmal auf dem Rathausmarkt ist als mahnender Ersatz für zwei ehemalige Hamburger Heine-Denkmäler zu sehen. Die Nationalsozialisten hatten ein Denkmal des jüdischen Schriftstellers aus dem Stadtpark entfernt und eingeschmolzen;

reihe direkt an der Südseite vor dem Rathaus. Zur Kleinen Alster hin „wurde eine neue Freitreppe am Reesendamm in Verbindung mit der von J. H. Maack 1846 geschaffenen Viertelkreistreppe angelegt, um die Platzfläche zur Alster hin mehr zu öffnen.“[604] Eine Rasterung der Platzfläche gliederte den Raum des Rathausmarktes zusätzlich: Im Hauptbereich des Platzes ist die Rasterung enger, der umliegende Teil mit größeren Rastern belegt.

Der Rathausmarkt zeigt mit seiner sehr klaren und strengen Raumgliederung Merkmale der postmodernen Gestaltung; zudem erinnern die Arkadengänge an Laubengänge der Renaissance. Die geschnittenen Platanen unterstreichen diesen Effekt. Anderseits wecken die glasüberdachten Arkaden mit ihren Kiosken auch Assoziationen an eine Markthalle, so dass zum einen an den Namen des Rathausmarktes angeknüpft wird; zum anderen lässt dieses Bild die Idee des quirligen, belebten Stadtplatzes aufleben. Die Umgestaltung des Hamburger Rathausmarktes zu einem dem Fußgänger vorbehaltenen Raum ist typisch für die Zeit zwischen 1973 und 1990: Fußgängerzonen hatten sich mittlerweile als wichtige städtebauliche Funktion in der BRD durchgesetzt. Die Verbannung des Verkehrs, in Hamburg noch mit Bedenken einiger Politiker, die „erhebliche Belastungen für den Individualverkehr“[605] befürchteten, steigerte die Aufenthaltsqualität der Innenstädte immens.

Abb. 237: Der Rathausmarkt nach der Umgestaltung 1980/82. In der vertieften Platzmitte ist die Rasterung enger als in den äußeren Bereichen.

Abb. 238: Hinter den Arkaden führen einige Treppenstufen in die vertiefte Platzmitte.

ein weiteres konnte nach Frankreich in Sicherheit gebracht werden. Das neue Denkmal wurde als Bronzeskulptur von Waldemar Otto angefertigt.

604 Stephan (1985) S. 29

605 Hamburger Abendblatt (1980) S. 183

Der Hamburger Rathausmarkt heute

Hamburg erhielt mit dem Rathausmarkt eine repräsentative, aber auch multifunktionale Fläche, die das ganze Jahr über für unterschiedlichste Veranstaltungen genutzt wird. Bis heute hat der Rathausmarkt keine wesentlichen Umbauten erfahren und präsentiert sich als funktionierende Platzanlage vor dem Rathaus.

Abb. 239:
Der Rathausmarkt ist mit einer Fußgängerzone verbunden. Im Hintergrund die Arkaden mit den Bushaltestellen und Kiosken. Eine Veranstaltung findet in der vertieften Platzmitte statt. Foto von 2005.

Abb. 240: Die Freitreppenanlage am Reesendamm geht in die Vierteltreppe, gestaltet von Johann Maack über. Im Vordergrund das Ehrenmal von Klaus Hoffmann und Ernst Barlach.

Abb. 241: In den glasgedeckten Arkaden befinden sich einige Imbisskioske, so dass neben dem Eindruck eines Laubenganges auch der einer Markthalle geweckt wird.

Aalen: Spritzenhausplatz

Der Spritzenhausplatz in der mittelalterlichen Stadt Aalen verdankt seine Existenz einem Brand im Jahr 1865, der einige Häuser im Zentrum zerstörte. In die entstandene Lücke setzte man 1866 das Spritzenhaus, also das Feuerwehrhaus, das eine Anfahrtsfläche für die Feuerwehrwagen benötigte. Den nötigen Raum gab so der neuentstandene Spritzenhausplatz, der u.a. für städtische Veranstaltungen wie Jahrmärkte oder Militäraufmärsche genutzt wurde.[606]

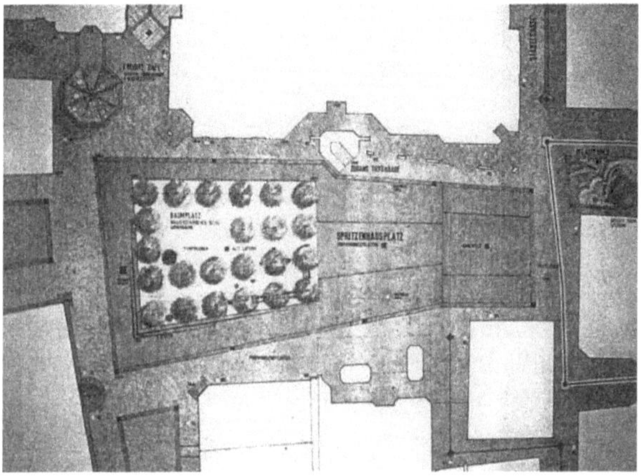

Abb. 242: Entwurf für den Spritzenhausplatz in Aalen von der Freien Planungsgruppe 7, 1985.

Im Rahmen der städtebaulichen Neuordnung gewann der Platz 1980 weiter an Bedeutung: Der Platz wurde baulich neu gefaßt und mit einer Tiefgarage unterfahren, allerdings wurden die kulturellen Nutzungen zugunsten von Geschäftsflächen verdrängt. „Im Gesamtgestaltungsplan für die öffentlichen Räume in der Innenstadt von Aalen sollte dieser Bereich stärker begrünt werden. Es war an einen Grünplatz als Pendant zum steinernen Marktplatz gedacht. In die bisher völlig baumlose Innenstadt sollten behutsam grüne Bausteine eingesetzt werden, um Architektur und Räume zu akzentuieren und die Aufenthaltsqualität zu verbessern."[607] Öffentliche Veranstaltungen sollten allerdings weiterhin auf dem Platz stattfinden können, der durch seinen axialen Grundriss an den ursprünglichen einfachen Raum erinnerte. „Dennoch verlangte die karge nordwestliche Altstadt ein belebendes Element. Der neue Spritzenhausplatz sollte Kristallisationskern und Zentrum für die bauliche Erneuerung dieses Stadtquartiers werden."[608] Mit dieser Intention spiegelt die Gestaltung des Spritzenhausplatzes auch die städtebaulichen Ziele der 1980er Jahre wider, unabhängig davon, ob es

606 Lermann (1986) S. 34
607 Lermann (1986) S. 34
608 Lermann (1986) S. 34

sich um eine Großstadt oder eine Kleinstadt wie Aalen handelte: Der Umbau von Stadtzentren sollte die Identifikation der Bürger mit ihrer Stadt fördern und die oftmals vernachlässigten Innenstädte aufwerten. Wie vielerorts war auch in Aalen der historische Stadtgrundriss Ausgangspunkt der Planung.

Die Architekten der Freien Planungsgruppe 7 aus Stuttgart entschieden sich bei der Gestaltung des Spritzenhausplatzes für eine leicht schräge Fläche, die durch wenige Treppenstufen abgefangen wird. Etwa die Hälfte der Platzfläche nimmt ein geschützter Rückzugsbereich unter flachgezogenen Platanen ein. Dieser Bereich greift den Grundriss der dort ehemals stehenden Gebäude auf. Unter den Bäumen finden sich ein Pflasterbach und Spielpferde für Kinder. Die restliche Platzfläche ist für Veranstaltungen freigehalten.

Der Spritzenhausplatz heute

Die Gestaltung des Spritzenhausplatzes ist bis heute unverändert geblieben. Der Platz ist Teil der Fußgängerzone der Aalener Innenstadt, die durch weitere Gestaltungselemente wie beispielsweise eine Brunnenanlage aufgewertet wurde. Die Platzwände, Neubauten mit historisierenden Stilelementen wie Walmdächer und Erkern, beherbergen Geschäfte und Cafés. Die freie Platzfläche wird weiterhin für Veranstaltungen genutzt, beispielsweise für den Wochenmarkt.

Abb. 243: Spritzenhausplatz in Aalen, 2005. Unter den Platanen der Spielbereich für die Kinder. Im Hintergrund zeigen die Giebelhäuser das Bemühen, auch Neubauten in den historischen Kontext der Stadt zu integrieren.

West-Berlin: Los-Angeles-Platz

Ende der 1970er Jahre sollte in West-Berlin in unmittelbarer Nähe zur City rund um den Zoologischen Garten in einer Kriegsbaulücke ein Hotel und ein innerstädtischer Quartiersplatz entstehen. Den 1978 ausgelobten Wettbewerb gewannen die Architekten Urs Müller und Thomas Rhode zusammen mit der Landschaftsarchitektin Hannelore Kossel mit einem postmodernen axialen Entwurf. „Dabei ist der Bezug zur Gestaltungsauffassung nach 1900 auffällig. So markieren wieder eindeutige Kanten den Raum, erfahren bestimmte Gestaltungselemente eine einheitliche rhythmische Gliederung und kommen unterschiedlichste Materialien übereinstimmend im Verhältnis eines Ganzen zur Anwendung."[609] 1982 wurde der Los-Angeles-Platz gebaut, der anfangs Augsburger Platz hieß.

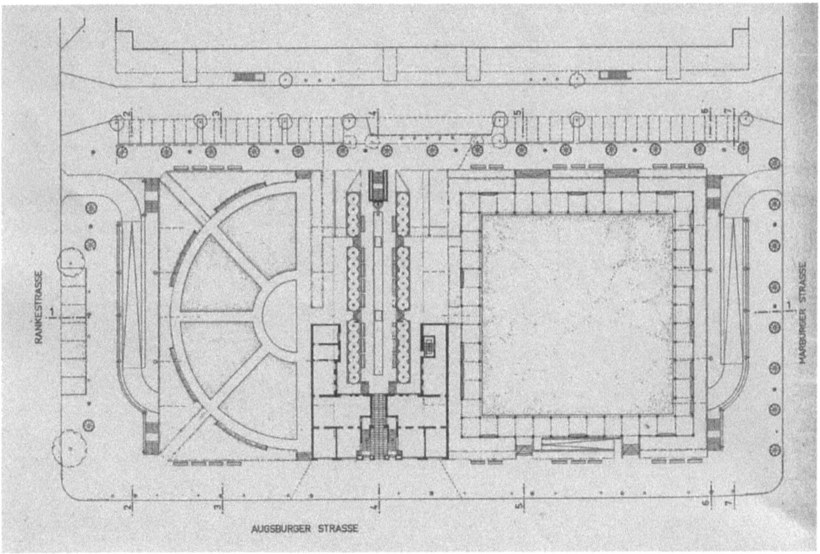

Abb. 244: Überarbeiteter Entwurf für den Los-Angeles-Platz von Urs Müller, Thomas Rhode und Hannelore Kossel.

Der Platz wurde über einer Tiefgarage errichtet und lag höher als das Straßenniveau. „Die Tiefgarage wird nicht unter der Erde versteckt, sondern eine gewisse räumliche Monumentalität, die ihr eigen ist, wird für die Identität der Platzform nutzbar gemacht: Technische Notwendigkeiten wie Fluchttreppen, Lüftungsschornstein, Entrauschungsöffnungen werden nicht mit Design verkleidet, sie

609 Richard (1986) S. 30

sind eigenständige Objekte des Platzes. Die Gewölbebögen an den Stirnseiten des Platzes werden durch die Einfahrtsrampen in ihrem dreifachen Schwung freigelegt, sie beleuchten die drei Garagenschiffe mit natürlichem Licht."[610]

Der Los-Angeles-Platz war in drei Aufenthaltsbereiche unterteilt: Das „Green" mit dem umliegenden Pergolengang, der mittlere Lustgarten und eine halbrunde Platzfläche. „Der Widerspruch zwischen Repräsentation und lebendiger Nutzung für die Öffentlichkeit wird aufgehoben durch die strenge formale Dreiteiligkeit der Platzoberfläche, die den Benutzer nicht einschränkt, sondern ihm vielfältige Verweilmöglichkeiten bietet: Der Pergolengarten lädt zum Wandeln und Ruhen ein: ein Lustgarten in einer Allee mit plätscherndem Brunnen führt zum Spielhaus für die Kleinen. Es hat den Grundriß des alten Berliner Mietshauses, das hier stand, der Treppenaufgang und die Hofdurchfahrt sind noch erkennbar, alte Teile des Treppenhauses und Säulen wurden wiederverwendet. Der dritte Teil, das Halbrund, erinnert an ein altes Theater. Zum Schutz gegen den Stadtlärm ist es mit hohen Hecken umgeben. Hier können Darbietungen stattfinden."[611]

Abb. 245: Der Los-Angeles-Platz in West-Berlin, ca. 1984. Im Vordergrund das Halbrund mit den strahlenförmigen Wegen, dahinter der Lustgarten sowie der Pergolengarten mit dem sogenannten „Green". Links das Hotel Steigenberger. Unter dem Halbrund ist die Tiefgarage zu erkennen.

610 Müller (1985) S. 1237
611 Müller (1985) S. 1237

Über einen Eingangbereich, der mit einem Portal über der Treppenanlage geschmückt war, gelangte der Besucher zum „Lustgarten". Das zentrale Element bildete ein langgestrecktes Wasserbecken mit Wandbrunnen. Diese Achse wurde durch Säuleneichen nochmals betont und erinnerte so an italienische Landschaftsbilder. Spielplattformen und ein Aussichtsbereich wurden in die historischen Baureste eines Mietshaus gesetzt, das einst auf dem Platz stand. An den „Lustgarten" schloss sich westlich eine halbkreisförmige Rasenfläche an, durch die barock-strahlenförmige Wege führten. Das „Green" im östlichen Platzbereich war eine einfache Rasenfläche. Sie war ringsherum mit einer Pergola umgeben, die den Eindruck eines Säulengangs weckte.

Abb. 246: Der Los-Angeles-Platz von Osten, ca. 1984. Unter dem Pergolengarten mit Green liegt die Einfahrt zur Tiefgarage. Rechts das Hotel.

Bereits kurz nach Fertigstellung wurde der Platz kritisiert. Kretschmer hielt die Anlage für laut, nach Abgasen stinkend, die Aussicht auf das Hotel langweilig und den Platz insgesamt für so misslungen, dass er sich über die wenigen Passanten nicht wunderte.[612] Nielebock hingegen sah die Platzgestaltung als „wundervolle Neuschöpfung",[613] stellte jedoch die sehr offensive Integration der Tiefgarage in Frage. Das Anheben des Platzniveaus über den Augenpunkt hielt laut Nielebock Passanten davon ab, die Anlage spontan zu erkunden, so dass nur

612 Kretschmer (1985) S. 1223
613 Nielebock (1996) S. 137

kundige Besucher die Platzräume nutzen würden.[614] Bei all dieser Kritik muss jedoch festgehalten werden, dass sich der Los-Angeles-Platz durchaus zum viel beschworenen Treffpunkt hätte entwickeln können, wäre das Halbrund, wie vorgesehen, mehr für Darbietungen genutzt worden.

Der Los-Angeles-Platz heute

Bis heute hat der Los-Angeles-Platz keine grundsätzlichen Veränderungen erfahren. Er ist in Privatbesitz und repräsentativer Vorraum des Steigenberger Hotels. Das Wasserbecken ist mittlerweile mit Kies aufgefüllt und mit einigen Pflanztrögen bestellt. Auch das „Green" im Pergolengang hat eine Veränderung erfahren: Rosenbeete ziehen sich an den Seiten entlang und kreuzen die Fläche diagonal, was der ursprünglichen Gestaltungsintention vollkommen widerspricht.

Abb. 247: Der „Lustgarten" vom Spielhaus aus gesehen. Im Hintergrund das Hotel.

Abb. 248: Auf der südlichen Platzseite zieht sich die Allee zum Spielhaus für Kinder hin, das in das Portal integriert ist.

An den Platz grenzen Geschäfts- und Wohnhäuser, Läden und Gaststätten, so dass ein recht belebtes Umfeld entstanden ist. Die sehr gepflegte Anlage mag nach Außen einen etwas geschlossenen Charakter aufweisen, bietet dem Besu-

614 Nielebock (1996) S. 137

cher allerdings abwechslungsreiche Raumfolgen und Rückzugsmöglichkeiten an. In diesem Sinne zeigt die Anlage des Los-Angeles-Platzes das verstärkte Interesse, mit dem man sich in den 70er und 80er Jahren den Innenstädten zuwandte, um die „City" attraktiv zu gestalten. Gleichzeitig sind am Los-Angeles-Platz postmoderne Gestaltungselemente wie beispielsweise ein Portal, eine barocke Wegeführung, geschlossene Raumkanten, ein antiker Pergolengang und der Einbau von Säulen ins Kinderspielhaus abzulesen.

Abb. 249: Der Pergolengang um das „Green" auf dem Los-Angeles-Platz erinnert ...

Abb. 250: ... an eine antike römische Pergola, wie z.B. im Garten des Tiberius in Pompeji.

Abb. 251: Der Eingang des Los-Angeles-Platzes weckt mit dem Bogenportal ...

Abb. 252: ... Assoziationen an ein antikes Triumphtor, wie z.B. in Rom.

West-Berlin: Prager Platz

Die Umgebung des Prager Platzes in Berlin wurde 1895 als Wohngebiet ausgewiesen. Es entstanden repräsentative Mietshäuser für das gehobene Bürgertum.[615] Großen Wert wurde neben der hohen Bebauungsdichte auch auf Schmuck- und Platzanlagen gelegt. Bepflanzte Schmuckplätze sollten nicht nur die Luftqualität verbessern, sondern ermöglichten zudem höhere Mieteinnahmen. Zu den repräsentativ angelegten Plätzen gehörte auch der Prager Platz. Im Zweiten Weltkrieg wurde das Gebiet um den Prager Platz fast vollständig zerstört, an der Anlage selbst blieb nur ein Gebäude erhalten. Im Zuge des Wiederaufbaus blieb der Prager Platz ungefasst. Die in der unmittelbaren Nachkriegszeit nördlich des Platzes entstandenen Neubauten in Zeilenbauweise zeigen den Wunsch nach neuen Wohnformen und strukturierten das Gebiet vollkommen um. Bis Ende der 70er Jahre blieben die Bemühungen, das Gebiet um den Prager Platz neu zu gestalten, allerdings halbherzig.

Abb. 253:
Blick auf den Prager Platz um 1926. Repräsentative Mietshäuser und die Anlage des Prager Platzes zog das gehobene Bürgertum an.

Erst zur Vorbereitung der Internationalen Bauausstellung in Berlin, die 1984 stattfand, wurde konsequent an einer Lösung gearbeitet. „Nach Prüfung und kontroverser Diskussion der vorgelegten Arbeiten war es eine der ersten IBA-Entscheidungen, den städtebaulichen Rahmenplan von Gottfried Böhm als verbindliches Konzept für das Demonstrationsprojekt Prager Platz zugrundezulegen. Anders als Rob Krier, der, entsprechend seiner ersten Planungsidee von 1976/77, eine stärker introvertierte Platzgestaltung propagierte, hat Gottfried Böhm den historischen Stadtgrundriß wörtlich nachgezeichnet und für das Thema der Eckbekrönungen den Weg einer modernen Interpretationsmöglichkeit aufgezeigt."[616] Gemäss des Leitbildes der „Kritischen Rekonstruktion" wurden

615 Becker; Jacob (1989) S. 26
616 Kleihues (1989) S. 42

in Anlehnung an den historischen Stadtgrundriss wieder Platzwände errichtet, ohne die einstige Bebauung kopieren zu wollen. Stilistisch sind diese Gebäude der Postmoderne zuzuordnen.

Das Rondell des Prager Platzes wurde ebenfalls in die Umgestaltungen miteinbezogen. Vor der Projektumsetzung erinnerte nur noch wenig an den Schmuckplatz der 20er Jahre. Die Fassung durch Bäume fehlte, die Pflanzungen waren vernachlässigt, Anwohner nutzten das Rondell als Abkürzung, so dass sich ein Trampelpfad über den Rasen zog; zwei Bankplätze boten nur wenig schöne Aussicht.

Abb. 254: Modell der Bebauung des Prager Platzes von Böhm, Stand 1981.

Im Kontext der „Kritischen Rekonstruktion“ entstand auf der Mittelinsel des Prager Platzes eine Gestaltung, die das historische Vorbild aufgriff, jedoch veränderte. Statt Blumenbeeten fand sich nun ein Springbrunnen in der Mitte der Anlage sowie am Platzrand eine große Anzahl von Bänken, die in langgezogenen Gehölzhecken eingebettet waren. Schmuckbeete am Rande des Rasenspiegels und Rosensträucher in den Hecken brachten Farbe und ein wenig vom ursprünglichen Flair des Berliner Bürgertums der Jahrhundertwende zurück auf den Prager Platz. Baumreihen rahmten den Platz zusätzlich.

Abb. 255: Die neuen Platzwände des Prager Platzes im Stil der Postmoderne von Gottfried Böhm im Jahr 1988.

Abb. 256: Der Prager Platz Anfang der 1980er Jahre. Die ehemalige Gestaltung des repräsentativen Mittelrondells ist nur noch rudimentär erhalten. Eine Fassung durch Gebäude ist nicht gegeben.

Abb. 257: Die neue Gestaltung des Mittelrondells erinnert Ende der 1980er Jahre wieder an die repräsentativen Schmuckplätze der Jahrhundertwende.

Der Prager Platz heute

Bis heute wurden an der Neugestaltung des Prager Platzes keine wesentlichen Veränderungen vorgenommen. Die Gebäude und die Platzgestaltung geben die Vorstellung der kompakten und repräsentativen Bebauung um 1900 wieder. Es entstand jedoch eine wenig harmonische Kombination zwischen wuchtiger Architektur-Postmoderne der Randbebauung und geschichtstreuer Landschaftsarchitektur der Platzfläche.

Abb. 258: Der Prager Platz liegt repräsentativ vor den postmodernen Gebäuden. Eine Baumreihe verleiht dem Raum zusätzlich Fassung und entschärft die doch sehr massige Häuserfront. Die Pflanzungen sind sehr gepflegt und geben einen Eindruck von Teppichbeetbepflanzungen der Jahrhundertwende.

West-Berlin: Henriettenplatz

Der Henriettenplatz in Berlin ist einer von vielen „Bürgersteigplätzen“[617] am Kurfürstendamm. Mitte der 80er Jahre wandte man sich verstärkt diesen Plätzen zu, weil Umgestaltungs- und Verschönerungsprojekte den Kurfürstendamm - nicht zuletzt auch im Hinblick auf die 750-Jahr Feier Berlins im Jahr 1987 - attraktiver gestalten sollten. „Die kurze Blütezeit der Bürgersteigplätze ist mit dem wachsenden Bestreben nach repräsentativer Ausgestaltung des öffentlichen Raums im City-Bereich und dem Fehlen weiterer geeigneter Objekte zu erklären. Die Versuche, in den identitätsloser werdenden Stadtraum ästhetische und wenn möglich darüber hinaus noch funktionelle Höhepunkte einzubringen, waren durch die Schriften engagierter Theoretiker vorbereitet worden, die das zunehmende Unbehagen der Bürger an „ihrer“ Stadt anprangerten. Der lang verschmähte historische Stadtraum schien die Rezepturen für die Bewältigung der Probleme zu beinhalten. Der Platz war eine dieser Möglichkeiten, mit der sich die Hoffnung verband, zu städtebaulich befriedigenden Lösungen problematischer Bereiche zu kommen. Die Sanierungsgebiete hatten ja die Bedeutung der Plätze belegt!“[618]

Abb. 259:
Luftbild des Henriettenplatzes von 1979. Parkplätze nehmen den Hauptteil der Platzfläche vor einem Hochhaus ein.

617 Diese Plätze sind kleine Aufweitungen des Straßenbereichs, des Kurfürstendamms, die meistens durch Verkehrsumbauten entstanden waren.

618 Nielebock (1996) S. 144

Um die Qualität dieser Plätze am Kurfürstendamm zu verbessern, und damit auch die Prachtstraße repräsentativer zu gestalten, wurde 1985 ein Gutachten erarbeitet, das zum Ziel hatte, „eine Gestaltungsgrundlage des öffentlichen Straßenraumes für diesen Boulevard zu erarbeiten, um endlich eine Koordination derartiger Verschönerungs- bzw. Veränderungsaktivitäten zu erreichen.“[619] Gegenstand dieses Gutachtens war u.a. der Henriettenplatz am westlichen Ende des Kurfürstendamms, der kaum als Platz wahrgenommen werden konnte. Es fehlten Raumkanten, und die Benutzung der Fläche war durch Parkplätze unmöglich. Das Gutachten führte schließlich 1988 zur Umgestaltung des Henriettenplatzes durch die Architekten Bonani und Lattermann, die versuchten, durch ihren Entwurf die Platzseiten beiderseits des Kurfürstendamms miteinander optisch zu verbinden. In dieser Hinsicht funktionierte die Gesamtgestaltung nur eingeschränkt, die Straße blieb trennendes Element, dessen Wirkung auch Bäume und durchgezogene Pflasterungen nur mildern konnten. Auf der südlichen Platzseite vor dem Hochhaus entstand jedoch eine Fläche, die den Raum bedeutend aufwertete.

Abb. 260: Der Henriettenplatz in West-Berlin 1988 kurz nach der Fertigstellung durch Bonani und Lattermann.

619 Vetter (1985) S. 2

Die Parkplätze wurden entfernt. Stattdessen dominierte nun eine freie Platzfläche, die strahlenförmig von einer hellen Bänderung durchzogen war. Baumreihen fassten den Platz an drei Seiten, dazu kam die Begrenzung durch ein bestehendes Hochhaus, die leichte Erhöhung des Platzes an der Westseite und eine optisch begrenzende Pflasterung. Zum Kurfürstendamm hin waren die Verkaufspavillons Begrenzung und Auftakt zugleich. Die Pavillons nahmen dabei den leichten Schwung des Hochhauses optisch wieder auf. Zur Belebung des Platzes trug nicht unwesentlich der Brunnen „Medusenhaupt“ von Anne und Patrick Poirier seitlich der Platzmitte bei. Er war Anziehungspunkt von spielenden Kindern, für die auch ein Spielplatz an der Westseite zur Verfügung stand. Die Bänke an der westlichen und östlichen Platzseite wurden zum kurzen Aufenthalt genutzt, die Platzfläche von Bikern und Skatern. Durch eine Eisdiele im Erdgeschoss des Hochhauses sowie durch eine Bücherei nahe des Spielbereichs war der Platz stets belebt.

Die nördliche Platzseite jenseits des Kurfürstendammes blieb weniger belebt. Hier bestand die Gestaltung aus einem großen Blumenbeet, Baumreihen und – im Stil der Postmoderne – aus einem Bronzeobelisken von Heinz Mack.

Abb. 261: Der Medusenkopf scheint sich aus dem Brunnen zu heben. Die Präsentation zeigt Parallelen mit der Brunnenfigur „Apennin“ im Renaissance-Garten der Villa Medici ...

Abb. 262: ... in Castello. Beide Figuren geben durch ihre Größe und ihr „Auftauchen“ der jeweiligen Anlage eine unheimliche und manieristische Atmosphäre.

Postmodern ist die Platzgestaltung nicht nur in Hinblick auf den Bronzeobelisken und den Medusenhaupt-Brunnen. An antike Vorbilder erinnern auch die kubischen Pavillons mit ihrem pyramidenförmigen Dächern, die durch gold-grünfarbene postmodern verfremdete Kolonnaden miteinander verbunden sind. Barock-axiales Element ist die strahlenförmige Bänderung im Pflaster, die sich von der Eingangsseite über den Platz zieht.

Nielebock kritisiert jedoch an der Gestaltung: „Was auf dem Plan durch eine doppelte Baumreihe noch zu glücken scheint, scheitert an der Realität: Die Situation selbst verhindert ein Zusammenwachsen der Restflächen. Beide Hälften führen weiterhin ihr nun zwar wohlgestaltetes, aber dennoch nicht zu übersehendes Eigenleben. Der Versuch, auch hier mit Hilfe der bewährten Elemente Stele, Arkade, Brunnen, Baum, Laterne und aufwendiger Pflasterung eine gewisse Behaglichkeit zu erzwingen, bleibt unzureichend. (...) Die Gesamtfläche bleibt undefiniert und nach Westen geöffnet. Die Angst vor der Leere scheint das auf dem Plan stimmig erscheinende Konzept verwässert zu haben. Alt-Berliner Leuchten in Türkisgrün können keine ‚Gemütlichkeit verordnen'."[620] Die Realität widerlegte jedoch Nielebocks Kritik; der Platz funktionierte. Die freie Fläche gab insbesondere Kindern Raum zum freien Spiel, wenn der angrenzende Spielplatz nicht mehr genügte, Erwachsene zogen sich in die ruhigen Randbereiche zurück. Eine Eisdiele, eine Tanzschule, das Kinderspiel am Medusenbrunnen und eine Bibliothek gaben dem Henriettenplatz ständig wechselnden Publikumsverkehr, so dass der Raum stets belebt war und es immer noch ist.

Abb. 263: Medusenhaupt-Brunnen auf dem Henriettenplatz im Jahr 2005, im Hintergrund die Verkaufspavillons und die postmodernen Kolonnaden. Über den Kurfürstendamm hinweg ist der Bronzeobelisk zu erkennen.

620 Nielebock (1996) S. 142

Der Henriettenplatz heute

Der Henriettenplatz entspricht heute noch der Gestaltung aus den 1980er Jahren und gibt dem einstigen Prachtboulevard Kurfürstendamm einen repräsentativen Raum. Allerdings wurde die Stadtteilbücherei am Platz geschlossen, so dass ein Element zur Platzbelebung fehlt. Dennoch ist der Raum durch die am Platz liegende Eisdiele fast ständig belebt, und Biker und Skater nutzen die Platzfläche für ihre Fahrkunststücke.

Abb. 264: Blick zur nördlichen Platzhälfte des Henriettenplatzes über den Kurfürstendamm hinweg. Die Platzpflasterung ist die gleiche wie auf der südlichen Seite, doch hier ist der Raum durch Bäume, eine Strauchfläche und einen Obelisken geprägt.

Frankfurt am Main: „Am Weißen Stein"

Der Frankfurter Platz „Am Weißen Stein" war bereits 1888 eine Haltstelle für die Dampfstraßenbahn der Main-Weser-Bahn; damals hieß die Haltestelle noch Thielenstraße. Der Platz „Am Weißen Stein" wurde ca. 1917 mit einer architektonischen Gartenanlage geschmückt. In den 1920er und 1930er Jahren entstanden in der weiteren Umgebung des Platzes viele neue Wohnungsgebiete, die von Kriegszerstörungen weitestgehend verschont blieben.[621] 1967 wurde die Straßenbahn in das U-Bahnnetz Frankfurts eingegliedert; es entstand der neue U-Bahnhof „Am Weißen Stein". In der Folge wurde der Platz als Verkehrsknotenpunkt degradiert. Mit Hilfe des Sonderprogramms „Neues Grün für Frankfurt" sollte der Platz, der von Wohnbebauung und einer Hauptstraße gerahmt wird, mit einer ansprechenden Gestaltung aufgewertet und als Stadtplatz wieder erkennbar werden.[622]

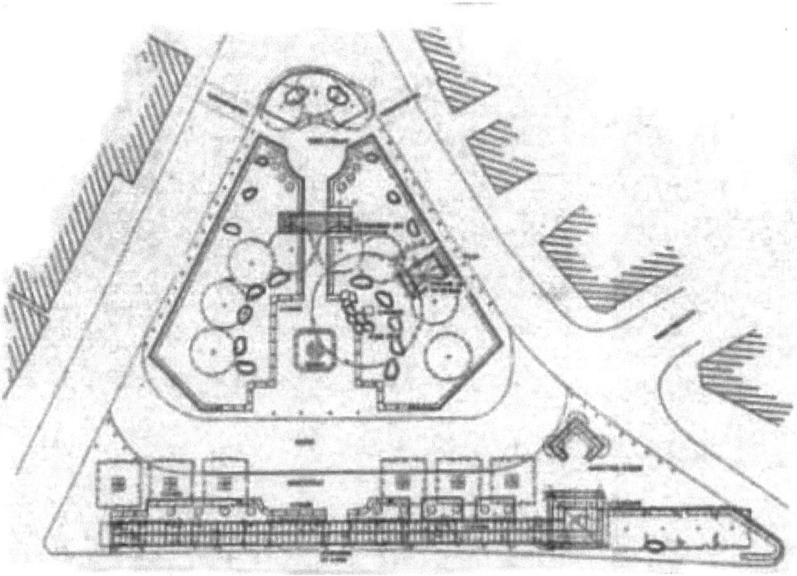

Abb. 265: Umgestaltungsplan „Am Weißen Stein" von Stephan Becsei.

Die Neugestaltung von Stephan Becsei gliederte Ende der 80er Jahre den dreiseitigen Platz mit einem Achsenkreuz, in dessen Schnittpunkt ein Art-Deco Brunnen gestellt wurde, der 1967 vom selben Platz entfernt worden war. Die Wegefassung um den Brunnen aus Muschelkalk war zugleich Sitzbank. Halbkreisförmig umschlossen Taunusquarzitblöcke und Linden den Brunnen. Aufgebrochen wurde diese Struktur durch einen Schnurbaum sowie durch einige Steine in einer Ecke der Sitzbänke.

621 Wikipedia (2009)
622 Becsei (1990) S. 104

Durch eine Pergola gelangte man in den nördlichen Teil der Anlage. An der Spitze des Platzes befand sich ein runder Sitzplatz, der zugleich die Fußgängerüberwege bündelte. Für die Pflanzenverwendung waren Rosen, Stauden und Efeu bestimmend, die von geschnittenen Buchsbaum-, Hainbuchen- und Lavendelhecken gefasst waren. Rankelemente waren mit Clematis, Efeu, Kletterrosen und Wisterien bepflanzt.[623] „Das gestalterische Rückgrat des umgestalteten Platzes ist jedoch ein neuer Laubengang: Er schirmt den Platz zur Straße hin ab und schafft damit ein zum Platz hin orientiertes Raumgefüge. Seine Stahlkonstruktion nimmt vorhandene und neue Funktionen in sich auf: Sie bietet Regen- und Sichtschutz, überspannt Unterführungsabgänge und Buswartehalle und integriert auch das Toilettengebäude am Ende des Laubenganges. Diesem pavillonartigen Bau ist ein Platz in Form eines auf die Spitze gestellten Quadrates vorgelagert, dessen geometrische Wirkung von Rotdornhochstämmen in einer geschnittenen Hainbuchenhecke unterstrichen wird.“[624]

Der Platz zeigt postmoderne Elemente: Die sehr axial-formale Gestaltung, die Übernahme des historischen Brunnens und die kubischen Laubengänge, die an Laubengänge der Renaissance erinnern, sind typische Merkmale der Landschaftsarchitektur der späten 80er Jahre. Gleichzeitig spiegelt die Gestaltung das Bemühen wider, den Platz durch viele wechselnde Raumeindrücke in einen Ort zu verwandeln, an dem wieder ein angenehmer Aufenthalt möglich ist. Zudem profitierte das umliegende Wohngebiet von der Aufwertung des Platzes.

Abb. 266: Übersicht über den neugestalteten Platz „Am Weißen Stein“, ca. 1989. Im Vordergrund der Laubengang, dahinter der Art-Deco Brunnen.

623 Becsei (1990) S. 104
624 Becsei (1990) S. 104

Abb. 267: Ein Laubengang der Renaissance. Der Laubengang auf dem Platz Am Weißen Stein zeigt ähnliche Gestaltungselemente und rhythmische Gliederung.

Der Platz „Am Weißen Stein" heute

Gestaltungsideen und Gestaltungselemente sind auf dem Platz Am Weißen Stein unverändert geblieben. Problematisch wirkt sich allerdings die lückenlose Überwachsung des Laubengangs aus. Was als lichte Gartenarchitektur für einen schönen Raumeindruck gedacht war, ist mittlerweile ein dunkler, ungepflegter und unattraktiver Ort geworden. Im Gegensatz dazu steht der Bereich um den Brunnen, der als Sitzmöglichkeit und Treffpunkt intensiv genutzt wird.

Abb. 268:
Der Sitzbereich um den Brunnen „Am Weißen Stein" wird gerne genutzt.

Abb. 269: Der Laubengang „Am Weißen Stein“ kurz nach seiner Fertigstellung noch licht und gepflegt.

Abb. 270 rechts: Der Laubengang ist 2005 mittlerweile völlig überwachsen. Der Raum wirkt dadurch zu dunkel, ungepflegt und unattraktiv für einen Aufenthalt.

3.5.4 Reflexion: Platzgestaltungen in der BRD von 1973 bis 1990

Politik

Die sogenannte „Ölkrise“ im Jahr 1973 zeigte die „Grenzen des Wachstums“ auf, vor denen der Club of Rome bereits 1972 gewarnt hatte. Der Nato-Doppelbeschluss und die zunehmende Umweltverschmutzung sensibilisierten die Bevölkerung; Bürgerinitiativen für mehr Beteiligung in Politik und Planung bewegten die Gesellschaft. 1976 wurde die frühzeitige Bürgerbeteiligung an öffentlichen Planungsvorhaben per Gesetz festgeschrieben.

Städtebau und städtebauliche Einbindung

Die in Folge der Ölkrise begrenzten finanziellen Spielräume der öffentlichen Hand und das gestiegene Umweltbewusstsein ließ die Planer den Blick verstärkt auf den Bestand richten. Im Gegensatz zur DDR nahm die BRD Abstand von den Großsiedlungen und ihren Versorgungszentren. Stattdessen wendete man sich im Westen Deutschlands insbesondere der Aufwertung des Bestandes zu. Die bisher vernachlässigten Altbaugebiete wurden saniert, noch zu errichtende neue Wohngebiete kleiner dimensioniert. Wohnumfeldverbesserungen sollten nicht nur baulich die Stadtteile verbessern, sondern auch soziale Probleme entschärfen. Fußgängerzonen werteten die Innenstädte auf und gaben den Bürgern ein Stück Stadtraum zurück, der vorher vom Verkehr bestimmt gewesen war.

Bei Bauvorhaben in den Innenstädten stand die „Kritische Rekonstruktion“ des historischen Stadtgrundrisses im Vordergrund. Es entstanden Gebäude und Platzanlagen, die dem Charakter und dem Gesamteindruck der historischen Situation entsprachen, ohne dass versucht wurde, sie eins zu eins zu kopieren. Die Neuinterpretation des Gewesenen und der Baugeschichte war die Basis der Neugestaltungen. Die lange geschmähte Blockbebauung wurde wieder von den Planern akzeptiert. Bei Neubauten an innerstädtischen Plätzen wurde zumeist darauf geachtet, wenigstens einen gewissen Anteil Wohnnutzung in den Gebäuden vorzusehen, denn die Belebung der Innenstadt konnte nur durch eine ausgewogene Mischung zwischen Wohnen und Kommerz funktionieren.

Der Wunsch nach geschichtlicher Identifikation äußerte sich auch in architektonischen Zitaten vergangener Epochen bei Freiflächen und Gebäuden. Durch das Erstarken der Denkmalpflege, besonders auf Grund des Denkmalschutzjahres 1975, wurden viele historische Plätze wieder saniert oder rekonstruiert. Dabei konnten die Planer für die Plätze zumeist auf eine bestehende allseitige Fassung zurückgreifen oder eine solche rekonstruieren. Auch bei Platzneuplanungen wurde versucht, den Räumen entweder durch eine rahmende Bebauung oder durch eine entsprechende Platzgestaltung eine Fassung zu geben.

Funktion und Nutzung

Plätze wurden als wichtige Ergänzung des Stadtraumes gesehen, als Treffpunkt, als identitätsstiftende Mitte, als Raum für die Bürger, sowohl in den Wohnquartieren der Alt- und Neubauquartiere als auch in der City. Diese Auffassung war an sich nichts Neues, ähnliches hatten die Planer auch in den vergangenen Jahrzehnten von den Stadtplätzen erwartet. Neu war nun die Abkehr vom idyllischen Platz, der mit Ruheräumen und Sondergärten den Besuchern trotz aller Öffentlichkeit auch einen privaten Raum anbot. Diese private Atmosphäre, die Illusion des eigenen Gartens in der Stadt, wurde in den 70er und 80er Jahren zunehmend aufgebrochen. Plätze begannen, wieder bewusst öffentlicher Raum zu werden: einsehbarer Raum statt Sichtschutzwände, multifunktionale Flächen statt vorgegebener Funktionsideen. Selbständige Aneignung wurde als Mittel gesehen, die Identifikation der Bürger mit ihrem Umfeld zu unterstützen. Die Stadtquartiere begannen, sich ihrer „jahrelang vernachlässigten, meist voreilig dem Verkehr überlassenen Flächen zu besinnen“ und bemühten sich, „ihnen möglichst im Einklang mit neuen Nutzungsanforderungen ihre Identität zurückzugeben. (...) Neben der Bemühung um Vorhandenes bestand auch weiterhin das Verlangen, neue Plätze als innerstädtische Oasen zu konzipieren.“[625]

Planerwünsche und Nutzerwünsche

Für die Planer stand die Belebung des Stadtraums im Vordergrund; Plätze in Italien waren gern und oft zitiertes Vorbild. Die Bürger sollten ihr Umfeld aktiv nutzen und sich die Plätze als Stück ihres Lebensraumes selbst aneignen können. Die späteren Nutzer konnten sich dabei zunehmend durch Bürgerbeteiligungen oder Planungswerkstätten einbringen und so das zukünftige Aussehen ihrer Umgebung teilweise mitbestimmen.

625 Nielebock (1996) S. 142

Die traditionelle Aufgabenstruktur der Landschaftsarchitekten und Architekten als Gestalter änderte sich parallel zu dem zunehmenden Wunsch der Planer, die Bürger mehr in den Planungsprozess einzubeziehen. Der Planer „bringt in den Gestaltungsprozeß nunmehr seine fachlichen Kenntnisse ein, er ist nicht mehr der alleinige Produzent.“[626] Diese neue Herangehensweise „in der Landschaftsarchitektur möchte durch eine Förderung von Eigengestaltungs- und Selbsthilfemaßnahmen den Identifikationsprozeß der Nutzer mit ihrem Freiraum entwickeln.“[627] Diese „Partizipationsdebatte in der Landschaftsplanung, die dort seit den 70er Jahren geführt wird, fand in den 80er Jahren ihre Fortsetzung in der Forderung nach Selbsthilfe. Nicht mehr nur eine bloße Beteiligung der Bürger an Planungsprozessen wird gefordert, verlangt werden nun Möglichkeiten selbstbestimmter Freiraumaneignung. Die traditionelle Trennung im Gestaltungsprozeß zwischen Gestalter (...) und Nutzer (...) soll aufgebrochen werden.“[628] Allerdings kritisierten Anfang der 80er Jahre Obermaier und von Seggern, dass trotz vieler Bürgerbeteiligungen noch immer zu viel Wert auf eine repräsentativ-historische Gestaltung gelegt wurde: „Nutzen? Priorität haben hier ästhetische Strukturprinzipien. Der Benutzer wird nurmehr insoweit geduldet, als er das symmetrische und axiale Gesamtkunstwerk nicht beeinträchtigt durch unqualifiziertes, nicht-symmetrisches, nicht-axiales Herumlaufen und Herumsitzen. Seine vornehmste Rolle ist heute vielmehr die des feierlich-erschauernden Akklamateurs städtebaulicher Prachtentfaltung, aus der alles banale Alltagsverhalten soweit wie irgend möglich vertrieben werden soll.“[629]

Gestaltung der Plätze

Unabhängig von Funktion, Nutzung oder Lage der Plätze, ist insbesondere der Stil der Postmoderne prägend für die Platzgestaltung für die späten 70er und 80er Jahre in der BRD.

Ausstattung

Während städtebaulich auf den historischen Stadtgrundriss und die Blockbebauung zurück gegriffen wurde, waren es bei den Ausstattungselementen Zitate vergangener Bauepochen: Berankte Laubengänge und Pergolen, teilweise als Kolonnaden ausgebildet, Pavillons, Säulen, Rundbögen und Obelisken, Findlinge und Steine, Brunnenanlagen und eine Wegeführung im Stile des Barock oder

626 Milchert (1985) S. 648
627 Milchert (1985) S. 648
628 Milchert (1985) S. 647
629 Obermaier, von Seggern (1984a) S. 1627

der Renaissance sind für die Platzplanungen in der Postmoderne charakteristisch. Allgemein wirken die Plätze dabei sehr klar gegliedert, die einzelnen baulichen Elemente sind in der Regel kompakt und kubisch in ihrer Ausführung. Oft wurden diese Gestaltungselemente verfremdet, d.h. mit knalligen Farben gestrichen oder aus vielen unterschiedlichen Materialien gefertigt, wie Stahl, Holz, Klinker, Beton oder Fliesen, um die klassischen Formen in einen neuen Kontext zu setzen.

Abb. 271: Postmoderne Tempel als Brunnen auf dem West-Berliner Kurt-Schumacher-Platz, 2005.

Abb. 272: An allen vier Kreuzungsecken des Kurt-Schumacher-Platzes wurden 1989 die Tempelbrunnen der Architekten Sternecker und Starr aufgestellt. Eine zusätzliche Rahmung stellen die berankten einreihigen Pergolen dar. Historisierende Lampen erinnern an das Berlin der Jahrhundertwende.

Formensprache

Zu Beginn der 70er Jahre dominieren noch die asymmetrischen Formen, wie das unregelmäßige Vieleck oder unregelmäßige Rauten. Ende der 70er beginnt sich allerdings die Postmoderne als Gestaltungsform endgültig durchzusetzen. „Bei der Gestaltung der Platzflächen sind heute wieder dekorative historische Grünanlagen in Mode gekommen, während formal freie Konzepte selten sind und besondere Disziplin im Gestaltungsaufwand erfordern.“[630] Man sah die „historische Rückbesinnung und materialgerechtes Bauen als Strategie zur Überwindung der „seelenlosen“ Behälterarchitektur. Entsprechend dem unterschiedlichen Problembewußtsein in der Postmoderne entwickelten sich verschiedene Auffassungen von Baugesinnung und Formgebung. „Neo-Funktionalismus“, „Neuer Regionalismus“, „Traditionalismus“, „Palladianismus“ sind Varianten

630 Mander (1986) S. 347

und zugleich Ausdruck für die Suche nach dem Ideal. In der Regel besinnt man sich auf die ästhetischen Qualitäten vergangener Bauepochen. Gestaltungsvielfalt und Detailliebe, als Reaktion auf Eintönigkeit und Betonvorfertigung, wurden zum Leitbild."[631]

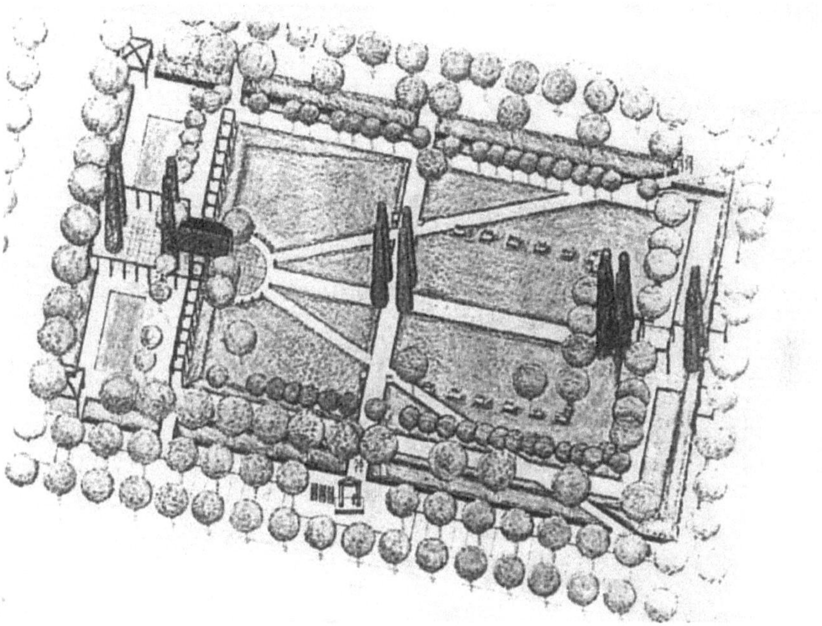

Abb. 273: Der 1. Preis des Berliner IBA-Wettbewerbs im Jahr 1981 für den Magdeburger Platz ging an die Landschaftsarchitekten Cornelia Müller, Elmar Knippschild und Jan Wehberg. Der Entwurf zeigt die Merkmale der Postmoderne sehr beispielhaft: Axiale Wegeführung, Pavillons, kubische Pergolengänge, mehrfache Rahmung des Platzes durch Wege und Baumreihen und italienisches Flair durch die Bäume, die an Zypressen erinnern. Der Entwurf wurde nicht ausgeführt.

Die Postmoderne entsprach einer klaren Formgebung, „die den Außenraum als bewußt angelegten, urbanen Bereich und im Spannungsfeld der Architektur sieht (...). Leitideen der Postmoderne wie geschichtliche Identität, vielfältige Formensprache und allegorische Zitate werden hier umgesetzt. Fast vergessene ästhetische Kategorien, mit denen Grünflächen wieder in räumlichen Strukturen erlebbar werden, kommen zum Tragen. Dies sind Raumbildung, Geometrie, Rhythmik, Harmonie und Materialethik, die in der Architektur, aber auch in den architektonischen Epochen der Gartenkunst grundlegende Bedeutung hatten."[632] Ge-

631 Richard (1986) S. 29
632 Richard (1986) S. 29f.

ometrische Formen zogen sich entsprechend häufig als grundlegende formalstrenge Gestaltungsidee durch die Anlagen. Dies beschränkte sich nicht auf den Gesamtentwurf, sondern bezog sich auch auf die Musterung der Platzfläche, auf die Beetformen oder auf die Platzmöblierung, wie zum Beispiel Pavillons, Zäune oder Gitter. Auch die Kombination von Kreuz und Quadrat fand sich als kubisch-formale Form sehr häufig in der postmodernen Gestaltung wieder.

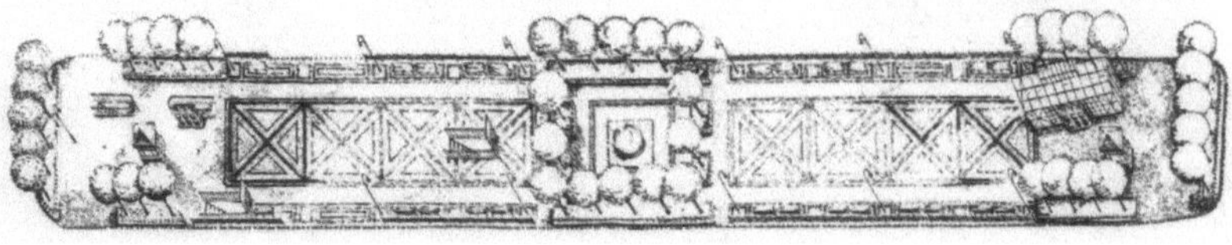

Abb. 274: Hermannplatz in West-Berlin, Platzeinweihung 1985. In die Platzfläche ein klares, geometrisch-kubisches Muster gelegt: Die Kombination von Kreuz und Quadrat ist hier auffällig.

Abb. 275: Pavillons in einem antiken Garten in Rom. Die Form und die paarweise Aufstellung der Pavillons ähnelt der Gestaltung auf postmodernen Plätzen, wie zum Beispiel auf dem Henriettenplatz in West-Berlin.

Abb. 276: Das Muster von Kreuz und Quadrat wurde bereits in der Renaissance verwendet. Laubengänge und Pavillons sind auch in der Postmoderne gestalterische Höhepunkte.

3.6 Einfachheit als letzte Konsequenz: Platzgestaltungen in der DDR von 1971 bis 1990

Nach 1970 hatten die Planer von Platzensembles und Stadtzentren in der DDR bei der Realisierung ihrer Ideen nicht mehr in erster Linie mit ideologischen Vorgaben seitens der Politik zu kämpfen. Ungleich größeres Hindernis war die schlechte finanzielle Situation und die absolute Forcierung des Wohnungsbaus, so dass viele Konzepte für Plätze und Zentren in der Ausführung auf ein gestalterisches und funktionelles Mindestmaß degradiert wurden.

3.6.1 Politische Situation in der DDR von 1971 bis 1990 und ihr Einfluss auf die Anlage von Stadtplätzen

1971 wurde Erich Honecker Nachfolger von Ulbricht und damit Erster Sekretär des Zentralkomitees der DDR. „Auf dem VIII. Parteitag der SED im Juni 1971 erklärte der neue Erste Sekretär des ZK die ‚weitere Erhöhung des materiellen und kulturellen Lebensniveaus des Volkes' zur ‚Hauptaufgabe' der SED. Hatte Ulbricht in seinen späten Regierungsjahren Unsummen in die Bereiche Wissenschaft, Technologie und Automatisierung sowie in ökonomisch fragwürdige Prestigebauten investiert, die auf Kosten des Lebensstandards gingen, sah der neue politische Kurs Honeckers vor, die ‚Werktätigen' stärker als bisher an den Früchten ihrer Arbeit teilhaben zu lassen. Diese Politik erklärte der IX. Parteitag der SED fünf Jahre später unter dem Slogan der ‚Einheit von Wirtschafts- und Sozialpolitik' zur verbindlichen Grundlage der Partei- und Staatspolitik."[633]

Das Wohnungsbauprogramm

Kernstück des politischen Ziels war ein enormes Wohnungsbauprogramm: 1971 setzte der VIII. Parteitag der SED fest, dass bis zum Jahr 1990 der noch immer herrschende Wohnungsmangel behoben sein sollte.[634] Um dieses Ziel zu erreichen, mussten nach Schätzungen der DDR-Regierung 2,8 bis 3 Mio. Wohnungen neugebaut oder modernisiert werden.[635]

---

633 Mählert (2001) S. 117f.
634 Düwel; Gutschow (2001) S. 213
635 Wagner (1974) S. 454

Im Rahmen des Wohnungsbauprogramms zog die DDR-Führung möglichst viele Planungsentscheidungen an sich. 1971 wurde parallel zur Ankündigung des Wohnungsbauprogramms festgelegt, dass Bebauungskonzeptionen für Wohngebiete mit über 1.000 Wohnungseinheiten vom Minister für Bauwesen bestätigt werden mussten.[636] Diese zentrale Begutachtung sollte die städtebaulich-architektonische Qualität, die Raumbildung und den städtebaulichen Maßstab der Wohngebiete verbessern, deren Unzulänglichkeiten in den Neubaugebieten von der Bevölkerung oft kritisiert wurde.[637] Um Einsparmöglichkeiten aufzuzeigen, mussten ab 1979 aufgrund der verschärften finanziellen Situation sogar alle Bebauungspläne ab 100 Neubauwohnungen vorgelegt werden.[638] Großsiedlungen wurden für eine immer höhere Zahl von Einwohnern an den Stadträndern gebaut. „Zur Regel wurde eine Einwohnerzahl von 30.000 – 100.000 Einwohnern in Rostock (Evershagen und Lichtenhagen), an der Nordhäuser Straße in Erfurt, in Berlin (Ho-chi-Minh-Straße) und in Dresden (Prohlis).“[639] Wenn auch die Gestaltung der Neubaugebiete bei der DDR-Bevölkerung zumeist nicht auf Begeisterung stieß, so waren die Wohnungen in den „Platten“ begehrt, denn sie boten in einer Zeit, in denen die zunehmend verfallenden Altbauten in den Innenstädten in der Regel noch immer lediglich mit Außentoilette und Ofenheizung ausgestattet waren, bei einer günstigen Miete einen guten Wohnstandard mit Badezimmer, Zentralheizung und Telefonleitung. Auch die Versorgungseinrichtungen wie Kaufhalle, Kinderkrippe, Schule und ärztliche Einrichtungen waren in den Neubaugebieten meist sichergestellt.

In Ost-Berlin mündete das Wohnungsbauprogramm sogar in die Gründung des neuen Stadtbezirks Mahrzahn: „Im Rahmen des Wohnungsbauprogrammes für die Hauptstadt der DDR, Berlin, werden im 9. Stadtbezirk bis 1990 35.000 Wohnungen für rund 100.000 Berliner Bürger entstehen, davon rund 20.000 Wohnungen bereits bis 1980.“[640] 1977 begannen die Arbeiten für die Siedlung, in der letztendlich bis 1990 für 165.000 Einwohner Wohnungen errichtet wurden.[641] Generell wurde Ost-Berlin als Hauptstadt der DDR bei Bauvorhaben gegenüber allen anderen ostdeutschen Städten bevorzugt. „Die Ausgestaltung der Hauptstadt der DDR, Berlin, nimmt auch weiterhin einen erstrangigen Platz ein. Anliegen aller Baubetriebe und wissenschaftlichen Einrichtungen der Hauptstadt und darüber hinaus der Bauschaffenden aller Bezirke der Republik ist es, Berlin als politisches, wirtschaftliches und kulturelles Zentrum der DDR auch städtebaulich immer schöner und anziehender zu machen.“[642]

---

636 Gericke (1975) S. 597, Rietdorf (1977) S. 490
637 Rietdorf (1977) S. 490
638 Palutzki (2000) S. 322
639 Palutzki (2000) S. 291
640 Korn et al (1976) S. 548
641 Düwel; Gutschow (2001) S. 260
642 Fritsche (1982) S. 71

„Wirtschaftlich denken – Bauaufwand senken“

Nach den ersten Erfolgen erlitt das Wohnungsbauprogramm Mitte der 70er Jahre jedoch einen Rückschlag. Im Zuge der Ölkrise erhöhte auch die UdSSR ihre Preisforderungen für Rohöl, so dass gezwungenermaßen nach immer weiteren Einsparpotentialen gesucht werden musste, um das Wohnungsbauprogramm nicht zu gefährden. Neben der Einsparung von Arbeitszeit und Material war es auch generell das Bauen an der Peripherie der Städte, das überdacht wurde. Das Bauen am Stadtrand mit seinen hohen Erschließungskosten und dem hohen Verbrauch von Bauland sollte nach und nach vom innerstädtischen Bauen abgelöst werden, denn hier konnte die bereits vorhandene Infrastruktur mitgenutzt werden. Baulücken sollten geschlossen und der Altbestand modernisiert werden.[643]

Aufgrund der finanziellen Probleme wurde in den 80er Jahren „die Reduzierung des kostspieligen Baus von vielgeschossigen Gebäuden und Hochhäusern, der Übergang zur Bebauung kleinerer Standorte und eine Reduzierung der Flächen für gesellschaftlichen Einrichtungen“[644] bei der Gestaltung der Wohngebiete charakteristisch. Nach den „anfänglichen Spielräumen für architektonische Phantasie herrschte später unter dem ökonomischen Druck des Massenwohnungsbaus – für zu hoch gesteckte Sozialprogramme bei chronischem Mangel an technischen und ökonomischen Kapazitäten im Bauwesen – dominant des Prinzip der Einsparung an allem und auf jedwede Weise, am besten auch als Einsparung an Architektur.“[645]

Stadtzentren werden nachrangig

Da aufgrund der politischen Ziele dem Wohnungsbau in der DDR nun unbedingter Vorrang eingeräumt wurde, konnte der bisher geplante Aufbau der Stadtzentren nicht in dem gewünschten Maße vorangetrieben werden; zudem überstieg diese Aufgabe die volkswirtschaftlichen Möglichkeiten der DDR.[646] Bereits 1971 wurden die noch Ende 1960 beschlossenen Projekte in den Zentren zugunsten des Wohnungsbauprogramms zurückgestellt.[647] Die Hauptaufgaben des Städtebaus sah man daher „gegenwärtig auch nicht in der Konzeption zentraler Ensembles liegen, sondern in der Gestaltung der unmittelbaren Wohn- und Arbeitswelt, (...).“[648] Der Komplexwohnungsbau gehörte fortan zu den Hauptthemen der Fachzeitschriften. Platzneugestaltungen wurden kaum diskutiert und

643 Palutzki (2000) S. 292
644 Palutzki (2000) S. 322ff.
645 Flierl (1998) S. 56
646 vgl. Springer (2001) S. 77
647 Palutzki (2000) S. 295
648 Bauch (1973) S. 138

realisiert. Die wenigen Platzgestaltungen, die in der Fachpresse vorgestellt wurden, waren meist solche, die noch Ende der 60er Jahre begonnen worden waren, wie beispielsweise der Sachsenplatz in Leipzig. Für neue Platzanlagen in den Innenstädten waren die finanziellen Mittel selten vorhanden. So plante man 1975 beispielsweise in Hoyerswerda noch immer den Bau des Zentralen Platzes.[649]

Das Ende der DDR: Das Volk erobert die Plätze

Das ehrgeizige Wohnungsbauprogramm zeigte trotz der Probleme in den 80er Jahren erste Resultate. Doch „Mieten, Strom- und Wasserpreise waren nicht minder hochsubventioniert als Grundnahrungsmittel."[650] Das Sozialprogramm, das neben dem verstärkten Wohnungsbau auch die kostenlose medizinische Versorgung, Kindergeld, Lohnverbesserungen und die Renten betraf, wurde durch Kredite aus dem westlichen Ausland finanziert. „Honeckers Wirtschaftsstrategie der frühen siebziger Jahre basierte auf dem einfachen Rezept, durch Kredite den Import moderner Technologie zu finanzieren. Deren Einsatz sollte dann eine Exportoffensive auf dem Weltmarkt und in der zweiten Hälfte des Jahrzehnts die Tilgung der Schulden ermöglichen. Am Ende des von 1976 bis 1980 reichenden Fünfjahrsplans waren diese Vorstellungen restlos gescheitert."[651] Zusätzlich verschärfte eine weitere Ölkrise Anfang der 80er nochmals die finanzielle Situation. Weitere Kredite mussten aufgenommen werden, um die Altschulden bezahlen zu können.

1989 stand die DDR kurz vor der Zahlungsunfähigkeit. Die DDR zeigte sich auch als unfähig, die Reformen in der UdSSR zu akzeptieren und im eigenen Land zu umzusetzen. Zusätzlich zur verfahrenen politischen Situation wurde die Bevölkerung angesichts der verschlechterten Versorgungssituation mit Dingen des täglichen Bedarfs und den unzureichenden Wohnbedingungen in den zunehmend verfallenen innerstädtischen Altbauquartieren immer unzufriedener. Die Konzentration auf die Neubaugebiete hatte zur Vernachlässigung der Innenstädte geführt, wo der Wohnungsstandard über die Jahrzehnte stagnierte. Unmut zog auch der gnadenlose Abriss von wertvollen historischen Gebäuden nach sich. „Die zunehmende Unbewohnbarkeit der Städte empfanden die Menschen sehr stark, und gerade in den kleineren Städten, aber auch in Leipzig regte sich der Widerstand gegen die Vernachlässigung der historischen Zentren und die rücksichtslose Abrißpolitik. Hier fand die Forderung nach Bürgerbeteiligung ihre ersten Anknüpfungspunkte und Themen."[652] In der Folge setzten im Herbst

649 Palinske (1975) S. 714
650 Mählert (2001) S. 133
651 Wolle (1998) S. 202f.
652 Wolle (1998) S. 187f.

1989 im ganzen Land friedliche Demonstrationen für politische Reformen ein. Die Stadtplätze erhielten damit wieder eine ihrer wichtigsten Funktionen zurück: Sie wurden politischer Versammlungsort, Plattform der Gesellschaft und der freien Meinungsäußerung. Die monumentalen Plätze, die einst eigens für die Repräsentation der DDR und des Sozialismus gebaut wurden, wo Inszenierungen anlässlich von Parteitagen und Landesjubiläen stattfanden, waren nun Schauplatz der Demokratie: Das Volk eroberte den freien Raum wieder zurück und nutzte ihn für seine eigenen Interessen und gegen seinen Staat. Als Ungarn seine Grenzen im Juni 1989 zum Westen öffnete, flohen tausende DDR-Bürger über diesen Umweg in die BRD. Dieser Entwicklung hatte die DDR-Regierung kaum etwas entgegen zu setzen. Am Abend des 9. Novembers fiel schließlich die innerdeutsche Mauer, die doch im Januar 1989 nach Aussagen Honeckers in 50 und auch in 100 Jahren noch hätte bestehen sollen, „wenn die dazu vorhandenen Gründe noch nicht beseitigt sind."[653]

Abb. 277: Demonstration für politische Reformen auf dem Ost-Berliner Alexanderplatz am 4. November 1989.

653 Mählert (2001) S. 156

3.6.2 Städtebau in der DDR von 1971 bis 1990 und sein Einfluss auf die Anlage von Stadtplätzen

Um den Neubau von Wohnungen möglichst schnell voranzubringen, wurden in der Zeit zwischen 1971 und 1990 in der DDR zwei Möglichkeiten verfolgt. Zum einen das Bauen an den Stadträndern, wo große Neubaugebiete errichtet wurden. Aufgrund der hohen Erschließungskosten forcierte man im Laufe der Zeit außerdem als Alternative das Bauen in der Innenstadt, um die bereits vorhandene Infrastruktur nutzen zu können.

Neue Richtlinien für Neubaugebiete

Das enorme Wohnungsbauprogramm erforderte eine neue städtebauliche Orientierung: „In Vorbereitung auf die 31. Plenartagung der DBA, die im November 1974 stattfand, erstellte die Bauakademie 20 Thesen, die die in den 60er Jahren formulierten gesellschaftspolitischen Ziele von Architektur und Städtebau mit dem Wohnungsbauprogramm verbanden.“[654] Neubaugebiete sollten harmonisch mit den alten Stadtteilen verbunden werden; zudem sollten eine abwechslungsreiche Landschafts- und Grüngestaltung, Wandbilder und Skulpturen sowie die Ausgestaltung der Wohngebietszentren zu „Konzentrationspunkten des gesellschaftlichen Lebens“ die Qualität der Plattenbaugebiete verbessern.[655]

1973 wurde die Komplexrichtlinie für die städtebauliche Planung und Gestaltung von Neubauwohngebieten entwickelt, die 1976 verbindlich wurde.[656] Für Teilbereiche (Sportanlagen, Kinderspielplätze etc.) gab es ebenfalls Richtlinien, die entweder bereits vorlagen oder in den 70er Jahren erarbeitet wurden.[657] 1982 wurden noch einmal neue Grundsätze des Städtebaus beschlossen. Die „Grundsätze für die sozialistische Entwicklung von Städtebau und Architektur in der DDR“ wurden „als Leitlinie für den Übergang zur intensiven Entwicklung der Städte bestätigt. Auf der Basis der schon in den 20 Thesen der Bauakademie 1975 geforderten Überwindung der Ausrichtung auf das Bauen am Stadtrand

---

654 Palutzki (2000) S. 305. Vgl. auch Bauakademie der DDR (1975) in: ADDR, Heft 4, S. 201-208.

655 Palutzki (2000) S. 306

656 Vorläufige Komplexrichtlinie für die städtebauliche Planung der Umgestaltung von städtischen Gebieten mit vorwiegend Wohnbebauung (Entwurf), Berlin, Dez. 1973, Bauakademie der DDR, Forschungsvorhaben Sozialistischer Städtebau, ausgearbeitet im Auftrage des Ministeriums für Bauwesen.
Komplexrichtlinie für die städtebauliche Planung und Gestaltung von Neubaugebieten (Entwurf), Berlin, Dez. 1973, Bauakademie der DDR, Forschungsvorhaben Sozialistischer Wohnungsbau, ausgearbeitet im Auftrage des Ministeriums für Bauwesens.

657 Rietdorf (1977) S. 490

zugunsten der Entwicklung innerstädtischer Gebiete hatten die in acht Punkten abgefassten Grundsätze von 1982 vieles gemeinsam mit den ersten städtebaulichen Grundsätzen von 1950. Die Rückbesinnung auf das Leitbild der kompakten, in ihrer Struktur und Ausdehnung planmäßig begrenzten Stadt wurde wieder verbunden mit der Forderung nach ,Unverwechselbarkeit und Ausdrucksstärke städtebaulich-architektonischer Lösungen' in Anlehnung an die jeweils vorhandenen, historisch überlieferten Bauformen."[658]

Noch effizienteres Bauen versprach in den 70er Jahren die Wohnungsbauserie 70 (WBS 70), die das Wohnungsbauprogramm mit standardisierten Bauelementen schnell voran bringen sollte. „Mit der WBS 70 wurde erstmals eine Plattenbautechnologie entwickelt, die ausbaufähig und für eine größere gestalterische Variationsbreite ausgelegt war. Nach den Vorgaben der 31. Plenartagung der Bauakademie sollte das Standardangebot von vornherein differenzierte Gebäudehöhen und eine wechselseitige Erschließung der Wohnblöcke beinhalten, um mittels eingeordneten Durchgängen und Durchfahrten Hofbildungen in den Wohngebieten zu ermöglichen. Eckausbildungen, Gebäudestaffelungen und eine variable Fassadengestaltung sollten die Monotonie des Zeilenbaus der 60er Jahre überwinden und die Schaffung differenzierter Stadträume begünstigen."[659]

Bauen in der Innenstadt

Neben dem umfangreichen Bau von Großsiedlungen an den Stadträndern besann man sich Ende der 70er Jahre zunehmend auf die Innenstädte. Ziel war es, zur Hälfte in den Innenstädten Wohnungen zu sanieren und zu bauen, zur anderen Hälfte weiterhin Neubaugebiete an den Stadträndern zu errichten, um bis 1990 die Wohnungsfrage zu lösen. Die „kapitalistischen" Wohnviertel der Jahrhundertwende wurden „neugeordnet". Dazu gehörte allerdings oft weniger die Modernisierung und Sanierung der alten Bausubstanz als der Abriss, um Platz für Neubauten zu schaffen. „Speziell in Leipzig geht es auch darum, noch vorhandene territoriale Disproportionen, ein Erbe der unplanmäßigen kapitalistischen Arbeits- und Wohnstättenverteilung, zu verändern. Eine entscheidende Voraussetzung für die intensive Rekonstruktion und Neugestaltung der innerstädtischen Gebiete ist, unbrauchbare und überalterte Wohnbausubstanz durch Neubau zu ersetzen."[660]

Der Vorteil, in den Innenstädten zu sanieren und zu bauen, bestand in der Nutzung der vorhandenen Infrastruktur: „Das Schließen von Lücken in innerstädti-

658 Palutzki (2000) S. 328
659 Palutzki (2000) S. 297
660 Siegel et al (1974), S. 596

schen Wohngebieten durch einen Wohnungsneubau bietet ökonomische Vorteile, weil vorhandene Anlagen und Netze der Stadttechnik und des Verkehrswesens sowie Einrichtungen des Handels, der Bildung, der Kultur, der Dienstleistungen und andere genutzt werden können."[661] Diese Lückenschließungen durch Neubauten sollten möglichst die historischen Baustrukturen wiederaufnehmen. Für die innerstädtischen Neubauten wurden sogar besondere Bauelemente für die Typenserien angefertigt.[662] 1985 wurde die Wohnbaureihe Erfurt (WBR Erfurt) entwickelt, die flexiblere Möglichkeiten bot, Neubauten in die Innen- und Altstädte zu integrieren.[663] Zu den spektakulärsten innenstädtischen Projekten der DDR gehörte die Rekonstruktion des Nikolai-Viertels zwischen 1982 und 1986 in Ost-Berlin anlässlich der 750-Jahr-Feier der Stadt.

Das innerstädtische Bauen blieb prozentual allerdings hinter dem Wohnungsbau am Rande der Städte zurück. „Auf der Grundlage der von Honecker bekräftigten Beibehaltung der „ökonomischen und sozialen Ziele", ungeachtet der realen und wirtschaftlichen und politischen Situation, verzögerte sich (...) die angekündigte Neuorientierung auf Rekonstruktion und innerstädtischen Wohnungsbau. Auch in der ersten Hälfte der 80er Jahre wurde der Wohnungsbau zur Erfüllung der quantitativen Parameter des Programms vorwiegend extensiv am Rand der Städte betrieben."[664]

Plätze in den innenstädtischen Gebieten

Historische, „kapitalistische", Strukturen konnten bei Sanierungen und Lückenschließungen jedoch auch durchaus geschätzt werden. Denn in dem Bemühen die Innenstädte aufzuwerten, erfolgte „eine neue Wertschätzung und Nutzung überkommener Straßen, Plätze, Ensembles oder historisch wertvoller Einzelobjekte, die nicht mehr nur als Objekte denkmalpflegerischer Konservierung zu sehen und zu behandeln sind, sondern zugleich sozial-kulturelle Funktionen erfüllen und als bewußtseinsbildende Elemente in der Stadt wirksam werden."[665] Im Zuge der Sanierung von Altbausubstanz konnten daher bei einigen wenigen Vorzeigeprojekten in der DDR die historischen Plätze ebenfalls von den Maßnahmen profitieren, wie beispielsweise der Markt in Weimar. Zum einen, weil die rahmende Architektur renoviert wurde und somit eine ansprechende Fassung

661 Schmiechen (1983) S. 258
662 Düwel; Gutschow (2001) S. 258
663 Palutzki (2000) S. 329
664 Palutzki (2000) S. 327
665 Gericke (1975) S. 600

bot. Zum anderen erhielten einige Plätze eine neue Qualität, indem Befestigungen erneuert, Brunnen aufgestellt oder Pflanzflächen geschaffen wurden.

Abb. 278:
Der neugestaltete Marktbereich auf dem Ost-Berliner Arkonaplatz in den 1980er Jahren.

Von einem Ost-Berliner Projekt profitierte beispielsweise der Arkonaplatz.[666] Durch „Angleichung“ an die Neubaugebiete mittels Sanierung sollten die Altbaugebiete um den Arkonaplatz aufgewertet werden. Einerseits wurde den Altbauquartieren ein gewisser historischer Charme zugestanden, andererseits wäre ein Totalabriss aus finanziellen Gründen auch nicht sinnvoll gewesen. Positiv bewertet wurden auch die kurzen (Arbeits-) Wege in den Altbauvierteln.[667] Bei den Arbeiten auf dem Arkonaplatz wurden mit Aufhebung der Svinemünder Straße „die vorhandenen beiden Platzräume zusammengefaßt. Aus dem vor Ort geborgenen Pflastermaterial entstand mitten auf dem Arkonaplatz eine Fläche zur Durchführung von Wochen- und Weihnachtsmärkten. Dieser zentral gestaltete Platzbereich bildet mit der Svinemünder Straße und dem Zionskirchplatz eine erlebnisreiche Abfolge. Unterstützt wird die Gestaltung des Arkonaplatzes durch die Wiederherstellung der historischen Platzbeleuchtung.“[668]

Fußgängerbereiche

Wie auch in der BRD hatte man in der DDR die Vorteile von Fußgängerzonen schätzen gelernt. „In den letzten 20 Jahren hat sich die Gestaltung von Fußgän-

666 Der Arkonaplatz war 1926 von Erwin Barth gestaltet worden. (vgl. Stefke (1972) S. 80.) Ein Vorschlag zur Umgestaltung wurde zwar 1969 von Kress, Hultsch, Stefke und der Deutschen Bauakademie erarbeitet, doch nie ausgeführt. (Stefke (1972) S. 80)

667 Korn (1979) S. 531

668 Schechert et al (1984) S. 198

gerbereichen in Stadtzentren der DDR als ein erfolgreicher Weg erwiesen, die Lebensbedingungen der Bürger in vieler Hinsicht zu verbessern und zugleich eine Reihe wichtiger Probleme der Umgestaltung historischer Stadtzentren in Angriff zu nehmen.“[669] Funktionell boten die Fußgängerbereiche ein angenehmes Einkaufen bzw. einen angenehmen Aufenthalt in der Innenstadt. Außerdem waren die Freiräume des Fußgängerbereiches „Raum für politische und kulturelle Veranstaltungen.“[670] Ende der 70er Jahre gab es in DDR „24 ausgebaute Fußgängerbereiche in Stadtzentren. In 26 Städten sind Geschäftsstraßen für den Fahrverkehr gesperrt, und in etwa 80 Städten wird die Umgestaltung oder Erweiterung von Fußgängerbereichen vorbereitet.“[671] Die Verkehrsbelastung der Innenstädte, insbesondere die der Hauptstraßen, war zu hoch geworden, so dass die Zentren drohten, ihre gesellschaftliche Funktion als städtische Mittelpunkte zu verlieren. Hinzu kam der dringende Sanierungsbedarf der historischen Innenstädte.[672]

Die innerstädtischen Plätze wurden in die Fußgängerbereiche einbezogen.[673] Befreit vom Verkehr, stieg die Aufenthaltsqualität der Innenstädte erheblich. Die Plätze gewannen an Wert durch die allgemeinen Gestaltungsmaßnahmen innerhalb der Fußgängerbereiche, zum Beispiel durch das Aufstellen von Sitzbänken, das Anlegen von Pflanzbeeten oder eines Brunnens, einer Beleuchtung, durch die Sanierung der umliegenden Häuser u.ä. Durch den zunehmenden Einfluss der Denkmalpflege profitierten die historischen Plätze zusätzlich von den Sanierungen.[674]

Plätze in den Neubaugebieten

Trotz Vorgaben und konkreter Vorstellungen seitens der Planer wies die Raum- und Platzbildung in den Neubaugebieten aufgrund des industriellen Bauens Defizite auf, denn die gleichförmigen Bauformen an den Taktstraßen machten eine differenzierte Raumbildung weiterhin schwierig. 1974 analysierten Wessel und Zeuchner: „Die Industrialisierung des Bauens und die Anwendung der offenen Bebauung hatte eine Reihe positiver Aspekte im Hinblick auf Besonnung, Begrünung und auf die Gestaltung eines allseitig räumlichen Zusammenhanges. Damit wurden jedoch oftmals geschlossene Straßen- und Platzräume sowie das Prinzip der einheitlichen durchgehenden Gebäudehöhe aufgegeben. Das führte

669 Andrä (1977) S. 737
670 Andrä (1977) S. 738
671 Andrä.; Scheibel (1976) S. 647
672 Andrä.; Scheibel (1976) S. 647
673 vgl. Gebhardt (1975), Kröber; Riecken (1975), Liebl et al (1975), Ludley (1979), Scheibel (1977), Wendorf (1977)
674 vgl. Deiters (1975)

in vielen neuen Wohngebieten zu gleichwertigen, gleichgroßen und damit undifferenzierten Räumen, einem wesentlichen Aspekt der zutagegetretenen Monotonie."[675] Die Planer nahmen sich daher vor, mehr Räumlichkeit und eine bessere und interessantere Gliederung der Wohngebiete zu entwickeln, damit sich die Bewohner heimisch fühlen konnten.[676] Die Monotonie der frühen Neubaugebiete wollte man nicht wiederholen. „Bei der Gestaltung von Wohngebieten bemühen wir uns um differenzierte städtebauliche Raumbildungen und einprägsame Ensembles, in denen Straßenräume, Plätze sowie intime Wohnbereiche ihre soziale und kulturelle Funktion als Fußgängerzonen besitzen. Besondere Aufmerksamkeit findet die Gestaltung der Freiflächen in den Wohngebieten, um gemeinschaftsfördernde Bedingungen und vielseitige Möglichkeiten der Freizeitgestaltung für alle Altersgruppen der Bevölkerung zu gewährleisten."[677] Daneben sollten u.a. Begrünung und Sitzbereiche die Raumbildung unterstützen, so dass durch unterschiedlich gestaltete Plätze die neuen Wohngebiete jeweils ein eigenes, spezielles Flair erhalten würden. „Dabei wäre es jeweils wünschenswert, daß diese platzartigen Raumbildungen logisch und überzeugend in die räumliche Gesamtstruktur des Wohngebietes eingeordnet sind, und daß sie möglichst in engem Zusammenhang stehen mit übergeordneten Fußwegebeziehungen zum Wohngebietszentrum oder zu anderen dominierenden Bereichen der Wohngebiete."[678] Als gelungenes Projekt, das Plätze als bewusstes Gestaltungs- und Gliederungsmittel einsetzte, galt das gesellschaftliche Zentrum in Berlin-Marzahn.

Die Neuanlage eines Platzes jenseits der Zentren als Kommunikationsplattform, als Treffpunkt und Identifikation eines Stadtteils wurde jedoch aufgrund finanzieller Engpässe in den wenigsten Neubaugebieten geplant, obwohl die Bauakademie der DDR vorschlug: „Platzbildungen können und sollten jedoch unserer Meinung nach prinzipiell auch in anderen Teilen von Neubauwohngebieten angewendet werden, darunter vor allem auch in Wohnbereichen. So wären platzartige Raumbildungen für die unterschiedliche Charakterisierung von Wohnbereichen eine wertvolle Bereicherung, zumal einige Gebäudegruppierungen dafür förmlich prädestiniert sind."[679] Zumeist blieb es bei Raumfolgen, die mal mehr, mal weniger aufgeweitet waren, oder bei Vorplätzen von Nebenzentren mit Kaufhalle, Kindergärten, Post, Schulen, Klubeinrichtungen usw. Der Hinweis, „daß durch die Konzentration gesellschaftlicher Einrichtungen in Passagen oder in komplexen Zentrumslösungen nicht nur attraktive Zentren gebildet werden können, sondern auch wertvolles Bauland eingespart werden kann",[680] zeigt,

675 Wessel; Zeuchner (1974) S. 208
676 Wagner (1978) S. 590f.
677 Henn (1974) S. 519
678 Kress et al (1980) S. 241
679 Kress et al (1980) S. 241
680 Fernau (1976) S. 23

dass die Anlage von Plätzen auch aus ökonomischen Gründen nicht stattfand. Dazu kam vermutlich die Annahme seitens der Planer, dass ein weiterer Treffpunkt nicht wirklich dringend notwendig erschien, denn die Flächen um Kaufhalle oder Apotheke usw. waren meistens mit Blumenbeeten und Sitzbänken ausgestattet und boten auf diese Weise ebenfalls Treff- und Kommunikationsmöglichkeiten.

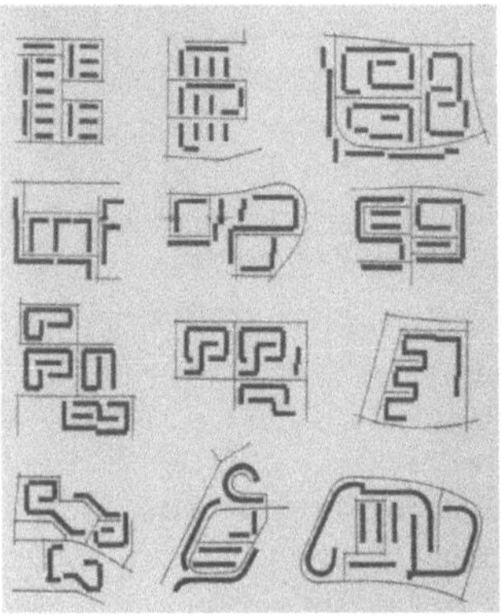

Abb. 279: Seit Mitte der 1950er Jahre waren bis zum Ende der 1970er Jahre die Raumbildungen in den Neubaugebieten zwar vielfältiger geworden (die starren Häuserreihen entwickelten sich zu mäandrierenden Gebilden) doch einprägsame Raumeindrücke waren nur selten entstanden.

Abb. 280: Der Platz der Völkerfreundschaft im gesellschaftlichen Zentrum von Erfurt-Rieth im Jahr 2005. In den 1970er und 1980er Jahren wurde die Ausstattung der Plätze in den Neubauzentren immer einfacher. Die weite Fläche wird hier nur durch einen Brunnen, eine Baumpflanzung und durch die Bänderung der Platzfläche belebt.

Wenn auch bei der Anlage von Neubaugebieten wenig Wert auf Stadtteilplätze gelegt wurde, bemühte man sich dennoch um ein angenehmes Wohnumfeld. Das Ziel, den Bewohnern trotz industrieller Bauweise ein unverwechselbares Zuhause zu bieten, zeigte sich in der Ausstattung der Freiflächen. Bei der Gestaltung der Außenräume arbeiteten Architekten, Landschaftsarchitekten und Bildende Künstler zusammen, um neben den Freiflächen noch Fassadenschmuck, Brunnen, Kinderspielgeräte und Skulpturen zu schaffen.[681] Oftmals stand die Gestaltung eines Wohngebiets unter einem sozialistischen Thema, wie beispielsweise der erfolgreiche Ausbau der chemischen Industrie oder die Getreideernte durch die landwirtschaftlichen Produktionsgenossenschaften.

Zu fast jedem größeren Neubaugebiet waren ein Wohngebietspark, Sportflächen, begrünte Wohninnenhöfe und eine sich durch das Wohnviertel ziehende

681 vgl. Baumbach (1979), Gericke (1975), Doehler (1976)

grüne Gestaltung geplant.[682] Bei der Freiflächengestaltung galt allerdings ebenfalls eine Standardisierung der Gestaltungselemente, ähnlich den Fertigteilen des Plattenbaus, um Kosten zu sparen.[683] Problematisch blieb bei allen Bemühungen die Tatsache, dass die Freiflächengestaltung der neuen Wohngebiete oftmals nicht zeitgleich mit den Wohnungen fertiggestellt war. Viele Bewohner lebten noch einige Jahre zwischen offenen Sandflächen, und auch die Versorgungszentren waren nicht immer bereits benutzbar. Denn noch lange wurden für die industrielle Bauweise die Taktstraßen für die Baumaschinen benötigt, so dass die Anlage von Grünflächen sich zeitlich in die Länge zog. Zum anderen wurden die vorhandenen Baukapazitäten schwerpunktmäßig für den Wohnungsbau verwendet.[684] „Die Kritik der Bevölkerung konzentriert sich mit Recht auf die bisherige Gestaltung der Freiräume in den neuen Wohngebieten, auf ihre Unzulänglichkeiten, da es bisher nur selten gelungen ist, mit den jetzigen Mitteln und Methoden eine angenehme, wohlgeordnete und gern genutzte Umgebung im nächsten Wohnbereich kurzfristig oder in unmittelbarer Folge nach den Maßnahmen des Hoch- und Tiefbaues herzustellen.“[685]

Die Zentren der Neubaugebiete

Im Zuge des Wohnungsbaus wurden für die Großsiedlungen weiterhin die nötigen Wohngebietszentren entwickelt. Diese Zentren wurden nach ihrem Versorgungsgrad bzw. ihrer Größe unterteilt: „Die Palette der Zentren in unseren neuen Wohngebieten ist sehr vielfältig. Sie reicht von Nebenzentren (Einrichtungen für die tägliche Versorgung) bis zu Hauptzentren (Einrichtungen für die materielle Versorgung, für Bildung, Kultur und Sport, für die medizinische Betreuung und für örtliche Organe) und schließt Wohngebiete für etwa 5.000 Einwohner bis rund 36.000 Einwohner ein.“[686]

Obwohl es an Ideen und Bemühungen seitens der Planer für interessante und belebte Raumfolgen nicht mangelte, blieb die Realität meist hinter den Vorstellungen zurück. Die standardisierten Bauelemente und die knappen finanziellen Mittel ließen nur einen geringen Gestaltungsspielraum zu. Und auch die Versorgungszentren reichten oftmals nicht aus, um ein gesellschaftliches Leben in den neuen Wohngebieten zu garantieren: „Urbanität, Kommunikation und städtisches Wohnen setzen Geschäfte, Gaststätten, Dienstleistungsbetriebe, kulturelle Einrichtungen und ihre Zusammenfassung in Fußgängerbereichen und Wohngebietszentren voraus. Gerade dies ist einer der kritischsten Punkte in Neubauge-

---

682 vgl. u.a. Joswig (1975), Nitsch (1974)

683 Beinert, Schwarz (1979) S. 407; Junker (1979) S. 326; Oehring; Mertel (1974) S. 43, Pietsch (1975)

684 Beinert; Schwarz (1979) S. 407

685 Lichey (1976) S. 6

686 Fernau (1976) S. 17

bieten. Die Forderungen nach mehr Urbanität haben sich bisher eher in höheren Wohndichten ausgewirkt als in lebendigen städtischen Räumen."[687] Bemängelt wurde: „die gesellschaftlichen Einrichtungen sind oft dezentralisiert über das ganze Wohngebiet verteilt. (...) die gesellschaftlichen Einrichtungen sind nicht kombinationsfähig um Kaufstraßen, Platzanlagen und Passagen zu bilden. (...) in Wohngebieten fehlt es meist an Gaststättenplätzen, Cafés, Jugendklubs, Ausstellungsmöglichkeiten, Freizeitzentren und anderen Erholungseinrichtungen."[688] Trotz dieser Probleme sollten die Wohngebietszentren mit der Zeit von reinen „Versorgungszentren" zu gesellschaftlichen Zentren ausgebaut werden.[689] Aufgrund der angespannten finanziellen Lage gab es im Laufe der Zeit allerdings noch weitere Einsparungen: „Oftmals wurden, begünstigt durch die Variationsbreite des inneren Grundrisses, in Wohnhaustypen öffentliche Einrichtungen und Geschäfte eingeordnet und auf Einzelprojekte für Wohngebietszentren verzichtet, so daß ganze Siedlungen und Stadtbezirke vorwiegend von der Eintönigkeit der flächigen WBS-70-Platte geprägt wurden."[690]

Raumbildung: Linearität

Unabhängig von ihrer Größe wurden alle Zentren nach sich ständig wiederholenden Mustern geplant. Gemeinsam ist vielen Zentren der lineare Aufbau, der oft keine eigenständige Platzfläche aufwies, sondern lediglich eine Abfolge von Räumen.[691] Die Ausbildung von punktförmigen Zentren zu linear aufgebauten war sogar ausdrücklich erwünscht, um „kommunikationsintensive Fußgängerbereiche in Form von Straßen, Plätzen, Märkten und Passagen" zu bieten.[692] Für die Zentren gab es standardisierte Kaufhallen für die Versorgung der Neubaugebiete, um die Baukosten niedrig zu halten.[693]

Das Wohngebiet Riethstraße in Erfurt zeigte beispielsweise ein kompaktes Zentrum mit den wichtigsten Versorgungseinrichtungen, das von einer linearen Raumfolge bestimmt wurde. Zwischen zwei Vorplätzen befand sich ein verbindender Durchgang. Die Gestaltung der gesamten Fläche bestand aus einem Plattenbelag mit einem bandartigen Mosaikpflaster. Im Durchgang waren quadratische Pflanzflächen und eine Baumgruppe geplant, auf den beiden kleinen Vorplätzen zudem noch Wasserbecken.[694] Auch die wenigen neuen innerstädtischen Stadtzentren wurden nach einem linearen Schema angelegt. Beispiele sind das

687 Wessel; Zeuchner (1974) S. 203
688 Wessel; Zeuchner (1974) S. 203
689 Sniegon (1975) S. 331
690 Palutzki (2000) S. 299
691 Fernau (1976) S. 17ff., vgl. Hengstler; Feldmann (1979)
692 Rietdorf (1977) S. 494
693 Palutzki (2000) S. 305
694 Weingart (1974) S. 537ff.

neue Stadtzentrum von Cottbus,[695] das Zentrum des Wohnkomplexes Greifswalder Straße[696] sowie das der Wohnsiedlung Fritz Heckert, beide in Ost-Berlin.[697]

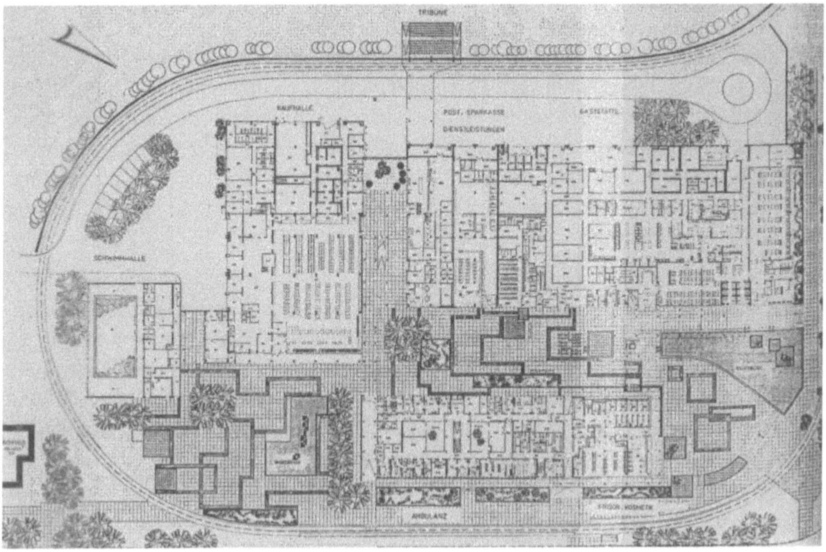

Abb. 281: Entwurf für das gesellschaftliche Zentrum des Wohnkomplexes Riethstraße in Erfurt, Anfang der 1970er Jahre. Der Plan kam schließlich zur Ausführung.

695 Guder (1970)
696 Korn (1977) S. 273
697 vgl. Reuschel (1978)

3.6.3 Beispiele: Platzgestaltungen in der DDR von 1971 bis 1990

Aus den hochfliegenden und futuristischen Plänen für die zentralen Platzensembles der 1960er Jahre in der DDR wurden in der Zeit zwischen 1971 und 1990 aufgrund der immer prekäreren Wirtschaftslage sehr viel nüchternere Ideen, wenn auch gestalterisch und funktional durchdacht. Doch selbst diese rationalen Entwürfe wurden oftmals nochmals vereinfacht und finanziell gekürzt, so dass aus Platzensembles lediglich Freiflächen wurden, die ohne unverwechselbare Raumeindrücke blieben.

So zeugen der Helene-Weigel-Platz und der Besarinplatz in Ost-Berlin, das Ensemble Berliner Platz in Erfurt sowie das gesellschaftliche Zentrum von Dresden-Prohlis vom fast verzweifelten Versuch der DDR, ausreichend Wohnraum und funktionelle Freiflächen zu schaffen, obwohl die Volkswirtschaft darnieder lag. Der Platz der Befreiung in Schwedt spiegelt exemplarisch die langen Planungszeiten in der DDR. Seine Erscheinungsform entspricht noch dem Stil der 1960er Jahre, obwohl er in den 1970er Jahren gebaut wurde. Der Universitätsplatz in Rostock ist ein Beispiel für Platzgestaltungen im Altbestand.

Ost-Berlin: Helene-Weigel-Platz

Das Politbüro des Zentralkomitees der SED beschloss 1975 den Bau des Wohngebiets Berlin-Marzahn, um das Wohnungsbauprogramm im großen Stil voranzutreiben. „Bis 1990 entstanden in Marzahn 62.000 Wohnungen für etwa 165.000 Einwohner. In Abwandlung vorangegangener Großsiedlungen weicht die Bebauung von der Komposition einzelner Zeilen ab, um mäanderförmige Großblöcke aneinanderzureihen, die an die Tradition geschlossener Bebauung anzuknüpfen suchten. Punkthochhäuser markieren als städtebauliche Dominanten einen zwei Kilometer langen „gesellschaftlichen Hauptbereich“ mit Versorgungs-, Gewerbe- und Kultureinrichtungen.“[698] Den 1979 ausgeschriebenen Wettbewerb für den „gesellschaftlichen Hauptbereich“ hatte der Architekt Wolf Eisentraut für sich entscheiden können, wenn auch letztendlich nicht alle seiner ambitionierten Ideen umgesetzt werden konnten.[699] An der Gliederung des Zentrums durch Platz- und Eingangssituationen hielt man jedoch bis zur Ausführung fest. Das gesellschaftliche Marzahner Zentrum gliederte sich in mehrere Abschnitte: Im Norden begann der Bereich beim „Lindenring“ und zog sich nach

698 Düwel; Gutschow (2001) S. 260
699 vgl. Anonym (1979) S. 334ff.

Südwesten über einen Erholungspark, ein Freizeitforum und über eine Promenade zum „Marzahner Tor" hin.

Dieses langgestreckte gesellschaftliche Ensemble stellte das übergeordnete Zentrum von Marzahn dar, denn die tägliche Versorgung wurde durch die kleineren Wohngebietszentren bereits abgedeckt. Den Auftakt des gesellschaftlichen Hauptbereichs von Marzahn nahm südlichwestlich das „Marzahner Tor" ein. Der Helene-Weigel-Platz übernahm hier für die südlichen Wohngebiete Marzahns die Zentrumsfunktion. Das städtebauliche Pendant zum Helene-Weigel-Platz „als Zentrumsensemble für die nördlichen Gebiete liegt an der Otto-Winzer-Straße, wiederum um einen Platz gruppiert, und steht mit dem landschaftlich angelegten Wohngebietspark in Verbindung. Kernstück ist die Bebauung des „Lindenringes", bestehend aus Wohnbauten und dreigeschossigen Gesellschaftsbauten, in geschlossener diagonaler Ordnung."[700]

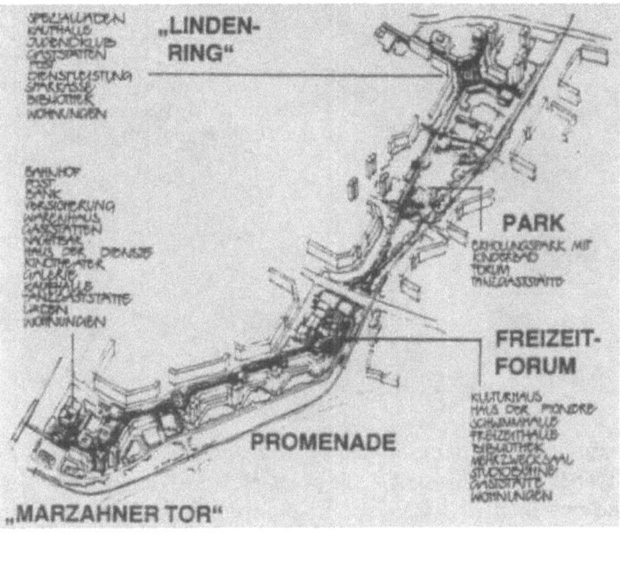

Abb. 282: Funktionsübersicht des gesellschaftlichen Hauptbereiches von Marzahn.

Für die Bürger waren am Helene-Weigel-Platz neben der Kaufhalle ein Kaufhaus, Dienstleistungseinrichtungen, eine Bibliothek, eine Sparkasse, Läden, Gaststätten sowie ein Kino, eine Apotheke, eine Poliklinik, eine Schwimmhalle und das Rathaus vorgesehen.[701] Der Bau der verschiedenen Einrichtungen am Helene-Weigel-Platz zog sich allerdings über mehrere Jahre hinweg. 1979 wurde die Poliklinik fertiggestellt; 1980 eröffnete die Apotheke. Das Kino „Sojus" wurde 1981 als erstes in der Großsiedlung eingeweiht, 1986 folgte die Übergabe

700 Eisentraut (1988) S. 9
701 Eisentraut (1988) S. 9

der Schwimmhalle. Der Bau des Rathauses für den neuen Stadtbezirk Berlin-Marzahn erfolgte von 1986 bis 1988; im Januar 1989 bezog die Bezirksverwaltung ihre neuen Räume.

Der Helene-Weigel-Platz stellt keinen Platz im klassischen Sinne dar, das heißt mit einer definierten Fassung, beispielsweise durch umstehende Häuser oder eine entsprechende Platzbefestigung. Der Platz war vielmehr ein Ensemble aus verschiedenen Platzräumen, ähnlich aneinandergereiht wie der Berliner Platz in Erfurt. Im Prinzip lassen sich drei Räume von einander unterscheiden: Der westliche Bereich vor dem Rathaus, der Parkplatzbereich in der Mitte und im Osten der Bereich vor der Apotheke und dem Kino.

Abb. 283:
Der östliche Teil des Helene-Weigel-Platzes mit dem Kino „Sojus", ca. 1985. Die Platzgestaltung bestand hier lediglich aus wenigen Pflanzbeeten. Ein Weg teilte diagonal eine Rasenfläche. Langgestreckte Pflanzflächen begleiteten den Hauptweg bis zur Straße.

Die ursprünglich ambitionierten Pläne für dieses Marzahner Ensemble können letztendlich nicht darüber hinwegtäuschen, dass der Helene-Weigel-Platz vorrangig eine Freifläche zwischen all den Versorgungseinrichtungen blieb. Auf der Platzmitte parkten in den 1980er Jahren Autos, die östliche Hälfte war mit einigen großflächigen Pflanzbeeten und mit Rasen begrünt. Bäume und Gehölze standen um das Kino „Sojus" sowie an der kleinen Treppenanlage, die von der Straße zum Platz führte. Diese sehr einfach gehaltene Gestaltung der Platzfläche, mit einem diagonalen Weg durch eine Rasenfläche als Höhepunkt landschaftsarchitektonischen Wirkens, zeigt das Dilemma der ausführenden Planer: Städtebaulich und gestalterisch wertvolle Ideen waren zwar gewünscht und gefordert, doch die sich ständig verschlechternde finanzielle Situation ließ für eine differenzierte Platzgestaltung keinen Spielraum mehr zu. Was Ende der 1980er Jahre in den Neubaugebieten entstand, waren, wie beim Helene-Weigel-Platz, rudimentär gestaltete Flächen, die statt eines aufwärtsstrebenden Sozialismus die

Tristesse des Unfertigen ausstrahlten. Die Platzfläche vor dem Rathaus Marzahn erhielt erst Anfang 1990 mit dem Kaskadenbrunnen „Generationen“ des Künstlers Rolf Biebl eine grundlegende Gestaltung.

Abb. 284: Der Helene-Weigel-Platz 1985 mit der Apotheke (mit Wandmosaik) und dem dahinterliegenden Kino „Sojus“. Die Platzgestaltung erschöpft sich in einer Rasenfläche mit diagonalem Querweg und Bänken.

Abb. 285: Der Helene-Weigel-Platz 1985 mit dem Kino „Sojus“. Zwischen dem Kino und dem linken Hochhaus liegen die Parkplätze.

Abb. 286: Der Platzbereich vor dem Rathaus Marzahn, vermutlich 1990. Zwischen der Kaufhalle (rechts) und dem Rathaus befindet sich der Kaskadenbrunnen.

Der Helene-Weigel-Platz heute

Bis heute hat sich die Platzgestaltung in allen Platzbereichen nicht wesentlich verändert. Pflanzflächen, Treppenanlagen, Kaskadenbrunnen und Parkplätze sind in ihrer DDR-Gestaltung erhalten geblieben. Damit verknüpft bleibt die problematische Raumaufteilung: Der Helene-Weigel-Platz ist weiterhin in drei Platzbereiche geteilt, die miteinander in keinerlei Verbindung stehen. Aufenthaltsqualität besitzt davon lediglich der Platzbereich vor dem Rathaus.

Abb. 287: Der östliche Bereich vor der Apotheke mit diagonalem Weg durch die Rasenfläche, 2005.

Abb. 288: Der mittlere Bereich des Helene-Weigel-Platzes ist Parkfläche. Im Hintergrund rechts das Kino „Sojus“, links die Apotheke, 2005.

Abb. 289: Der Kaskadenbrunnen „Generationen“ vor dem Rathaus Marzahn im westlichen Platzteil, 2005. Die Treppe führt rechts zum mittleren Bereich des Helene-Weigel-Platzes.

Erfurt: Wohngebiet Nordhäuser Straße, Berliner Platz

Für das größte Neubaugebiet des Bezirkes Erfurt, das Gebiet Nordhäuser Straße für fast 30.000 Einwohner,[702] wurde im Norden der Bezirksstadt Ende der 1970er Jahre eine „Kommunikationsachse" entwickelt. Die Bezeichnung „Berliner Platz" verwirrt, da es keinen klar abgegrenzten Platzbereich gab, sondern gemäss der Forderung nach Linearität eine Abfolge von Platzräumen, die, wie in der BRD auch, den neuen Siedlungsraum strukturieren und den Bewohnern eine identitätsstiftende Mitte bieten sollten.

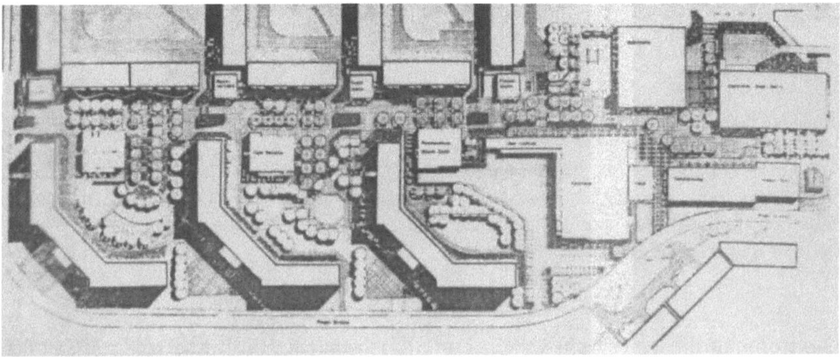

Abb. 290: Die Funktionsbereiche gliedern sich hintereinander am Berliner Platz in Erfurt im Wohngebiet Nordhäuser Straße. Entwurf: Kollektiv des VEB Wohnungskombinats Erfurt unter der Leitung von Günter Andres. Das Kollektiv erhielt 1979 für die Gestaltung des Berliner Platzes den Architekturpreis des Bezirks Erfurt.

Die „Kommunikationsachse" war ausschließlich den Fußgängern vorbehalten, die die verschiedenen Einkaufsmöglichkeiten, das Café „Berolina" und die Bibliothek am langgestreckten Berliner Platz nutzen konnten. Ruhen und Verweilen war in den platzartigen Aufweitungen der „Kommunikationsachse" vorgesehen, unter den Pergolen, im Lesegarten der Bibliothek oder im ‚Minirosarium' an dem Pavillon ‚Erfurter Blumen'.

Die verschiedenen Platzräume am Berliner Platz wurden durch Aufweitungen definiert sowie durch Terrassenstufen, Hochbeete, Pergolen und farbige Bandstrukturen im Plattenbelag. „Der vorhandene Höhenunterschied zwischen dem stadtwärts gelegenen Versorgungszentrum an der Berliner Straße und der nördlichen Reichsbahn- und S-Bahn-Trasse von fast 6 m wird in einer terrassierten Platzfolge ausgenutzt, um die Attraktivität des Bereichs zu steigern. So wurden Plateaus und kleine Plätze geschaffen, die über rund einen Meter hohe Treppen

702 Andres (1980) S. 162

und Rampenanlagen verbunden sind. Hier befinden sich gärtnerisch anspruchsvoll gestaltete Bank- und Fachbeete, die in Verbindung mit den geplanten Kleinplastiken den langgestreckten Kommunikationsbereich rhythmisch gliedern."[703]

Abb. 291: Wohngebiet Nordhäuser Straße: Verbindung von Wohnungsbau und kleineren gesellschaftlichen Einrichtungen am Berliner Platz. Links das Café Berolina, ca. 1979.

Abb. 292: Berliner Platz: Die Terrainunterschiede wurden zur Gestaltung der „Kommunikationsachse" genutzt, ca. 1979.

Die Reihung dieser verschiedenen Funktionen und Raumfolgen spiegelt das damalige Gestaltungsideal, das in der DDR in den 70er und 80er Jahren für die Anlage von Versorgungszentren galt: Linearität bestimmte den Aufbau der Zentren in den Neubaugebieten.

Der Berliner Platz heute

Die Kommunikationsachse des Berliner Platzes ist auch heute noch wichtiges Element der Erfurter Neubausiedlung Nordhäuser Straße, allerdings steht eine Großzahl der Ladenpavillons mittlerweile leer. Die Raumfolgen sind erhalten geblieben und werden durch die gewachsenen Pflanzungen akzentuiert.

Die Raumfolgen des Berliner Platzes bleiben allerdings inhaltslos und bieten keinen Anreiz für ein reges Platzleben. Der Raum bleibt trotz Akzentuierungen zu spannungslos, belebt ist er nur vor den wenigen Geschäften. Die ursprüngliche Idee des gesellschaftlichen Zentrums ist heute nur noch den leerstehenden Gebäuden abzulesen.

703 Andres (1980) S. 162f.

Abb. 293: In der Achse des Berliner Platzes sind die Platzaufweitungen durch die Baumdächer akzentuiert.

Abb. 294: Raumfolgen in der Achse des Berliner Platzes, 2005, abgegrenzt und gegliedert durch Terrassenstufen und Hochbeete.

Dresden-Prohlis: Stadtteilzentrum

Das Wohngebiet Dresden-Prohlis entstand im Rahmen des ehrgeizigen Wohnbauprogramms der DDR. 10.000 Wohnungen sollten hier zwischen 1976 und 1980 gebaut werden.[704] Für das „gestalterische Rückgrat" des Wohnviertels wurde ein zusammenhängender Zentrumsbereich mit mehreren Plätzen und Passagen entwickelt. Im Zentrum waren Mehrzweckgebäude, eine Gaststätte, ein Kaufhaus, Dienstleistungen, Spezialläden, ein Café, kulturelle Einrichtungen, eine Kaufhalle und ein Ambulatorium vorgesehen.[705] „Die Kombination von flächiger und linearer Entwicklung des Prohliser Zentrums hat die Konzentration der gesellschaftlichen Einrichtungen in diesem Bereich zur Folge, so daß die Funktionsbeziehungen nur durch zwei kleine Nebenzentren im alten Ortskern Reick und im Wohngebiet an der F 172 ergänzt werden müssen."[706]

Der ambitionierte Entwurf des Stadtteilzentrums sah drei Plätze vor, einen Wohngebietsplatz, einen Zentralen Platz und den „Platz mit dem Monument der Solidarität", die alle durch einen Fußgängerbereich miteinander verbunden waren. Der kreisrunde Wohngebietsplatz sollte als Treffpunkt dienen. Bäume umschlossen den Platz fast vollständig und gaben ihm somit einen intimen Charakter. In der Mitte der Platzfläche war vermutlich ein Brunnen geplant, um den Bänke gruppiert werden sollten.

---

704 Michalk et al (1975) S. 340
705 Michalk et al (1975) S. 344
706 Michalk et al (1975) S. 342

Der Zentrale Platz war nicht erheblich größer als der Wohngebietstreffpunkt geplant. Auf der rechteckigen Platzfläche war ein Brunnen vorgesehen, an der nördlichen und westlichen Seite wahrscheinlich mehrere quadratische Pflanzflächen sowie Geschäfte und Wohnhäuser. Südlich begrenzte die Hauptstraße den Platz, östlich eine Gaststätte. Für politische Aufmärsche und Demonstrationen wäre dieser Platz nur eingeschränkt nutzbar gewesen. Zum einen waren die Zugänge recht schmal dimensioniert, zum anderen wäre die Platzfläche bereits mit Brunnen und Pflanzflächen besetzt gewesen. Der dritte geplante Platz war der „Platz mit dem Monument der Solidarität". Auf dem größten der drei Plätze sollte sich an eine runde Kreisfläche mit Monument ein halbkreisförmiger Rasenstreifen anschließen, der schließlich ganz in eine baumbestandene Grünfläche überging.

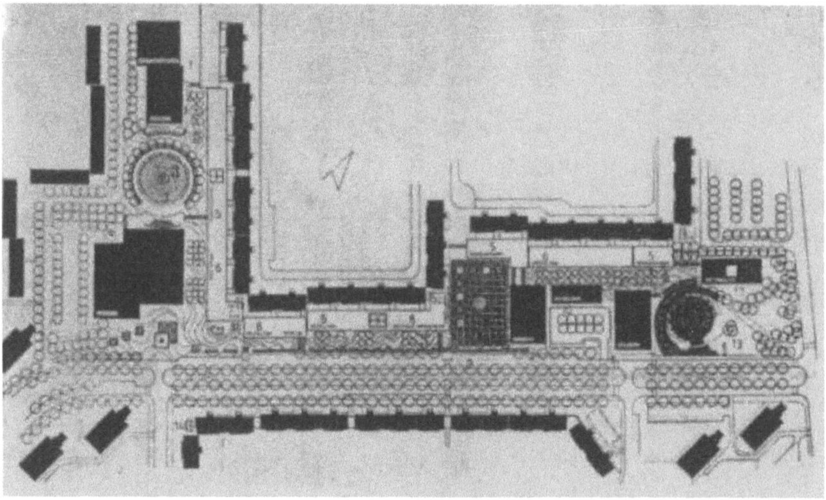

Abb. 295: Entwurf Zentrum Dresden-Prohlis. Wohngebietstreffpunkt im Nordwesten als Rund mit Baumkreis, der Zentraler Platz im Süden (mit weißem Raster) und der Platz mit dem Monument der Solidarität am östlichen Zentrumsrand in einem geschwungenen Wegenetz liegend.

Abb. 296: Perspektive mit Blick auf den Zentralen Platz im ersten Wohnkomplex von Dresden-Prohlis, 1975.

Abb. 297: Perspektive mit Blick aus Südwesten in den Zentrumsbereich des ersten Wohnkomplexes, 1975. Im Vordergrund der „Platz mit dem Monument der Solidarität“.

Das Stadtteilzentrum heute

Der zentrale Bereich von Dresden-Prohlis wurde nie so ausgeführt, wie er geplant worden war. Wie überall in der DDR bestimmten auch in Dresden die immer knapper werdenden Finanzen das Aussehen der Wohngebiete. Zwar wurden in Dresden-Prohlis die Gebäude gebaut, um das Wohnungsbauprogramm voranzutreiben, doch die Gestaltung des Wohnumfeldes musste gravierende Einschränkungen hinnehmen. Statt der geplanten Platzfolge, die dem Neubaugebiet einen eigenen Charakter gegeben hätte, entstanden hier, wie so oft in der DDR, lediglich einfache Freiflächen, die mit Rasen begrünt waren.

Schwedt: Platz der Befreiung

Schwedt, im Zweiten Weltkrieg zu 85% zerstört, sollte als wichtiges Chemiekombinat wiederaufgebaut werden. Der Aufbau begann im Juni 1960. Um einen richtungslosen Siedlungsbau wie in Hoyerswerda zu vermeiden, hatte das Ministerium für Bauwesen bereits im März 1960 beschlossen, die weitere Planung einem Ideenentwurf von Selman Selmanagic zugrunde zu legen.[707]

Abb. 298: Luftbild von Schwedt Ende der 70er Jahre. Radialförmig lagern sich die Wohnquartiere um das neue Zentrum der Stadt mit Schulen, Sportanlage und dem Platz der Befreiung an der Leninallee. Am Platz befand sich das 1964/65 errichtete elfgeschossige Wohnheim, das 1972 eingeweihte Centrum-Warenhaus sowie ein Flachbau für Dienstleistungen.

Selmanagic verteilte „die Wohnhäuser auf der Grundlage einer idealstadtartig angelegten, radialen Struktur des Straßennetzes viertelkreisförmig um ein neues Zentrum südlich der Magistrale.[708] Im neuen Zentrum waren ein Kulturhaus, ein Kino, mehrere Verwaltungsgebäude, ein Kaufhaus und weitere Versorgungseinrichtungen vorgesehen. 1962 begannen die Erschließungsarbeiten für Selmanagics Plan. Doch bereits 1963 folgte Richard Paulinck Selmanagic in das Amt des Schwedter Stadtarchitekten. Paulinck veränderte Selmanagics Plan, in

707 Topfstedt (1988) S. 37
708 Palutzki (2000) S. 274

dem er nun u.a. die gesellschaftlichen Einrichtungen des Zentrums an die Leninallee legte, der Magistralen Schwedts. Nach den Vorstellungen Paulincks sollte auf diese Weise die alte historische Achse, die einst zum Schwedter Schloss führte, Mittelpunkt des gesellschaftlichen Lebens werden.[709] Statt des ursprünglich geplanten kompakten Stadtzentrums war ein räumlich aufgelockertes Ensemble vorgesehen, an dem 1964/65 ein elfgeschossiges Wohnheim mit einem vorgelagerten Flachbau für Gaststätten, ein Tanzcafé, ein Reisebüro und ein Friseursalon entstanden.[710]

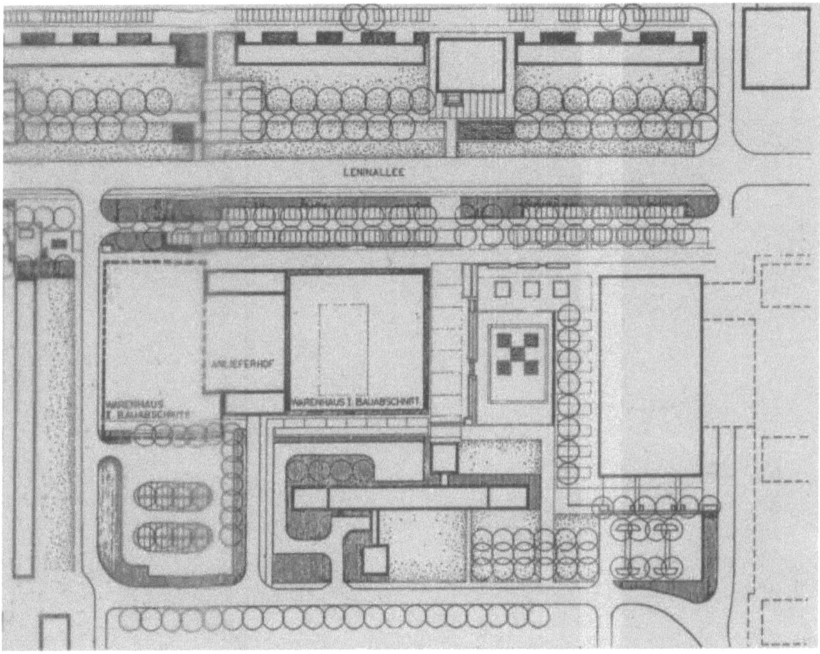

Abb. 299: Platz der Befreiung in Schwedt. Plan von ca. 1975. An der Westseite das Centrum-Warenhaus, im Süden das Arbeiterwohnheim (mit teilweisem Hotelbetrieb) und Altersheim, im Osten ein niedriger Bau für Dienstleistungen. An der Leninallee drei Pavillons, in der Platzmitte fünf quadratische Wasserbecken, vor dem Kaufhaus die kleine Terrassenanlage.

Der Platz der Befreiung selbst wurde jedoch erst Mitte der 70er Jahre gestaltet, als das Centrum-Warenhaus, die Gebäude für die Dienstleistungen und das Arbeiterwohnheim bereits gebaut worden waren. Der Platz vermittelte zwischen den angelagerten Funktionen: „Der Platz der Befeiung hat im Rahmen der Gesamtkonzeption die Aufgabe, die Beziehungen zwischen dem Centrum-

709 Springer (2001) S. 75
710 Palutzki (2000) S. 277

Warenhaus einerseits und den Einrichtungen der Dienstleistungen, des Reisens, des Handels und der Gastronomie andererseits sowie dem im Platzbereich stehenden Arbeiterwohnheim herzustellen. (...) Diese Funktionsdichte hat den Platz zum derzeitigen Kommunikationsschwerpunkt des Zentrums werden lassen."[711]

Abb. 300: Platz der Befreiung, ca. 1975: Im Vordergrund der Ruhebereich. In den Terrassen sind Blumen gepflanzt, um die Wasserbecken ziehen sich dunkle Bänder aus Kunststeinplatten.

Der Platz wurde an der Nordseite von der Leninallee begrenzt, so dass der Platz der Befreiung später mit dem 1978 errichteten Kulturhaus am südöstlichen Endpunkt der Magistrale verbunden wurde. Langgestreckte Hochbeete grenzten den Platz von den an der Magistrale liegenden Parkplätzen ab. An der Nordseite des Platzes standen drei kleine Pavillons; in den Terrassenstufen vor dem Kaufhaus waren Treppen und Pflanzbeete integriert. In der Platzfläche selbst befanden sich fünf quadratische Wasserbecken, angeordnet in Kreuzform und mit Wasser-

711 Tattermusch (1976) S. 216

spielen belebt. Dieser Bereich war als Ruhezone konzipiert[712] und wurde zum einen durch die Terrassierung abgegrenzt, zum anderen durch eine umfassende Sitzmauer. Der Platz war mit verschiedenfarbigen Kunststeinplatten befestigt, so dass der für die DDR typische Flächenbelag mit Bändern und Rechtecken entstand. Durch ein langgestrecktes Wasserbecken mit acht Fontänen auf der anderen Seite der Leninallee wurde die Gestaltung des Platzes optisch über die Magistrale gezogen. Durch die Einbeziehung einiger bereits vorhandener Bäume stieg die Aufenthaltsqualität des Platzes erheblich.

Abb. 301: Platz der Befreiung: Parkplatzstreifen an der Magistrale und drei Pavillons. Im Scheibenhochhaus befand sich das Wohnheim, dahinter lag eine Sportfläche.

Der rund 75 m x 80 m große Platz diente sowohl großen als auch kleineren Veranstaltungen.[713] Die große Beliebtheit des Platzes führten die Planer darauf zurück, „daß es hier gelungen ist, innerhalb von zehn Jahren an einer Grundkonzeption festzuhalten und diese konsequent und kulturvoll zu realisieren.“[714] Die Belebung des Platzes war jedoch nicht unmaßgeblich auch dem Centrum-Warenhaus zuzuschreiben. Das Kaufhaus war erst 1972 eingeweiht worden, und „war das einzige derartige Warenhaus zu diesem Zeitpunkt, das nicht in einer

712 Tattermusch (1976) S. 217
713 Tattermusch (1976) S. 216
714 Tattermusch (1976) S. 216f.

Bezirksstadt stand, und bedeutete einerseits eine Verbesserung der Konsummöglichkeiten in der Stadt und andererseits auch einen generellen Bedeutungszuwachs für Schwedt."[715]

Die lange Planungs- und Ausführungszeit für das Ensemble am Platz der Befreiung ist für viele Projekte in der DDR typisch. Aufgrund der vielen, entweder politisch-ideologisch oder finanziell begründeten, Planungsänderungen verzögerte sich der jeweilige Bau meist um Jahre. Lange mussten die Bewohner der Neubauquartiere im Unfertigen leben und auf Geschäfte und gesellschaftliche Einrichtungen verzichten. Es verwundert daher nicht, dass der Platz der Befreiung, obwohl Mitte der 70er Jahre gebaut, aufgrund der langen Planungszeit mit den quadratischen Wasserbecken, den rechteckigen Hochbeeten und den grazilen Pavillons mit ihren auskragenden Dächern noch die Formensprache der 60er Jahre aufweist.

Der Platz der Befreiung heute

Nach der Wende ist die Gestaltung des Platzes erheblich verändert worden. Das Wohnheim ist mittlerweile abgerissen; an seiner Stelle steht nun ein Supermarkt. Die anderen rahmenden Gebäude, das Centrum-Warenhaus, der Flachbau mit Geschäften und die Pavillons, sind erhalten geblieben. Allerdings haben die drei Pavillons, in denen jeweils ein Schnellimbiss untergebracht ist, durch Umbauten viel von ihrem ursprünglichen grazilen Design verloren. Ebenfalls entfernt sind die Wasserbecken, sowohl in der Platzmitte als auch gegenüber an der ehemaligen Leninallee.

Abb. 302:
Der Platz der Befreiung in Schwedt, 2005. Die Treppenanlage führt vom Warenhaus in den tiefer gelegenen Platzteil, von dem die Wasserbecken und der ursprüngliche Belag entfernt worden sind. Erhalten sind die drei Pavillons und die drei Fahnenmasten vor dem Kaufhaus.

715 Springer (2001) S. 78

Abb. 303: An der Stelle des Wohnheimes steht nun ein Supermarkt. Davor wurde mit Bänken eine Art Sitzecke auf dem Platz eingerichtet. Das rote Muster im Platzbelag hilft, den Raum optisch zu fassen.

Abb. 304: Sitzquader haben das Wasserbecken mit den Fontänen an der ehemaligen Leninallee gegenüber dem Platz ersetzt.

Die Platzfläche ist mittlerweile mit Kleinpflaster befestigt und dient als Marktplatz. Seitlich befinden sich Werke des Künstlers Steinert. Vor dem Supermarkt sind einige Bänke aufgestellt worden. Die Baumpflanzungen sind durch zahlreiche Ahorn-Bäume ergänzt worden.

Ost-Berlin: Bersarinplatz

Der Bersarinplatz, vormals Baltenplatz, erhielt seinen Namen 1946 nach dem ersten sowjetischen Stadtkommandanten Nikolai Erastowitsch Bersarin. Im Zweiten Weltkrieg zerstört, gehörte der Bersarinplatz „zu den Schwerpunkten der städtebaulich-architektonischen Ausgestaltung der Hauptstadt in den Jahren 1985-86."[716] Der Hauptschwerpunkt der Baukonzeption lag dabei jedoch weniger auf der Platzgestaltung selbst, als auf der baulichen Fassung des Platzes bzw. auf dem Neubau von Wohnungen, wie auch Kristen und Timme ausführten: „Die architektonisch-gestalterischen Maßnahmen waren auf die Bebauung des Bersarinplatzes zu konzentrieren."[717] Der endgültigen Bebauungskonzeption ging zunächst 1979 ein internationales Entwurfsseminar des BdA/DDR in Berlin voraus. Die Ergebnisse des Seminars waren Grundlage für die Ausschreibung eines Ideenwettbewerbs im Jahr 1984. Den ersten Preis des Ideenwettbewerbs erhielt das Kollektiv Kunc/Möller, den zweiten Preis das Kollektiv des Büros für Städtebau Berlin Piesel/Oschatz/Räder. Zeitgleich hatte das Büro für Städtebau

716 Kristen; Timme (1986) S. 244

717 Kristen; Timme (1986) S. 245, vgl. auch Timme (1988)

und Architektur Magdeburg eine Planung erarbeitet. Letztendlich legten das Büro für Städtebau Berlin, das Büro für Städtebau und Architektur Magdeburg und der VEB WBK Magdeburg zusammen eine Planung für die Bebauung des Bersarinplatzes vor, die am 23. Mai 1984 von der Ost-Berliner Regierung bestätigt wurde. Im Frühjahr 1985 konnten die ersten Wohnungen übergeben werden.[718]

Abb. 305:
Modell der Neugestaltung des Bersarinplatzes.

Wenn auch der Schwerpunkt der Planung eindeutig auf der Wohnbebauung am Platzrand lag, so war dennoch eine eigenständige Gestaltung der Platzfläche vorgesehen gewesen. Wie dem Modell der Neugestaltung des Bersarinplatzes zu entnehmen, sollte die Mittelinsel durch eine durchgehende Straße ersetzt werden. Als Platzfläche war dagegen eine Grünfläche im Ostteil des Bersarinplatzes vorgesehen, über die die Straßenbahn fahren sollte. Leicht terrassiert wäre die Fläche zur Thaerstraße angestiegen und vermutlich mit Stauden und kleinwüchsigen Gehölzen bestanden gewesen.[719] Die Thaerstraße und der Weidenweg wären bei dieser Planungsausführung Sackgassen geworden. Die veränderte Verkehrsführung einschließlich der Grünfläche wurde allerdings nicht ausgeführt, lediglich die Thaerstaße wurde zum Platz hin geschlossen und als Straßenbahnstrecke genutzt.

Während im Vorfeld bereits zahlreiche Vorschläge für den Bersarinplatz erarbeitet worden waren, musste letztendlich Mitte der 80er Jahre eine schnelle Entscheidung getroffen werden, denn die Planer standen durch die bevorstehende 750-Jahr-Feier Berlins im Jahr 1987 unter zeitlichem Druck. Die fast vollkommen fehlende Platzgestaltung zeigt jedoch nicht nur die Prioritäten für den Wohnungsbau, sondern erneut die Finanzmisere der DDR: Für eine differenziertere Platzfläche konnten keine Mittel mehr freigestellt werden.

718 Kristen; Timme (1986) S. 244f.

719 vgl. die städtebauliche Gestaltung des Bersarinplatzes mit der künftigen Verkehrslösung bei: Kirsten; Timme (1986) S. 247

Abb. 306:
Die fertiggestellten Neubauten am Bersarinplatz, ca. 1985. Die historische Mittelinsel blieb trotz anderer Pläne erhalten. Im Hintergrund die geschlossene Thaerstraße.

Abb. 306 zeigt den Bersarinplatz mit den fertiggestellten Neubauten. Der Platz war weiterhin Verkehrsplatz, dessen Mittelinsel nicht gesondert erreichbar war. Die Mittelinsel war mit Rasen begrünt und im Zentrum lagen vermutlich drei quadratische Pflanzbeete. Ferner war die Platzinsel sowohl in der Mitte als auch am Fahrbahnrand mit Fahnenmasten bestanden. Fußgänger nahmen trotz der ungünstigen Erreichbarkeit der Verkehrsinsel den Platz als Abkürzung: Trampelpfade sind zu erkennen, die quer über die grüne Mitte verliefen. Die seitlichen Platzränder vor den Neubauten waren lediglich befestigt und mit einigen Bäumen bestanden. An der Thaerstraße befand sich eine kleine Platzaufweitung. In den Erdgeschosszonen der Neubauten lagen Gaststätten und Geschäfte. Die leicht ansteigende Fläche des Bersarinplatzes wurde vor den Gebäuden durch Treppenanlagen und einige Hochbeete aufgefangen.

Der Bersarinplatz heute

Die Gestaltung des Bersarinplatzes ist fast vollkommen unverändert geblieben und somit bis heute unambitioniert. Die Thaerstraße ist weiterhin Sackgasse und nur der Tram vom Platz aus zugänglich. Die Bepflanzung der Mittelinsel ist durch einige niedrige Hecken ergänzt. So bleibt der Bersarinplatz lediglich begrünter Verkehrsteiler, der weder einen Bezug zur Wohnbebauung aufnimmt, noch in einer anderen Form aus dem Stadtgefüge qualitativ heraussticht.

Abb. 307: Die Bepflanzung auf der Mittelinsel des Bersarinplatzes im Frühjahr 2005. Blick in die Thaerstraße.

Rostock: Universitätsplatz

Zu den innerstädtischen Neubauprojekten gehörte das Fünfgiebelhaus am Universitätsplatz in Rostock, dem ehemaligen Marktplatz der Neustadt. 1942 war die gesamte Nordseite zerstört und 1943 durch eine eingeschossige Baracke ersetzt worden. Erst 40 Jahre später riss man sie ab, um Platz für das Fünfgiebelhaus zu schaffen. Die industriellen Plattenbausegmente wurden verändert, um den Neubau in das historische Stadtbild zu integrieren.[720] Im Gebäude befanden sich Wohnungen sowie Geschäfte und Gaststätten. „Der Universitätsplatz wurde zum Kreuzungspunkt der Kröpeliner Straße und der im Bau befindlichen und noch geplanten Fußgängerachse Schnickmannstraße, Breite Straße, Schwaansche Straße. Am Universitätsplatz stand die Aufgabe, sowohl der Einkaufszone Kröpeliner Straße als auch einer dem kulturellen Zweck angemessenen Verweilzone Rechnung zu tragen. Als eine Bereicherung des Platzes wurde hier 1980 der ‚Brunnen der Lebensfreude' übergeben. Zur Abrundung des Plat-

720 Weise (1987) S. 21

zes gab es mehrere Varianten. Die Realisierung des Wohnungsbauprogramms und dabei die Einbeziehung des innerstädtischen Wohnungsbaus beschleunigten den Aufbau der Universitätsplatznordwand."[721]

Abb. 308: Übersicht Universitätsplatz Rostock, Ende der 1980er Jahre.

Etwa 1987 waren das Fünfgiebelhaus und die Umgestaltung des Universitätsplatzes abgeschlossen. Die unregelmäßige Form des historischen Platzes spiegelte sich in der Gesamtgestaltung wider. Ein etwa dreieckiger Rasenbereich war von alten Bäumen umstanden. Hochbeete in asymmetrischer Sechseckform und ein in sich versetztes Bodenmuster in der Platzfläche sowie Vor- und Rücksprünge in der Plattenverlegung unterstrichen die kleinteilige und unregelmäßige Gesamtwirkung. Um den „Brunnen der Lebensfreude" herum konnten sich Passanten nicht nur auf den Rändern von Hochbeeten ausruhen, sondern sogar Einzelstühle benutzen und so ihren eigenen Platz finden. Der Universitätsplatz galt in Planerkreisen als ein gelungenes Projekt, das Altes und Neues miteinander verband und die Innenstadt vorteilhaft belebte und gestaltete. „Der Hochbau verbindet sich mit dem Platzraum durch Pflanzungen, Terrassen und Geschäftszugänge. Eine gediegene Verschmelzung zwischen Innen- und Außenraum konnte erreicht werden, weil es bis in das einzelne Detail, bis zur einzelnen Pflanze eine intensive Abstimmung mit dem Hochbauarchitekten gab."[722] Der

721 Weise (1987) S. 20f.
722 Webersinke (1987) S. 44

Rostocker Universitätsplatz war durch seinen Versuch, die Plattenbauweise durch Modifikationen in einen historischen Bestand zu integrieren, sehr innovativ und stand dem Bau des Nikolai-Viertels in Ost-Berlin in nichts nach, dennoch wurde weniger darüber berichtet. Das Rostocker Ensemble des Architekten Peter Baumbach „war in der DDR fast einmalig und war in aller Munde. Es hatte aber einen Grundfehler: es war nicht mit der Parteiführung in Berlin abgestimmt und stand in der „Provinz" und somit nicht im seine 750-Jahrfeier vorbereitenden Berlin. Ein Fauxpas, der zu parteiinternen Maßregelungen der Verantwortlichen, einen Veröffentlichungsverbot in der Fachpresse und der Flucht des verantwortlichen Architekten in eine Auslandstätigkeit in Afrika führte."[723]

Abb. 309: Universitätsplatz in Rostock mit dem Fünfgiebelhaus und dem Brunnen der Lebensfreude Ende der 1980er Jahre. Unter den Bäumen befindet sich ein langgestrecktes Hochbeet, vor dem einige Einzelstühle stehen. Von hier aus hatte man einen guten Blick auf den Brunnen der Lebensfreude, in dem Kinder spielen. In der Platzfläche sind langgezogene Rechtecke, die ein in sich versetztes Muster ergeben. Ein weiteres Hochbeet in asymmetrischer Form ist vor dem Fünfgiebelhaus zu sehen.

723 Bräuer (1999) S. 35

Abb. 310:
Der Brunnen der Lebensfreude auf dem Universitätsplatz Ende der 1980er Jahre.

Der Universitätsplatz heute

Der Rostocker Universitätsplatz ist auch heute ein wichtiger und funktionierender Mittelpunkt der Innenstadt und bietet Einheimischen wie Touristen einen angenehmen Aufenthalt. Die geschlossenen Platzwände und die klar abgrenzende Formengebung heben ihn deutlich vom Raum der Fußgängerzone ab.

Abb. 311:
Der Rostocker Universitätsplatz 2004 mit dem „Brunnen der Lebensfreude".

Die DDR-Gestaltung ist in ihren Grundstrukturen erhalten geblieben, allerdings sind die ehemals sehr asymmetrischen Formen vereinfacht worden. Entfernt wurden die Hochbeete an der Kröpeliner Straße. Nun führen einige Treppenstufen auf die leicht erhöhte Platzfläche. Am „Brunnen der Lebensfreude" befindet sich mittlerweile eine halbrunde Bank, ein Sitzen auf Einzelstühlen ist nicht mehr möglich. Größte Attraktion des Universitätsplatzes ist immer noch der Brunnen, der mit seinen vielen Figuren nicht nur das Raumbild belebt, sondern auch die Kinder zum Spielen einlädt.

Abb. 312: Die Hochbeete in der Kröpeliner Straße sind entfernt worden. Einige Treppenstufen führen nun zum leicht erhöhten Platzteil, wo man unter Bäumen im Schatten sitzen kann.

3.6.4 Reflexion: Platzgestaltungen in der DDR von 1971 bis 1990

Politik

1971 wurde Erich Honecker Nachfolger von Ulbricht und verkündete als Erster Sekretär des Zentralkomitees der DDR die „Einheit von Wirtschafts- und Sozialpolitik“. Kernstück des politischen Programms war ein enormes Wohnungsbauprogramm: Bis 1990 sollte der noch immer herrschende Wohnungsmangel mit Hilfe der unbedingten Forcierung des industriellen Bauens behoben sein. Folglich flossen die verfügbaren finanziellen Mittel vorrangig in den Wohnungsbau. Der geplante Ausbau der Stadtzentren wurde bis auf wenige Ausnahmen ausgesetzt. Nach ersten Erfolgen erlitt das Wohnungsbauprogramm jedoch Mitte der 70er Jahre einen Rückschlag. Im Zuge der Ölkrise erhöhte auch die UdSSR ihre Preisforderungen für Rohöl, so dass notgedrungen nach immer weiteren Einsparpotentialen gesucht werden musste, um das Wohnungsbauprogramm nicht zu gefährden.

Im Herbst 1989 eroberten die Bürger der DDR die Plätze, die stolz den Sozialismus repräsentieren sollten, und demonstrierten für politische Reformen. Am 9. November 1989 fiel die innerdeutsche Grenze, und bereits am 3. Oktober 1990 konnte die Wiedervereinigung der beiden deutschen Staaten vollzogen werden.

Städtebau und städtebauliche Einbindung

Im Rahmen des Wohnungsbauprogrammes entstanden vorrangig Neubaugebiete für 20.000 bis zu 100.000 Menschen an der Peripherie der Städte. Die vorgefertigten, typisierten Konstruktionsmodule der „Wohnbauserie WBS 70“ ließen jedoch nur geringen architektonischen Spielraum zu. Doch im Vergleich zum Zeilenbau der 60er Jahre wandelte sich die städtebauliche Anordnung der Gebäude: fast geschlossene Wohnhöfe und seit Mitte der 70er Jahre sogar mäandrierende Bauformen bestimmten nun das Bild.

Die Zentren der Neubaugebiete definierten sich durch rein funktionale Versorgungsaufgaben. Ambitionierte Gestaltungsideen konnten durch die prekäre finanzielle Situation der DDR nur sehr selten umgesetzt werden. Die Zentren variierten in ihrer Funktionsausstattung abhängig von ihrem Einzugsgebiet. Einfache Nebenzentren mit Kaufhalle, Klubhäusern, Apotheke und Kindergärten wechselten sich ab mit Hauptversorgungszentren mit einem zusätzlichen Angebot wie Schulen, Kino, Einrichtungen für Sport und Kultur sowie Gaststätten. Zumeist waren lediglich die Hauptversorgungszentren mit einer wirklichen Platzfläche versehen. Die kleineren Zentren hatten, wie bereits in den 60er Jahren, lediglich eine Freifläche um Kaufhalle oder Apotheke. Diese Freiflächen mussten als Treffpunkt ausreichen.

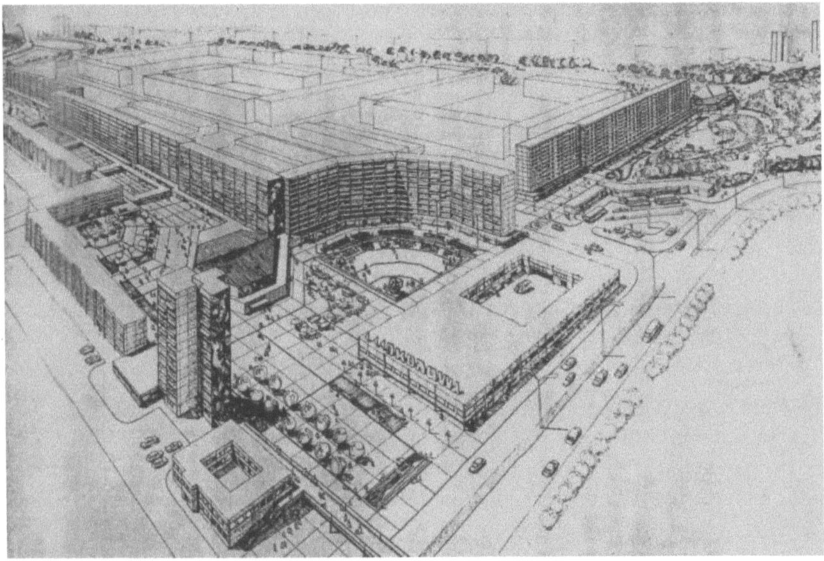

Abb. 313: Entwurf für das Hauptzentrum in Hoyerswerda-Seidenwinkel, 1975. Die zentrale Platzfläche war viertelkreisförmig vor einem Scheibenhochhaus als Forum geplant. (Vermutlich war die Platzfläche etwas vertieft oder leicht schräg.) Insgesamt wird bei dem linearen Zentrum versucht, durch Pergolen, einen strukturierten Flächenbelag und durch Baumreihen gliedernde Räume zu schaffen.

Die Fassung der Platzensembles in den Zentren der Neubaugebiete war wenig definiert. Für diese Zentren wurde ein linearer Aufbau charakteristisch, der aus verschiedenen Raumfolgen bestand; ähnliches war auch in den großen Wohngebietszentren in der BRD in den 60er Jahren geplant worden. Die Fassung von Plätzen geschah nur zum Teil durch die umliegenden Gebäude. Häufig half ein Flächenbelag mit strukturierenden Bändern, den Raum zu definieren. Daneben gaben Treppenanlagen, Wasserbecken oder Hochbeete eine optische Gliederung. Sehr häufig findet man in einigen Entwürfen auch die Idee, Platzflächen etwas tiefer zu legen. Dies hob die fehlende Platzfassung etwas auf. Besonders große vertiefte Platzbereiche nannten die Planer oft „Forum“.[724]

Aufgrund der schwierigen finanziellen Lage wurde neben der Einsparung von Arbeitszeit und Material auch das Bauen an der Peripherie der Städte überdacht. Das Bauen am Stadtrand mit seinen hohen Erschließungskosten und dem hohen Verbrauch von Bauland sollte nach und nach vom innerstädtischen Bauen abgelöst werden, denn hier konnte die bereits vorhandene Infrastruktur mitgenutzt werden. Baulücken sollten geschlossen und der Altbestand modernisiert werden. Das innerstädtische Bauen blieb allerdings hinter den Erwartungen zurück; der Hauptteil der Wohnungen entstand weiterhin an den Stadträndern.

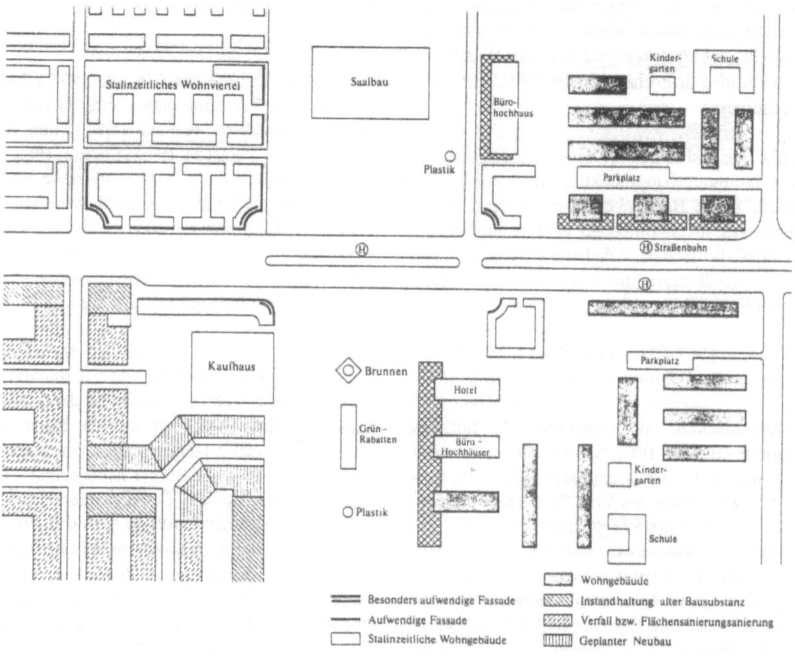

Abb. 314: Schema eines Zentrums in einem Neubaugebiet der DDR. In den 1970er und 1980er Jahren standen statt städtebaulicher und politischer Repräsentation nun die Versorgungseinrichtungen für die Bevölkerung im Vordergrund. Die Gestaltung der Platzräume beschränkte sich aufgrund der schwierigen wirtschaftlichen Lage auf wenige Elemente.

724 vgl. Andres; Uhlmann (1974) S. 529

Im Rahmen des innerstädtischen Bauens oder aufgrund der Anlage von Fußgängerbereichen konnten Plätze eine Aufwertung erfahren, wie beispielsweise die Sanierung des Erfurter Angers. Die vom Verkehr befreiten Plätze wurden innerhalb von Fußgängerzonen Teil von städtebaulichen Achsen oder waren prägnanter Anfangs- oder Endpunkt. Die anstehende Architektur bot nach Sanierungen den Plätzen einen ansprechenden Rahmen. Zum anderen wurden die Plätze auch ganz direkt aufgewertet, indem Befestigungen erneuert, Brunnen aufgestellt oder Pflanzflächen geschaffen wurden. Umfangreiche Denkmalpflege- und Sanierungsprojekte beschränkten sich in der DDR allerdings auf einige sehr repräsentative Projekte.

Bei innerstädtischen Plätzen in Sanierungsgebieten befanden sich hauptsächlich Wohngebäude, Gaststätten und Geschäfte in den rahmenden Gebäuden. Bei den Plätzen in den Neubaugebieten wurden diese Funktionen durch weitere ergänzt, denn diese Plätze lagen innerhalb von Versorgungszentren, die sehr große Neubaugebiete mit allen nötigen Einrichtungen versehen mussten. Die Hauptversorgungszentren mussten also die zu weit entfernten Innenstädte ersetzen. Dementsprechend fanden sich an diesen Plätzen neben Wohngebäuden, Geschäften und Gaststätten auch Bibliotheken, medizinische Versorgungseinrichtungen, Sportstätten, Verwaltungsgebäude, Klubs und Kinos.

Funktion und Nutzung

Sowohl die Platzensembles in den Zentren der Neubaugebiete als auch die traditionellen Plätze in den Innenstädten sollten als gesellschaftlicher Mittelpunkt den Bewohnern ein unverwechselbares Wohnumfeld bieten, mit dem sich diese identifizieren konnten. Wie auch bei den innerstädtischen Plätzen konnten die Plätze in den Neubaugebieten als Treffpunkt genutzt werden sowie für kurze Aufenthalte während des Einkaufs oder für festliche Veranstaltungen. Durch Vertiefungen der Platzflächen, Treppenanlagen, Mauern oder Pflanzflächen konnten die Plätze in den Neubauzentren allerdings nur noch eingeschränkt für große Massenveranstaltungen genutzt werden.

Planerwünsche und Nutzerwünsche

Sowohl in der DDR als auch in der BRD hatte man die Nachteile eines beliebigen und undifferenzierten Stadtraumes erkannt. Die Entwürfe für die Zentren und Platzensembles in den Neubaugebieten spiegeln daher den Wunsch der Planer in der DDR wider, den Bewohnern ein ansprechendes und einzigartiges Wohnumfeld, einen „Kommunikationsschwerpunkt" zu bieten.

Eine generelle Einbeziehung der späteren Nutzer fand in der DDR allerdings nicht statt. Verschiedene Platzräume, vom Stadtteilplatz zum Forum bis zum Platz für Festlichkeiten, zeigen jedoch die Ambitionen der Planer, trotz standardisiertem Wohnungsbau einprägsame und einladende Räume zu schaffen. Letztendlich blieb allerdings den Planern sowohl in den Neubaugebieten als auch im Altbaubestand nur wenig Handlungsspielraum, denn der Bau von Wohnraum hatte zu Zeiten knapper finanzieller Mittel höchste Priorität. Auf der Suche nach immer weiteren Einsparmöglichkeiten blieben viele Visionen unrealisiert. Mit der Zielvorgabe Honeckers, bis 1990 das Wohnungsproblem zu lösen, „wurden Quantitäten zuletzt immer wichtiger und die für die Bewohner zu schaffende Lebensqualität trotz aller Beteuerungen und ideologischen Verbrämungen faktisch hintangestellt."[725] Statt Foren und kleinerer Stadtteilplätze prägten unbestimmte und wenig gestaltete Freiräume die Zentren, und auch für umfangreiche Sanierungsprojekte von Plätzen in den Innenstädten fehlten meist die finanziellen Mittel.

Gestaltung der Plätze

Die Gestaltungsideen für Stadtplätze und zentrale Ensembles waren zwar nicht weniger ehrgeizig als in den 60er Jahren, doch finanzielle Engpässe ließen die Gestaltungen zunehmend einfacher und schlichter werden.

Ausstattung

Die Platzflächen in den Hauptzentren der Neubaugebiete konnten durch eine strukturierte Oberfläche gestaltet sein, beispielsweise durch andersfarbige Streifen oder durch ornamentale Muster im Plattenbelag. Treppenanlagen, vertiefte Platzbereiche, Denkmale, quadratische oder rechteckige, später asymmetrische rhomben- oder trapezförmige Wasserbecken und ebensolche erhöhte Pflanzbeete gehörten ähnlich wie in den 60er Jahren zur immer wieder verwendeten Ausstattung der Plätze. Was die Gestaltung und die Ausstattung der Plätze in den Zentren der Neubaugebiete in den 70er und 80er Jahren sehr viel nüchterner als in den 60er Jahren machte, war der Umstand, dass auf Sonderanfertigungen und auf gestalterische Spielereien wie Wasserspiele möglichst verzichtet wurde. Geplante Elemente wurden oftmals aufgrund des Sparzwangs weggelassen. Die Bepflanzungen der Beete beschränkte sich auf wenige Pflanzen; Sträucher und

---

725 Betker (1999) S. 20

Rasen waren schnellwachsendes und preiswerteres Grün. Nur gelegentlich fanden sich neu angepflanzte Bäume. Die Plätze in den innerstädtischen Sanierungsgebieten erhielten oftmals eine Erneuerung des Flächenbelags sowie Bänke und Hochbeete, historische Ausstattungselemente wie Brunnen wurden saniert.

Abb. 315:
Platz in Greifswald-Schönwalde, vermutlich zu Beginn der 1970er Jahre. Die Ausstattungs- und Gestaltungselemente beschränken sich auf einen Brunnen, Treppenstufen und einige Hochbeete, die nur sehr einfach bepflanzt sind, u.a. mit Rosen.

Formensprache

Auf den Plätzen setzte sich die geometrisch-rechteckige Formensprache, die sich an einem Raster orientierte, bis Mitte/Ende der 70er Jahre fort. Danach fanden sich auch asymmetrische Gestaltungen mit Trapez- und Rhombenformen, wie u.a. am Beispiel für das gesellschaftliche Zentrum in Bautzen-Gesundbrunnen zu erkennen.

Erste Ansätze einer asymmetrischen Formgebung sind auch bei dem Entwurf für das gesellschaftliche Zentrum in Erfurt-Rieth zu sehen. Wenn auch die Platzfläche selbst später beim Bau der Anlage mit einer einfachen parallelen Bänderung versehen und der geknickte Brunnen auf dem Platz der Völkerfreundschaft durch eine runde Anlage ersetzt wurde, so wurde das asymmetrische Wasserbecken auf dem nordwestlichen Vorplatz jedoch bei der Ausführung beibehalten. Bezüge zu den geometrischen Formen der 60er Jahren sind unverkennbar die quadratischen und rechteckigen Pflanzbeete, die in das lineare Zentrum eingestreut wurden.

Abb. 316:
Das gesellschaftliche Zentrum von Jena-Lobeda West. Der Brunnen auf dem Marktplatz wurde 1975 eingeweiht. Zu Beginn der 1970er Jahre dominieren noch rechteckige und quadratische Gestaltungsformen auf den Plätzen.

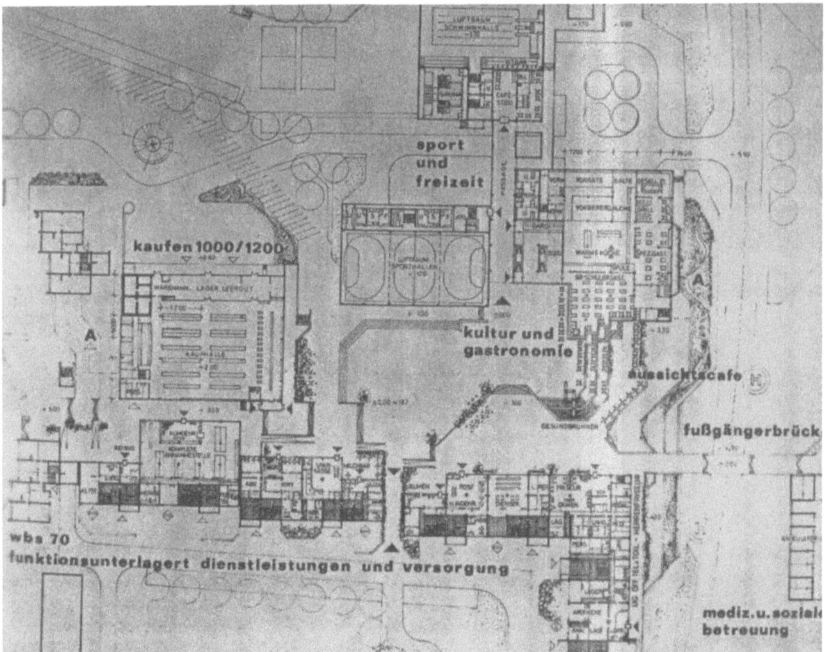

Abb. 317: Lageplan Gesellschaftliches Zentrum Bautzen-Gesundbrunnen, 1975. Die Bauten im gesellschaftlichen Zentrum fassen einen Platz, der teilweise vertieft ist. In der Formengebung ist bei den Ebenen das asymmetrische Vieleck auffällig.

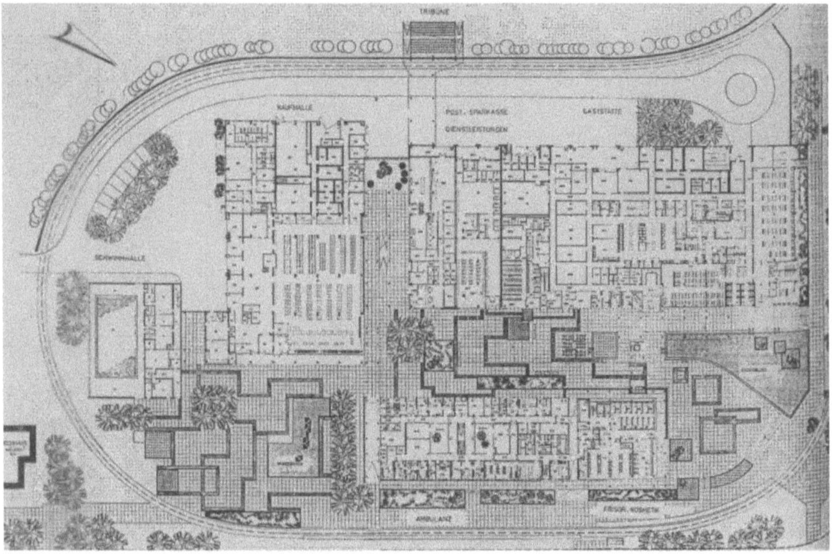

Abb. 318: Entwurf für das gesellschaftliche Zentrum des Wohnkomplexes Riethstraße in Erfurt, 1974. Im Nordosten der Platz der Völkerfreundschaft.

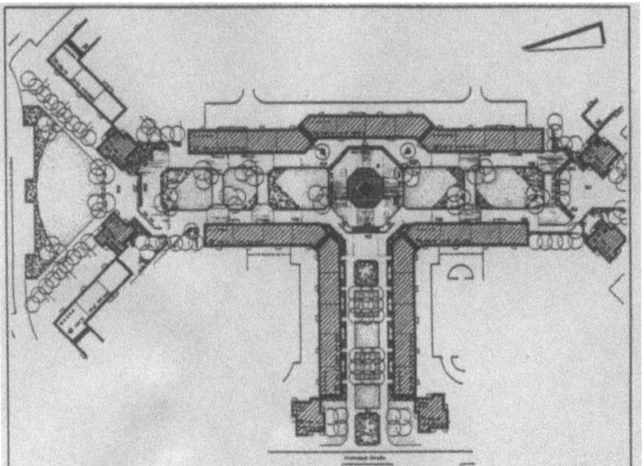

Abb. 319: Entwurf für den Branitzer Platz in Berlin-Hellersdorf, ca. 1986. Der Branitzer Platz war durch die Gebäude allseitig gefasst und wies aufgrund seiner Achsen, seinen regelmäßigen Grünkompartimente und seinen Baumkarrees postmoderne Anklänge auf.

Ende der 80er Jahre tauchten bei Platzgestaltungen in der DDR im Zuge der Postmoderne, im Vergleich zur BRD um etwa 15 Jahre zeitversetzt, streng architektonische Gestaltungsformen auf, wie beispielsweise für den Entwurf für die sehr geschlossene Anlage des Branitzer Platzes in Berlin-Hellersdorf Ende der 80er Jahre: „Drei 6geschossige Würfelhauspaare an kleinen Vorplätzen bilden die ‚Eingangstore' in das enggefasste Zentrum, in dessen geometrischem Mittelpunkt der ‚Branitzer Platz' liegt. (...) Zur Schaffung eines ‚Identifikationselementes' in einer ‚echten Mitte' wurden Gestaltungsansätze aus heimatlichen Pücklerschen Landschaftsparken bemüht und in den Architekturraum transformiert. Zentrales Element ist eine 3,20m hohe Pyramide, die mit edler Oberfläche aus rotem poliertem Meißner Granit in einer ruhigen Wasserfläche steht."[726] Daneben zeigt der Entwurf quadratische bis rechteckige Rasenflächen, die teilweise an den Ecken mit Blumen oder Gehölzen bepflanzt werden sollten. Während die Nord-Süd-Achse einige Asymmetrien durch unregelmäßige Pflanzformen und die locker verstreuten Bäume aufweist, ist die Ost-West-Achse sehr klar durch regelmäßige Pflanzquadrate und Baumkarrees geprägt. Aufgrund der eingeschränkten finanziellen Mittel und der langen Bauzeiten konnte sich die Postmoderne in der DDR allerdings nie mit all ihren Facetten in der Platzgestaltung etablieren.

726 Joswig (1987) S. 26

4. Abschluss: Vergleich der Platzgestaltungen in der BRD und DDR von 1945 bis 1990

Die vorliegende Gegenüberstellung von Platzgestaltungen in West- und Ostdeutschland in der Zeit von 1945 bis 1990 hat gezeigt, dass Funktion und Gestaltung der Stadtplätze nicht erst auf dem Reißbrett entstehen. Zuvor haben die Einflüsse aus Gesellschaft, Politik und Wirtschaft die Basis gelegt, denn das Aussehen und das Zusammenspiel von Bauten und Freiflächen zeigt immer auch eine tiefergehende Botschaft, die mehr möchte, als nur ein gestalteter Teil der Stadt zu sein. Verfolgt man bei einem abschließenden Vergleich die Entwicklungslinien der Platzgestaltungen in der BRD und in der DDR von 1945 bis 1990, so fallen folgende grundlegende Zusammenhänge, Parallelen und Unterschiede auf:

Politik

Der politische Einfluss in der BRD und DDR auf die Platzplanungen unterschied sich immens. Die staatlichen Institutionen der BRD machten keinerlei politische Vorgaben hinsichtlich Funktion oder Gestaltung der Stadtplätze, sieht man einmal von unterschiedlichen Bauvorschriften u.ä. der Kommunen ab. Zwar gab die westdeutsche Politik mit ihrer Forderung nach Wohnraum sowie die Wirtschaftslage den Rahmen vor, doch ansonsten waren die Planer frei, sich an den nationalen und internationalen Strömungen von Städtebau, Architektur und Landschaftsarchitektur zu orientieren. Eine politische Nutzung der Stadtplätze durch Aufmärsche sowie eine besondere Gestaltung, um den Stadtraum politisch-repräsentativ zu überhöhen, wurde von Seiten der Regierung nicht gefordert. Diese freie demokratische Haltung der BRD ermöglichte den westdeutschen Planern einen großen Experimentier- und Handlungsspielraum, der in vielen Entwürfen und Grundsatzdiskussionen festzustellen ist. Die Möglichkeit der planerischen Entfaltung und Kreativität ist insbesondere nach den großen gesellschaftlichen Umbrüchen Ende der 60er Jahre abzulesen. Die Planer definierten ihre Arbeitsaufgaben neu: sie diskutierten zusammen mit den späteren Nutzern von Plätzen und Wohnvierteln über Gestaltungs- und Nutzungsmöglichkeiten oder boten alternativ eine Vielfalt von Entfaltungsmöglichkeiten auf den Plätzen an, die sich die Nutzer aneignen sollten.

Die DDR-Führung reagierte nach anfänglichen städtebaulichen Parallelen zum westdeutschen bzw. internationalen Städtebau vollkommen gegensätzlich. Strikte Gestaltungsvorgaben hinsichtlich eines sozialistischen Städtebaus, detaillierte Regelungen zum Bau von Zentralen Plätzen und hohe Kontrolle der Planer und ihrer Entwürfe sicherte der DDR-Führung die Idee des sozialistischen Stadtbilds. Politische Vorgaben, allgemein gültige Gestaltungsgrundsätze und Regelungen blieben vom Anfang bis zum Ende der DDR Dreh- und Angelpunkt fast sämtlicher Bauplanungen, die vom Ministerium für Bauwesen als zentrales Anleitungs- und Kontrollorgan überwacht wurden. Dem Ministerium direkt unterstellt waren unter anderem die Kreis- und Bezirksbauämter und die Institute der Bauforschung, also auch die Bauakademie der DDR mit ihren Instituten. Entwürfe, die nicht mit den politischen Vorgaben konform waren, hatten daher nur sehr geringe Chancen sich durchzusetzen.

Wirtschaft

Bedeutender Einflussfaktor blieb in beiden deutschen Staaten die wirtschaftliche Lage und damit die Finanzierung von Bauvorhaben. Während die Reparationsforderungen der westlichen Alliierten hinter ihren ursprünglichen Ansprüchen zurückblieben und Westdeutschland schon wenige Jahre nach Kriegsende von den Geldern des Marshall-Planes profitieren konnte, stellte sich die Situation in der DDR weitaus schwieriger dar: Ostdeutschland musste hohe Reparationsleistungen an die UdSSR zahlen, so dass noch lange ein wirtschaftlicher Aufschwung erschwert wurde, Geldmittel waren daher bedeutend knapper. Zu der nur sehr langsam wachsenden Wirtschaft der DDR kamen hohen Ausgaben, da in der DDR fast sämtliche Lebensbereiche öffentlich gefördert wurden. Diesbezüglich „versuchte die DDR mit ihrer zentralen Wirtschaftsplanung die für den Aufbau notwendigen Mittel durch Kalkulation der gesamten Wirtschaft in den Fünf-Jahres-Plänen vorzuberechnen und auf der Basis dieser Berechnungen vorab die zu erwartenden Mittel den Kommunen in Aussicht zu stellen. (...) Die Volkswirtschaftspläne wurden zentral in O-Berlin für alle Wirtschaftsbereiche gleichzeitig erstellt, wobei die Mittel für die einzelnen Bereiche, u.a. auch für die Bauwirtschaft, ebenfalls zentral vergeben wurden. Die zugewiesenen Mittel waren aber permanent nicht ausreichend für die von O-Berlin geforderten Aufbauleistungen, da immer zu wenig Geld zur Verteilung vorhanden war, weil die Schätzungen der zu erwartenden Einnahmen stets zu hoch waren.“[727] Die Finanzierung der öffentlichen kommunalen Bauvorhaben waren also in die Volkswirtschaftspläne der DDR integriert. Doch da die finanziellen Mittel nie wirklich ausreichten, wurden auf diese Weise Bauvorhaben oft so lange verschoben, bis bereits wieder neue Richtlinien zur Gestaltung von Plätze o.ä. erarbeitet worden waren. Dies erforderte dann erneut eine inhaltliche Umarbeitung, so dass teilweise sehr lange Planungszeiten entstanden. Dabei waren seit Mitte der 50er Jahre, als die dogmatische Gestaltung der Zentralen Plätze gelockert wurde, die Ideen der ostdeutschen Planer ambitioniert und innovativ. Ebenso wie ihre westdeutschen Kollegen wollten sie interessante und ansprechende Plätze für die

727 Manz (1995) S. 128

Bewohner der Städte schaffen, doch die finanziellen Mittel reichten in vielen Fällen nicht aus, um die Visionen zu verwirklichen.

Wirklich gravierende finanzielle Einschränkungen hatte die BRD, bis auf die unmittelbare Nachkriegszeit, nicht zu verzeichnen. Die Ölkrise in den 70er Jahren führte zwar zunächst zum politischen und städtebaulichen Umdenken, doch die neuen Impulse erwiesen sich als innovativ und fruchtbar. Wenn die damalige westdeutsche wirtschaftliche Lage durch die Ölkrise zweifellos als beunruhigend angesehen wurde, so verhinderte sie nicht generell wichtige öffentliche Bauprojekte wie in der DDR, wo aufgrund der Preiserhöhung für Öllieferungen seitens der UdSSR die Wirtschaft in den 70er Jahren erneut erheblich geschwächt wurde.

Städtebau

Das Aussehen der Plätze war bei beiden deutschen Staaten zunächst vom Städtebau geprägt, der den größeren planerischen Rahmen für weitere Detaillierungen gab. Während in der BRD allerdings nationale und internationale Strömungen in die Entwürfe zu den Stadtplätzen in den Innenstädten und in den Neubaugebieten flossen, blieb der Städtebau in der DDR vor allem von der Politik beeinflusst. Der Städtebau sollte die Fortschritte und die Überlegenheit des sozialistischen Systems verkörpern. Genaue Vorgaben und Regelungen sollten daher in allen Städten der DDR das gewünschte repräsentative Bild sicherstellen.

Funktion

Für die verschiedenen Funktionen der Stadtplätze in der BRD ist anzumerken, dass sie neben Raum für Märkte und öffentliche Veranstaltungen auch fast immer der Erholung und dem (nachbarlichen) Austausch dienen sollten. Wenngleich die verschiedenen Funktionen im Laufe der Jahre unterschiedlich gewichtet waren, so ist festzuhalten, dass im Gegensatz zur DDR keine politische Nutzung der Plätze vorgeschrieben war, auch wenn die Plätze sicherlich für Kundgebungen oder Demonstrationen genutzt wurden. Die Plätze in der BRD dienten nicht dazu, die politische Macht des Staates zu zelebrieren und das Stadtbild symbolträchtig zu überhöhen. Zwar wurde in der BRD ein ansprechendes Stadtbild gewünscht, doch die repräsentativen City-Plätze stellten lediglich eine Stadt mit einer beispielsweise sehr aufwändigen Platzanlage als besonders schön oder interessant dar. Sehr viel mehr Wert legten die westdeutschen Planer auf die Erholung, die auch auf noch so kleinen Stadtplätzen möglich sein sollte. Die Plätze blieben allerdings immer öffentlicher, freier Raum, den sich die Nutzer, mal mehr, mal weniger, aneignen konnten.

In der DDR spielte die Erholungsfunktion der Zentralen Plätze zunächst keine Rolle. Die Erholung fand entweder auf den traditionellen Quartiersplätzen statt, die zwar um- und neugestaltet, in der Fachpresse aber nicht erwähnt wurden, da sie im Aufbau der DDR keine besondere politische Rolle einnahmen, oder in den Kulturparks, also in den sozialistischen Volksparks. Im Vordergrund der Planungen für die Zentralen Plätze, später für die zentralen Ensembles, stand immer eindeutig die politische Funktion: Hier sollten Demonstrationen und Kundgebungen die Richtigkeit und die Überlegenheit des Sozialismus unterstreichen; die weiten Plätze im Stadtbild festliche und repräsentative Räume darstellen.

Die DDR-Regierung schuf mit den Zentralen Plätzen einen aufschlussreichen Gegensatz: Sie gab ihrer Bevölkerung einen großen öffentlichen Raum, den sie ihr aber gleichzeitig durch die strikte Funktionszuweisung wieder nahm. Denn jenseits von politischen Aufmärschen und Kundgebungen boten diese Plätze im Alltag durch ihre sterile Monumentalität keinen Anziehungspunkt und blieben unbelebt. Zweischneidig bleiben bei den Zentralen Plätzen der DDR auch die Parallelen zu den nationalsozialistischen Plätzen. Obwohl die DDR den Nationalsozialismus strikt ablehnte, errichtete sie mit den Zentralen Plätzen ähnliche monumentale Festräume wie die Nationalsozialisten und zelebrierte den sozialistischen Staat mit vergleichbaren Aufmärschen und Massenkundgebungen. Auf den Zentralen Plätzen der 50er Jahre sollte sich die sozialistische Gemeinschaft zu Festlichkeiten treffen, der Einzelne war zunächst weniger wichtig. Dagegen waren die Plätze in der BRD auch immer für den Einzelnen konzipiert. Jeder Besucher sollte sich seinen individuellen Raum suchen können. Erst mit Beginn der 60er Jahre verwischen in der DDR auf den Plätzen in den Stadtzentren die Grenzen zwischen Monumentalität, Repräsentation und wirklicher Nutzbarkeit. Durch Einbauten wie Wasserspiele, Sitzbänke und Blumenhochbeete, durch die Nachbarschaft von Geschäften, Kinos und Gaststätten belebten sich langsam wieder die großen Räume und boten als Erholungs- und Kommunikationsort nun auch Funktionen jenseits der politischen Aufmärsche.

Platzgestaltung

Aufgrund der sehr politisch motivierten Funktion der Stadtplätze in der DDR und den mehr für die Erholung und für den öffentlichen Austausch konzipierten Stadtplätzen in der BRD unterschieden sich die Gestaltungen in Ost und West – allerdings nur auf den ersten Blick. Zweifellos sind die Zentralen Plätze in Form und Gestaltung monumental und luden während des Alltags abseits von Feiern und Aufmärschen nicht wirklich dazu ein, dort Erholung zu suchen oder das öffentliche Leben stattfinden zu lassen. Doch in den 50er Jahren zeigen Formensprache und Ausstattung der Quartiersplätze in der DDR große Parallelen mit den verschiedenen Platztypen in der BRD. Asymmetrische Gestaltungen, weite

Schwünge der Wege, viele Bänke, Kinderspielbereiche, Blumenrabatten und große Rasenflächen, finden sich auf Stadtplätzen in beiden deutschen Staaten. Ab den 60er Jahren finden sich dann auch auf den Plätzen innerhalb der zentralen Ensembles der DDR mit mehr quadratisch-rechteckigen Formen, Wasserbecken und Hochbeeten ähnliche Gestaltungsformen wie auf Plätzen in der BRD zur ungefähr selben Zeit. Später werden die Formen in Ost und West zunehmend vom asymmetrischen Vieleck geprägt.

Generell fällt allerdings eine gewisse zeitliche Verzögerung auf. Neue Formensprachen und Ausstattungselemente der Plätze setzten sich in der DDR in vielen Fällen erst einige Jahre später als in der BRD durch. Dies liegt sicherlich in den langen Planungszeiten in der DDR begründet. So ist beispielsweise die Postmoderne erst etwa 15 Jahre zeitversetzt zur BRD in der DDR aktuell.

Einblick nach 1990

Der Platz als besonderer städtischer Freiraum erhält mittlerweile nicht nur im Rahmen übergeordneter Programme wie Sanierungen oder Wohnumfeldverbesserungen mehr planerische Aufmerksamkeit, sondern ist sogar Auslöser eigener Stadtprojekte. So initiierte z.B. die Landeshauptstadt Niedersachsens im Expo-Jahr 2000 das Stadtplatzprogramm „Hannover schafft Platz“. Es sieht die Umgestaltung von 82 Plätzen bis zum Jahr 2010 vor. Der Schwerpunkt liegt dabei weniger auf den repräsentativen, innerstädtischen Plätzen, sondern auf den Stadtteilplätzen. Unter dem Motto „Neuordnen von Vorhandenem, Trennen von Überflüssigem, Ideen entwickeln für neue Räume“[728] stieß das Projekt auf positive Resonanz. Trotz des kleinen Budgets ergaben Maßnahmen wie beispielsweise der Verzicht auf Müllcontainer oder das Ausbessern des Belags einen eindrucksvollen Effekt. Besonders der verbesserte Pflegezustand der Plätze veranlasste viele Anwohner zu Lob, allerdings gibt Tessin zu bedenken, dass dieser Zustand auch beibehalten werden muss, sonst verlieren die umgestalteten Räume ihre Beliebtheit.[729]

Was bleibt zum Schluss?

Über wenig wurde und wird so heftig und emotional gestritten wie über den öffentlichen Stadtraum, und damit also auch über die Plätze. Planer wie Nutzer schätzen Plätze als wichtigen Stadtraum, der eine Stadt charakterisiert und sie mit Leben füllt. Hier treffen unterschiedlichste Menschen zusammen und teilen sich, ganz im Sinne einer funktionierenden Gesellschaft, einen Raum. Doch die

728 Göbel-Groß (2003) S. 32
729 Tessin (2005) S. 48f.

Angst sitzt sowohl bei den Nutzern als auch bei den Planern tief, diesen besonderen Stadtraum zu verlieren. Je nach Zeitabschnitt waren und sind es noch immer u.a. der Verkehr, das Unverständnis der Nutzer, das Unvermögen der Planer, die finanziellen Einschränkungen, die Fehler des Städtebaus, der Rückzug ins Private, die Einmischung von privaten Investoren oder der generelle gesellschaftliche Niedergang, die für den drohenden Untergang der Stadtplätze verantwortlich gemacht wurden und werden. Und das sind nur einige der Argumente, die *nach* 1945 ausgetauscht wurden. Dennoch: allen Befürchtungen zum Trotz sind Plätze weiterhin Teil der Stadt. Sie sind belebt und beliebt und werden es bleiben. Denn die Nutzer werden sich diesen öffentlichen Freiraum immer nach ihren Bedürfnissen aneignen, schließlich bleiben Plätze vor allem eins: multifunktional.

Abb. 320:
Der Gutenbergplatz in der Mainzer Innenstadt, 2005. Ein Platz zum Verweilen, Erholen und Spielen. Am Rande des Wasserspiels stehen gern genutzte Einzelstühle, wie bereits von Ende der 50er Jahre bis Anfang der 70er Jahre oft in Ost- und Westdeutschland angeboten.

5. Dokumente

Dokument Nr. 1: Die sechzehn Grundsätze des Städtebaus der DDR (1950)

Von der Regierung der Deutschen Demokratischen Republik am 27. Juli 1950 beschlossen: Die Stadtplanung und die architektonische Gestaltung unserer Städte müssen der gesellschaftlichen Ordnung der Deutschen Demokratischen Republik, den fortschrittlichen Traditionen unseres deutschen Volkes sowie den großen Zielen, die dem Aufbau ganz Deutschlands gestellt sind, Ausdruck verleihen. Dem dienen die folgenden Grundsätze:

1. Die Stadt als Siedlungsform ist nicht zufällig entstanden. Die Stadt ist die wirtschaftlichste und kulturreichste Siedlungsform für das Gemeinschaftsleben der Menschen, was durch die Erfahrung von Jahrhunderten bewiesen ist. Die Stadt ist in Struktur und architektonischer Gestaltung Ausdruck des politischen Lebens und des nationalen Bewußtseins des Volkes.

2. Das Ziel des Städtebaues ist die harmonische Befriedigung des menschlichen Anspruchs auf Arbeit, Wohnung, Kultur und Erholung. Die Grundsätze der Methoden des Städtebaues fußen auf den natürlichen Gegebenheiten, auf den sozialen und wirtschaftlichen Grundlagen des Staates, auf den höchsten Errungenschaften von Wissenschaft, Technik und Kunst, auf den Erfordernissen der Wirtschaftlichkeit und auf der Verwendung der fortschrittlichen Elemente des Kulturerbes des Volkes.

3. Städte ‚an sich' entstehen nicht und existieren nicht. Die Städte werden in bedeutendem Umfange von der Industrie für die Industrie gebaut. Das Wachstum der Stadt, die Einwohnerzahl und die Fläche werden von den städtebildenden Faktoren bestimmt, das heißt von der Industrie, den Verwaltungsorganen und den Kulturstätten, soweit sie mehr als örtliche Bedeutung haben. In der Hauptstadt tritt die Bedeutung der Industrie als städtebildender Faktor hinter der Bedeutung der Verwaltungsorgane und der Kulturstätten zurück. Die Bestimmung und Bestätigung der städtebildenden Faktoren ist ausschließlich Angelegenheit der Regierung.

4. Das Wachstum der Stadt muß dem Grundsatz der Zweckmäßigkeit untergeordnet werden und sich in bestimmten Grenzen halten. Ein übermäßiges Wachstum der Stadt, ihrer Bevölkerung und ihrer Fläche führt zu schwer zu beseitigenden Verwicklungen ihrer Struktur, zu Verwicklungen in der Organisation des Kulturlebens und der täglichen Versorgung der Bevölkerung und zu betriebstechnischen Verwicklungen sowohl in der Tätigkeit wie in der Weiterentwicklung der Industrie.

5. Der Stadtplanung zugrunde gelegt werden müssen das Prinzip des Organischen und die Berücksichtigung der historisch entstandenen Struktur der Stadt bei Beseitigung ihrer Mängel.

6. Das Zentrum bildet den bestimmenden Kern der Stadt. Das Zentrum der Stadt ist der politische Mittelpunkt für das Leben seiner Bevölkerung. Im Zentrum der Stadt liegen die wichtigsten politischen, administrativen und kulturellen Stätten. Auf den Plätzen im Stadtzentrum finden die politischen Demonstrationen, die Aufmärsche und die Volksfeiern an Festtagen statt. Das Zentrum der Stadt wird mit den wichtigsten und monumentalsten Gebäuden bebaut, beherrscht die architektonische Komposition des Stadtplanes und bestimmt die architektonische Silhouette der Stadt.

7. Bei Städten, die an einem Fluß liegen, ist eine der Hauptadern und die architektonische Achse der Fluß mit seinen Uferstraßen.

8. Der Verkehr hat der Stadt und ihrer Bevölkerung zu dienen. Er darf die Stadt nicht zerreißen und der Bevölkerung nicht hinderlich sein. Der Durchgangsverkehr ist aus dem Zentrum und dem zentralen Bezirk zu entfernen und außerhalb seiner Grenzen oder in einem Außenring um die Stadt zu führen. Anlagen für den Güterverkehr auf Eisenbahn und Wasserwegen sind gleichfalls dem zentralen Bezirk der Stadt fernzuhalten. Die Bestimmung der Hauptverkehrsstraßen muß die Geschlossenheit und die Ruhe der Wohnbezirke berücksichtigen. Bei der Bestimmung der Breite der Hauptverkehrsstraßen ist zu berücksichtigen, dass für den städtischen Verkehr nicht die Breite der Hauptverkehrsstraßen von entscheidender Bedeutung ist, sondern eine Lösung der Straßenkreuzungen, die den Anforderungen des Verkehrs gerecht wird.

9. Das Antlitz der Stadt, ihre individuelle künstlerische Gestalt, wird von Plätzen, Hauptstraßen und den beherrschenden Gebäuden im Zentrum der Stadt bestimmt (in den größten Städten von Hochhäusern). Die Plätze sind die strukturelle Grundlage der Planung der Stadt und ihrer architektonischen Gesamtkomposition.

10. Die Wohngebiete bestehen aus Wohnbezirken, deren Kern die Bezirkszentren sind. In ihnen liegen alle für die Bevölkerung des Wohnbezirks notwendigen Kultur-, Versorgungs- und Sozialeinrichtungen von bezirklicher Bedeutung. Das zweite Glied in der Struktur der Wohngebiete ist der Wohnkomplex, der von einer Gruppe von Häuservierteln gebildet wird, die von einem für mehrere Häuserviertel angelegten Garten, von Schulen, Kindergärten, Kinderkrippen und den täglichen Bedürfnissen der Bevölkerung dienenden Versorgungsanlagen vereinigt werden. Der städtische Verkehr darf innerhalb dieser Wohnkomplexe nicht zugelassen werden, aber weder die Wohnkomplexe noch die Wohnbezirke dürfen in sich abgeschlossene isolierte Gebilde sein. Sie hängen in ihrer Struktur und Planung von der Struktur und den Forderungen der Stadt als eines Ganzen ab. Die Häuserviertel als drittes Glied haben dabei hauptsächlich die Bedeutung von Komplexen in Planung und Gestaltung.

11. Bestimmend für gesunde und ruhige Lebensverhältnisse und für die Versorgung mit Licht und Luft sind nicht allein die Wohndichte und die Himmelsrichtung, sondern auch die Entwicklung des Verkehrs.

12. Die Stadt in einen Garten zu verwandeln, ist unmöglich. Selbstverständlich muß für ausreichende Begrünung gesorgt werden. Aber der Grundsatz ist nicht umzustoßen: In der Stadt lebt man städtischer, am Stadtrand oder außerhalb der Stadt lebt man ländlicher.

13. Die vielgeschossige Bauweise ist wirtschaftlicher als die ein- oder zweigeschossige. Sie entspricht auch dem Charakter der Großstadt.

14. Die Stadtplanung ist die Grundlage der architektonischen Gestaltung. Die zentrale Frage der Stadtplanung und der architektonischen Gestaltung der Stadt ist die Schaffung eines individuellen, einmaligen Antlitzes der Stadt. Die Architektur verwendet dabei die in den fortschrittlichen Traditionen der Vergangenheit verkörperte Erfahrung des Volkes.

15. Für die Stadtplanung wie für die architektonische Gestaltung gibt es kein abstraktes Schema. Entscheidend ist die Zusammenfassung der wesentlichen Faktoren und Forderungen des Lebens.

16. Gleichzeitig mit der Arbeit am Stadtplan und in Übereinstimmung mit ihm sind für die Planung und Bebauung bestimmter Stadtteile sowie von Plätzen und Hauptstraßen mit den anliegenden Häuservierteln Entwürfe fertigzustellen, die in erster Linie durchgeführt werden können.[730]

730 abgedruckt in: Durth et al (1999), S. 84-87.

Dokument Nr. 2: Planungsrichtlinien Stadtzentrum und zentraler Bezirk (1951) Ministerium für Aufbau, Institut für Städtebau und Hochbau, Abteilung Städtebau

1. Funktion des Zentrums und des zentralen Bezirkes

Das Stadtzentrum ist der Teil der Stadt, der die Bauten der zentralen übergeordneten Funktionen – der Verwaltung, der Wirtschaft, des gesellschaftlichen, besonders des politischen Lebens, der Kultur aufnimmt. Als Schwerpunkt erhält das Zentrum einen zentralen Platz für Kundgebungen und Volksfeste. Umgeben wird das Zentrum vom zentralen Bezirk, in dem besonders die Bauten zentraler Funktionen mit größerem Flächebedarf liegen:

Ausstellungsgelände, gegebenenfalls Kulturpark und zentralen Sportanlagen, Schulen von zentraler Bedeutung (Hoch- und Fachschulen), nicht belästigendes Gewerbe von zentraler Bedeutung und Hilfsbetriebe zentraler Funktionen (Druckereien, graphische Anstalten), Wohngebiete von größter Bevölkerungsdichte (für die im Zentrum tätige und kulturell und am gesellschaftlichen Leben besonders interessierte Bevölkerung), Bahnhöfe.

In kleineren Städten fallen Zentrum und zentraler Bezirk häufig zusammen.

2. Zentraler Festplatz

Lage: Möglichst am Schnittpunkt des innerstädtischen Verkehrs als Ziel der Demonstrationen, die durch die Hauptstraßen zu führen sind. Durchschneiden des Platzes durch eine Verkehrsstraße ist zu vermeiden.

Größe: Ausreichend zur Aufnahme eines Drittels der Gesamtbevölkerung bei stehender Kundgebung. (1 qm für 4 Personen von Bauflucht zu Bauflucht gerechnet). Überschreiten die Ausmaße den Maßstab der Stadt, sind fließende Kundgebungen vorzusehen. Breite der Demonstrationszüge auf dem Platz so abzustimmen, daß eine Höchstdauer des Vorbeimarsches von etwa 3 Stunden gewährleistet ist. (1 Viererreihe = 7000 Pers. pro Stunde.)

Gestaltung: Die Tribüne ist in Verbindung mit einem der Hauptgebäude zu planen, wenn möglich im Blickpunkt der Hauptanmarschstraße. West-Süd- oder Ostseite als Standort bevorzugen.

Der Festplatz ist Standort der wichtigsten und von der Bevölkerung am häufigsten aufgesuchten Monumentalbauten und soll der architektonische und städtebauliche Höhepunkt und das Herz der Stadt sein. Bei Neuanlagen sind deshalb vorhandene historisch oder architektonisch wertvolle Gebäude in die Platzwände einzubeziehen und als Zeugen des kulturellen Erbes besonders zur Geltung zu bringen. Zentrale Plätze in Ruinenfeldern ohne Reste vorhandener Bebauung sind möglichst ebenso zu vermeiden wie Anlagen, die den Abbruch erhalten gebliebener Bauten oder ausbaufähiger Ruinen erfordern.

3. Zentrum und zentraler Bezirk

Größe: Für die Begrenzung des Zentrums ist maßgebend: die Tradition der Stadtentwicklung, der auf Grund der zentralen Funktionen zu erwartende Flächenbedarf, die Möglichkeit der Schaffung einer Umgehungsringstraße, die den Durchgangsverkehr vom Zentrum fernhält, die Reichweite des zu Fuß gehenden Einwohners, so daß der Durchmesser in Großstädten 2 - 2,5 km nicht überschreiten soll, die Begrenzung des zentralen Bezirks richtet sich nach dem Umfang der darin liegenden Bauten mit zentraler Funktion und der bisherigen Stadtentwicklung.

4. Verteilung der Funktionen

Bisher wurden die Standorte vor allem für Bauten des wirtschaftlichen Lebens und der Kultur vorwiegend auf Grund der bestehenden Verkehrsverhältnisse gewählt. Heute besteht die Möglichkeit, umgekehrt die Verkehrsverhältnisse durch die Wahl der Standortes wichtiger Bauten zu verändern. Bei der Umgestaltung der Stadtzentren muß von beiden Methoden ausgegangen werden.

Eine Aufgliederung des Zentrums und des zentralen Bezirks in ausgesprochene Viertel der Verwaltung, der Wirtschaft, der Kultur oder des Wohnens ist anzustreben, jedoch nicht zum Schema zu erheben. Vor allem sind traditionelle Standorte, soweit sie sich als zweckmäßig erwiesen haben und der neuen Struktur des wirtschaftlichen, gesellschaftlichen und kulturellen Lebens entsprechen, möglichst beizubehalten.

Öffentliche Bauten sind in Stadtzentren sowohl nach ihrer gesellschaftlichen Bedeutung wie nach ihrer praktischen Funktion zu verteilen. Sie sollen grundsätzlich nur an Plätzen und Hauptstraßen errichtet werden und zweckmäßig in das Verkehrsnetz eingegliedert sein.

Industrie und größere gewerbliche Anlagen sind, sobald die wirtschaftliche Entwicklung es tragbar werden läßt, aus dem Zentrum und dem zentralen Bezirk zu entfernen. Bahnhöfe liegen städtebaulich am günstigsten, wenn sie eine übersichtliche kurze Verbindung zum Zentrum haben, ohne den Zusammenhang der Stadt durch ihre Gleiskörper zu beeinträchtigen.

Gestaltung: Das Zentrum ist hinsichtlich seiner Gebäudehöhe und des Aufwandes für die Gestaltung der Straßen, Plätze und Bauten aus der Bebauung der übrigen Stadtteile herauszuheben. Die Verteilung der höchsten Bauten ist mit der Wirkung der Stadtsilhouette sorgfältig abzustimmen.

Plätze sind als besondere Sammelpunkte des städtischen Lebens nur bei Bedarf anzulegen. Sie sollen mit den sie verbindenden Straßen ein System vielfältig wechselnder Raumeindrücke ergeben und das Wesentliche einer Stadt besonders zum Ausdruck bringen. Sie sind nur ausnahmsweise für Parkzwecke heranzuziehen; Parkflächen sind Nutzflächen und sollen in der Nähe der Verkehrsanziehungspunkte abseits der Plätze und wichtigen Straßen zwischen und hinter den Baublöcken verteilt werden.

Bahnhofsvorplätze dürfen nicht zum Verkehrsknotenpunkt werden, sondern sind als die Empfangsplätze der Stadt würdig auszugestalten. Die technischen Anlagen der Straßenverkehrsmittel wie Wartehallen, Schutzdächer und Parkplätze sind unauffällig, jedoch so anzuordnen, daß geringste Wege für die an- und abfahrenden Reisenden gewährleistet werden.

Jedes Bauwerk soll auf seine Wirkung hinsichtlich seiner Stellung, Größe und des Maßstabes seiner Einzelheiten auf das Straßen- und Platzbild abgestimmt werden, wobei besonders in Großstädten eine Auflockerung einförmiger geschlossener Blockfronten anzustreben ist. Bauten von besonderer gesellschaftlicher Bedeutung sind durch ihre Lage, Geschosszahl und architektonische Bildung aus ihrer Umgebung herauszuheben und zu beherrschenden städtebaulichen Blickpunkten zu machen.

In den Zentren der Großstädte sind die Hauptgeschäftstraßen möglichst als Kaufstraßen auszubilden und vom Kraftverkehr weitgehend zu entlasten. Die angrenzenden Bauten sind gegebenenfalls mit rückwärtigen Lieferstraßen zu versehen. Für Fußgänger können nach Bedarf verkehrsfreie Passagen und Durchgänge angelegt werden, die mit Läden besetzt oder als Grünzüge ausgebildet werden. Sie erfüllen ihren Zweck jedoch nur dann, wenn sie kürzeste Verbindung zwischen den beliebtesten Zielen des Fußgängerverkehrs herstellen.[731]

---

731 abgedruckt in: Durth et al (1999), S. 90-91. Laut Durth et al (1999), S. 90, handelt es sich beim dem Manuskript vom 3. November 1950 um einen Entwurf für den Erlass von 1951.

Dokument Nr. 3:

Grundsätze der Planung und Gestaltung sozialistischer Stadtzentren (1960)

Deutsche Bauakademie, Institut für Gebiets-, Stadt- und Dorfplanung

„Mit dem erfolgreichen Aufbau der sozialistischen Gesellschaft und der raschen Entwicklung der Industrialisierung des Bauen hat eine neue Etappe des Städtebaus und der Architektur in der Deutschen Demokratischen Republik begonnen.“ (Walter Ulbricht auf der 3. Baukonferenz)

Vorwort

Im Gesetz über den Siebenjahresplan zur Entwicklung der Volkswirtschaft der Deutschen Demokratischen Republik in den Jahren 1959 bis 1965 heißt es: „Die Zentren der zerstörten Städte sind im wesentlichen bis zum Jahre 1965 wieder aufzubauen. Von besonderer Wichtigkeit ist der Aufbau der Stadtzentren in Berlin, Leipzig, Dresden, Karl-Marx-Stadt, Magdeburg, Rostock, Potsdam, Gera, Dessau, Frankfurt (Oder) und Neubrandenburg. Auch in anderen kriegszerstörten Städten ist die Wiederherstellung der Zentren zu beschleunigen.“ Darüber hinaus nennt das Gesetz über 30 Städte, in denen innerhalb des Siebenjahresplanes derart bedeutende Mittel bereitgestellt sind, daß die Realisierung der vorgesehenen Investitionen eine umfassende Planung der Städte, insbesondere der Stadtzentren, voraussetzt. In den vergangenen Jahren zeigten sich jedoch im Hinblick auf die Ausarbeitung theoretisch-prinzipieller Grundlagen ebenso wie in der Praxis des Städtebaus ernste Schwächen. Einer Periode schöpferischer Auseinandersetzungen, die mit dem Beschluß der Regierung der Deutschen Demokratischen Republik im Jahre 1950 zu den 16 Grundsätzen des Städtebaus über theoretische und praktische Probleme des Städtebaus eingeleitet wurde, folgten mehrere Jahre der Stagnation in den ideologischen Fragen der Architektur und des Städtebaus und in solchen aktuellen Fragen, wie sie die Industrialisierung des Bauwesens für den Städtebau aufwirft. Dieses Zurückbleiben spiegelte sich in den Plänen für die Bebauung komplexer Wohngebiete wider und hatte besonders ernste Auswirkungen auf die Entwicklung von Bebauungsplänen unserer Stadtzentren. Die gesellschaftliche Entwicklung der Deutschen Demokratischen Republik auf dem Weg zum Sieg des Sozialismus und die Fortschritte der Technik, Wissenschaft und Kunst, insbesondere die fortschreitende Industrialisierung des Bauwesens, die im großen Siebenjahrplan unseres Volkes ihren Ausdruck finden, machen bei gleichzeitiger Auswertung der beim Aufbau unserer Städte im letzten Jahrzehnt gewonnenen Erfahrungen eine Überarbeitung, besser gesagt, eine Ergänzung und Vertiefung der 16 Grundsätze des Städtebaus dringend notwendig. Das Institut für Gebiets-, Stadt- und Dorfplanung der Deutschen Bauakademie stellte sich deshalb die Aufgabe, als erstes zu den zu den aktuellen Problemen der 16 Grundsätze des Städtebaus ausführliche Thesen zu erarbeiten und legt nunmehr, nach Veröffentlichung der Arbeit „Sozialistischer Wohnkomplex“, den Entwurf „Grundsätze der Planung und Gestaltung sozialistische Stadtzentren“ unseren Architekten und darüber hinaus der Bevölkerung zur Diskussion vor, verbunden mit der Aufforderung, Stellungnahmen und Vorschläge zur Verbesserung der Thesen zu übermitteln. Darüber hinaus dient die Veröffentlichung dieser Grundsätze zugleich als Beitrag zur Vorbereitung einer theoretischen Konferenz der Deutschen Bauakademie über Fragen des sozialistischen Städtebaus und der sozialistischen Architektur und der Vorbereitung des Bundeskongresses des Bundes Deutscher Architekten im Frühjahr 1960. Dem verantwortlichen Bearbeiter der Thesen, Dipl.-Ing. Dipl.-Wirtschaftler Peter Doehler und allen beteiligten Mitarbeiten der Deutschen Bauakademie danke ich hiermit besonders für ihre wertvolle Arbeit.

Professor Edmund Collein, Vizepräsident der Deutschen Bauakademie

Die Bedeutung und Rolle des Stadtzentrums

Der gesellschaftliche Inhalt des Stadtzentrums

Präambel

Der Inhalt und die Prinzipien der Planung und Gestaltung sozialistischer Stadtzentren werden durch die Bedürfnisse der sozialistischen Gesellschaft, ihre Lebensweise und die Perspektive ihrer Entwicklung bestimmt. Der Aufbau der Stadtzentren setzt die Erkenntnis der neuen gesellschaftlichen Bedingungen, die durch eine sozialistische Entwicklung für das Zusammenleben der Menschen geschaffen werden, voraus. Das Wichtigste beim Aufbau der Stadtzentren besteht darin, die dem Städtebau durch die sozialistische Gesellschaftsordnung gegebenen Möglichkeiten im Interesse der gesamten Gesellschaft so zu nutzen, daß die Stadtzentren – im Gegensatz zur City kapitalistischer Städte – zum Mittelpunkt des neuen sozialistischen Lebens der Bevölkerung unserer Städte werden. Das wird erreicht, wenn das Stadtzentrum die günstigsten Bedingungen zur Befriedigung der gesellschaftlichen und individuellen Bedürfnisse der Bevölkerung, insbesondere zu ihrer politischem und kulturellen Betätigung, ihrer materiellen Versorgung und Erholung, gewährleistet. Das durch den Sozialismus geschaffene Neue im Leben der Gesellschaft findet in der Gestaltung großzügiger und weiträumiger Ensembles des Stadtzentrums, die zugleich zweckmäßig und schön sein sollen, seinen überzeugenden Ausdruck.

Begriff „Stadtzentrum"

Das Stadtzentrum stellt ein zusammenhängendes, zentral gelegenes Stadtgebiet dar, in dem sich Bauten und Städtebauliche Anlagen sowie Einrichtungen der Politik und Kultur, der Wirtschaft und Verwaltung, der Versorgung und Erholung von zentraler, örtlicher und überörtlicher Bedeutung befinden. Sie bilden den Mittelpunkt für das gesellschaftliche Leben der gesamten Bevölkerung und den Höhepunkt in der architektonischen Komposition der Stadt. Das Stadtzentrum dient der Entwicklung des sozialistischen Gemeinschaftslebens, es dient der politischen und kulturellen Betätigung und Bildung sowie der Erholung und der materiellen Versorgung der Bevölkerung. Im Stadtzentrum finden Demonstrationen, Aufmärsche, Volksfeste und kulturelle Massenveranstaltungen statt.

Das Stadtzentrum im System der gesellschaftlichen Zentren der Stadt

Begriff „gesellschaftliches Zentrum"

Gesellschaftliche Zentren stellen städtebauliche Ensembles dar, in denen sich Bauten und städtebauliche Anlagen sowie Einrichtungen für das politische, wirtschaftliche und kulturelle Leben der Bevölkerung eines bestimmten Stadtgebietes oder der gesamten Stadt konzentrieren.

Bedeutung des Systems gesellschaftlicher Zentren

Die gesellschaftlichen Zentren stellen ein ganzes System von städtebaulichen Ensembles von verschiedener Bedeutung und Zweckbestimmung dar. Die Bildung eines über die gesamte Stadt gleichmäßig entwickelten Systems der Einrichtungen für die kulturelle und materielle Versorgung und die Verstärkung der Rolle der örtlichen sowie der Bezirks- und Komplexzentren verbessern einerseits die Organisation des städtischen Lebens und die Nutzungsbedingungen der gesellschaftlichen Einrichtungen, verringern andererseits einen übermäßigen Bevölkerungszustrom zum Stadtzentrum und eine unerwünschte Ballung des Verkehrs.

Beziehungen der gesellschaftlichen Zentren zueinander

Die Anzahl, Lage und Verteilung der gesellschaftlichen Zentren werden unter Berücksichtigung existierender Plätze und gesellschaftlicher Bauten in Abhängigkeit von der Größe, dem besonderen Charakter und der Struktur ermittelt. Die Planung und Gestaltung des Stadtzentrums, sowohl im Hinblick auf seine Einrichtungen als auch im Hinblick auf seine Flächengliederung, und die Lösung seiner Verkehrsstruktur müssen die Ausbildung günstiger Beziehungen innerhalb des gesamten Systems der gesellschaftlichen Zentren zum Ziel haben.

Klassifikation gesellschaftlicher Zentren

Die gesellschaftlichen Zentren der Städte werden ihrer Zweckbestimmung entsprechend differenziert. Es sind zu unterscheiden: Stadtzentrum, Stadtbezirkszentrum, Wohnkomplexzentrum. Örtliche Zentren werden durch die Lage bedeutender gesellschaftlicher Einrichtungen und Anlagen außerhalb der übrigen gesellschaftlichen Zentren bedingt (z.B. Vorplätze für Sport- und Erholungsanlagen, für größere Industriewerke oder Ausstellungsbauten, für Bahnhöfe, kulturelle Einrichtungen, Bildungsstätten usw.).

System gesellschaftlicher Zentren in verschieden großen Städten

Kleine Städte sollten ein Stadtzentrum besitzen, das außer den Einrichtungen der örtlichen und der Wohnkomplexzentren alle gesellschaftlichen Einrichtungen der Stadt umfaßt. In Mittel- und Großstädten, deren Siedlungsgebiet sich in Wohnbezirke unterteilt, ist es erforderlich, ein Stadtzentrum, örtliche Zentren, sowie Zentren der Wohnbezirke und –komplexe vorzusehen. In Großstädten wird das System der gesellschaftlichen Zentren im wesentlichen gebildet: durch das Stadtzentrum, durch die Zentren der Stadtbezirke, durch die örtlichen Zentren sowie die Zentren der Wohnbezirke und –komplexe.

Die Prinzipien der strukturellen Gliederung des Stadtzentrums

Die Einrichtung des Stadtzentrums
Notwendige Einrichtungen des Stadtzentrums
Das Stadtzentrum sollte in Abhängigkeit von der Größe und der besonderen Lage der Stadt an öffentlichen Gebäuden und Anlagen in sich einschließen: a) zentrale Gebäude für die Organe der Staatsmacht, der Parteien und Massenorganisationen; b) kulturelle Gebäude zentraler Bedeutung, wie Kulturhaus, Klubgebäude, zentrale Theater, Konzert- und Kinogebäude, Kongreßhallen, zentrale Versammlungsgebäude, zentrale Ausstellungsgebäude und Bibliotheken, Museen u.a.m.; c) Gebäude der Wirtschaft und Verwaltung, die auf Grund ihres Besucherverkehrs einen zentralen Standort verlangen; d) zentrale Kaufhäuser, Gaststätten und Hotels, Läden und andere zentrale Einrichtungen, die für die Versorgung der Bevölkerung der Stadt und ihres Einzugsgebietes notwendig sind; e) Plätze und Anlagen für Demonstrationen, Kundgebungen, öffentliche Veranstaltungen, kulturelle Darbietungen u.a.m.; f) Grünanlagen, Boulevards, kleinere Parks und andere Einrichtungen für die Erholung.

Einrichtungen, die im Stadtzentrum nicht erwünscht sind

Bei einer Reihe von gesellschaftlichen Gebäuden und Anlagen ist trotz ihrer gesamtstädtischen und überörtlichen Bedeutung eine zentrale Lage nicht notwendig bzw. unerwünscht. Derartige gesellschaftliche Einrichtungen werden deshalb in größeren Städten außerhalb des Stadtzentrums vorgesehen, und zwar an solchen Standorten, die der Funktion und Zweckbestimmung solcher Gebäude entsprechen. Dies gilt: a) für die Gebäude, die auf Grund ihrer Zweckbestimmung keinen starlen Besucherverkehr durch die Bevölkerung der Stadt ausweisen (z.B. bestimmte Verwaltungs- und Bürogebäude), b) für solche Gebäude, für deren Funktionen besondere Standortbedingungen zu erfüllen sind (ruhige, klimatisch bevorzugte bzw. störungsfreie Lage u.a.), wie z.B. Krankenhäuser und bestimmte Kategorien von Gebäuden der Lehre und Erziehung, der wissenschaftlichen Institute usw. ; c) für Anlagen, deren besonderer Charakter und deren umfangreiche Flächenansprüche eine Lage im Stadtzentrum unzweckmäßig erscheinen lassen, wie z.B. sehr große Sportstadien, ausgedehnte Erholungsparks, weite Mess- und Ausstellungsgelände usw. Die Standortbestimmung dieser Einrichtungen an bezirklichen oder örtlichen Zentren der Stadt dient der besseren Erfüllung ihrer speziellen Funktionen, insbesondere der Verkehrsentlastung des Stadtzentrums.

Kulturelle Einrichtungen des Stadtzentrums

Durch die revolutionäre kulturelle Entwicklung im Sozialismus gewinnen die Bauten, Anlagen und Einrichtungen der Kultur und Erholung für die Bevölkerung besonders im Stadtzentrum zunehmend an Bedeutung. Im Stadtzentrum müssen, der Stadtgröße und ihrem besonderen Charakter entsprechend, Plätze und Grünanlagen für die Feste und Feiern der Bevölkerung, zentrale Kulturhäuser und Klubgebäude für die Kulturschaffenden, für die Jugend, für die Lehrer, für Techniker u.a. sowie weitere Gebäude und Einrichtungen vorgesehen werden, die der kulturellen Betätigung aller Bevölkerungsschichten, ihrer Bildung, ihrer Erholung und Entspannung dienen. Die Bauten, Anlagen und Einrichtungen der Kultur und Erholung des Stadtzentrum zeigen wesentliche Züge des Neuen im Leben der sozialistischen Gesellschaft. Sie haben nichts gemein mit dem kleinbürgerlichen Milieu von Vergnügungsstätten der kapitalistischen Stadt.

Einkaufsstätten im Zentrum

Unter den Einrichtungen des Stadtzentrums verlangen die Stätten für den Einkauf und die Versorgung der Bevölkerung besondere Beachtung. Das Handelsnetz sozialistischer Städte wird gegenüber alten Städten kapitalistischer Prägung zur besseren Versorgung der Werktätigen dezentralisiert. Im Stadtzentrum sind zentrale Kaufhäuser mit einem allgemeinen Warensortiment sowie ein System von Spezialläden und Einkaufsstätten von zentraler Bedeutung notwendig, die mit einem besonders reichhaltigen Angebot zur Befriedigung des Bedarfs der Bevölkerung der Stadt und ihres Einzugsgebietes beitragen.

Besonderheiten in der Zusammensetzung der Einrichtungen des Stadtzentrums

Die Zusammensetzung der das Bild des Stadtzentrums bestimmenden Baulichkeiten ist charakteristisch für die besondere Funktion und Zweckbestimmung einer Stadt. Unter den wichtigsten Bauwerken spielen eine bedeutende Rolle z.B. in der Hauptstadt der Deutschen Demokratischen Republik die Gebäude der obersten Volksvertretung, der Regierung und der zentralen Leitung der Massenorganisationen, in den Bezirkshauptstädten und in Kreisstädten als den politisch-kulturellen Mittelpunkt der Bezirke und Kreise die Gebäude der örtlichen Organe der Staatsmacht sowie die wichtigsten Bauten und Einrichtungen der Kultur, in der Messestadt die Messehäuser und Einkaufsstätten, in Städten, die kulturelle Zentren internationaler Bedeutung darstellen, die Theater, Kunstschulen, Akademien, Museen, Ausstellungsgebäude u.a., in Hafenstädten die Wirtschafts-, Handels- und Seefahrseinrichtungen, in Kurstädten die Gebäude und Anlagen der Kur und Erholung.

Die Flächengliederung des Stadtzentrums

Flächenabgrenzung und Flächenutzung des Stadtzentrums

Das Stadtzentrum wird auf Grund seiner spezifischen Funktionen insbesondere mit zunehmender Stadtgröße als übergeordneter Flächenbereich von den anliegenden Stadtteilen abgegrenzt. Die Flächenabgrenzung des Stadtzentrums erfolgt im wesentlichen durch Verkehrsstraßen, die das Stadtzentrum tangieren. Die Überwindung der städtebaulichen Mißstände aus der kapitalistischen Zeit verlangt in historischen Stadtzentren eine Neuordnung der Nutzflächen für die gesellschaftlichen Gebäude, die Grünanlagen, das Wohnbauland und die Flächen des Verkehrs sowie die Beseitigung von Mischgebieten und vor allem die Verlagerung störender Gewerbe-, Versorgungs- und Industriebetriebe aus dem Stadtzentrum. In bestehenden Kleinstädten ist eine konsequente Flächenabgrenzung und Neuordnung der Nutzfläche des Stadtzentrums anzustreben, doch nicht in jedem Fall möglich, bei der sozialistischen Umgestaltung der Stadtzentren bestehender Mittel- und Großstädte und bei Neuplanungen jedoch immer erforderlich. Die funktionelle Flächenabgrenzung und die deutliche Ordnung der Nutzflächen des Stadtzentrums dienen der Bildung neuer Ensembles mit zweckentsprechenden Standorten der Gebäude und Anlagen.

Kern des Stadtzentrums und Wohngebäude im Stadtzentrum

Den Kern des Stadtzentrums stellen die Ensembles dar, die durch die gesellschaftlichen Gebäude, Einrichtungen und Anlagen gebildet werden. Der Kern des Stadtzentrums ist funktionell möglichst klar von den angrenzenden Zentrumsgebieten und Stadtteilen zu trennen. Bei bestehenden Städten ist der Flächenzuschnitt für das Stadtzentrum durch die örtlichen Gegebenheiten bedingt und macht oftmals die Anordnung von Wohngebäuden im Stadtzentrum notwendig. Die Wohnbauten im Stadtzentrum werden in Wohnhausgruppen und, bei Vorhandensein einer entsprechenden Zahl von Wohnungen, in Wohnkomplexe mit allen Folgeeinrichtungen zusammengefaßt und vornehmlich für die im Stadtzentrum beschäftigten Einwohner als Wohngebiete ausgewiesen. Besonderes Augenmerk muß dabei auf die räumliche Beziehung der Wohnhausgruppen bzw. Wohnkomplexe zu dem Kern des Stadtzentrums und seinen öffentlichen Gebäuden gelegt werden. Bei Neuplanungen von Städten sollte die Fläche des Stadtzentrums ausschließlich die Ensembles der gesellschaftlichen Gebäude, Einrichtungen und Anlagen umfassen.

Flächengliederung und rationelle Organisation der Gebäudekomplexe im Kern des Stadtzentrums

In der Hauptstadt der Deutschen Demokratischen Republik ist es zweckmäßig, den stark ausgedehnten Kern des Stadtzentrums in seiner Fläche funktionell zu gliedern. Der Einkaufsbereich und z.B. der für die Feste und Feiern der Bevölkerung vorgesehene Bereich unterscheiden sich funktionell und kompositionell vom übrigen Gebiet im Stadtzentrum. Sie müssen eine für den Fußgänger erfaßbare Ausdehnung besitzen. Die Flächengliederung muß von dem Bestreben ausgehen, den Verkehr im Kern des Stadtzentrums günstig zu organisieren und die Komposition des Stadtzentrums als System räumlich miteinander verbundener, verschiedenartiger, mit ständigem Leben erfüllter Ensembles aufzubauen.

Rationelle Organisation der Gebäudekomplexe im Kern des Stadtzentrums

Die Entwicklung großer zusammenhängender Gebäudekomplexe mit Gebäude gleicher oder verschiedener Zweckbestimmung ermöglicht im sozialistischen Städtebau eine besonders rationelle Organisation solcher Anlagen. Die Standortbestimmung der gesellschaftlichen Gebäude und Anlagen im Kern des Stadtzentrums muß unter Berücksichtigung vorhandenen Baubestandes von dem Bestreben ausgehen, die bestehenden Nutzungsbedingungen für die einzelnen Gebäude zu gewährleisten, eine Kombination gleicher oder verwandelter Funktionen zusammenhängender Gebäude zu schaffen (z.B. Kombination der technischen Versorgung mehrerer Gebäude, ihrer sozialen und sanitären Einrichtungen u.a.), eine alternative Nutzung der den Gebäuden zugehörenden Flächen zu ermöglichen.

Lage und Größenausdehnung des Stadtzentrums

Das Stadtzentrum liegt nach Möglichkeit im zentralen Teil des bebauten städtischen Territoriums. In Städten, die in den letzten Jahrzehnten stark gewachsen sind und deren historisches Stadtzentrum durch die sozialistische Umgestaltung sehr verändert werden muß, kann sich für den Neuaufbau des Stadtzentrums, seine Standortverlagerung in der allgemeinen Wachstumsrichtung der Stadt als notwendig erweisen. Das Maß für die Flächenausdehnung des Stadtzentrums ist der zu Fuß gehende Mensch. Optimale Größen des Stadtzentrums oder seiner einzelner Flächennutzungsbereiche liegen bei Ausdehnungen zwischen 400 und 600 m.

Reserveflächen für das Stadtzentrum

Mit dem Wachstum der Stadt verändert sich der Kern des Stadtzentrums. In jeder Stadt muß unter Berücksichtigung ihres Wachstums und der Richtung ihrer territorialen Ausweitung die Möglichkeit der künftigen Ausdehnung des Stadtzentrums durch Bereitstellung von Reserveflächen für gesellschaftliche Bauten und Einrichtungen gesichert werden. Das Reserveland ist unabhängig von den Grünflächen vorzusehen, die durch eine generelle Auflockerung historischer Stadtzentren gewonnen werden. Reserveland für zukünftige Baubedürfnisse sollte vorzugsweise am Rande des Stadtzentrums, z.B. durch die reichliche Schaffung von Grünanlagen und im Stadtzentrum selbst durch die Ausweisung der gegenwärtig noch erhaltenswerten Altbauten für den Abbruch in einer weiteren Perspektive, gesichert werden. Vorgesehene, nach Möglichkeit zusammenhängende Reserveflächen werden einer vorläufigen Nutzung zugeführt.

Die Verkehrsstruktur des Stadtzentrums

Reorganisation der Verkehrsstruktur des Stadtzentrums

Das Stadtzentrum muß durch die Struktur seiner Verkehrsflächen den schnell wachsenden Anforderungen des Verkehrs genügen. Die Bedingungen für die Reorganisation der Verkehrsstruktur bestehender Städte sind örtlich verschieden. Sie verlangen eine gründliche Bestandanalyse und eine genaue Einschätzung des künftigen Verkehrsaufkommens sowie der durch die sozialistische Umgestaltung eintretenden Veränderungen der Verkehrsströme. Die Reorganisation der Verkehrsstruktur setzt weiter voraus, daß die Ziele und Quellen des Verkehrs geordnet und ausreichende Flächen für den ruhenden Verkehr vorgesehen werden.

Straßennetz im Stadtzentrum

Die Straßen und Plätze als Elemente der strukturellen Gliederung des Stadtzentrums müssen entsprechend den an die gestellten Verkehrsanforderungen differenziert werden. Das dichte, gleichartige und kleine Flächen umschließende Straßennetz bestehender Stadtzentren von Mittel- und Großstädten wird zu einem, durch breite, begrünte Hauptstraßen bestimmten, weitmaschigen Netz mit differenzierten Erschließungsstraßen umgestaltet. In Mittel- und Großstädten wird das Stadtzentrum häufig durch den Verkehrs-„ring" abgegrenzt, in den wichtige, vom übrigen Siedlungsgebiet kommende Verkehrsstraßen münden. Die Hauptverkehrsstraßen am Rande des Stadtzentrums sind durch breite Grünstreifen von der angrenzenden Bebauung zu trennen.

Verkehr Stadt – Stadtzentrum

In das Stadtzentrum sollen nur Fahrzeuge fahren, die dort ihr Ziel suchen. In dem Stadtzentrum ist kein Durchgangsverkehr zuzulassen. Das Stadtzentrum muß der Bevölkerung leicht zugänglich sein, eine bequeme Verbindung zu den übrigen Stadtteilen aufweisen und durch Massenverkehrsmittel mit den wichtigsten Siedlungsgebieten der Stadt verbunden sein. Die Massenverkehrsmittel zum Stadtzentrum haben gegenüber den privaten Fahrzeugen größere Bedeutung. Eine Wegentfernung bis zu 200 m zur Haltestelle eines öffentlichen Verkehrsmittels ist im Stadtzentrum von Mittel- und Großstädten zumutbar. In den größten Städten verbinden Schnellbahnen das Stadtzentrum mit den übrigen Stadtvierteln.

Parkplätze des Stadtzentrums

Der Pkw-Verkehr zum Stadtzentrum wird an diesem Rande mit verkehrsgünstig gelegenen Abstellflächen und Garagen möglichst abgefangen. Die schnelle Entwicklung des Kraftfahrzeugverkehrs verlangt im Stadtzentrum und besonders an den belebtesten Plätzen und in der Nähe von gesellschaftlichen Gebäuden mit starkem Besucherverkehr eine, dem künftigen Verkehrsaufkommen entsprechende Anzahl von Parkplätzen und Garagen. An die zur Bedingung der Einrichtungen des zentralen Ensembles vorgesehenen Parkplätze, die zugleich Reserveflächen für Aufmärsche und Großveranstaltungen darstellen, werden gesteigerte stadtbaukünstlerische Ansprüche gestellt.

Anziehungspunkte für den Fußgänger im Stadtzentrum

Besonders wichtige Ziele und Quellen des Verkehrs stellen die oft am Stadtzentrum liegenden Bahnhöfe der Eisenbahn und des Kraftverkehrs dar. Bei ihrer Anlage muß auf deren günstige Anbindung an das Hauptverkehrsnetz der Stadt, einen zügigen, ungehinderten Verkehrsfluß, ausreichende Parkflächen und eine deutliche Trennung von Fußgänger und Fahrverkehr Wert gelegt werden. Anziehungspunkte für den Fußgänger, wie Einkaufsviertel, kulturelle Gebäude und Anlagen für Geselligkeit und Erholung mit Massenbesuch, sind durch öffentliche Verkehrsmittel gut zu erschließen, und die Benutzung der gesellschaftlichen Einrichtungen muß dem Fußgänger ohne Verkehrsgefährdung möglich sein. Die Fußgängerwege sind nach Möglichkeit entlang schattenspendender Alleen und begrünter Flächen zu führen. In den Kleinstädten sollten für den Fußgängerverkehr zum Stadtzentrum eigene Wegeführungen vorgesehen werden.

Die Prinzipien der städtebaulichen Komposition des Stadtzentrums

Die Einheit und Einmaligkeit der Komposition des Stadtzentrums
Einheit Stadt – Stadtzentrum
Das Stadtzentrum soll mit den übrigen Stadtgebieten eine strukturelle und kompositionelle Einheit bilden. Die architektonische Gesamtkomposition der Stadt muß die räumlichen Beziehungen vom Stadtzentrum zu den übrigen gesellschaftlichen Zentren der Stadt und ihren dominierenden öffentlichen Bauwerken und kulturellen Anlagen künstlerisch gestalten.

Strukturelle Grundlagen der Komposition des Stadtzentrums

Das Stadtzentrum kann in Abhängigkeit von der Größe der Stadt und dem Grad der Konzentration der gesellschaftlichen Gebäude sich als ein Platz, eine miteinander verbundene Platzgruppe oder eine durch Magistralen, Straßen, Grünanlagen oder Wasserflächen verbundene Komposition räumlich zusammenhängender, vielfältiger Ensembles darstellen. Die großzügigen, räumlich geordneten und miteinander verbundenen Ensembles, die Plätze und Magistralen der Stadtzentren mittlerer und großer Städte mit ihren verkehrstechnischen Differenzierungen bilden die strukturelle Grundlage der städtebaulichen Komposition des Stadtzentrums.

Einmaligkeit der Komposition des Stadtzentrums

Die Komposition der Stadtzentren wird einheitlich durch die prinzipiellen Grundlagen und allgemeingültigen Zielsetzungen des sozialistischen Städtebaus bestimmt. Die Stadtzentren sind jedoch verschieden hinsichtlich ihre Lagebesonderheiten, ihrer historisch gegebenen Eigenarten, ihrer planerischen Struktur, sie sind verschieden hinsichtlich der Zusammensetzung ihrer Einrichtungen und hinsichtlich des Ideengehalts ihrer baukünstlerischen Gestalt. In der einmaligen, für die Gestalt jeder Stadt charakteristischen Komposition des Stadtzentrums kommt die besondere baukünstlerische Gestaltungsidee, die der spezifischen gesellschaftlichen Aufgabe der jeweiligen Stadt entspricht, zum Ausdruck.

Natürliche Gegebenheiten in der Komposition des Stadtzentrums

In der Gestaltung des Stadtzentrum kommt die Eigenart der natürlichen Lage einer Stadt im besonderen Maße zum Ausdruck. Landschaftlich schöne Gegebenheiten werden weitgehend in die räumliche Komposition des Stadtzentrums einbezogen. Die besonderen landschaftlichen Bedingungen, die Gewässer, Flüsse, Seen, markante Bodenerhebungen, Berge, Grünflächenmassive u.a.m., können wesentlich dazu beitragen, die architektonische Wirkung der Ensembles und Gebäude des Stadtzentrums zu steigern. Die Plätze und Magistralen des Stadtzentrums sind zu den landschaftlich ausgezeichneten Situationen so in räumliche Beziehung zu setzen, daß die Gegebenheiten der Natur zur Bereicherung der kompositionellen Lösung wirksam werden.

Kompositionelle Einheit des Stadtzentrums

Das Stadtzentrum muß ungeachtet der Verschiedenartigkeit seiner Teile als einheitliches architektonisches Ganzes und nicht als zufälliges Nebeneinander einzelner Teile (Ensembles, Bauwerke, Freiflächen und andere Anlagen) erscheinen. In der sozialistischen Gesellschaft bilden die wissenschaftliche Planung und Einheit von Planung und Durchführung die Gewähr dafür, daß das Stadtzentrum im Laufe seiner Entwicklung als einheitliche Komposition entsteht. Diese Einheitlichkeit der Komposition zu erreichen, stellt eine der wichtigsten Aufgaben bei der Lösung stadtbaukünstlerischer Probleme dar und erfordert Elastizität und Kontinuität der Planung und Durchführung.

Der Charakter der Bebauung und die historische Bebauung des Stadtzentrums

Veränderungen im Charakter der Bebauung

Im Gegensatz zur Engräumigkeit der meisten mittelalterlichen Anlagen und der City kapitalistischer Städte ist Großzügigkeit und Weiträumigkeit ein Wesenszug sozialistischer Städte. Die Weiträumigkeit ergibt sich aus den gegenüber früheren Bauepochen wesentlich größeren Grundstückseinheiten und Baukomplexen, aus dem Flächenbedarfs des Verkehrs und vor allem aus den Forderungen der Hygiene. Sie entspricht den Bedingungen, welche die Industrialisierung des Bauwesens an den Charakter der Bebauung stellt. Mit einer offenen, weiträumigen Bebauung und der Anlage neuer Freiflächen geht die Verminderung der Wohndichte in den Altbaugebieten bestehender Städte einher.

Weiträumigkeit des Stadtzentrums

Eine großzügige und weiträumige Bebauung entspricht den räumlichen Vorstellungen und ästhetischen Anschauungen der Menschen im Sozialismus. Die offene, weiträumige Bebauung verändert das architektonische Bild der Plätze und Straßen. Die Bebbauung der Ensembles sozialistischer Stadtzentren unterscheidet sich deutlich von den allseitig räumlich geschlossenen Straßen und Platzanlagen der Städte früherer Bauepochen. Die Großzügigkeit und Weiträumigkeit, wie sie in einer aufgelockerten, räumlich geordneten Bebauung und in großen, zusammenhängenden Grünflächen zum Ausdruck kommt, muß mit der Stadtgröße und den historischen Bauwerken in Einklang stehen. Die Weiträumigkeit, die offene, räumlich geordnete Bebauung schließen jedoch das Prinzip der sparsamen, zweckentsprechenden Verwendung von Grund und Boden nicht aus. Die Weiträumigkeit darf nicht zu einer Auflösung des Stadtzentrums, z.B. im Sinne einer Gartenstadt, führen, weil dadurch das gesellschaftliche Leben der Bevölkerung gehemmt wird und eine solche Planung ökonomisch nicht vertretbare Forderungen einschließt.

Räumliche Ordnung der Bebauung des Stadtzentrums

In der Gesamtkomposition des Stadtzentrums muß ein klares, räumliches Ordnungsgefüge erkennbar sein, das sich bewußt von den kleinbürgerlichen Modeformen des kapitalistischen Städtebaus mit seinem Spiel von willkürlich angeordneten oder schematisch aufgereihten Häusern, Punkthäusern oder Zeilenbauten unterscheidet. Durch die Verwirklichung großzügiger Ordnungsprinzipien und die Komposition des Stadtzentrums als einheitliches, weiträumiges Ensemble werden die Möglichkeiten, welche die Typisierung und das industrielle Bauen, die Einheit der Bauweisen und die Maßordnung bieten, voll genutzt.

Der Massenaufbau des Stadtzentrums

Die zusammenhängenden, weit geöffneten Räume der Plätze und Magistralen geben den Blick auf größere Teile eines Stadtzentrums frei. Durch den Massenaufbau müssen die überschaubaren Teile des Stadtzentrums oder nacheinander erlebbaren Ensembles ein Bild der strukturellen Gliederung und der räumlich kompositionellen Eigenart des Stadtzentrums vermitteln. Für die Städte, die in Folge ihrer topographischen Lage insgesamt überschaubar sind, ist der Massenaufbau des Stadtzentrums von unmittelbarer Bedeutung, weil er als Stadtsilhouette in Erscheinung tritt und erfaßt werden kann.

Grünanlagen des Stadtzentrums

Das Prinzip der offenen Bebauung erhöht die Bedeutung der Einrichtung und Gestaltung der Freiflächen, vor allem der Grünanlagen für die architektonische Komposition des Stadtzentrums. Die Grünanlagen werden entsprechend der gesellschaftlichen Wertigkeit und Zweckbestimmung der Ensembles, der Plätze und Magistralen differenziert. Die Plätze und Hauptstraßen der Stadtzentren werden mit Grünzügen verbunden, die der Naherholung der innerstädtischen Wohnbevölkerung dienen, und mit Grünflächen ausgestattet, die in unmittelbarer funktioneller und kompositioneller Beziehung zu den wichtigsten gesellschaftlichen Einrichtungen des Stadtzentrums stehen. Insbesondere bei den kulturellen Gebäuden des Stadtzentrums sind die speziellen Freiflächenanforderungen dieser Einrichtungen (Freilichtkino im Zusammenhang mit Lichtspieltheater, Gartenanlage mit Leseplätzen bei Bibliotheken, Ausstellungsgelände im Freien bei entsprechenden Baulichkeiten u.a.m.) zu charakteristischen Formen der Freiflächengestaltung für das Gemeinschaftsleben der Menschen im Sozialismus zu entwickeln.

Werke der bildenden Kunst und Kleinarchitektur

Die Werke der bildenden Kunst dienen der architektonischen Gestaltung und Bereicherung einzelner Bauwerke wie ganzer städtebaulicher Ensembles, sie verstärken, verdeutlichen und vertiefen die baukünstlerischen Gedanken und Ideen einer Komposition. Besonderes Augenmerk gilt den Werken der monumentalen und dekorativen Bildhauerei. Freiplastiken als räumlich organisierende Elemente städtebaulicher Ensembles, aber ebenso Reliefs, Wandgemälde und viele andere Möglichkeiten müssen genutzt werden, um den Reichtums des ideellen Gehalts insbesondere der zentralen Ensembles der Städte zum Ausdruck zu bringen. Zur Gestaltung und Bereicherung der Komposition des Stadtzentrums, vor allem seiner Grünanlagen sind in erhöhtem Maße die Mittel der Kleinarchitektur und Gartenkunst heranzuziehen.

Historisches und neues Stadtzentrum

Das neue Stadtzentrum muß enge kompositionelle und strukturelle Beziehungen zu dem historischen Stadtkern aufweisen. Bei der sozialistischen Umgestaltung alter Städte, die in ihrem zentralen Teil hervorragende Ensembles und Denkmäler der nationalen Baukunst enthalten, wird das historisch gewachsene Stadtzentrum in das neue Stadtzentrum einbezogen. Dabei muß das alte Stadtzentrum entsprechend den Forderungen der sozialistischen Umgestaltung verändert werden. Die Veränderung des Maßstabes bei der sozialistischen Umgestaltung der Stadtzentren darf nicht zur architektonischen Entwertung vorhandener Baudenkmale oder historischer Ensembles führen.

Die Gestaltung der Ensembles des Stadtzentrums

Der Zentrale Platz

Der Zentrale Platz stellt das bedeutendste Ensemble des Stadtzentrums dar. Das Ensemble des Zentralen Platzes bildet den politischen und kulturellen Mittelpunkt der Stadt. Es wird mit dem für das gesellschaftliche Leben der Bevölkerung bedeutendesten Gebäuden bebaut und beherrscht die architektonische Komposition des Stadtzentrums.

Zentraler Platz der Kleinstadt

In einer Kleinstadt sind in der Regel bescheidene Ausmaße der zentralen Ensembles vollkommen ausreichend, um den Zentralen Platz und die ihn umgebenen Gebäude selbst bei niedriger Bauhöhe als die umgebene Wohnbebauung hervorzuheben. Die Lösungen der zentralen Ensembles kleiner Städte sind verschieden und hängen im wesentlichen von der Bedeutung und Zweckbestimmung der jeweiligen Stadt ab. Bei Kleinstädten wird es in der Mehrzahl der Fälle richtig sein, das zentrale Platzensemble im Zusammenhang mit der alten Marktplatzanlage vor dem Rathaus der Stadt zu entwickeln. Wobei im allgemeinen schon geringe Umgestaltungsmaßnahmen zu vollwertigen Lösungen führen.

Zentraler Platz der Mittel- und Großstadt

Die räumliche Komposition des Zentralen Platzes in Mittel- und Großstädten stellt erhöhte Anforderungen in bezug auf die architektonische Repräsentation, den räumlichen Zusammenhang des Zentralen Platzes mit weiteren Ensembles des Stadtzentrums, die Befriedigung der funktionellen Ansprüche der Demonstrationen und Großveranstaltungen sowie des ruhenden und fließenden Verkehrs. Die Komposition des Zentralen Platzes mit auf der auf ihn führenden Magistralen muß insbesondere in Großstädten einen einwandfreien Ablauf der Stand- und Massendemonstrationen gewährleisten. Die umwälzende Entwicklung, die sich in den vielseitigen Formen der gesellschaftlichen und kulturellen Zusammenlebens der Menschen widerspiegelt, machte es notwendig, in Verbindung mit dem zentralen Platzensemble für Volksfeste und Massenveranstaltungen, wie 1. Mai, Sportfeste, Jugendfestspiele, Pressefeste u.a.m., geeignete, das heißt der vorgesehenen Nutzung entsprechend gestaltete, differenzierte Flächen und städtebauliche Räume sowie Grünanlagen zu schaffen, die solchen Veranstaltungen einen würdigen Rahmen geben und funktionell und künstlerisch unbefriedigende Provisorien ausschließen. Die vielfach vorhandenen historischen Platzanlagen der Mittel- und Großstädte genügen oft nicht den Anforderungen an das zentrale Ensemble sozialistischer Städte. Sie sind, falls sicht nicht andere Standorte für das zentrale Ensemble als günstiger erweisen, den funktionellen und kompositionellen Bedingungen entsprechend umzugestalten.

Weitere Platzensembles des Stadtzentrums

Die Plätze des Stadtzentrums sind in ihrer Zweckbestimmung nach geordnet. Ihre Zweckbestimmung und die Funktion der sie umgebenen Gebäude bestimmen ihre Wertigkeit innerhalb des Stadtzentrums. Die architektonische Komposition der Plätze des Stadtzentrums muß der Wertigkeit dieser Ensembles entsprechen. Um die Nutzungsbedingungen des Stadtzentrums zu erhöhen, muß neben der Schaffung repräsentativer, durch gesellschaftliche Einrichtungen zweckgebundener Ensembles auf die Anlage kleinerer, intimer, begrünter und schön gestalteter Räume und Plätze zur Erholung der Bevölkerung Wert gelegt werden. Die architektonische Gestaltung und kompositionelle Zuordnung der Bahnhofsvorplätze und der Eingangssituationen zum Stadtzentrum müssen der Bedeutung dieser Ensembles, die das Stadtzentrum mit den Wohn- und Arbeitsbezirken und dem weiteren Einzugsgebiet der Stadt verbinden, entsprechen.

Magistralen

Magistralen sind wichtige Straßen oder Straßenabschnitte, die durch ihre gesellschaftlichen Einrichtungen und Anlagen zentraler Bedeutung oder auf Grund ihrer ausgezeichneten städtebaulichen Situation Anziehungspunkte für das Leben der Bevölkerung darstellen. Die städtebauliche Gestaltung der Magistralen muß auf eine architektonisch einheitliche, im Ablauf des räumlichen Erlebnisses verschiedener Ensembles harmonische Komposition abzielen und sich nicht auf die Gestaltung isolierter Teilstücke beschränken. Für das künstlerische Gesicht der Magistralen, das ihrem Charakter und ihrer Bedeutung innerhalb des Stadtorganismus entsprechen muß, stellen entscheidende Faktoren dar: die Linienführung, die Festlegung der die Magistrale in Abschnitte gliedernden Kompositionsschwerpunkte, der Querschnitt der Magistrale, der Grad der Geschlossenheit, der Massenaufbau der gesamt überschaubaren Bebauung, die künstlerische Gestalt der einzelnen Bauten und die Grünanlagen. Städtebauliche Räume mit Hochbahnen des Massenverkehrs oder Flussläufe mit ihren Promenaden und Uferstraßen im Stadtzentrum bilden als Hauptadern der gesamten Stadt Magistralen besonderen Charakters, da von ihnen aus für viele Menschen das Stadtzentrum in besonderer Weise erlebbar wird.

Kompositionelle Anordnung der Gebäude im Ensemble

Für die kompositionelle Anordnung und die architektonische Gestaltung der Gebäude in einem städtebaulichen Ensemble ist ihre gesellschaftliche Bedeutung entscheidend. Die hervorragende Rolle der Bauten politischer und kultureller Zweckbestimmung im Straßen und Platzbild wird insbesondere durch die Auswahl eines bevorzugten Standortes sowie durch eine architektonische Betonung der Gebäude im Ensemble unterstrichen. Dem für das politische und kulturelle Leben der Bevölkerung einer Stadt wichtigsten Gebäude eines Ensembles ordnen sich alle sonstigen Gebäude und die Wohnbebauung unter. Damit unterstreichen die dominierenden Bauten die kompositionelle Ordnung innerhalb des einzelnen städtebaulichen Raumes, was jedoch keinesfalls zu einer Isolierung der dominierenden Gebäude von der umgebenden Bebauung führen darf.

Die Gebäude als das wichtigste Gestaltungselement der Ensembles

Jedes Gebäude als Gestaltungselement einer städtebaulichen Komposition muß ein künstlerisch geschlossenes Werk darstellen und gleichzeitig beitragen, die Schönheit eines städtebaulichen Ensembles zu vervollkommnen. Ebenso muß jedes Gestaltungsmittel eines Gebäudes, seine Tektonik und Maßstäblichkeit, die Bestimmung seiner Proportionen, seiner Architekturdetails und Werke der bildenden Kunst, seine Farbgebung usw., benutzt werden, um die künstlerische Gesamterscheinung des Bauwerkes zu unterstreichen. Das industrielle Bauen eröffnet große Möglichkeiten für die Erschließung weiterer Mittel der architektonischen Gestaltung der Wohn- und gesellschaftlichen Gebäude, z.B. durch die Anwendung moderner, kühner Konstruktionen, welche den Bauwerken eine neue Tektonik verleihen, oder durch die Anwendung neuzeitlicher Materialien, wie Leichtmetall, Kunststoffe, Glas und Kunststeine, um die Außenhaut und Flächenstruktur der Gebäude zu veredeln und ihre Farbgebung vielseitig zu gestalten. Das Prinzip einer weiträumigen, offenen Bebauung und die Erschließung und Anwendung moderner, industrieller

Baumethoden verlangen einfache, klare. Logisch aufgebaute Baukörper und allseitig wirksame architektonische Lösungen.

Die Planung und die Durchführung der Baumaßnahmen beim Aufbau des Stadtzentrums

Generelle Grundlagen und Methoden der Planung der Stadtzentren

Die Stadtzentren der Deutschen Demokratischen Republik werden in Interesse der gesamten Gesellschaft neu organisiert und planmäßig umgestaltet. Die Planung und der Aufbau der Stadtzentren können nur erfolgreich durchgeführt werden, wenn sie zur Sache der gesamten Bevölkerung gemacht werden. Sie setzen die intensive Mitwirkung aller staatlichen und gesellschaftlichen Institutionen voraus. Die Planung der Stadtzentren geht von der Entwicklung des gesellschaftlichen Lebens im Sozialismus und den neusten Erkenntnissen der Wissenschaft, Technik und Kunst, vor allem von den modernen Möglichkeiten der Bauindustrie aus und stützt sich auf den Grundsatz der Wirtschaftlichkeit und Sparsamkeit in der Verwendung der Mittel. Die Planung des Stadtzentrums soll einen Zeitraum von mindestens 25 Jahren umfassen. Die Planung des Stadtzentrums erfolgt auf der Grundlage des bestätigten ökonomischen Perspektivplanes, der Stadtökonomik, des Planes der Flächennutzung, des Generalverkehrsplanes für die Stadt und des Bauprogrammes der Volkswirtschaftspläne. Die Planung der Bebbauung des Stadtzentrums setzt die Kenntnis der detaillierten Bauprogramme aller Fachplanungen voraus, insbesondere im Hinblick auf die Gebäude für Politik, Wirtschaft und Verwaltung, die Einrichtungen der Kultur und Versorgung (des Handels), die Wohngebäude und die baulichen Maßnahmen der Industrie, des Gewerbes und des Verkehrs. Die Planung stellt keinen einmaligen und sodann abgeschlossenen, sondern einen laufenden, kontinuierlichen Prozeß dar, der arbeitsfähige, ständige und mit den örtlichen Bedingungen vertraute Planungsorgane erfordert.

Durchführung der Baumaßnahmen beim Aufbau der Stadtzentren

Die komplizierten Aufgaben des Aufbaus der Stadtzentren machen es bei der Vielzahl der am Aufbau beteiligten Planträger erforderlich, in den großen Städten einen Bevollmächtigen und Verantwortlichen (Hauptinvestor) zur Lenkung und Koordinierung der Baumaßnahmen einzusetzen. Der Aufbau des Stadtzentrums erfolgt nach Etappenplänen, die entsprechend den Volkswirtschaftsplänen die jährlichen Bauprogramme in Einzelobjekten aufzeigen. Die jährlichen Bauvorhaben an Neubauten und Rekonstruktionsmaßnahmen werden möglichst in größeren, zusammenhängenden Komplexen konzentriert. Die Bauvorhaben für Wohngebäude werden in kontinuierlicher, nach einheitlichen Bauweisen spezialisierter Serienfertigung errichtet, die für gesellschaftliche Gebäude sind nach Bauweisen so zu ordnen, daß ein kontinuierlicher, nach einheitlichen Bauweisen spezialisierter Produktionsprozeß ermöglicht wird. Bei umfangreichen Baumaßnahmen, die ganze Straßen oder kleinere Teile des Stadtzentrums umfassen, sind weitgehend typisierte und in Standardbauweise festgelegte Mehrzweckgebäude zu errichten, die eine bessere Ausnutzung der Vorzüge des industriellen Bauens gewährleisten und eine vielseitige Nutzung ermöglichen, die unabhängig von den individuellen und zeitlich oft begrenzten Wünschen und Forderungen einzelner Planträger ist.

Sozialistische Umgestaltung der Altbaugebiete

Die Planung und Durchführung der Baumaßnahmen in den Stadtzentren älterer Städte wird entscheidend von dem vorhandenen Baubestand beeinflußt. Alle Verschönerungs-, Instandsetzungs- und Umgestaltungsmaßnahmen setzen das Vorhandensein einer klaren Konzeption für die künftige Gestaltung und Bebauung des Stadtzentrums voraus. Die sozialistische Umgestaltung der Altbaugebiete bestehender Städte stellt im Hinblick auf die

Bauproduktion einen Prozeß dar, der in einem zusammenhängenden komplexen Baugebiet folgende Bauvorhaben des Hoch- und Tiefbaus mit unterschiedlichen, dem Erhaltungszustand der Bauwerke entsprechenden Anteilen verbindet: Den Abriß nicht mehr verwendungsfähiger Bauwerke, die Errichtung neuer Bauwerke, die Instandsetzung und Verschönerung der Bauwerke mit geringen Schäden. Zur sozialistischen Umgestaltung der Altbaugebiete sind umfangreiche, in ihrer Methodik einheitliche städtebauliche Planungsmaßnahmen notwendig. Der Plan der sozialistischen Umgestaltung eines Stadtgebietes umfaßt im wesentlichen Bestandsaufnahmen, Bestandskartierung, Bestandsanalyse, Aufstellung eines Abrißplanes, Aufstellung eines Bebauungsplanes mit Nachweis der Neubauten sowie der Reparatur-, Instandsetzungs- und Verschönerungsmaßnahmen. Die beginnenden Umgestaltungsmaßnahmen, die Instandsetzungs- und Verschönerungsarbeiten insbesondere in wichtigen Ensembles des Stadtzentrums sind auf die Gebiete zu schränken, die im Plan der sozialistischen Umgestaltung als erhaltenswert ausgewiesen sind. Im Plan des Nationalen Aufbauwerkes müssen die der Verschönerung der Stadtzentren dienenden Maßnahmen einen bevorzugten Platz einnehmen, da sie besonders geeignet sind, die Initiative der gesamten Bevölkerung der Stadt zu wecken und die Einwohner zum Aufbau ihrer Stadtzentren heranzuziehen.

Wirtschaftlichkeit der Bebauung des Stadtzentrums
Die Wirtschaftlichkeit der Bebauung des Stadtzentrums wird bestimmt von dem Grad der Flächennutzung sowie den Bau- und Unterhaltungskosten aller baulichen Anlagen des Hoch- und Tiefbaus. Die Baukosten für den Aufbau der Stadtzentren sinken mit zunehmender Industrialisierung der Bauprozesse. In den Großstädten muß im Hinblick auf einen ganz besonders in den Stadtzentren notwendigen großstädtischen Bebauungscharakter der vielgeschossigen Bebauung erhöhter Wert beigemessen werden. In den größten und bedeutendsten Städten der Deutschen Demokratischen Republik ist für die Wohnbauten, die in enger kompositioneller Verbindung zu den wichtigsten gesellschaftlichen Gebäuden des Stadtzentrums stehen, eine anspruchsvollere Architektur und Ausstattung mit umgebenen Grünanlagen als in den Außenbezirken der Stadt gerechtfertigt. [732]

732 abgedruckt in: Deutsche Architektur (1960), Sonderbeilage in Heft 8, S. 34-64. Vorwort von Edmund Collein

Dokument 4:

Grundsätze der Planung und Gestaltung der Städte der DDR in der Periode des umfassenden Aufbaus des Sozialismus (1965)

Deutsche Bauakademie, Institut für Gebiets-, Stadt- und Dorfplanung

In der gegenwärtigen Periode wird das Leben in der Deutschen Demokratischen Republik durch den umfassenden Aufbau des Sozialismus unter den Bedingungen des Kampfes um eine friedliche Lösung der nationalen Frage in Deutschland bestimmt.

Das vom VI. Parteitag der Sozialistischen Einheitspartei Deutschlands beschlossene Programm zum umfassenden Aufbau des Sozialismus in der Deutschen Demokratischen Republik schließt ein gewaltiges Bauprogramm in sich ein: Von komplexen Rationalisierungsmaßnahmen vor allem in den führenden Zweigen der Volkswirtschaft und in den bedeutendsten Wirtschaftsgebieten ausgehend, werden neue Werke und Industriekomplexe errichtet und vorhandene Produktionskapazitäten rekonstruiert. In diesem Zusammenhang entstehen neue Städte wie Halle-West, Rostock Lütten-Klein, Hoyerswerda und Schwedt, während in den bestehenden Städten der Aufbau und die sozialistische Umgestaltung ausgedehnter Wohngebiete sowie der wichtigsten Stadtzentren, vor allem des Zentrums der Hauptstadt der Deutschen Demokratischen Republik, Berlin, zunehmend an Umfang und Bedeutung gewinnen.

Das friedliche Aufbauwerk unseres Arbeiter-und-Bauern-Staates wird in den großen Bauvorhaben in unseren Industriezentren, Städten und Dörfern überzeugend sichtbar. Es ermöglichst mit dem beschleunigten Aufbau unserer Industrie und Landwirtschaft die immer bessere Befriedigung der materiellen und kulturellen Ansprüche der werktätigen Menschen an zweckmäßige und kulturvolle Arbeitsplätze, Wohnungen, gesellschaftliche Bauten und Erholungsanlagen. Der Sieg der sozialistischen Produktionsverhältnisse in der Deutschen Demokratischen Republik und die sich schnell entwickelnden neuen Formen des gesellschaftlichen Zusammenlebens der Menschen sowie die technische Revolution und die umfassende Industrialisierung im gesamten Investitionsbauwesen verlangen, alle Probleme des Städtebaus und der Architektur in engstem Zusammenhang mit der gesellschaftlichen und volkswirtschaftlichen Entwicklung der Deutschen Demokratischen Republik zu lösen.

Der Städtebau der Deutschen Demokratischen Republik muß darauf gerichtet sein,

- beim Aufbau und der sozialistischen Umgestaltung der Städte den wissenschaftlich-technischen Höchststand durchzusetzen, um beste Produktions- und Arbeitsbedingungen sowie beste Voraussetzungen für die physische und geistige Entwicklung der Menschen zu schaffen;
- einen hohen Nutzeffekt der Investitionen zu erzielen, den Bauaufwand zu senken, die Bauzeiten zu verkürzen und insbesondere durch Konzentration sowie komplexe Planung und Projektierung die industrielle Baudurchführung auf der Grundlage der Typen und des einheitlichen Sortiments an Elementen und Segmenten des Baukastens zu sichern;
- bequeme und schöne Städte und Dörfer zu gestalten, die zur Entfaltung neuer Formen des sozialistischen Zusammenlebens der Menschen beitragen und die, als Bestandteil unserer sozialistischen Nationalkultur, Ausdruck unserer sozialistischen Epoche sind.

Die Verwirklichung des neuen ökonomischen Systems der Planung und Leitung der Volkswirtschaft ist mit einer Neuordnung der Beziehungen zwischen zentralgeleiteter Wirtschaft und örtlichen Organen verbunden, die für die Arbeit im

Städtebau eine ausschlaggebende Bedeutung besitzt.

Für die Ausarbeitung der Perspektive der Städte, insbesondere ihrer Industriegebiete, ist die Übereinstimmung zwischen Entwicklung der einzelnen Zweige der Volkswirtschaft und der Entwicklung des gesellschaftlichen Lebens in den Wirtschaftsgebieten und Städten grundlegende Voraussetzung. Den Bezirksplankommissionen ist die Aufgabe gestellt, diese Übereinstimmung durch die Programmplanung für die Entwicklung wichtiger Wirtschaftsgebiete und Städte zu gewährleisten und durch territoriale Konzentration und Kombination der Investitionen gemeinsam mit den VVB einen hohen Nutzeffekt der Investitionen zu sichern.

Die Ausarbeitung der Perspektive für die örtliche Wirtschaft in den einzelnen Kreisen und Städten muß sich insbesondere auf die Entwicklung der Versorgungswirtschaft, der Reparatur- und Dienstleitungen, den Wohnungsbau und Aufbau der Stadtzentren, den kommunalen Verkehr sowie den Handel, die Volksbildung, das Gesundheitswesen und die kulturelle Entwicklung erstrecken. Die Leitung nach dem Produktionsprinzip erhöht die Verantwortung der Bezirke und Städte, insbesondere ihrer gewählten Organe, der Bezirkstage, Kreistage, Stadtverordnetenversammlungen und Gemeindevertretungen, für die Durchführung der örtlichen Aufgaben. Das neue ökonomische System fordert die Anwendung ökonomischer Hebel für die örtliche Wirtschaft und eine Haushaltsfinanzierung der Städte, die ein echtes materielles Interesse an der Entwicklung der Bereiche weckt, für welche die Städte selbst verantwortlich sind. Mit der schrittweisen Entwicklung des Bauwesens zu einem selbständigen Zweig der Volkswirtschaft, dem die Aufgabe gestellt ist, den Auftraggeber komplette funktionstüchtige Anlagen und Gebäude zu übergeben, modernste Methoden der Produktionsorganisation durchzusetzen und die Projektierungs- und Bauprozesse nach den neusten wissenschaftlichen Erkenntnissen zu leiten, muß die städtebauliche Projektierung auf die Errichtung zusammenhängender, großer Bauvorhaben wie Industriekomplexe, Wohnkomplexe und Teilabschnitte der Stadtzentren, und die Reparatur und Instandsetzung ganzer Häuserviertel und Straßenzüge konzentriert werden.

Angesichts der großen Aufgaben des Städtebaus der Deutschen Demokratischen Republik und seiner Bedeutung für die Entwicklung der Volkswirtschaft sowie für die Versorgung und Betreuung der Bevölkerung ist es notwendig, die aktive Teilnahme aller Werktätigen und ihre schöpferische Mitwirkung an der Lösung der städtebaulichen Aufgaben und der Ausarbeitung und Durchführung der Pläne zu sichern.

Der gesellschaftliche Inhalt der sozialistischen Stadt

Die sozialistischen Städte sind die Zentren des Gemeinschaftslebens der Menschen, der materiellen Produktion, des wissenschaftlich-technischen Fortschritts und der Kultur. Der gesellschaftliche Inhalt der sozialistischen Stadt in der Deutschen Demokratischen Republik erwächst aus der sozialistischen Gesellschaftsordnung und widerspiegelt die Ideen und Grundsätze der sozialistischen Demokratie, besonders die Übereinstimmung der gesellschaftlichen und individuellen Interessen und die sich daraus ergebenen neuen Beziehungen der Menschen zueinander und zur Gesellschaft. Diese Ideen und Grundsätze kommen um so mehr in der Struktur und dem architektonischen Aufbau der Stadt zum Ausdruck, wie das unablässig sich entwickelnde sozialistische Leben selbst neue Bauaufgaben stellt und die Werktätigen als Bauherr und Erbauer ihrer Städte dem Neuen zum Durchbruch verhelfen.

Im sozialistischen Inhalt des Städtebaus der Deutschen Demokratischen Republik kommt seine Überlegenheit gegenüber dem Städtebau kapitalistischer Länder deutlich zum Ausdruck. Auf der Grundlage der kapitalistischen Produktionsverhältnisse und des kapitalistischen Eigentums an Grund und Boden sind und bleiben die sozialen Gegensätze zwischen den Lebensbedingungen der ausbeutenden und ausgebeuteten Klassen das charakteristische Merkmal der Städte im Kapitalismus.

Der Städtebau wird unter kapitalistischen Bedingungen den Interessen der Monopole und Grundbesitzer untergeordnet, was dazu führt, daß trotz guter Leistungen auf Teilgebieten die komplizierten Fragen des modernen Städtebaus nicht zum Wohle der gesamten Bevölkerung gelöst werden können.

Die Entwicklung der sozialistischen Städte vollzieht sich hauptsächlich im Prozeß der ständigen Veränderung und Umgestaltung der bestehenden Städte wie auch in den neuen Städten, die im Verlauf des Aufbaus allmählich ihren sozialistischen Inhalt erlangen.

Die Hauptaufgabe besteht darin, in den Städten der Deutschen Demokratischen Republik, als den Zentren der industriellen Produktion, im Interesse eines allseitigen Aufschwungs unserer nationalen Wirtschaft die besten Bedingungen für die wirtschaftlich-technische Entwicklung sowie die Effektivität der Produktion, insbesondere die führenden Zweige der Industrie, zu schaffen. Ebenso erfordert in den Dörfern der allmähliche Übergang zu industriemäßigen Produktionsmethoden in der Landwirtschaft den Bau moderner Produktionskomplexe.

Die Sorge um den Menschen verlangt, daß in den Städten den Werktätigen die günstigsten Bedingungen für das gesellschaftliche Zusammenleben, für ihre Arbeit, das Wohnen, ihre Bildung, ihre gesellschaftliche und kulturelle Betätigung, ihre Versorgung und Betätigung, ihre Versorgung und Erholung geschaffen werden. Sie verlangt, daß die Wohn- und Lebensbedingungen der in den Altbaugebieten wohnenden Menschen durch Erhaltung und Modernisierung der Wohnungen sowie städtebauliche Rekonstruktionsmaßnahmen zunehmend verbessert werden und daß in den Dörfern die kulturellen und sozialen Errungenschaften der Stadt mehr und mehr Eingang finden.

Die zweckmäßige Organisation und die Schönheit der Stadt, kulturvolle Arbeitsstätten, Wohngebiete und gesellschaftliche Zentren müssen die Bildung neuer Formen des Gemeinschaftslebens sowie die geistige Formung und ästhetische Erziehung der Werktätigen fördern und zur Entwicklung der sozialistischen Nationalkultur beitragen.

Die Bauwerke und städtebaulichen Ensembles müssen darüber hinaus dem Leben der Gesellschaft von morgen entsprechen. Wir bauen nicht nur für heute, unsere Bauten bestimmen das künftige Gesicht des sozialistischen Deutschlands. In den Fabriken, Städten und Dörfern, die wir heute errichten, werden die Menschen des Kommunismus arbeiten und wohnen.

Die planmäßige Entwicklung der Stadt

Die Entwicklung, der Aufbau und die Rekonstruktion der Städte der Deutschen Demokratischen Republik vollziehen sich planmäßig auf der Grundlage der Perspektiv- und Jahrespläne der Volkswirtschaft. Die Lösung der zentralen Aufgabe, die nationale Wirtschaft der Deutschen Demokratischen Republik auf der Grundlage des Höchststandes von Wissenschaft und Technik entsprechend den besonderen Entwicklungsbedingungen unseres Landes zu gestalten, erfordert, bei der Planung der Gebiete und Städte von der vorrangigen Entwicklung der führenden Industriezweige und der Standortverteilung der wichtigsten Investitionsvorhaben auszugehen.

Größe, Charakter und Profil der Städte werden in entscheidendem Maße durch die Industrie als dem bedeutendsten stadtbildenden Faktor geprägt und zunehmend durch die Zentren der Wissenschaft und Forschung beeinflusst.

Die planmäßige Entwicklung des Siedlungsnetzes der Deutschen Demokratischen Republik erfordert im Interesse eines höheren volkswirtschaftlichen Effektes die Einschränkung des übermäßigen Wachstums der Großstädte sowie die Bildung von Städtegruppen, die es ermöglichen, zwischen unmittelbar benachbarten Städten koordinierte, kooperative Beziehungen der Produktion, der technischen Versorgung und Verkehrserschließung sowie der gesellschaftlichen Einrichtung herzustellen.

Die langfristige Perspektive der Städte wird im Rahmen der Programm zur Entwicklung von Wirtschaftsgebieten bestimmt, die eine maximale Übereinstimmung der Entwicklung der Industriezweige und der Gebiete bei geringsten gebietswirtschaftlichen Aufwand gewährleisten. Die Programme zur Entwicklung der Wirtschaftsgebiete und Städte bilden die Grundlage für die gebietliche und städtebauliche Projektierung. Sie enthalten Festlegungen zum Profil und zur rationellen territorialen Organisation der Produktion, zum planmäßigen Größenwachstum der Städte, zur Entwicklung der Arbeits- und Lebensbedingungen der Werktätigen und des gesellschaftlichen Lebens sowie zu den Etappen des Aufbaus und der Rekonstruktion. Die zur Ausarbeitung der Programme notwendigen Standortuntersuchungen, Netzoptimierungen, Vaiantenvergleiche komplexer Vorhaben und territorialer Bilanzen müssen sich auf die objektiven Angaben der Ökonomie des Städtebaus stützen und erfordern in verstärktem Maße die Einführung mathematischer Methoden sowie die Anwendung der maschinellen Rechentechnik in der territorialen Planung und städtebaulichen Projektierung.

Die städtebauliche Projektierung trägt dem kontinuierlichen Planungs- und Entwicklungsprozeß durch eine elastische Stadtstruktur und Flächennutzung sowie wissenschaftliche begründete Standortvorschläge Rechnung. Sie muß durch komplexe Bebauungspläne für den Aufbau und die sozialistische Umgestaltung der Stadtzentren, Industrie- und Wohngebiete günstige Voraussetzungen für das industrielle Bauen und die komplexe Fließfertigung, einen hohen Nutzeffekt der Investitionen und die Errichtung in sich geschlossener Stadtensembles schaffen.

Die untrennbare Verbindung der planmäßigen Entwicklung und rationellen Standortverteilung der Produktivkräfte mit der Durchsetzung der Prinzipien des sozialistischen Städtebaus trägt zu einem hohen ökonomischen Nutzeffekt in allen Zweigen und Bereichen der Volkswirtschaft bei, fördert die Entwicklung des gesellschaftlichen Lebens und führt zu einer immer besseren Ausnutzung der Vorzüge der sozialistischen Gesellschaftsordnung.

Die Wirtschaftlichkeit der Stadt

Bau und sozialistische Umgestaltung der Städte sowie ihre laufende Unterhaltung beanspruchen einen hohen Anteil des Nationaleinkommens. Die Erhöhung der Wirtschaftlichkeit der Stadt stellt somit eine der wichtigsten Aufgaben des Städtebaus dar.

Hauptkriterien für die Wirtschaftlichkeit der Stadt sind die städtebaulichen Bedingungen für

- den rationellen Einsatz der neuen Technik in der Produktion und in den übrigen Bereichen des gesellschaftlichen Lebens,
- die Erreichung eines hohen Nutzeffektes der Investitionen,
- eine rationelle Organisation der Einrichtungen und Anlagen zur materiellen und kulturellen Versorgung der Bevölkerung.

Die städtebaulichen Planungen und Projekte müssen dazu beitragen, die Wirtschaftlichkeit der Stadt, insbesondere durch Konzentration der Produktion sowie der Investitions- und Bautätigkeit, wesentlich zu erhöhen. Damit werden die Anwendung moderner Formen der Produktionsorganisation, die Kooperation von Verkehrs- und technischen Versorgungsanlagen sowie von sozialen und kulturellen Einrichtungen gewährleistet und günstige Voraussetzungen für das kompakte und kombinierte Bauen sowie die komplexe Fließfertigung geschaffen.

Durch die Standort- und Netzoptimierung sind wissenschaftlich begründete Lösungen für die Rekonstruktion von Netzen und Anlagen der Versorgung, des Verkehrs und der technischen Erschließung der Stadt zu schaffen, um die volkswirtschaftlichen Aufwendungen zu senken.

Die Bestimmung der richtigen Größe der Stadt, ihrer Industriegebiete, Wohngebiete, gesellschaftlichen Zentren und Erholungsgebiete sowie eine zweckmäßige Gliederung, Zuordnung und innere Organisation der einzelnen städtebaulichen Elemente ermöglichen die Organisation der Produktion und des gesellschaftlichen Lebens der Stadt entsprechend den Erfordernissen der Ökonomie der Zeit. Ein entscheidendes Kriterium für den gesellschaftlichen Nutzeffekt einer städtebaulichen Lösung ist der Gewinn an Freizeit für die Bevölkerung.

Die Wirtschaftlichkeit der Stadt wird durch ihre kompakte Anlage wesentlich erhöht. Das erfordert eine rationelle Nutzung des Stadtterritoriums und die sparsame Inanspruchnahme neuen Baulandes durch Festlegung wissenschaftlich begründeter Einwohnerdichten und Bebauungsverhältnisse sowie durch Ausnutzung aller Möglichkeiten des kompakten und kombinierten Bauens und rationeller Bauformen. In den Städten, in denen ein Mangel an für die Bebauung geeigneten Flächen besteht und die Erschließung neuen Baulandes hohe Aufwendungen verursacht, ist mit der allmählichen Rekonstruktion der alten Wohngebiete mit wenig wertvollem Wohnfonds zu beginnen.

Die Wirtschaftlichkeit im Städtebau wird gemessen an der Senkung der Baukosten und des Aufwandes für die Bewirtschaftung der Einrichtungen sowie einer hohen Rentabilität und der möglichst kurzen Rückflussdauer der Investitionen. Das wird erreicht durch optimale Standortwahl, ökonomisch begründete Bauprogramme und Aufgabenstellungen, gute funktionelle und bautechnische Lösungen, weitgehende Kombination und Mehrzwecknutzung von Gebäuden mit sparsamer Flächeninanspruchnahme sowie eine rationelle technische Versorgung und Verkehrserschließung.

Die Rekonstruktion der Städte, insbesondere ihrer Altbaugebiete, erfolgt bei weitgehender Verwendung des vorhandenen Fonds an Wohn- und Gesellschaftsbauten sowie bestehender Anlagen des Verkehrs und der technischen Versorgung, wobei nur diejenige Substanz beseitigt wird, die den sozialistischen Lebensformen offensichtlich nicht mehr entspricht oder auf dem Wege der Modernisierung nicht rationell verwendet werden kann.

Bedeutende Reserven können durch die volle Auslastung der vorhandenen Kapazitäten der Gebäude und Anlagen sowie durch die Umverteilung von Produktions- und gesellschaftlichen Einrichtungen ohne wesentliche Baumaßnahmen erschlossen werden.

Der Aufbau der Stadt auf der Grundlage des industriellen Bauens

Mit der Entwicklung zu einem selbständigen Industriezweig wird dem Bauwesen die Aufgabe übertragen, an die Industrie, das Verkehrswesen, die Landwirtschaft und andere Bereiche der Volkswirtschaft komplette, funktionstüchtige Anlagen und schlüsselfertige Gebäude zu übergeben, die den wissenschaftlich-technischen Höchststand mitbestimmen.

Um die in den Volkswirtschaftsplänen bereitgestellten Investitionen mit dem höchsten Nutzeffekt zu realisieren, ist es notwendig, die Industrialisierung des Bauens konsequent und umfassend durchzuführen. Das setzt eine maximale Konzentration des Investitionen und eine komplexe Planung, Projektierung und Baudurchführung großer zusammenhängender Vorhaben, insbesondere von Industrie- und Wohnkomplexen sowie Teilabschnitten der Stadtzentren, voraus. Die Durchführung derartig komplexer Bauprogramme ermöglicht einen einheitlichen technologischen Prozeß für die Bau- und Ausrüstungsmontage nach Zyklogrammen, den Einsatz spezialisierter Baukapazitäten sowie Vorfertigung und Montage unter einheitlicher Leitung sowie breite Anwendung der komplexen Fließfertigung als fortschrittlichster Methode der Produktionsorganisation.

Die Durchsetzung des industriellen Bauens in komplexer Fließfertigung stellt an die Planung und Investitionsvorbereitung neue, hohe Anforderungen.

Die entscheidende Grundlage für den industriellen Aufbau großer städtebaulicher Komplexe stellt das Komplexzyklogramm dar, das alle aufeinander abgestimmten Arbeitsprozesse von den Erdarbeiten bis zur Ausrüstungsmontage enthält. Bereits der Ausarbeitung von Bebauungsplänen und Projekten für komplexe städtebauliche Vorhaben ist im Interesse des durchgehenden industriellen Aufbaus des Komplexes das Angebot an Typenunterlagen und das einheitliche Sortiment an Elementen und Segmenten des Baukastenprinzips zugrunde zu legen.
Aufgabe der Projektierung ist es, die Durchsetzung des wissenschaftlich-technischen Höchststandes über das Projekt zu sichern und Typenprojekte, Typenunterlagen sowie Elemente des Baukastens unter Berücksichtigung der Forderungen des sozialistischen Städtebaus weiterzuentwickeln, um den unterschiedlichen funktionellen Anforderungen und städtebaulichen Situationen besser gerecht werden zu können sowie eine größere Variabilität in der architektonischen Gestaltung zu ermöglichen.

In der gesamten Vorfertigung, insbesondere der Betonindustrie, besteht eine wichtige Aufgabe darin, die Qualität der Elemente ständig zu verbessern, eine große Maßgenauigkeit zu erreichen und Elemente mit sichtfertigen, beständigen und schönen Oberflächen herzustellen. Das trägt sowohl zu einer Verbesserung der künstlerischen Gestaltung der Bauwerke als auch zu erheblichen Einsparungen bei der Montage und dem Ausbau bei.
Für die umfangreichen Rekonstruktionsmaßnahmen in den Städten sind technische und technologische Voraussetzungen zu schaffen, um in Betrieben mit hochproduktiven Baureparaturkapazitäten die Bauarbeiten weitgehend zu Mechanisierung und in den Prozeß der Industrialisierung des Bauens einzuschließen.

Die Komposition und architektonische Gestaltung der Stadt

Die Werke von Städtebau und Architektur der Deutschen Demokratischen Republik sind Ausdruck der Einheit der technischen und der Kulturrevolution. Indem sie mit Hilfe der fortgeschrittenen Technik das materielle Milieu, in dem das Leben und die Tätigkeit der Menschen verlaufen, formen und den Charakter des gesellschaftlichen Lebens und den Stand der materiellen und geistigen Entwicklung der Gesellschaft anschaulich widerspiegeln, beeinflussen sie zugleich die Entfaltung eines kulturvollen Lebens der Menschen und helfen, das neue sozialistische Bewußtsein und Lebensgefühl der Werktätigen zu entwickeln.

Komposition und architektonische Gestaltung der Stadt umfassen die Herausbildung ihrer strukturellen und räumlichen Ordnung, die allseitige Entwicklung des Massenbaus und neuer typischer Gebäudekategorien sowie die Kenntnis der Gesetzesmäßigkeiten und die architektonische Meisterung des industriellen Bauens. Die Komposition der Stadt faßt die Elemente der Stadt – die Industrie- und Wohngebiete, gesellschaftliche Zentren, Grün- und Erholungsflächen, in der Einheit der gesamten Stadt zusammen. Sie ordnet die funktionellen und räumlichen Beziehungen der Elemente zueinander und zum Stadtzentrum sowie die Beziehungen der Stadt zu ihrer Umgebung.

Die Komposition und architektonische Gestaltung muß dem einmaligen, individuellen Charakter der Stadt, der durch die Besonderheiten ihrer Größe, ihres wirtschaftlichen und kulturellen Profils, ihrer Verkehrslage und ihrer topografischen und landschaftlichen Situation bedingt ist, Rechnung tragen.

In besonderer Weise werden der individuelle Charakter und die künstlerische Bedeutung der Stadt durch ihre wertvolle historische Substanz bestimmt. Hierzu gehören einzelne Baudenkmale ebenso wie Denkmale der Stadtbaukunst, die aus Ensembles von Bauten, Straßen- und Platzräumen, Parkanlagen oder ganzen Stadtteilen bestehen. Sie sind entsprechend ihrer Bedeutung und ihrer Anforderungen an Maßstab und räumliche Beziehungen in die Komposition und architektonische Gestaltung der Stadt einzubeziehen.

Die Komposition der Stadt muß ein räumlich und architektonisch klar gegliedertes Ganzes ergeben, das die Tätigkeit und die gesellschaftlichen Beziehungen der Bewohner in ihrer Vielfalt widerspiegelt und in dem die Zusammengehörigkeit der Bewohner und das städtische Leben sichtbar werden.

In der räumlichen Ordnung der Stadt wie in der künstlerischen Gestaltung sind die gesellschaftlichen Zentren besonders hervorzuheben, weil in ihrer Komposition und Architektur die veränderte sozialistische Lebensweise besonders sinnfällig zum Ausdruck kommt.

Die Großzügigkeit und Klarheit der räumlichen Zusammenhänge, der Kontrast zwischen Weiträumigkeit und Intimität, das Zusammenspiel offener und geschlossener Räume, konzentrierte, vielfältige Formen der Bebauung und hohe architektonische Qualität der Bauten müssen den besonderen Charakter einer Stadt bestimmen und zu ihrer Schönheit beitragen.

Die Herausbildung charakteristischer Züge des sozialistischen Städtebaus und der sozialistischen Architektur in der Deutschen Demokratischen Republik ist untrennbar mit der weiteren Entwicklung des industriellen Bauen verbunden. Auf der Grundlage der Typisierung, Standardisierung und industriellen Massenproduktion entsteht eine neue Qualität der Architektur, die durch die Anlage und den Maßstab großer Baukomplexe, die Einheitlichkeit der Bauwerke und Bauelemente, technisch interessante Lösungen, eine neue Tektonik der Gebäude und eine vielfältige Anwendung neue Baumaterialien gekennzeichnet ist.

Bei der weiteren Entwicklung der Architektur muß die dem industriellen Massenbau eigene Einfachheit und Einheitlichkeit mit der notwendigen Vielfalt und Variabilität der Bebauungsformen und der Architektur der Gebäude verbunden werden. Dazu ist es notwendig, austauschbare Elemente und Sektionen zu schaffen, die zur Bereicherung der architektonisch-künstlerischen Gestalt der Bauten und Ensembles beitragen und dem Schönheitsempfinden der Werktätigen entsprechen.

Darüber hinaus ist eine Belebung und Auflockerung der Ensembles durch eine helle harmonische Farbgebung, eine interessante Oberflächenstruktur und Plastik der Bauwerke, eine Vielfalt in der Gestaltung und Ausstattung der Freiflächen sowie die Einbeziehung von unterschiedlichen Elementen der Kleinarchitektur notwendig. Mit den Werken der bildenden Kunst, insbesondere der monumentalen und dekorativen Malerei und Bildhauerei, müssen Ideengehalt und künstlerischer Wert der Bauwerke und Ensembles gesteigert werden und eine Synthese von Architektur und bildender Kunst erreicht werden.

Die städtischen Industriegebiete

In der Entwicklung der Industrie der Deutschen Demokratischen Republik vollzieht sich auf der Grundlage des gesellschaftlichen Eigentums und der Planung der Volkswirtschaft der Prozeß der Spezialisierung und Konzentration der Produktion, das heißt der Übergang von der kapitalistischen Zersplitterung zur rationellen Organisation der gesellschaftlichen Arbeit. Der Städtebau hat diesen Prozeß durch die Neuordnung der Standorte der städtischen Industriebetriebe und die Schaffung rationell organisierter Industriekomplexe maximal zu fördern.

Im Rahmen der Programme zur Entwicklung der Wirtschaftsgebiete und verbunden mit komplexen Rationalisierungsmaßnahmen im betreffenden Zweig ist es Aufgabe des Städtebaus, Planungsvorschläge und Projekte für die Rekonstruktion oder den Neubau von städtischen Industriekomplexen auszuarbeiten, die zur Senkung des gebietswirtschaftlichen Aufwandes führen und eine moderne Produktionsorganisation mit einer hohen Produktivität der Arbeit gewährleisten.

Die Anlage solcher Industriekomplexe ermöglicht eine Spezialisierung und Kombination der Produktion bei Berücksichtigung der Zusammenfassung gleicher oder ähnlich gearteter Produktionsstätten zu Gruppen kooperierender Betriebe, die gemeinsame Nutzung von Verkehrs- und Versorgungsanlagen sowie der sozialen Einrichtungen. Zugleich werden günstigste Arbeits- und Lebensbedingungen geschaffen, die der Gesunderhaltung der Werktätigen dienen und zur Steigerung der Leistungsfähigkeit führen.

Die Konzentration der Bautätigkeit auf die Maßnahmen zur Rationalisierung oder auf den Neubau von Industriekomplexen führt bei Ausschöpfung aller Möglichkeiten des Kompaktbaus und des Freibaus sowie der Baudurchführung in komplexer Fließfertigung zu einer wesentlichen Senkung des Bauaufwandes, der Baukosten und er Bauzeit sowie zu einer geringen Inanspruchnahme von Bauland.

Bei Rationalisierungs- oder Rekonstruktionsmaßnahmen in den vorhandenen Industriebetrieben muß sorgfältig überprüft werden, welche Betriebe am alten Standort oder mit volkswirtschaftlich vertretbaren Aufwand rekonstruiert und erweitert werden können, welche Betriebe aus zweigbedingten oder städtebaulichen Gründen in neue städtische Industriegebiete zu verlagern oder in drei werdende Altbauten umzusetzen sind, und welche Betriebe entsprechend den Forderungen der Zweige und der territorialen Planung aus der Stadt zu verlagern sind.

Dort, wo zusammen mit der Errichtung von Industriekomplexen neue Städte oder Wohngebiete zu bauen sind, muß eine rationelle Einheit von Betrieb und Stadt mit gemeinsamen sozialen und kulturellen Einrichtungen sowie Verkehrs- und technischen Versorgungsanlagen geschaffen werden, wobei für den Berufsverkehr zwischen Industrie- und Wohngebieten Wegezeiten von höchstens einer halben Stunde zu sichern sind. Industriebetriebe mit hohem Störgrad und Verkehrsaufkommen sind, soweit die störenden Auswirkungen nicht an der Quelle beseitigt werden können, in ausreichender Entfernung zu den Wohngebieten anzulegen oder durch Schutzzonen von ihnen zu trennen.

Der Übergang zur industriemäßigen Produktion in der Landwirtschaft, verbunden mit einer Konzentration auf Hauptproduktionszweige im einzelnen Betrieb, stellt dem Bauwesen die Aufgabe, komplette, funktionsfähige Großanlagen für die spezialisierte Haltung größerer Viehbestände zu errichten.

Die Planung und Projektierung dieser Großanlagen hat in engem Zusammenhang mit der Planung zur Entwicklung der Dörfer und der verarbeitenden Industrie sowie der Planung der Versorgungsgürtel um die Großstädte zu erfolgen und muß im Interesse eines hohen Nutzeffektes der Produktion die spezifischenörtlichen natürlichen und ökonomischen Bedingungen voll ausnutzen.

Die städtischen Wohngebiete

Die Entwicklung des komplexen Wohnungsbaus in der Deutschen Demokratischen Republik wird von der Aufgabe bestimmt, die materiellen und kulturellen Lebensbedingungen der Bevölkerung schrittweise zu verbessern, wobei alle Werktätigen ausreichend mit Wohnraum zu versorgen sind.

Der komplexe Wohnungsbau, der vorrangig in Industrieschwerpunkten und Zentren der landwirtschaftlichen Produktion konzentriert wird, umfasst neben dem Bau von Wohnkomplexen in bisher unerschlossenem Gelände zunehmend den Wohnungsneubau im Zuge der sozialistischen Umgestaltung aller Stadtgebiete. Der umfangreiche Bestand an alten Wohnungen erfordert, daß die wachsenden, zur Erhaltung und Modernisierung bereitgestellten Mittel der Volkswirtschaft konzentriert eingesetzt und rationell genutzt werden, um den Wohnkomfort in den Altbaugebieten zu verbessern und das Antlitz der Straßen, Plätze und Häuserviertel zu verschönern.

Um beste Bedingungen für das Wohnen und ein reges politisches sowie geistig-kulturelles Leben in den Wohngebieten zu schaffen und um die breite Anwendung der fortgeschrittensten Methoden des industriellen Bauens zu sichern, ist als Hauptform des Neubaus von Wohnungen der Bau von Wohnkomplexen und die sozialistische Umgestaltung zusammenhängender Teilabschnitte alter Wohngebiete weiterzuentwickeln und durchzusetzen.

Der Wohnkomplex strebt die beste Organisationsform des städtischen Wohnens und der Versorgung für die Bevölkerung an, wobei seine Größe von der Stadtstruktur und der Art der Bebauung abhängt. Der Wohnkomplex ist vom Durchgangsverkehr frei zu halten und ausreichend mit Anlagen für den ruhenden Verkehr auszustatten.

Bei der Entwicklung sozialistischer Lebensformen treten die gesellschaftlichen Funktionen des Wohnen, die gesellschaftliche Betreuung und Versorgung mehr und mehr in den Vordergrund. Die Wohngebiete werden mit denjenigen Einrichtungen ausgestattet, die das gesellschaftliche Leben vielseitiger und ideenreicher gestalten und die Teilnahme aller Bürger, besonders aber der Frauen, an der Produktion und am gesellschaftlichen Leben erleichtern. Diese Einrichtungen sind in gesellschaftlichen Zentren zusammenzufassen und vorwiegend als kompakte und kombinierte Anlagen mit weitgehender Kooperation und Mehrzwecknutzung zu errichten, so daß bei voller Auslastung der Einrichtungen eine bequeme Nutzung und rationelle Versorgung gewährleistet und ein hoher Nutzeffekt der Investitionen erreicht wird. Im Interesse einer gesunden und kulturvollen Freizeitgestaltung und der Förderung des Kinder- und Jugendsports sind in den alten und neuen Wohngebieten Sportplätze und vielseitige Kleinsportanlagen zu schaffen. Für die Erholung und Entspannung der Bewohner und das Spiel der Kinder im Freien sind darüber hinaus Spielplätze, Sitzgruppen und Liegeflächen zu schaffen.

Für die gesamte Wohnbebauung sind neue städtische Bebauungsformen zu entwickeln, die eine höhere Wohndichte und damit eine wirtschaftlichere Nutzung und Inanspruchnahme des Baulandes ermöglichen. Vielgeschossige Gebäude sind vor allem in den Stadtzentren und zentrumsnahen Gebieten vorzusehen, wobei entsprechend den internationalen Erfahrungen der Mehraufwand gegenüber mehrgeschossigen Wohnbauten ständig zu senken ist.

Besondere Bedeutung kommt der schrittweisen Annäherung der Lebensbedingungen in alten Wohngebieten an die in den neuen Wohngebieten zu. Die Mittel für Instandsetzung und Modernisierung der erhaltenswerten Wohnraumsubstanz müssen auf ganze Häuserviertel und Straßenzüge konzentriert werden. Die Umgestaltung von Altbauwohngebieten schließt neben der Erhöhung der Wohnqualität aller Wohnungen die Verbesserung der Verkehrsverhältnisse und der technischen Versorgung, die Ergänzung der gesellschaftlichen Einrichtungen sowie die Schaffung ausreichender Freiflächen ein.

Die Stadtzentren

Von größter Wichtigkeit für die Entwicklung des gesellschaftlichen Lebens der Werktätigen sowie für die städtebauliche und architektonische Gestaltung der Städte sind die Stadtzentren. Im besonderen gilt das für die großen Städte, die als Zentren des politischen, wirtschaftlichen und kulturellen Lebens unsere neue sozialistische Gesellschaftsordnung repräsentieren.

Die materiellen und finanziellen Mittel werden in bedeutendem Maße auf den Aufbau des Stadtzentrum der Hauptstadt der Deutschen Demokratischen Republik, Berlin, sowie der Zentren von Leipzig, Dresden und Karl-Marx-Stadt konzentriert. Um eine schnelle und sichtbare Veränderung auch in den Zentren von Rostock, Potsdam, Frankfurt (Oder), Magdeburg, Dessau, Gera und anderer Städte zu erreichen, sind alle geeigneten Bauvorhaben zentraler und bezirklicher Planträger in den Stadtzentren zu errichten und die Vorhaben des komplexen Wohnungsbaus in verstärktem Maße in den Aufbau und die sozialistische Umgestaltung der Zentren einzubeziehen. Der vielgeschossige Wohnungsbau führt insbesondere in den Zentren der Großstädte zu wirtschaftlichen und architektonischen wirksamen Lösungen, schafft Wohnungen nahe den im Stadtkern gelegenen Arbeitsplätzen und trägt wesentlich zur Entwicklung des Lebens in den Stadtzentren bei. Die Aufgabe bei der Errichtung gesellschaftlicher Gebäude besteht darin, die Mittel so einzusetzen, daß für Wirtschaft und Verwaltung, Handel und Versorgung, Kultur und Wissenschaft sowie das Hotel- und Gaststättenwesen nach den modernsten Erkenntnissen organisierte, wirtschaftliche, rentable Bauten und Anlagen entstehen, die das Neue unserer sozialistischen Gesellschaft sichtbar machen und besondere Anziehungspunkte für die Menschen bilden.

Ausgehend von der Konzentration der finanziellen und materiellen Mittel auf die Schwerpunkte des Aufbaus der Stadtzentren sind städtebauliche Programme und Bebauungspläne auszuarbeiten, die sichern, daß in kurzer Bauzeit und mit rationeller Bauorganisation in sich geschlossene Teilabschnitte komplex fertiggestellt werden.

Das Stadtzentrum ist zu einem einheitlichen städtebaulichen Ensemble zu entwickeln, so daß sinnvoll aufgebaute Raumfolgen sowie charakteristische Massenkompositionen entstehen.

Das Stadtzentrum ist so in das gesamtstädtische Verkehrsnetz einzubinden, daß es von Massenverkehrsmitteln gut erschlossen und vom Durchgangsverkehr frei gehalten wird und ausreichend Anlagen für den ruhenden Verkehr vorhanden sind. Besonders in den Einkaufsgebieten sind zusammenhängende Fußgängerbereiche zu schaffen.

In den Stadtzentren sind Grün- und Erholungsflächen anzulegen, wobei landschaftliche hervorragende Gebiete, insbesondere Ufer von Flüssen und Seen, in die sozialistische Umgestaltung der Zentren und der Gesamtstadt einzubeziehen sind.

Die Gestaltung eines individuellen Gesichts unserer Städte, insbesondere ihrer Zentren, verlangt eine hohe Qualität der architektonischen und bildkünstlerischen Komposition der Gebäude und Ensembles im Einklang mit den kulturhistorisch wertvollen Baudenkmalen und charakteristischen landschaftlichen Gegebenheiten.

Der städtische Verkehr

Das Anwachsen der volkwirtschaftlichen Produktion, ihre weitere Spezialisierung und zunehmende Kooperation sowie Entwicklung vielfältiger Formen des gesellschaftlichen Lebens, verbunden mit der ständigen Verbesserung des Lebensstandards der Bevölkerung, führen zu einer schnellen Steigerung der Verkehrsbedürfnisse, vor allem in den Städten, und verlangen in enger Wechselbeziehung zur gesamten städtebaulichen Planung eine bedarfsgerechte Organisation des städtischen Verkehrs bei unbedingter Berücksichtigung seiner perspektivischen Entwicklung.

Der Verkehr in der Stadt muß Bequemlichkeit, Sicherheit und eine schnelle Verbindung zwischen den Wohn- und Industriegebieten, den Zentren und Erholungsstätten garantieren.

Das städtische Verkehrssystem umfaßt alle Verkehrsmittel und Verkehrsarten der Stadt und ihres Umlandes. Es besteht aus dem Netz der Hauptstraßen, den Netzen des öffentlichen Nahverkehrs und der Eisenbahn.

Eine zweckmäßige Verteilung und Anordnung der Arbeits-, Wohn-, Kultur- und Erholungsstätten vermeidet unnötige Verkehrsballungen und –störungen. Sie sind Voraussetzung für ein sicheres und wirtschaftliches Verkehrssystem.

Die Ausbildung leistungsfähiger Verkehrsnetze bei gleichzeitig umfassender Kooperation aller Verkehrsträger und –mittel muß darauf gerichtet sein, den Zeitaufwand, insbesondere für den Berufsverkehr, zu senken.

Der Ausbau von klassifizierten Stadtstraßen, die weitgehende Trennung der Verkehrsarten und die Konzentration der Verkehrsströme auf ein Netz von Hauptverkehrsstraßen mit leistungsfähigen Knotenpunkten sind wichtige Grundlagen für die Bewältigung des gegenwärtigen und künftigen Verkehrsaufkommens. Bei konsequenter Klassifizierung der Stadtstraßen können Wohngebiete sparsam erschlossen und zugleich von störenden Verkehrseinflüssen frei gehalten werden.

Der Schwerpunkt des Verkehrssystems liegt im Stadtzentrum, als Folge der Zusammenführung aller öffentlichen und individuellen Verkehrsmittel aus dem übrigen Stadtgebiet, der Stadtrandzone und dem Umland. In den Großstädten sind die auf das Stadtzentrum gerichteten Hauptnetzstraßen nach Möglichkeit als Tangenten auszubilden, die zugleich die Voraussetzung für den Übergang des Ziel- und Quellverkehrs auf das Straßennebennetz schaffen. Die Qualität der städtebaulichen Ensembles des Zentrums sollte durch zusammenhängende Fußgängerbereiche mit zentralen Haltestellen der Massenverkehrsmittel erhöht werden.

Die Parkbedürfnisse in den Stadtzentren und Wohngebieten werden unter Berücksichtigung der Wirtschaftlichkeit vorrangig durch ebenerdige, in den Stadtzentren teilweise mehrgeschossige Parkräume befriedigt. Das starke Ansteigen des Straßenverkehrs erfordert in den Großstädten den vorrangigen Einsatz öffentlicher Massenverkehrsmittel mit hoher Beförderungsqualität und die Ausbildung von kreuzungsfreien Stadtschnellstraßen.

Die Art der Bebauung und Freiflächengestaltung im Bereich von Hauptstraßen muß von einer weitgehenden Minderung der Verkehrsbelästigung durch Lärm, Luftverunreinigung und Erschütterung sowie der Verkehrsströmung ausgehen.

Die kontinuierliche Rekonstruktion der Städte sowie der hohe Investitionsaufwand für die Errichtung neuer Verkehrsbauwerke und –trassen erfordern Lösungen von hoher Wirtschaftlichkeit unter weitgehender Eingliederung brauchbarer vorhandener Verkehrsanlagen in das neue gesamtstädtische Verkehrssystem, wobei etappenweise funktionsfähige Teile des geplanten Verkehrssystems geschaffen werden müssen.

Die stadttechnische Versorgung und Stadthygiene

Die steigenden Anforderungen der Industrie an die technische Versorgung sowie die wachsenden Ansprüche der Bevölkerung auf eine komfortable und hygienische Versorgung und Ausstattung der Städte und eine Verbesserung der Hygiene des städtischen Lebens erfordern die ausreichende Bereitstellung und Verteilung von Brauch- und Trinkwasser, Elektroenergie, Gas und Fernwärme sowie eine bedarfsgerechte Entwicklung des Nachrichtenwesens, die hygienisch einwandfreie Ableitung und Behandlung des Abwassers sowie die Beseitigung und rationelle Verwertung der Industrie- und Stadtabfälle.

Der hohe Anlagewert der stadttechnischen Einrichtungen und Netze sowie ihre geringe Variabilität bedingen eine perspektivische Planung auf der Grundlage des in 20 bis 30 Jahren zu deckenden Bedarfs der Stadt und der eingehenden stadtnahen Gebiete.

Die starke Überalterung vorhandener Netze, besonderes auf dem Gebiet der Wasser- und Gasversorgung, erfordert die etappenweise Rekonstruktion der Anlagen, wobei funktionell und technisch brauchbare Netze und Anlagen weitgehend zu erhalten und in die neuen Systeme einzubeziehen sind.

Eine weitgehende Kooperation der Netze und Anlagen zwischen den Wohnkomplexen und anderen Stadtteilen sowie die Schaffung eigener Abwassernetze für die Industriekomplexe sind zur Erhöhung des Nutzeffekts der Investitionen und zur Senkung der Betriebskosten anzustreben.

Die Wärmeversorgung der Städte dienen vorrangig Heizkraftwerke, die die gemeinsame Versorgung von Industriekomplexen und Wohnkomplexen vornehmen. Das künftig zu erwartende Energieangebot muß für die Wärmeversorgung von Wohngebieten durch die

Entwicklung entsprechender Systeme nutzbar gemacht werden.

Im Leben der modernen Stadt spielt eine gute Außenbeleuchtung eine wichtige Rolle. Durch die Einführung der neuen Technik – insbesondere eine hohe Leistung und Wirtschaftlichkeit der Leuchten und ihre automatisierte Steuerung – muß ein hoher Effekt der städtischen Beleuchtung erzielt werden.

Durch die Vollautomatisierung des Fernmeldedienstes und die Erhöhung der Anzahl der Wohnungsanschlüsse ist ein systematischer, der künftigen Entwicklung entsprechender Ausbau der Fernmeldenetze zu sichern.

Eine ökonomische Lösung für den Bau, den Betrieb und die Unterhaltung der unterirdischen Netze wird vornehmlich durch die günstige Wahl des Standortes hinsichtlich der Baugrund- und Grundwasserverhältnisse, durch die Anpassung der Bebauung und Straßenführung an die Geländeverhältnisse und eine rechtzeitige Abstimmung der für die Versorgungsnetze erforderlichen Flächen mit den Verkehrs- und Freiflächen bestimmt. Eine wesentliche Umsetzung für die komplexe Fließfertigung bei der Ausführung der Titel sind koordinierte Netze mit einer weitgehenden Zusammenfassung der Leitungen in Sammelkanälen.

Im Interesse der Gesunderhaltung der Bevölkerung und der Reproduktion der Arbeitskraft sind die Forderungen der Stadthygiene konsequent zu sichern. Bei der Standortwahl und Bebbauung ist von günstigen klimatischen Bedingungen auszugehen. Die Städte sind durch eine zweckmäßige strukturelle Sicherung und Ausweisung von Schutzzonen, insbesondere aber durch Beseitigung störender Einflüsse der Industrie und des Verkehrs, vor Luftverunreinigung, Lärmbelästigung und Erschütterungen zu schützen. Es gilt, in besonderem Maße für die Einhaltung der hygienisch zulässigen Grenzkonzentrationen der stofflichen Emissionen von Industrie, Verkehr und anderen sowie der Lärmminderung Sorge zu tragen.

Die Erfordernisse der Stadthygiene verlagen darüber hinaus die kontinuierliche Beseitigung und rationelle Verwertung von Müll und Industrieabfällen.

In Wohngebieten müssen vor allem durch günstige Besonnungs- und Belüftungsverhältnisse sowie eine ausreichende Ausstattung mit Grün- und Erholungsflächen günstige Bedingungen für eine tägliche Wiederherstellung der Leistungsfähigkeit der Werktätigen, ihre Erholung und den Sport gewährleistet werden.

Die Stadtrandzonen und städtischen Grünflächen

Die sozialistische Umgestaltung, insbesondere großer Städte, ist untrennbar verbunden mit einer ständigen Verbesserung der strukturellen, funktionalen und ästhetischen Qualität der Stadtrandzone.

Die Versorgung der Stadtbevölkerung mit leicht verderblichen und empfindlichen Lebensmitteln erfordert in den Randzonen großer Städte die Schaffung spezialisierter landwirtschaftlicher Großbetriebe in enger Kooperation mit der verarbeitenden Industrie.

Die technischen Versorgungs- und sanitär-hygienischen Anlagen werden bevorzugt im Randgebiet der Städte angeordnet. Bei der Wahl ihrer Standorte ist von einer störungsfreien Einordnung und wirtschaftlichen Entfernung von den Versorgungsgebieten ausgegangen werden, wobei alle Möglichkeiten der weitgehenden Nutzbarmachung der städtischen Abfälle für die Industrie und Landwirtschaft auszuschöpfen sind.

Zu den wichtigsten Aufgaben bei der Gestaltung der Stadtrandzonen gehören die Verbesserung des Stadtklimas und die Schaffung guter Erholungsmöglichkeiten für die Bevölkerung durch die Anlage, die Pflege und den Schutz ausgedehnter Grüngebiete und Wälder sowie die Nutzung der Gewässer in Verbindung mit der Organisation der städtischen Erholung. Die Zentren für die Erholung der Bevölkerung sind durch Schnellverkehrsmittel günstig zu erschließen.

Die Gesamtheit der städtischen Grünflächen wie Parke, Schmuckanlagen, Wohnhöfe, Sport- und Spielplätze, Promenaden, Uferanlagen, Kleingärten, Friedhöfe und dergleichen, ist zu einem zusammenhängenden System zu verbinden, das in die stadtnahe Landschaft überleitet. Ein solches Grünflächensystem beeinflußt entscheidend die Struktur und Komposition der Stadt und ist für die Erfüllung bioklimatischer Funktionen mitbestimmend. Die Grün- und Erholungsflächen müssen in Planung und Gestaltung den wachsenden Bedürfnissen der Werktätigen nach Entspannung und Erholung gerecht werden. Die Freilegung und Gestaltung überbauter Gewässerufer oder anderer für die Stadtkomposition und für die Erfüllung von Erholungsfunktionen wertvoller Landschaftsteile ist anzustreben. Die durch Baumpflanzungen gegebenen reichen Möglichkeiten zur räumlichen Gliederung, zur Akzentuierung und zur Gestaltung der Grün- und Erholungsgebiete muß zur räumlichen Ordnung und zur Schaffung einer gesunden, bequemen und schönen Stadt beitragen.

In den Wohngebieten sind in enger räumlicher Beziehung zu den gesellschaftlichen Zentren größere zusammenhängende Grünflächen zu schaffen, die der Erholung und regelmäßigen sportlichen Betätigung der Bewohner dienen. Von besonderer Bedeutung ist die Anlage zusätzlicher Grün- und Erholungsflächen sowie von Baumpflanzungen in den dicht bebauten Altbaugebieten der Städte, um die hygienischen Verhältnisse zu verbessern und den Wohnkomfort zu erhöhen.

Die Grünflächen sind fester Bestandteil der komplexen Bebauung und des Zyklogramms für den Bauablauf. Zur Erreichung des höchsten Nutzeffektes sind die Grünflächen zweckmäßig einzurichten und so zu gestalten, dass für ihre Anlage und Pflege geringe Aufwendungen entstehen und die Bevölkerung die Möglichkeit erhält, dabei anfallende Arbeiten selbst zu übernehmen.

Schlußbemerkung

Mit den Aufgaben, die der VI. Parteitag gestellt hat, und dem Beschluß des Ministerrates über die Anwendung der Grundsätze des neuen ökonomischen Systems der Planung und Leitung der Volkswirtschaft hat eine neue Etappe in der Entwicklung von Städtebau und Architektur der Deutschen Demokratischen Republik begonnen.

Die großen und komplizierten Aufgaben fordern Klarheit in den politisch-ideologischen Fragen des Städtebaus, verlangen umfangreiche Kenntnisse und eine hohe Qualifikation der Städtebauer und Architekten, Ingenieure und Ökonomen, die Treuhänder des Volkes für eine rationelle und zweckmäßige Verwendung riesiger Investitionen von Volkswirtschaft sind und die Aufgabe haben, funktionstüchtige Bauwerke und Ensembles höchster Vollkommenheit zu schaffen. Die Planungen zur Entwicklung der Gebiete, Städte und Dörfer sowie die gebietlichen und städtebaulichen Projekte müssen zum Hauptmittel der Durchsetzung der Grundsätze des sozialistischen Städtebaus und des wissenschaftlich-technischen Höchststandes werden. Die Leistungen der Städtebauer und Architekten sind in das System der ökonomischen Hebel mit einzubeziehen. Die Ergebnisse ihrer Arbeit müssen in erster Linie vor dem erzielten ökonomischen Nutzeffekt her bewirtschaftet werden. Ihre Arbeit müssen deshalb progressiver Kennziffern des wissenschaftlich-technischen Höchsttandes zugrunde liegen, wobei durch vergleichende Varianten die wirtschaftlichsten und effektivsten Lösungen zu ermitteln sind.

Um einen hohen volkswirtschaftlichen Nutzen städtebaulicher Projekte zu erzielen, ist es notwendig, die qualifiziertesten Architekten und Ingenieure auf die gesellschaftlich und volkswirtschaftlich bedeutendsten Vorhaben zu konzentrieren. Bei der Durchführung des Wettbewerbes in den Projektierungsbüros und der Verteidigung der Projekte muß neben einer hohen funktionellen, technischen und künstlerischen Qualität die ökonomische Lösung einer besonders sorgfältigen Beurteilung unterzogen werden.

Die Verwirklichung der vielfältigen Aufgaben des Städtebaus und die Durchsetzung der Grundsätze des neuen ökonomischen Systems der Planung und Leitung der Volkswirtschaft im Bauwesen erfordern die enge Zusammenarbeit der Staats- und Wirtschaftsleitungen, der gesellschaftlichen Organisationen, wissenschaftlichen Institute und Projektierungsbetriebe, um eine disziplinierte und exakt wissenschaftliche Ausarbeitung der Pläne und Projekte zur Vorbereitung der Investitionen und die Durchsetzung des technisch-wissenschaftlichen Höchststandes zu sichern. Die umfassenden Aufgaben bei der Planung und dem Aufbau unserer Städte verlangen, daß Architekten und Ingenieure in sozialistischer Gemeinschaftsarbeit mit den Neuerern, Meistern, Brigadieren und Organisatoren der Produktion in den Projektierungsbetrieben, auf den Baustellen und in den Betonwerken den wissenschaftlich-technischen Höchststand durchsetzen, um Bauwerke und städtebauliche Ensembles von hoher Qualität zu schaffen.Die große Bedeutung von Städtebau und Architektur für die Entfaltung der sozialistischen Lebensweise und die Entwicklung der Nationalkultur machen es notwendig, auch in Städtebau und Architektur den Bitterfelder Weg zu beschreiten. Das erfordert, einerseits immer weitere Kreise der Werktätigen in die Beratung von Projekten zur Gestaltung der Städte und Dörfer einzubeziehen und aus den Vorschlägen der Werktätigen zu lernen, andererseits die Werktätigen zu befähigen, als Mitschöpfer einer sozialistischen Baukultur wirksam zu werden. In enger Zusammenarbeit mit dem Bund Deutscher Architekten und anderen gesellschaftlichen Organisationen muß erreicht werden, daß die künftigen Bewohner und Nutzer über die städtebaulichen Pläne und die Projekte umfassend informiert werden und bei der Organisation des gesellschaftlichen Lebens und der architektonischen Gestaltung der sozialistischen Stadt und ihrer Ensembles aktiv mitwirken.“[733]

733 abgedruckt in: Deutsche Architektur (1965), Heft 1, S. 4-8

6. Quellen

Adler, H. (1970): Die Freiflächenstruktur des Stadtzentrums Frankfurt (Oder). In: Deutsche Gartenarchitektur, Heft 2, S. 30-31.

Ahles, Kurt (1958): Das öffentliche Grün in Nürnberg. In: Garten + Landschaft, Heft 8, S. 212-217.

Albers, Gerd; Papageorgiou-Venetas (1984): Stadtplanung – Entwicklungslinien 1945-1980. Wasmuth. Tübingen.

Aminde, Hans-Joachim (1994): Auf die Plätze ... Zur Gestalt und zur Funktion städtischer Plätze heute. In: Armide, Hans-Joachim (Hg.) (1994): Plätze in der Stadt. Hatje. Ostfildern-Ruit bei Stuttgart. S. 44-69.

Aminde, Hans-Joachim (1996): Stadtplätze. In: Deutsches Architektenblatt, Heft 12, S. 2010-2012.

Aminde, Hans-Joachim; Schacher, Manfred (1987): Platznutzung – Platzfeste. Beobachtungen auf dem Marktplatz in Stuttgart. In: Bauwelt, Heft ½, S. 26-29.

Anderson, Susan C., Tabb, Bruce H. (Hg.) (2002): Water, leisure and culture: European historical perspectives. Berg. Oxford.

Andrä, Klaus (1966): Umgestaltung von Stadtzentren. In: Deutsche Architektur, Heft 10, S. 584-587.

Andrä, Klaus (1977): Planung und Gestaltung von Fußgängerbereichen in Stadtzentren. In: Architektur der DDR, Heft 12, S. 736-738.

Andrä, Klaus; Scheibel, Wolfgang (1976): Fußgängerbereiche in Stadtzentren. Notizen zu einem Erfahrungsaustausch. In: Architektur der DDR, Heft 11, S. 647-648.

Andres, Günter (1980): Städtebaulich-architektonische Gestaltung des Berliner Platzes in Erfurt, Wohngebiet Nordhäuser Straße. In: Architektur der DDR, Heft 3, S. 162-163.

Andres, Günter; Uhlmann, Hannelore (1974): Gesellschaftliches Zentrum für das Wohngebiet Nordhäuser Straße (Versorgungszentrum 2). In: Architektur der DDR, Heft 9, S. 528-531.

Anonym (1941): Richtlinien für die Errichtung von Gemeinschaftshäusern der NSDAP in den Ortsgruppen. In: Der soziale Wohnungsbau in Deutschland. Heft 4, S. 132-133.

Anonym (1950a): Die Neugestaltung des Hildesheimer Marktplatzes. In: Neue Bauwelt, Heft 4, S. 60.

Anonym (1950b): Eine Marktplatzgestaltung in Offenburg. In: Neue Bauwelt, Heft 12, S. 182-183.

Anonym (1953a): Wettbewerb Magistrale und Zentraler Platz von Stalinstadt. In: Deutsche Architektur, Heft 5, S. 233-239.

Anonym (1953b): Städtebaulicher Wettbewerb Nordhausen. In: Deutsche Architektur, Heft 3, S. 102-105.

Anonym (1956): Fußgängerplätze im Stadtinnern – Wettbewerb für den Stadtkern in Northeim. In: Bauwelt, Heft 28, S. 654-655.
Anonym (1957): Zur Grünplanung der Internationalen Bauausstellung Berlin 1957. In: Garten + Landschaft, Heft 4, S. 96.
Anonym (1968): Zentraler Platz Halle-Neustadt. In: Deutsche Architektur, Heft 1, S. 4-11.
Anonym (1969): Im Anfang war nur die Platte. Der „Kleine Schloßplatz" in Stuttgart. In: Baumeister, Heft 11, S. 1401-1410.
Anonym (1970): Der „Kleine Schloßplatz" in Stuttgart. In: Deutsche Bauzeitung, Heft 3, S. 401-406.
Anonym (1972): Bebauung „Neuer Platz" in Erlangen. In: Deutsche Bauzeitung, Heft 5, S. 803-812.
Anonym (1974): Stadtmitte Leverkusen. In: Deutsche Bauzeitung, Heft 1, S. 69-74.
Anonym (1978): Nachbemerkung zum Hamburger Rathausmarkt. In: Bauwelt, Heft 26, S. 1016-1017.
Anonym (1979): Wettbewerb Berlin-Marzahn. Studien für den gesellschaftlichen Hauptbereich. In: Architektur der DDR, Heft 6, S. 334-345.
Anonym (1981): Ludwigshafen - Fußgängerzonen Innenstadt. In: Garten + Landschaft, Heft 9, S. 692-695.
Bach, Joachim (1967): Das Stadtzentrum. In: Deutsche Architektur, Heft 4, S. 210-216.
Bächer, Max (1974): Wettbewerb ‚Fußgängerbereich Altstadt Nürnberg'. In: Garten + Landschaft, Heft 8, S. 451-452.
Bahrdt, Hans Paul (1969): Die moderne Großstadt. Wegner. Hamburg. Überarbeitete Zweitauflage. (Die Originalausgabe erschien 1961 im Rowohltverlag. Reinbeck bei Hamburg.)
Barth, Holger (Hg.) (1999): Planen für das Kollektiv. Handlungs- und Gestaltungsspielräume von Architekten und Stadtplanern in der DDR. Materialien des Instituts für Regionalplanung und Strukturplanung. Graue Reihe. Heft 19.
Barth, Jürgen (1972): Stadtplätze. In: Berlin und seine Bauten. Teil XI Gartenwesen. Wilhelm Ernst & Sohn. Berlin. S.153-175.
Bauch, Johannes (1973): Städtebauliches Ensemble Prager Straße Dresden. In: Deutsche Architektur, Heft 3, S. 138-140.
Baumbach, Peter (1979): Architektur und bildende Kunst bei der Gestaltung der Wohnumwelt. In: Architektur der DDR, Heft 3, S. 134-136.
Becker, Christine; Jacob, Brigitte (1989): Der Prager Platz. Entstehung und Entwicklung. In: Kleihues, Josef Paul (Hg.) (1989): Die Neubaugebiete. Schriftenreihe zur Internationalen Bauausstellung Berlin 1984/1987. Band 6. Hatje. Stuttgart. S. 17-37.
Becsei, Stephan (1990): Mit Pflanzen und Rankgerüsten umgestaltet: Ein Platz in Frankfurt am Main und eine Straße in Rüsselsheim. In: Garten + Landschaft, Heft 6, S. 104-105.

Behr, H.; Wilcke, B. (1964): Die Bedeutung der Fußgängerbereiche in den Stadtzentren für die Entwicklung des gesellschaftlichen Lebens. In: Deutsche Gartenarchitektur, Heft 3, S. 58-60.

Beier, Rosmarie (Hg.) (1997): Aufbau West – Aufbau Ost. Die Planstädte Wolfsburg und Eisenhüttenstadt in der Nachkriegszeit. Hatje. Ostfildern-Riut.

Beinert, Klaus; Schwarz, Günther (1979): Freiflächengestaltung im komplexen Wohnungsbau. In: Architektur der DDR, Heft 7, S.407.

Benz-Rababah, Eva (2000a): Stadtplätze zu Beginn des 20. Jahrhunderts. Teil I. Wandel in Inhalt und Gestalt. In: Stadt und Grün, Heft 6, S. 399-403.

Benz-Rababah, Eva (2000b): Stadtplätze zu Beginn des 20. Jahrhunderts. Teil II. Neue Stadtplätze für Hannover. In: Stadt und Grün, Heft 8, S. 547-554.

Berlingeschichte (2005): www.berlingeschichte.de, Abruf am 15.04.2005.

Berndt, Heide (1968): Das Gesellschaftsbild bei Stadtplanern. Krämer. Stuttgart.

Betker, Frank (1999): Handlungsspielräume von Architekten und Stadtplanern in der DDR. In: Barth, Holger (Hg.) (1999): Planen für das Kollektiv. Handlungs- und Gestaltungsspielräume von Architekten und Stadtplanern in der DDR. Materialien des Instituts für Regionalentwicklung und Strukturplanung. Graue Reihe, Heft 19. S. 11-33.

Beyme, Klaus von; Durth, Werner; Gutschow, Niels; Nerdinger, Winfried; Topfstedt, Thomas (Hg.) (1992): Neue Städte aus Ruinen - Deutscher Städtebau in der Nachkriegszeit. Prestel. München.

Bezirksamt Spandau von Berlin (Hg.) (1990): Altstadt Spandau. Gestern- Heute – Morgen. 10 Jahre Sanierung. Ohne Verlagsangabe. Berlin.

Bezirksamt Tiergarten von Berlin (1995): Das Hansaviertel 1957–1993. Informationsbroschüre. Berlin.

Bodenschatz, Harald (1987): Platz frei für das neue Berlin! Geschichte der Stadterneuerung in der „größten Mietskaserne der Welt" seit 1871. Transit. Berlin.

Bodenschatz, Harald; Radke, Clemens; Seifert, Carsten (1989): MÄRKISCHES VIERTELjahrhundert. In: Bauwelt. Heft 43. S. 2039-2053.

Borchard, Klaus (1989): Städtebauliche Leitbilder. In: Deutsche Bauzeitung, Heft 10, S. 1317-1326.

Bott, Helmut (1984): Der Luisenplatz in Darmstadt. In: Bauwelt 75, Heft 38, S. 1634-1636.

Bräuer, Michael (1999): Statement. In: Barth, Holger (Hg.) (1999): Planen für das Kollektiv. Handlungs- und Gestaltungsspielräume von Architekten und Stadtplanern in der DDR. Materialien des Instituts für Regionalentwicklung und Strukturplanung. Graue Reihe, Heft 19. S. 34-36.

Brehme, R. (1962): Vorplanung der Grünanlagen für das Zentrum Potsdam. In: Deutsche Gartenarchitektur, Heft 2, S. 44-46.

Brockhaus, Der Neue (1959): Vierter Band. F.A. Brockhaus. Wiesbaden.

Bund deutscher Architekten (BDA) (1977): Schicksale eines Großstadtplatzes. Anmerkungen zum Hamburger Rathausmarkt-Wettbewerb. In: Bauwelt, Heft 31/32. S. 1072.

Büro für Städtebau und Architektur des Rates des Bezirkes Halle (Hg.) (1972): Halle-Neustadt. Plan und Bau der Chemiearbeiterstadt. VEB Verlag für Bauwesen. Berlin.

Chevallerie, Hildebert de la (1981): Ökologie und Stadtentwicklung. In: Das Gartenamt, Heft 4, S. 245-250.

Collein, Edmund (1955): Der Aufbau der Stadtzentren in der Deutschen Demokratischen Republik. In: Deutsche Architektur, Heft 12, S. 532-545.

Collein, Edmund (1959): Der Aufbau unserer Stadtzentren. In: Deutsche Architektur, Heft 7, S. 360-361.

Collein, Edmund (1960): Der Aufbau sozialistischer Stadtzentren in der Deutschen Demokratischen Republik. In: Deutsche Architektur, Sonderbeilage in Heft 8, S. 34-64.

Deiters, Ludwig (1975): Der Beitrag der ZFG Rekonstruktion des BdA/DDR zur Umgestaltung der Altbauwohngebiete. In: Architektur der DDR, Heft 9, S. 518-520.

Deutloff, Rainer (1974): Stadtzentrum Halle-Neustadt – Östlicher Bauabschnitt. Zentraler Bereich für Einrichtungen des Handels, der Versorgung und der Dienstleistungen. In: Architektur der DDR, Heft 6, S. 354-361.

Deutsche Bauakademie (1965): Grundsätze der Planung und Gestaltung der Städte der DDR in der Periode des umfassenden Aufbaus des Sozialismus. In: Deutsche Architektur, Heft 1, S. 4-8.

Deutsche Bauakademie (1969) (Hg.): Architektur und Städtebau in der DDR. Seemann. Leipzig.

Doehler, Peter (1976): Probleme und Aufgaben der Einbeziehung der Sozialplanung in den Städtebau. In: Architektur der DDR, Heft 11, S. 644-646.

Dolff-Bonekämper, Gabi (1999): Das Hansaviertel. Internationale Nachkriegsmoderne in Berlin. Verlag Bauwesen. Berlin.

Durth, Werner (1994): Stadtplanung 1930-1950. Zwischen Kontinuität und Bruch. In: Durth, Werner; Nerdinger, Winfried (1994): Architektur und Städtebau der 30er/40er Jahre. Schriftenreihe des Deutschen Nationalkomitees für Denkmalschutz. Band 48. S. 20-37.

Durth, Werner (1999): Zum Begriff der Stadtlandschaft. In: Institut für Grünplanung und Gartenarchitektur der Universität Hannover (Hg.) (1999): StadtLandschaft – Tagungsbericht. Beiträge zur räumlichen Planung. Heft 50. S. 17-35.

Durth, Werner; Düwel, Jörn; Gutschow, Niels (1999): Aufbau. Städte, Thesen, Dokumente. Architektur und Städtebau der DDR. Band 2. Campus. Frankfurt/Main.

Durth, Werner; Düwel, Jörn; Gutschow, Niels (1999a): Ostkreuz. Personen, Pläne, Perspektiven. Architektur und Städtebau der DDR. Band 1. Campus. Frankfurt/Main.

Durth, Werner; Gutschow, Niels (1987): Architektur und Städtebau der fünfziger Jahre. Schriftenreihe des Deutschen Nationalkomitees für Denkmalschutz, Band 33.

Durth, Werner; Gutschow, Niels (1988): Träume in Trümmern: Planungen zum Wiederaufbau zerstörter Städte im Westen Deutschlands 1940-1950. 2. Städte. Viehweg. Braunschweig.

Durth, Werner; Nerdinger, Winfried (1994): Architektur und Städtebau der 30er/40er Jahre. Schriftenreihe des Deutschen Nationalkomitees für Denkmalschutz. Band 48.

Durth, Werner; Topfstedt, Thomas (1992): Phasen und Probleme des Städtebaus. Bilder aus einer geteilten deutschen Geschichte. In: Public Design. Jahrbuch zur Gestaltung öffentlicher Räume. Bertelsmann. Gütersloh. S.7-28.

Düttmann, Werner; Heinrichs, Georg; Müller, Hans C. (1966): Märkisches Viertel, Berlin. Planungs- und Bauzustand 1965. In: Deutsche Bauzeitung. Heft 1. S. 13-15.

Duvigneau, Hans Jörg (1970): Der alte Markt in Kiel. In: Bauwelt, Heft 14, S. 486-487.

Düwel, Jörn (1995): Baukunst voran! Architektur und Städtebau in der SBZ/DDR. Schelzky & Jeep. Berlin.

Düwel, Jörn (1998): Am Anfang der DDR: der Zentrale Platz in Berlin. In: Schneider, Romana; Wang, Heinrich (Hg.) (1998): Macht + Monument. Moderne Architektur in Deutschland. 1900 – 2000. Hatje. Ostfildern-Ruit. S. 163-187.

Düwel, Jörn; Gutschow, Niels (2001): Städtebau in Deutschland im 20. Jahrhundert. Ideen – Projekte – Akteure. Teubner. Stuttgart.

Eichel-Streiber, Albrecht von (1955): Kassels Gärten und Landschaft. In: Garten + Landschaft, Heft 6, S. 7-9.

Eisentraut, Wolf-R. (1988): Der gesellschaftliche Hauptbereich in Berlin-Marzahn. In: Architektur der DDR, Heft 12, S. 9-19.

Elser, Oliver (2004): Die Solitäre am Nordrand. CENTRUM-Warenhaus und Rundkino. In: Bauwelt, Heft 11, S. 24-27.

Everke, Gerhard (2003): Schlossplatz. In: Koch, Manfred (Hg.) (2003): Stadtplätze in Karlsruhe. Veröffentlichungen des Karlsruher Stadtarchivs, Band 26. INFO. Karlsruhe. S. 38-55.

Favole, Paolo (1995): Plätze der Gegenwart: Der öffentliche Raum in der Architektur. Campus. Frankfurt/Main.

Feireiss, Kristin; Commerell, Hans-Jürgen (2004): Das Märkische Viertel. Idee – Wirklichkeit – Vison. Aedes. Berlin.

Fernau, Helga (1976): Wohngebietszentren in der DDR – geplante und gebaute Beispiele. In: Architektur der DDR, Heft 1, S. 17-23.

Fibich, Peter (1995): Stadtplätze im Nationalsozialismus. Diplomarbeit an der Technischen Universität Dresden. Unveröffentlicht.

Fibich, Peter; Wolschke-Bulmahn, Joachim (2003): Planungsideen des Wiederaufbaus. In: Garten + Landschaft, Heft 3, S. 26-30.

Fibich, Peter; Wolschke-Bulmahn, Joachim (2006): Werner Bauch. Landschaftsarchitekt in zwei politischen Systemen. In: Stadt + Grün, Heft 1, S. 20-24.

Fink, Eberhard (1960): Kleine Oasen des Stadtgrüns. In: Das Gartenamt, Heft 2, S. 22-25.

Fink, Eberhard (1961a): Ein grüner Sitzplatz: Der Nürnberger Platz in Berlin-Wilmersdorf. In: Garten + Landschaft, Heft 1, S. 10.

Fink, Eberhard (1961b): Konstruktionszeichnungen zum Nürnberger Platz in Berlin-Wilmersdorf. In: Garten + Landschaft, Heft 1, Beilage T.

Flierl, Bruno (1998): Gebaute DDR. Über Stadtplaner, Architekten und die Macht. Kritische Reflexionen 1990-1997. Verlag für Bauwesen. Berlin.

Frank, Hartmut (Hg.) (1985): Faschistische Architekturen. Planen und Bauen in Europa 1930 bis 1945. Christians. Hamburg.

Freymuth, Emil (1955): Wohnanlage für Angestellte der Siemens & Halske A.G. in München-Obersendling. In: Baumeister, Heft 4, S. 205-227.

Friedrich, Theo (1963): Pflanzkübel aus Beton. In: Garten + Landschaft, Heft 4, Beilage W.

Fritsche, Hans (1982): Die Aufgaben von Forschung und Praxis in Städtebau und Architektur bei der weiteren Gestaltung der entwickelten sozialistischen Gesellschaft in der DDR. In: Architektur der DDR, Heft 2, S. 70-80.

Fröbel, Gerhard; Leismüller, Johannes; Teutsch, Gerhard; Rahe, Jochen (1973): Vier Jahre Prozeßplanung Elisabethplatz in München. In: Garten + Landschaft, Heft 4, S. 161-165.

Gausmann, Dagmar (1992): Der Ernst-Reuter-Platz in Berlin. Die Geschichte eines öffentlichen Raumes der fünfziger Jahre. Lit/Oktogon. Band 8. München.

Gebhardt, Herbert (1975): Umgestaltung des innerstädtischen Bereichs von Zeitz. In: Architektur der DDR, Heft 10, S. 614-615.

Gerdes, Ludger (1996): Platz – Raum. In: Wielens, Hans (Hg.) (1996): Projekt Platzgestaltung. Ein Plädoyer für mehr Menschlichkeit im öffentlichen Raum. Coppenrath. Münster. S. 21-125.

Gericke, Hans (1975): Zu neuen Tendenzen bei der Planung von Wohngebieten. In: Architektur der DDR, Heft 10, S. 597-601.

GEWOBA (Hg.) (1993): Modell Neue Vahr. Katalog zur Ausstellung. Ohne Verlagsangabe. Bremen.

Giese, Helmut; Sommer, Siegfried (2005): Prof. Dr. Georg Béla Pniower. Leben und Werk eines bedeutenden Garten- und Landschaftsarchitekten – eine Dokumentation. Schriftenreihe des Institutes für Landschaftsarchitektur. Band 3. Fakultät Architektur. Technische Universität Dresden. Dresden.

Glabau, Leonie (1999): Die Pflanzenverwendung auf Stadtplätzen im West-Berlin der 50er Jahre. Diplomarbeit an der Technischen Universität Berlin. Unveröffentlicht

Glabau, Leonie (2002): Pflanzen auf Berliner Stadtplätzen in den 50er Jahren. In: Garten + Landschaft, Heft 2, S. 32-34.

Gleiniger, Andrea (1995): Die Frankfurter Nordweststadt. Geschichte einer Großsiedlung. Campus. Frankfurt/Main.

Goecke, Michael (1978): Der Wettbewerb für die Gestaltung des Hamburger Rathausmarktes. In: Das Gartenamt, Heft 3, S. 151-161.
Gollwitzer, Gerda (1953): Die internationale Gartenbau-Ausstellung Hamburg 1953 ist eröffnet. In: Garten + Landschaft, Heft 5, S. 7-13.
Gollwitzer, Gerda (1955): Berlin wird immer grüner. In: Garten + Landschaft, Heft 8, S. 1-6.
Gollwitzer, Gerda (1975): Stadtplätze - Funktion und Gestaltung. In: Garten + Landschaft, Heft 3, S. 139-143.
Göbel-Groß, Thomas (2003): Hannover schafft Platz. In: Garten + Landschaft, Heft 2, S. 32-34.
Görtemaker, Manfred (2002): Kleine Geschichte der Bundesrepublik Deutschland. München. Beck.
Gothein, Marie Luise (1926/Reprint 1997): Geschichte der Gartenkunst. Zweiter Band. Diederichs. München.
Greiner, Johann (1991): Freiflächenplanung für Städte in der ehemaligen DDR. Voraussetzungen und Möglichkeiten. In: LA Landschaftsarchitektur, Heft 1, S. 9-12.
Gröning, Gert; Wolschke-Bulmahn, Joachim (1987a): Die Liebe zur Landschaft. Teil III: Der Drang nach Osten. Minerva. München.
Gröning, Gert; Wolschke-Bulmahn, Joachim (1987b): DGGL. Deutsche Gesellschaft für Gartenkunst und Landschaftspflege e.V. 1887-1987. Ein Rückblick auf 100 Jahre DGGL. Schriftenreihe der Deutschen Gesellschaft für Gartenkunst und Landschaftspflege. Band 10. Boskett. Berlin.
Gröning, Gert; Wolschke-Bulmahn, Joachim (1990): Von der Stadtgärtnerei zum Grünflächenamt: 100 Jahre kommunale Freiflächenverwaltung und Gartenkultur in Hannover (1890-1990). Patzer. Berlin.
Gröning, Gert; Wolschke-Bulmahn, Joachim (1997): Grüne Biographien . Biographisches Handbuch zur Landschaftsarchitektur des 20. Jahrhunderts in Deutschland. Patzer. Berlin.
Gross, Ambros G. (1972): Veränderung der Lebens- und Arbeitsumwelt in Leipzig. In: Deutsche Architektur, Heft 2, S. 100-105.
Grund (1954): Darmstadt und sein Wiederaufbau. In: Deutsche Bauzeitung, Heft 8, S. 502-515.
Guder, Gerhard (1970): Stadtzentrum Cottbus, 1. Bauabschnitt. In: Deutsche Gartenarchitektur, Heft 4, S. 74-77.
Gutschow, Niels (2001): Ordnungswahn. Architekten planen im „eingedeutschten Osten 1939-1945. Birkhäuser. Gütersloh.
Hain, Simone (1992): Reise nach Moskau: Wie Deutsche „sozialistisch" bauen lernten. In: Bauwelt, Heft 45, S. 2546-2558.
Hamburger Abendblatt (1980) (Hg.): Hamburg 80. Portrait einer Weltstadt. Axel Springer. Hamburg.
Hammerbacher, Herta (1957a): Plattenbelag am Hansaplatz, Berlin. In: Garten + Landschaft, Heft 11, Beilage T.
Hammerbacher, Herta (1957b): Gartenarchitekten planen im Hansaviertel. In: Garten + Landschaft, Heft 10, S. 263-265.

Hampf-Heinrich, Vroni (1985): Über Gartenidylle und Gartenarchitektur im Dritten Reich. In: Frank, Hartmut (Hg.) (1985): Faschistische Architekturen. Planen und Bauen in Europa 1930 bis 1945. Christians. Hamburg. S. 271-281.

Hampf-Heinrich, Vroni; Peschken, Goerd (Hg.) (1985): StadtGrün. Verlag für Ästhetik und Kommunikation. Berlin.

Hanke, Erich (1967): Brunnen auf einem Platz in der Nordweststadt Frankfurt/Main. In: Garten + Landschaft, Heft 1, Beilage W.

Hanke, Erich (1976): Ein Marktplatz und begrünte Dächer - Das neue Rathaus in Schwalbach (Taunus). In: Garten + Landschaft, Heft 6, S. 347-348.

Harlander, Tilman; Fehl, Gerhard (Hg.) (1986): Hitlers Sozialer Wohnungsbau 1940-1945. Wohnungspolitik, Baugestaltung und Siedlungsplanung. Christians. Hamburg.

Heinrich, Dominik, Maes, Jürgen; Nebe, Johannes Michael (1989): Der Viehmarkt im Brennpunkt von Planung und Interessen. Schriftenreihe des Trier Forums für sinnvolles Bewahren, behutsame Erneuerung und Entwicklung der Stadt und ihres Umlandes e.V. Band 1.

Hengstler, Artur; Feldmann, Claus (1979): Wohngebiet „Stadtsee" in Stendal. In: Architektur der DDR, Heft 8, S. 458-465.

Henn, Ewald (1974): Zu Fragen der generellen städtebaulichen Planung im Bezirk Erfurt. In: Architektur der DDR, Heft 9, S. 518-520.

Henz, Anke; Henz, Thomas (1980): Ein Berliner Stadtplatz - Überlegungen zur Nutzung und zur Gestaltung. In: Das Gartenamt, Heft 9, S. 551-556.

Hesse, Michael (2003): Stadtarchitektur. Fallbeispiele von der Antike bis zur Gegenwart. Deubner. Köln.

Heßler, Heike (1999): Stadtplatzgestaltungen der 50er Jahre - dargestellt am Beispiel Berlin. Diplomarbeit an der Technischen Universität Berlin. Unveröffentlicht.

Heyer, Friedrich (1956): Bedroht der Verkehr das Stadtgrün? In: Garten + Landschaft, Heft 2, S. 42-44.

Hillebrecht, R. (1957): Architektur und Städtebau in Ost und West. In: Sonderdruck „Der Städtetag". Stuttgart. S. 1

Hinz, Berthold (Hg.) (1979): Die Dekoration der Gewalt. Kunst und Medien im Faschismus. Anabas. Gießen.

Hopp, Hanns (1955): Der Wiederaufbau von Neubrandenburg. In: Deutsche Architektur, Heft 7, S. 293-298.

Horn, H. (1969): Wohnkomplex Leninplatz in Berlin. In: Deutsche Gartenarchitektur, Heft 3, S. 56.

Illing, Iris; Illing, Ulrich (1986): Platzgestaltung und Landschaftsarchitektur. In: Garten + Landschaft, Heft 4, S. 29-32.

Institut für Grünplanung und Gartenarchitektur der Universität Hannover (Hg.) (1999): StadtLandschaft – Tagungsbericht. Beiträge zur räumlichen Planung. Heft 50.

Institut für Regionalentwicklung und Strukturplanung (IRS) (1998): Ausgeschieden und prämiert. Dokumentation eines IRS-Sammlungsbestandes zu

Städtebaulichen Wettbewerben in der DDR. Regiodoc. Dokumentenreihe des IRS Nr. 2.

Irion, Ilse; Sieverts, Thomas (1991): Neue Städte. Experimentierfelder der Moderne. DVA. Stuttgart.

Jacob, Brigitte; Schäche, Wolfgang (Hg.) (2004): 40 Jahre Märkisches Viertel. Geschichte und Gegenwart einer Großsiedlung. Jovis. Berlin.

Jacobshagen, Axel; Flechner, Hans-Peter (1977): Freiraumplanung Vinetaplatz Berlin-Wedding. In: Das Gartenamt, Heft 6, S. 367-374.

Jacobson, Edvard (1957): Gartenarchitekten planen im Hansaviertel. In: Garten + Landschaft, Heft 10, S. 265-266.

Jencks, Charles (1990): Was ist Postmoderne? Artemis. München.

Jensen (1957): Die neue Stadt Kiel. Ein Beispiel für die Wandlung des Stadterlebnisses. In: Baumeister, Heft 6, S. 376-390.

Joswig, Wolfgang (1975): Baugebiet Seidewinkel. In: Architektur der DDR, Heft 12, S. 732-733.

Joswig, Wolfgang (1987): Wohnungsbau im Stadtbezirk Berlin-Hellersdorf. Wohnkomplex 3.4 – Baufeld des Bezirkes Cottbus. In: Architektur der DDR, Heft 8, S. 26-27.

Junker, Wolfgang (1979): Dresdens größtes Bauprogramm wird Realität. In: Architektur der DDR, Heft 6, S. 324-328.

Kadatz, Hans-Joachim (1988): Wörterbuch der Architektur. VEB E. A. Seemann. Leipzig.

Kaltenbrunner, Robert (2002): Bloß nicht zu hübsch. In: Der Tagesspiegel, Berlin, vom 6. April 2002, S. 23.

Kantschew, Thomas (2005): Das neue Dresden. www.das-neue-dresden.de. Abruf am 01.10.2005.

Kleihues, Josef Paul (Hg.) (1989): Die Neubaugebiete. Schriftenreihe zur Internationalen Bauausstellung Berlin 1984/87, Band 6. Hatje. Stuttgart.

Klotz, Heinrich (1987): Moderne und Postmoderne. Architektur der Gegenwart 1960 – 1980. Vieweg. Braunschweig.

Kluckert, Ehrenfried (2000): Gartenkunst in Europa. Von der Antike bis zur Gegenwart. Könemann. Köln.

Knirsch, Jürgen (2004): Stadtplätze. Architektur und Freiraumplanung. Verlagsanstalt Alexander Koch. Leinfelden-Echterdingen.

Knothe, Inge (1974): Freiraumplanung Vinetaplatz – Bewertung der Wettbewerbsarbeiten. In: Das Gartenamt, Heft 8, S. 465-477.

Koch, Manfred (Hg.) (2003): Stadtplätze in Karlsruhe. Veröffentlichungen des Karlsruher Stadtarchivs, Band 26. INFO. Karlsruhe.

Korn, Roland (1977): Wohnkomplex Greifswalder Straße in Berlin. In: Architektur der DDR, Heft 5, S. 272-275.

Korn, Roland (1979): Ergebnisse und Aufgaben in Städtebau und Architektur bei der weiteren Ausgestaltung der Hauptstadt der DDR. In: Architektur der DDR, Heft 9, S. 526-536.

Korn, Roland (1986): Das Bild unserer Hauptstadt verändert sich. In: Architektur der DDR, Heft 4, S. 201-209.

Korn, Roland (1987): Berlin plant und baut für die Zukunft. In: Architektur der DDR, Heft 10, S. 9-13.
Korn, Roland; Schweizer, Peter; Walter, Rolf (1976): 9. Stadtbezirk in Berlin. In: Architektur der DDR, Heft 9, S. 548-555.
Kostof, Spiro (1993): Die Anatomie der Stadt. Geschichte städtischer Strukturen. Campus. Frankfurt/Main.
Kraftfahrtsbundesamt (2005): Angemeldete Personenkraftwagen in der BRD zwischen 1970 und 2005. www.kba.de. Abruf am 25.03.2005.
Kress, Siegfried; Arlt, Günter; Heger, Wolfgang; Baeseler, Horst (1980): Probleme der städtebaulich-räumlichen Gestaltung von Wohnbereichen. In: Architektur der DDR, Heft 4, S. 234-248.
Kress, Siegfried; Rietdorf, Werner (1973): Wohnen in Städten. Planung und Gestaltung der Wohngebiete. VEB Verlag für Bauwesen. Berlin.
Kretschmer, Christine (1985): In der City. In: Bauwelt, Heft 31/32, S. 1221-1224.
Kristen, Ernst; Timme, Georg (1986): Die städtebaulich-architektonische Gestaltung des Bersarinplatzes in Berlin. In: Architektur der DDR, Heft 4, S. 244-249.
Kröber, Gerhard; Riecken, Hans Christian (1975): Fußgängerboulevard Klement-Gottwald-Straße in Halle. In: Architektur der DDR, Heft 9, S. 521-529.
Kühn, Gottfried (1975): Pflanzen in der Stadt. In: Garten + Landschaft, Heft 5, S. 323-326.
Laage, Erwin (1959): Stadtplätze in Hannover. In: Garten + Landschaft, Heft 2, S. 33-38.
Laage, Erwin (1966a): Öffentliche Grünplanung in Hannover. In. Garten + Landschaft, Heft 3, S. 66-69.
Laage, Erwin (1966b): Das Grün in der Groß-Stadt. In: Das Gartenamt, Heft 4, S. 153-158.
Laage, Erwin (1966c): Sitzen in der City. In: Garten + Landschaft, Heft 3, S. 74-75.
Laage, Erwin (1978): Über Hannovers öffentliches Grünwesen. In: Das Gartenamt, Heft 5, S. 285-292.
Land, Dietmar; Wenzel, Jürgen (2005): Heimat, Natur und Weltstadt. Leben und Werk des Gartenarchitekten Erwin Barth. Koehler & Amelang. Leipzig.
Lasch, Rudolf (1989): Zur langfristigen Entwicklung des Stadtzentrums von Rostock. In: Treffen der Direktoren der Städtebauforschungsinstitute der Sozialistischen Länder, 1987, Bauinformation. Berlin.
Lässig, Konrad (1968): Straßen und Plätze. Beispiele zur Gestaltung städtebaulicher Räume. Callwey. München.
Lermann, Heinz (1986): Der Spritzenhausplatz in Aalen. In: Garten + Landschaft, Heft 4, S. 34-35.
Leucht, Kurt W. (1965): Der Postplatz – ein neuer städtebaulicher Akzent beim Aufbau des Stadtzentrums von Dresden. In: Deutsche Architektur, Heft 1, S. 14-23.

Leuteritz, Albrecht (1974): Die neue Platzlandschaft des Alten Marktes in Kiel. In: Garten + Landschaft, Heft 5, S. 268-271.
Lichey, H. (1976): Die Landschaftsarchitekten sind dabei! In: Landschaftsarchitektur, Heft 1, S. 6.
Lichtenberger, Elisabeth (2002): Die Stadt. Von der Polis zur Metropolis. Wissenschaftliche Buchgesellschaft. Darmstadt.
Liebl; Bergmann (1975): Die Meinung der Auftraggeber: Ein neuer Erlebnisbereich mit Boulevardcharakter. In: Architektur der DDR, Heft 10, S. 616-617.
Linke, Tina (2001): Stadtplatzanlagen der fünfziger Jahre in Leipzig: Erhaltungswürdig oder fällig für den Abriss? Diplomarbeit an der Technischen Universität Dresden, Fachbereich Architektur. Unveröffentlicht.
Ludley, Kurt (1979): Rekonstruktion von innerstädtischen Bereichen im Bezirk Halle. In: Architektur der DDR, Heft 7, S. 434-436.
Mahler, Erhard (1980): Grünflächen und Landschaftsbau in der Entwicklung. In: Das Gartenamt, Heft 5, S. 313-319.
Mählert, Ulrich (2001): Kleine Geschichte der DDR. Beck. München.
Mander, Antonio (1972): Gestaltung, Dekor und Kunst in der Stadt. In: Deutsche Bauzeitung, Heft 1, S. 83-94.
Mander, Antonio (1986): Plätze in der Stadt – Rehumanisierung innerstädtischer Räume und Plätze. In: Deutsche Bauzeitung, Heft 3, S. 345-351.
Manz, Hermann Heinrich (1995): Der Wiederaufbau der Zentren der beiden Städte Magdeburg und Hannover nach dem Zweiten Weltkrieg. Kölner Geographische Arbeiten, Heft 67. Geographisches Institut der Universität zu Köln.
Mattausch, Roswitha (1979): Die Planungen für die „Stadt des KdF-Wagens“ und die „Stadt der Hermann-Göring-Werke“. In: Hinz, Berthold (Hg.) (1979): Die Dekoration der Gewalt. Kunst und Medien im Faschismus. Anabas. Gießen. S. 173-183.
Mehlan, Heinz (1969): Zur architektonischen Gestaltung des Leninplatzes. In: Deutsche Architektur, Heft 3, S. 138-142.
Mehlan, Heinz (1971): Der Leninplatz in Berlin. In: Deutsche Architektur, Heft 6, S. 336-342.
Meißner, Walter (1989): Freiflächen in Wohngebieten. Bauinformation der Bauakademie der Deutschen Demokratischen Republik. Berlin.
Meißner, Walter: Funeck, Gottfried (1974): Schöne Grünanlagen in Städten und Gemeinden. Gestaltung, Ausstattung, Ausschmückung. VEB Deutscher Landwirtschaftsverlag. Berlin.
Michalk, Heinz (1969): Zentraler Platz und Elbufergestaltung Magdeburg. In: Deutsche Architektur, Heft 1, S. 6-9.
Michalk, Heinz; Lässig, Konrad; Fehrmann, Udo (1975): Wohngebiet Dresden-Prohlis. In: Architektur der DDR, Heft 6, S. 340-344.
Milchert, Jürgen (1985): Zur Kritik aktueller ästhetischer Leitbilder der Landschaftsarchitektur. In: Das Gartenamt, Heft 9, S. 642-654.

Milchert, Jürgen (1987): Vom Teppichbeet zum Ruderalgarten - 100 Jahre DGGL im Spiegel der Fachdiskussion. In: Garten + Landschaft, Heft 1, S. 17-41.

Mittig, Hans-Ernst (1998): NS-Stil als Machtmittel. In: Schneider, Romana; Wang, Heinrich (Hg.) (1998): Macht + Monument. Moderne Architektur in Deutschland. 1900 – 2000. Hatje. Ostfildern-Ruit. S. 100-115.

Müller, Urs (1985): Los-Angeles-Platz. In: Bauwelt, Heft 31/ 32, S. 1236-1237.

Müller, Wolfgang; Schulze, Johannes (1962): Aufbauschwerpunkt „Marktplatz" in Leipzig. In: Deutsche Architektur. Heft 2, S. 80-84.

Nelles, Bruno; Teichmann, Günther (1981): Straßen und Plätze in der Altstadt. In: Bauwelt, Heft 32, S. 1369-1371.

Nelles, Wilfried; Oppermann, Reinhard (1979): Stadtsanierung und Bürgerbeteiligung. Schwartz. Göttingen.

Nerdinger, Winfried (1994): Bauen im Nationalsozialismus. Zwischen Klassizismus und Regionalismus. In: Durth, Werner; Nerdinger, Winfried (1994): Architektur und Städtebau der 30er/40er Jahre. Schriftenreihe des Deutschen Nationalkomitees für Denkmalschutz. Band 48. S. 8-19.

Neveling, Wilhelm (1969): Planung des Alten Marktes. In: Bauwelt, Heft 50, S. 1824-1825.

Nielebock, Henry (1996): Berlin und seine Plätze. Strauss. Potsdam.

Nitsch, Walter (1974): Erfurt – Entwicklungsprobleme und Perspektiven. In: Architektur der DDR, Heft 9, S. 521-524.

Nowak, Kerstin (1991): Erinnerung an Reinhold Lingner. Pionier der Landschaftsdiagnose. In: Garten + Landschaft, Heft 9, S. 7-8.

Obermaier, Dorothee; Seggern, Hille von (1984a): Öffentliche Plätze - für wen und wie? In: Bauwelt 75, Heft 38, S. 1626-1633.

Obermaier, Dorothee; Seggern, Hille von (1984b): Quartiersplätze in neuen Wohngebieten. In: Bauwelt 75, Heft 38, S. 1640-1643.

Oehring, Hannelore; Mertel, G. (1974): Entwicklung der Katalogprojektierung auf dem Gebiet der Flächengestaltung. In: Landschaftsarchitektur, Heft 2, S. 42-43.

Paetel, Werner (1970a): Gedanken zum Stadtplatz. In: Das Gartenamt, Heft 7, S. 334-340.

Paetel, Werner (1970b): Einiges über die Funktionen neuer Stadtplätze. In: Garten + Landschaft, Heft 8, S. 377-381.

Palinske, Siegfried (1975): Aufgaben und Ziele der Stadtplanung von Hoyerswerda. In: Architektur der DDR, Heft 12, S. 714-715.

Palutzki, Joachim (2000): Architektur in der DDR. Reimer. Berlin.

Pape, Charlotte (1984): Die Spandauer Altstadt. Veränderungen im 20. Jahrhundert. Publica. Berlin.

Paulitschek, Christoph (1984): Stadtteilmittelpunkt in Mannheim-Jungbusch. In: Bauwelt 75, Heft 38, S. 1637-1639.

Pehnt, Wolfgang (1986): Die Wiederentdeckung des Baublocks. In: Schreiber, Mathias (Hg.) (1986): Deutsche Architektur nach 1945. DVA. Stuttgart. S. 131-133.

Petsch, Joachim (1976): Baukunst und Stadtplanung im Dritten Reich. Hanser. München.
Pevsner, Nikolaus; Honour, Hugh; Fleming, John (1987): Lexikon der Weltarchitektur. Prestel. München.
Pietsch, J.; Kretzschmar, R.; Grau, R. (1974): Dresden, Prager Straße. In: Deutsche Gartenarchitektur, Heft 1, S. 6-10.
Pietsch, Joachim (1975): Wohnumwelt weiter verbessern. In: Architektur der DDR, Heft 6, S. 333.
Plonsker, Hans (1967): Mobile Gärten. In: Das Gartenamt, Heft 2, S. 62-67.
Poblotzki, Ursula (1992): Menschenbilder in der Landespflege 1945 – 1970. Minerva. München.
Prasser, Artur (1956): Kübelpflanzen als City-Grün. In: Garten + Landschaft, Heft 12, S. 341-343.
Recker, Marie-Luise (2002): Geschichte der Bundesrepublik Deutschland. Beck. München.
Reinborn, Dietmar (1996): Städtebau im 19. und 20. Jahrhundert. Kohlhammer. Stuttgart.
Reitsam, Charlotte (1998a): Alwin Seifert. In: Garten + Landschaft, Heft 3, S. 34-37.
Reitsam, Charlotte (1998b): Georg Bela Pniower. In: Garten + Landschaft, Heft 8, S. 34-37.
Reitsam, Charlotte (1998c): Heinrich Friedrich-Jürgensmann. In: Garten + Landschaft, Heft 5, S. 32-35.
Reitsam, Charlotte (1999a): Reinhold Lingner. In: Garten + Landschaft, Heft 2, S. 37-40.
Reitsam, Charlotte (1999b): Otto Rindt. In: Garten + Landschaft, Heft 5, S. 37-40
Reitsam, Charlotte; Karn, Susanne (1999): Walter Funcke. In: Garten + Landschaft, Heft 7, S. 33-36
Reitsam, Charlotte (2001): Das Konzept der „bodenständigen Gartenkunst“ Alwin Seiferts. Fachliche Hintergründe und Rezeption bis in die Nachkriegszeit. Lang. Frankfurt am Main.
Reuschel, Christa (1978): Bildende und angewandte Kunst als Teil der Umweltgestaltung im Wohngebiet „Fritz Heckert“. In: Architektur der DDR, Heft 1, S. 18-25.
Richard, Winfried (1986): Im Zeichen der Postmoderne. In: Garten + Landschaft, Heft 1, S. 28-33.
Rietdorf, Werner (1977): Gedanken zur Erhöhung der Qualität unserer neuen Wohngebiete. In: Architektur der DDR, Heft 8, S. 490-496.
Rietdorf, Werner (1984): Städtische Wohnumwelt. VEB Verlag für Bauwesen. Berlin.
Ringler, Harald (2003): Mitten in der Stadt. Funktion, Bedeutung und Gestalt von historischen Stadtplätzen. In: Koch, Manfred (Hg.) (2003): Stadtplätze in Karlsruhe. Veröffentlichungen des Karlsruher Stadtarchivs, Band 26. INFO. Karlsruhe. S. 12-29.

Rossow, Walter (1967): Die grüne Mitte der Stadt. In: Garten + Landschaft, Heft 1, S. 1-4.

Sack, Manfred (1986): Plätze in der Stadt. In: Garten + Landschaft, Heft 4, S. 21-28.

Sallmann, Johannes (1965): Die grünpolitische Situation Frankfurts. In: Das Gartenamt, Heft 1, S. 11-15.

Sallmann, Johannes (1967): Die Grünkonzeption in der Nordweststadt Frankfurt am Main. In:Garten + Landschaft, Heft 1, S. 6-11.

Sauer, Hans Oswald (1968): Zur Auswahl geeigneter Pflanzen für das öffentliche Grün. In: Das Gartenamt, Heft 10, S. 425-432.

Sayah, Amber (1987): Kleiner Schloßplatz, was nun? In: Bauwelt, Heft 27, S. 1019.

Schechert, Jürgen; Vetter, Hannelore; Müller, Helmut (1984): Vom „Milljöh" zum Milieu. Modernisierungsgebiet am Arkonaplatz Berlin. In: Architektur der DDR, Heft 4, S. 196-201.

Scheibel, Wolfgang (1977): Hauptfunktion und Einrichtungen im Fußgängerbereich. In: Architektur der DDR, Heft 12, S. 739-743.

Schickel, Gabriele (1994): Die Siedlung Echarding in München/Berg am Laim. In: Durth, Werner; Nerdinger, Winfried (1994): Architektur und Städtebau der 30er/40er Jahre. Schriftenreihe des Deutschen Nationalkomitees für Denkmalschutz. Band 48. S. 130-135.

Schiller, Hans (1952): Gartengestaltung. Die Gestaltungsgesetze, Planung und Durchführung öffentlicher Grünanlagen und privater Gärten. Paul Parey. Berlin.

Schindler, Norbert (1966): Vom Schuttplatz zur Erholungsanlage. Der neue Goetheplatz in Mainz. In: Das Gartenamt, Heft 5, S. 216-221.

Schindler, Norbert (1980): Das Stadtgrün in der Stadterneuerung. In: Das Gartenamt, Heft 8, S. 575-577.

Schmid, Karl (1965a): Der neue Olivaer Platz in Berlin-Wilmersdorf. In: Garten + Landschaft, Heft 1, S. 12-13.

Schmidt, Agnes (1966): Wechselbepflanzung von Blumenbeeten im öffentlichen Grün. In: Das Gartenamt, Heft 4, S. 168-171.

Schmiechen, Karl (1983): Innerstädtisches Bauen. Weg zu noch günstigerem Verhältnis von Aufwand und Ergebnis. In: Architektur der DDR, Heft 5, S. 258.

Schneider, Romana; Wang, Heinrich (Hg.) (1998): Macht + Monument. Moderne Architektur in Deutschland. 1900 – 2000. Hatje. Ostfildern-Ruit.

Schneider, Uwe; Wolschke-Bulmahn, Joachim (Hg.) (2004): Gegen den Strom. Gert Gröning zum 60. Geburtstag. Beiträge zur räumlichen Planung. Schriftenreihe des Fachbereichs Landschaftsarchitektur und Umweltentwicklung der Universität Hannover. Band 76. Hannover.

Scholz, G. (1974): Leipzig, Sachsenplatz. In: Landschaftsarchitektur, Heft 1, S. 14-15.

Scholz, Hubert (1966): System gesellschaftlicher Zentren. In: Deutsche Architektur, Heft 10, S. 588-591.

Schramme, Martin (2005): Die Chemiearbeiterstadt Halle. www.salsa-ost.de/halle/Haneu.htm. Abruf am 23.09.2005.

Schreiber, Mathias (Hg.) (1986): Deutsche Architektur nach 1945. DVA. Stuttgart. S. 131-133.

Schwagenscheidt, Walter (1964): Die Nordweststadt. Idee und Gestaltung. Karl Krämer. Stuttgart.

Seifert, Alwin (1961): Erholungsgrün der Stadt. In: Das Gartenamt, Heft 9, S. 225-227.

Selig, Heinz (1983): Stadtgestalt und Stadtbaukunst in München. 1860 bis 1910. Peter Kirchheim. München.

Senator für Stadtentwicklung und Umweltschutz (Hg.) (1985): Die Plätze am Kurfürstendamm. Bestandsaufnahme und Empfehlungen zu den Plätzen und platzräumlichen Situationen am Kurfürstendamm. Konopka.

Siegel, Horst (1969): Wettbewerb Karl-Liebknecht-Platz in Leipzig. In: Deutsche Architektur, Heft 8, S. 464-473.

Siegel, Horst; Gross, Ambros G.; Eichhorn, Georg (1974): Wohngebiet Leipzig-Grünau. Ideenwettbewerb und Planung. In: Architektur der DDR, Heft 10, S. 596-602.

Sniegon, Peter (1965): Die Planung des Gebietes Prager Straße in Dresden. In: Deutsche Architektur, Heft 1, S. 9-13.

Sniegon, Peter (1975): Stimulierung des gesellschaftlichen Lebens durch Städtebau und Architektur. In: Architektur der DDR, Heft 6, S. 331-332.

Sniegon, Peter; Tillner, Wolfgang (1975): Bebauungskonzeption für das Wohngebiet Bautzen-Gesundbrunnen. In: Architektur der DDR, Heft 6, S. 336-339.

Springer, Philipp (2001): Leben im Unfertigen. Die „dritte sozialistische Stadt“ Schwedt. In: Barth, Holger (Hg.) (2001): Grammatik sozialistischer Architekturen. Lesearten historischer Städtebauforschung zur DDR. Reimer. Berlin. S. 67-81.

Senatsverwaltung für Stadtentwicklung Berlin (2007): Denkmale der Nachkriegszeit. www.stadtentwicklung.Berlin.de/denkmal. Abruf am 22.01.2007

Stefke, E. (1972): Zur Umgestaltung des Wohngebietes Arkonaplatz in Berlin-Mitte. In: Landschaftsarchitektur, Heft 3, S. 79-81.

Stephan, Rolf (1985): Hamburg. Ehemals, gestern und heute. Steinkopf. Stuttgart.

Tattermusch, Eckehard (1976): Städtebaulich-architektonische Gestaltung des Platzes der Befreiung in Schwedt. In: Architektur der DDR, Heft 4, S. 216-217.

Tessin, Wulf (1977): Stadterneuerung und Umsetzung. Der Stadtumbau als räumlicher und gesellschaftlicher Transformationsprozeß in seinen Auswirkungen auf umsetzungsbetroffene Mieter. Dissertation an der Georg-August-Universität Göttingen.

Tessin, Wulf (2005): Stadtteilplätze im Urteil von Nutzern und Nichtnutzern. In: Tessin, Wulf (2006): Schön grün... Beiträge zu einer Rezeptionsästhetik in der städtischen Freiraumplanung. Schriftenreihe des Fachbereichs Landschaftsarchitektur und Umweltentwicklung der Universität Hannover. Heft 81. S. 45-49.

Tessin, Wulf (2006): Schön grün... Beiträge zu einer Rezeptionsästhetik in der städtischen Freiraumplanung. Schriftenreihe des Fachbereichs Landschaftsarchitektur und Umweltentwicklung der Universität Hannover. Heft 81.

Thielen, Joseph H. Helmut (1979): Planung und Gestaltung von Stadtplätzen. In: Das Gartenamt, Heft 2, S. 80-88.

Thieme (1907): Der Kaiserplatz in Deutsch-Wilmersdorf. In: Verein Deutscher Gartenkünstler (Hg.): Deutsche Gartenkunst in Wort und Bild. Erste Folge: Straßen und Plätze im Pflanzenschmuck. Berlin. Ohne Seitenangabe.

Thomann, Klaus; Weingart, Helmut (1974): Wohnkomplex Erfurt – Riethstraße. In: Architektur der DDR, Heft 9, S. 532-534.

Timme, Georg (1988): Bersarinplatz in Berlin. In: Architektur der DDR, Heft 10, S. 18-23.

Topfstedt, Thomas (1988): Städtebau in der DDR 1955 – 1970. VEB E. A. Seemann. Leipzig.

Topfstedt, Thomas (1997): Abschied von der Utopie. Zur städtebaulichen Entwicklung Eisenhüttenstadts seit Mitte der fünfziger Jahre. In: Beier, Rosmarie (Hg.) (1997): Aufbau West – Aufbau Ost. Die Planstädte Wolfsburg und Eisenhüttenstadt in der Nachkriegszeit. Hatje. Ostfildern-Riut. S. 89-109.

Trenkmann, Christa (1993): Parkanlagen der Stadt Berlin, die nach 1945 entstanden sind. In: Luisenstädtischer Bildungsverein e.V. (1993) (Hg.): Arbeitsbericht März 1993. S. 21-25.

Ullmann, Gerhard (1989): Sehnsucht nach Plätzen - Die Wiedereroberung des öffentlichen Raumes. In: Deutsche Bauzeitung 123, Heft 6, S. 12-21.

Umlauf, J. (1942): Die Richtlinien für die Planung und Gestaltung der Städte in den eingegliederten Ostgebieten. In: Der soziale Wohnungsbau. Heft 13, S. 405-407.

Vetter, Horst (1985): Vorwort. In: Schriften des Senators für Stadtentwicklung und Umweltschutz (Hg.) (1985): Die Plätze am Kurfürstendamm. Bestandsaufnahme und Empfehlungen zu den Plätzen und platzräumlichen Situationen am Kurfürstendamm. Konopka. S. 2.

Volk, Waltraud (1974): Dresden. Historische Straßen und Plätze heute. VEB Verlag für Bauwesen. Berlin.

Volk, Waltraud (1979): Leipzig. Historische Straßen und Plätze heute. VEB Verlag für Bauwesen. Berlin.

Wagenfeld, Horst (1985): Stadtgrünplätze – wiedergewonnener Freiraum. Planung – Anlage – Nutzung. Bauverlag. Wiesbaden.

Wagner, R. (1978): Probleme der städtebaulichen Gestaltung neuer Wohngebiete und Möglichkeiten ihrer Lösungen. In: Architektur der DDR, Heft 10, S. 590-591.

Wagner, Richard (1974): Probleme der Planung gesellschaftlicher Einrichtungen beim Bau neuer Wohngebiete. In: Architektur der DDR, Heft 8, S. 454-456.

Waldenburger, Lutz (2001): Möglichkeiten und Grenzen der Reintegration von Stauden in Stadtplätzen der 50/60er Jahre – diskutiert am Beispiel Goebelplatz, Nürnberger Platz, Fürstenplatz. Diplomarbeit an der Technischen Fachhochschule Berlin. Unveröffentlicht.

Walk, Joseph (1981) (Hg.): Das Sonderrecht für Juden im NS-Staat. Juristischer Verlag. Heidelberg.

Weber, Hermann (1999): Geschichte der DDR. DTV. München.

Webersinke, Andreas (1987): Der Universitätsplatz in der Rostocker Innenstadt. In: Landschaftsarchitektur, Heft 2, S. 44.

Weingart, Helmut (1974): Gesellschaftliches Zentrum des Wohnkomplexes Riethstraße in Erfurt. In: Architektur der DDR, Heft 9, S. 536-539.

Weise, Dirk (1987): Fünfgiebelhaus am Universitätsplatz in Rostock. In: Architektur der DDR, Heft 12, S. 20-22.

Wend, Karl Heinz (1966): Kinderspielmöglichkeiten in Hannovers Altbaugebieten. In: Garten + Landschaft, Heft3, S. 73-74.

Wendorf, Walther (1977): Gestaltungsmaßnahmen im Stadtzentrum von Leipzig. In: Architektur der DDR, Heft 6, S. 354-361.

Wessel, Gerd; Zeuchner, Gerd (1974): Zur städtebaulichen Gestaltung Wohngebieten. In: Architektur der DDR, Heft 4, S. 196-240.

Wiegand, Heinz (1985): Betrachtungen zum Grün in Berlin. In: Das Gartenamt, Heft 4, S. 280-285.

Wielens, Hans (Hg.) (1996): Projekt Platzgestaltung. Ein Plädoyer für mehr Menschlichkeit im öffentlichen Raum. Coppenrath. Münster.

Wikipedia (2009): Eschersheim. www.Wikipedia.de. Abruf am 27.08.2009

Wilde, Alexander (1989): Das Märkische Viertel. Nicolai. Berlin.

Witte, Fritz (1955): Zur „Grünen Woche Berlin 1955“. In: Das Gartenamt, Heft 1, S. 1-6.

Wolf, Christiane (1999): Gauforen – Zentren der Macht. Verlag Bauwesen. Berlin.

Wolle, Stefan (1998): Die heile Welt der Diktatur: Alltag und Herrschaft in der DDR 1971-1989. Ch. Links. Berlin.

Wollny, Pia (1989): Gerasterte Moderne? Diplomarbeit an der Technischen Universität Berlin. Fachbereich Umwelt und Gesellschaft. Unveröffentlicht.

Wolschke-Bulmahn, Joachim (1995): 1945-1995. Zur landschaftsarchitektonischen Gestaltung der Gedenkstätte Bergen-Belsen. In: Die Gartenkunst, Heft 2, S. 325-340.

Wolschke-Bulmahn, Joachim (1997): Von Anpassung bis Zustimmung. Zum Verhältnis von Landschaftsarchitekten und Nationalsozialismus – Teil 2. In: Stadt + Grün, Heft 7, S. 515-522.

Wolschke-Bulmahn, Joachim (2002): The Ideological, Aesthetic and Ecological Significance of Water in Twentieth-century German Garden Design. In:

Anderson, Susan C., Tabb, Bruce H. (Hg.) (2002): Water, leisure and culture: European historical perspectives. Berg. Oxford. S. 119-139.
Wolschke-Bulmahn, Joachim (2004): Zu Verdrängungs- und Verschleierungstendenzen in der Geschichtsschreibung des Naturschutzes in Deutschland. In: Schneider, Uwe; Wolschke-Bulmahn, Joachim (Hg.) (2004): Gegen den Strom. Gert Gröning zum 60. Geburtstag. Beiträge zur räumlichen Planung. Schriftenreihe des Fachbereichs Landschaftsarchitektur und Umweltentwicklung der Universität Hannover. Band 76. Hannover. S. 313-334.
Wolschke-Bulmahn, Joachim; Fibich, Peter (2004): Vom Sonnenrund zur Beispiellandschaft. Entwicklungslinien der Landschaftsarchitektur in Deutschland, dargestellt am Werk von Georg Pniower (1896 – 1960). Schriftenreihe des Fachbereichs Landschaftsarchitektur und Umweltentwicklung der Universität Hannover. Beiträge zur räumlichen Planung, Band 73. Institut für Grünplanung und Gartenarchitektur. Hannover.
Zeidler, Cordula (2004): Geschichte der Prager Straße. In: Bauwelt, Heft 11. S. 14-15.
Zenker, Ewald (1951): Neuer Stadtteil „Am Mittelfelde“ mit der „Constructa“-Siedlung in Hannover. In: Baumeister, Heft7, S. 448-452.
Zeuchner, Gerd (1989): Stadtgestaltung. VEB Verlag für Bauwesen. Berlin.

Archive

Archiv des Grünflächenamts Leipzig
Bundesarchiv Koblenz
Institut für Regionalentwicklung und Strukturplanung (IRS), Erkner
Landesarchiv Berlin
Natur- und Grünflächenamt Berlin-Charlottenburg
Natur- und Grünflächenamt Berlin-Schöneberg
Natur- und Grünflächenamt Berlin-Wedding
Sächsische Landesbibliothek: Staats- und Universitätsbibliothek Dresden (SLUB), Abt. Deutsche Fotothek, Dresden
Stadtarchiv Halle

7. Abbildungsverzeichnis

75 Wiederaufbauentwurf für das Rostocker Stadtzentrum, Entwurfs- und Bauleitungsbüro Schwerin, Architekt König. 15.08.1951. Aus: Düwel (1995) S. 174

76 Lage der Magistrale und des Zentralen Platzes in Rostock, Plan von Albrecht Jaeger, September 1952. Aus: Düwel (1995) S. 181

77 Baumassenmodell zur Gestaltung der Rostocker Innenstadt von 1954. Aus: Düwel (1995) S. 199

78 Eisenhüttenstadt: Entwurf von Kurt W. Leucht nach dem Planungsstand von 1955 für die Gesamtanlage. Aus: Düwel; Gutschow (2001) S. 185

79 1. Preis des Architektenkollektivs der Planungsgruppe Berlin für die Magistrale, den Zentralen Platz und den Platz vor dem Werkeingang in Stalinstadt. Aus: Anonym (1953a) S. 235

80 2. Preis vom Entwurfsbüro für Hochbau (Meisterwerkstatt Prof. Hopp) für Stalinstadt. Aus: Anonym (1953a) S. 236

81 Entwurf eines Demonstrationsplatzes für Saßnitz (links) von Heinz Werner, Oktober 1950. Überarbeiteter Entwurf mit Angaben zum Bauprogramm (rechts) ebenfalls von Heinz Werner, November 1950. Aus: Düwel (1995) S. 206

82 Bebauungsentwurf für den Zentralen Platz in Saßnitz von Werner Grundmann, 1954. Aus: Düwel (1995) S. 213

83 Vorentwurf von 1954 für die Bebauung des Zentralen Platzes in Saßnitz von Werner Grundmann. Aus: Düwel (1995) S. 214

84 Seemannsheim am Zentralen Platz in Saßnitz, 05.07.2004. Foto: Leonie Glabau

85 Teilbebauungsplan für Frankfurt/Oder von Wilhelm Flemming, 1952. Aus: Düwel (1995) S. 249

86 Marx-Engels-Platz in Ost-Berlin, 1. Mai 1951. Foto: Bundesarchiv Koblenz

87 Entwurf für den Zentralen Platz in Magdeburg, 1954. Aus: Durth et al (1999) S. 74

88 Planungsschema der DDR-Stadtzentren bis 1954. Abb.: Karger; Werner 1982, S. 523. In: Manz (1995) S. 25

89 Eisenhüttenstadt: Entwurf von Kurt W. Leucht nach dem Planungsstand von 1955 für die Gesamtanlage. Aus: Düwel; Gutschow (2001) S. 185

90 Ortsgruppe als Siedlungszelle, Schema von Konstanty Gutschow, 1940/41. Aus: Durth (1994) S. 31

91 Kollwitzplatz in Ost-Berlin, 1950. Foto: Institut für Regionalentwicklung und Strukturplanung (IRS) / Wissenschaftliche Sammlungen in Erkner

92 Entwurf für den Zentralen Platz in Fürstenwalde (Spree). 1. Preis des VEB Projektierung Brandenburg. Aus: IRS (1998) S. 54

93 2. Preis Städtebaulicher Wettbewerb Nordhausen. Aus: Anonym (1953b) S. 105

94 Modell für das Gauforum in Augsburg von Hermann Giesler. Aus: Nerdinger (1994) S. 18

303 Platz der Befreiung in Schwedt, 23.10.2005. Foto: Leonie Glabau
304 Platz der Befreiung in Schwedt, 23.10.2005. Foto: Leonie Glabau
305 Modell der Neugestaltung des Bersarinplatzes in Ost-Berlin. Aus: Kristen; Timme (1986) S. 248
306 Neubauten am Bersarinplatz in Ost-Berlin. Aus: Korn (1987) S. 9
307 Bersarinplatz in Berlin, Blick in die Thaerstraße, 15.04.2005. Foto: Leonie Glabau
308 Übersicht Universitätsplatz in Rostock. Aus: Lasch (1989) S. 79
309 Universitätsplatz in Rostock, Fünfgiebelhaus. Aus: Webersinke (1987) S. 44
310 „Brunnen der Lebensfreude“ auf dem Universitätsplatz in Rostock. Aus: Meißner (1989) Bild 55
311 Universitätsplatz in Rostock, „Brunnen der Lebensfreude“, 13.07.2004. Foto: Leonie Glabau
312 Universitätsplatz in Rostock, Kröpeliner Straße, 13.07.2004. Foto: Leonie Glabau
313 Entwurf für das Hauptzentrum in Hoyerswerda-Seidenwinkel. Aus: Joswig (1975) S. 733
314 Schema des Zentrums in einem Neubaugebiet der DDR in den 1970er und 1980er Jahren. Abb.: Karger/Werner (1982) S. 527. In: Manz (1995) S. 38
315 Platz in Greifswald-Schönwalde. Aus: Rietdorf (1984) Abb. 455
316 Gesellschaftliches Zentrum von Jena-Lobeda West. Aus: Rietdorf (1984) Abb. 89
317 Lageplan gesellschaftliches Zentrum Bautzen-Gesundbrunnen. Aus: Sniegon; Tillner (1975) S. 338
318 Entwurf gesellschaftliches Zentrum Wohnkomplex Riethstraße in Erfurt. Aus: Weingart (1974) S. 538
319 Entwurf Branitzer Platz Berlin-Hellersdorf. Aus: Joswig (1987) S. 27
320 Gutenbergplatz in Mainz, 03.07.2005. Foto: Leonie Glabau

Peter Lang · Internationaler Verlag der Wissenschaften

Renate Bornberg / Klaus Habermann-Nieße /
Barbara Zibell (Hrsg.)

Gestaltungsraum Europäische StadtRegion

Frankfurt am Main, Berlin, Bern, Bruxelles, New York, Oxford, Wien, 2009.
235 S., zahlr. Abb., Tab. und Graf.
Stadt und Region als Handlungsfeld. Herausgegeben vom Kompetenzzentrum für Raumforschung und Regionalentwicklung in der Region Hannover. Bd. 7
ISBN 978-3-631-57908-4 · br. € 39.80*

Die Europäische Stadt ist Leitbild, Zerrbild, viel beschriebene und verteidigte Realität, ein oftmals missverstandenes und -gedeutetes Phänomen zwischen Stadtidee und gebauter bzw. gelebter städtischer Wirklichkeit. In diesem Buch wird die Bandbreite möglicher Ansätze und Zugänge, morphologisch-räumliche wie soziale, historische wie ökonomische, planerische wie städtebauliche, in einzelnen Beiträgen erarbeitet. Im Weiteren geht es um Phänomene des gelebten Raumes und dessen Konsequenzen für Zentren und Quartiere in Stadt und Region oder des politischen Raumes als Entscheidungssphäre zwischen Demokratie und Herrschaft mit den jeweiligen AkteurInnen und Betroffenen. Die eingenommenen Perspektiven zeigen eine Fülle an Möglichkeiten auf, die Europäische Stadt und ihre Region zwischen Realgeschichte und Ideengeschichte, Wahrnehmung und Leitbildfunktion zu begreifen und zu konzeptualisieren.

Aus dem Inhalt: Europäische Stadt und ihre Region in Vergangenheit und Gegenwart · Soziale Mischung und kulturelle Vielfalt · Gestaltungsmöglichkeiten für Städtebau, Stadt- und Regionalplanung · Politische und gebaute Realitäten · Verhältnis von Stadt und Land(schaft)

Frankfurt am Main · Berlin · Bern · Bruxelles · New York · Oxford · Wien
Auslieferung: Verlag Peter Lang AG
Moosstr. 1, CH-2542 Pieterlen
Telefax 0041(0)32/3761727

*inklusive der in Deutschland gültigen Mehrwertsteuer
Preisänderungen vorbehalten

Homepage http://www.peterlang.de

For the avoidance of doubt, input of the whole or any part of this publication into any generative artificial intelligence model, chatbot, program, software or technology is expressly prohibited without the prior written consent of the publisher.